土木工程专业专升本系列教材

钢 结 构

本系列教材编委会组织编写
苏明周 主编

中国建筑工业出版社

图书在版编目（CIP）数据

钢结构/苏明周 主编. —北京：中国建筑工业出版社，2003（2022.2重印）
（土木工程专业专升本系列教材）
ISBN 978-7-112-05439-8

Ⅰ. 钢… Ⅱ. 苏… Ⅲ. 钢结构—高等学校—教材
Ⅳ. TU391

中国版本图书馆 CIP 数据核字（2003）第 044958 号

土木工程专业专升本系列教材
钢　结　构
本系列教材编委会组织编写
苏明周　主编

*

中国建筑工业出版社出版、发行（北京西郊百万庄）
各地新华书店、建筑书店经销
廊坊市海涛印刷有限公司印刷

*

开本：787×960 毫米　1/16　印张：21¾　字数：437 千字
2003 年 7 月第一版　2022 年 2 月第二十五次印刷
定价：58.00 元
ISBN 978-7-112-05439-8
（38351）

版权所有　翻印必究
如有印装质量问题，可寄本社退换
（邮政编码　100037）

本书按照土木工程专业《钢结构》专升本教学大纲的要求，根据现行有关国家规范和本学科领域的发展编写。内容既注重论述钢结构的基本性能，也注意介绍有关钢结构设计的实用知识。

　　全书共分九章，前三章为绪论、材料和连接，第四、五章为钢结构稳定基本原理和基本构件设计，着重培养学生的基础知识和基本技能；第六至八章分别介绍平台结构、轻型门式刚架结构和平板网架结构的设计，使学生建立起整体结构的概念，并培养学生解决实际问题的能力；第九章为钢结构的防火、防锈和防腐处理。书中附有大量的例题和习题，供学习时参考。

　　本书也可供大专院校高年级本科学生及从事土木工程的技术人员参考。

＊　＊　＊

责任编辑　吉万旺

土木工程专业专升本系列教材编委会

主　　任：邹定琪　（重庆大学教授）
副主任：高延伟　（建设部人事教育司）
　　　　张丽霞　（哈尔滨工业大学成人教育学院副院长）
　　　　刘凤菊　（山东建工学院成人教育学院院长、研究员）
秘书长：王新平　（山东建筑工程学院成人教育学院副院长、副教授）
成　　员：周亚范　（吉林建筑工程学院成人教育学院院长、副教授）
　　　　殷鸣镝　（沈阳建筑工程学院书记兼副院长）
　　　　牛惠兰　（北京建筑工程学院继续教育学院常务副院长、副研究员）
　　　　乔锐军　（河北建筑工程学院成人教育学院院长、高级讲师）
　　　　韩连生　（南京工业大学成人教育学院常务副院长、副研究员）
　　　　陈建中　（苏州科技学院成人教育学院院长、副研究员）
　　　　于贵林　（华中科技大学成人教育学院副院长、副教授）
　　　　梁业超　（广东工业大学继续教育学院副院长）
　　　　王中德　（广州大学继续教育学院院长）
　　　　孔　黎　（长安大学继续教育学院副院长、副教授）
　　　　李惠民　（西安建筑科技大学成人教育学院院长、教授）
　　　　朱首明　（中国建筑工业出版社编审）
　　　　王毅红　（长安大学教授）
　　　　苏明周　（西安建筑科技大学副教授）
　　　　刘　燕　（北京建筑工程学院副教授）
　　　　张来仪　（重庆大学教授）
　　　　李建峰　（长安大学副教授）
　　　　刘　明　（沈阳建筑工程学院教授）
　　　　王　杰　（沈阳建筑工程学院教授）
　　　　王福川　（西安建筑科技大学教授）
　　　　周孝清　（广州大学副教授）

前　言

　　本书按照成人专升本教育教学大纲的要求,根据我国新修订的土建专业有关规范、规程,结合专升本教育特点编写。内容包括钢结构基本原理和建筑钢结构设计两个方面,使学生在掌握钢结构基本知识的同时,能够结合不同的结构形式,把基本理论同实际结合起来,建立整体结构概念。

　　本书共分九章,前五章介绍了钢结构的基本理论,第六至八章介绍了三种常用的钢结构形式,第九章介绍了钢结构的防腐和防火。主要内容如下:

　　第一章绪论介绍了钢结构的特点、应用和发展方向,及概率极限状态设计方法。由于疲劳计算的特殊性,第三节介绍了疲劳的有关概念和计算方法。

　　第二章钢结构的材料介绍了钢结构材料的性能、主要影响因素、规范推荐的建筑钢材的牌号、选用方法以及我国生产的型钢规格。

　　连接是钢结构的重要内容之一,只有合理的连接设计才能保证钢结构良好的性能。本书的第三章介绍了目前常用的连接形式——焊接连接和螺栓连接的构造、性能及计算方法。

　　稳定问题是钢结构的一个重要问题,正确把握和对待稳定问题是钢结构设计的关键。随着结构形式的发展和理论研究的深入,对从事钢结构工作人员的稳定理论要求越来越高,因此,本书把钢结构稳定基本原理单独列为一章,以期对这一问题能有较好的理解并引起足够的重视。本书的第四章介绍了构件的弯曲屈曲、扭转屈曲、弯扭屈曲以及板件的屈曲等稳定问题。

　　在对各种失稳形式有了一定的认识之后,第五章介绍了钢结构基本构件设计,包括轴心受力构件、受弯构件以及拉弯和压弯构件。

　　为使学生能够对钢结构建立整体概念,本书的第六至第八章介绍了钢平台结构、轻型门式刚架、网架等结构的设计。

　　为保证钢结构的正常工作,结构构件必须进行防腐和防火处理。本书的第九章对这一问题进行了简要介绍。

　　由于普通钢屋架结构在工程中的应用越来越少,本书没有编入钢屋架设计内容,平台结构由于其相对的简单性和完整性,可以作为课程设计专题。当然,各校也可根据实际情况,把门式刚架作为课程设计题目。

　　由于钢结构设计规范、冷弯薄壁型钢技术规范、轻型门式刚架房屋技术规程等均为新修订,本书的编写比较仓促,书中存在不少缺点和问题,希望读者发现后能及时告诉我们，以便今后改进。

参加本书编写的人员有苏明周（主编及第四、五、九章及附录，西安建筑科技大学）、黄炳生（副主编及第二、八章，南京工业大学）、李峰（第三章及第七章，西安建筑科技大学）、陈向荣（第一章及第六章，西安建筑科技大学），全书由顾强教授主审，在这里深表感谢。

目 录

第一章 绪论 1
第一节 钢结构的特点、应用和发展 1
第二节 极限状态设计方法 5
第三节 钢结构的疲劳计算 9
思考题 13

第二章 钢结构的材料 15
第一节 结构钢材的破坏形式 15
第二节 钢结构对钢材性能的要求 15
第三节 影响钢材性能的主要因素 17
第四节 结构钢材种类及其选择 22
思考题 27

第三章 钢结构的连接 28
第一节 钢结构的连接方法 28
第二节 焊接连接的特性 30
第三节 对接焊缝的构造和计算 35
第四节 角焊缝的构造和计算 39
第五节 焊接残余应力和焊接残余变形 49
第六节 螺栓连接的排列和构造要求 54
第七节 普通螺栓连接的性能和计算 56
第八节 高强度螺栓连接的性能和计算 65
思考题 72
习 题 72

第四章 钢结构稳定基本原理 76
第一节 稳定问题的分类和计算方法 76
第二节 轴心受压构件和压弯构件的弯曲屈曲 79
第三节 轴心受压构件的扭转屈曲和弯扭屈曲 101
第四节 受弯构件（梁）和压弯构件的弯扭屈曲 110

第五节	矩形薄板的屈曲	116
思考题		124
习 题		124

第五章 钢结构基本构件计算 126

第一节	轴心受力构件	126
第二节	受弯构件	139
第三节	拉弯和压弯构件	158
思考题		169
习 题		169

第六章 平台结构设计 172

第一节	概述	172
第二节	平台结构布置	173
第三节	平台钢铺板设计	175
第四节	平台梁设计	178
第五节	平台柱设计	193
第六节	连接构造	207
第七节	栏杆和钢梯	209
思考题		211
习 题		212

第七章 轻型门式刚架结构设计 213

第一节	结构选型与布置	213
第二节	荷载计算和内力组合	216
第三节	刚架柱、梁设计	220
第四节	檩条和墙梁设计	233
第五节	节点设计	243
思考题		247
习 题		247

第八章 网架结构 249

第一节	空间结构的特点与分类	249
第二节	网架结构的形式与选型	256
第三节	网架结构尺寸与整体构造	266
第四节	网架结构的内力计算	268
第五节	网架结构的杆件设计	279
第六节	网架结构的节点设计	281

第七节　网架结构的制作与安装 ⋯⋯⋯⋯⋯⋯⋯⋯⋯⋯⋯⋯⋯⋯⋯⋯⋯ 292
思考题 ⋯⋯⋯⋯⋯⋯⋯⋯⋯⋯⋯⋯⋯⋯⋯⋯⋯⋯⋯⋯⋯⋯⋯⋯⋯⋯⋯⋯ 302

第九章　钢结构的防腐和防火 ⋯⋯⋯⋯⋯⋯⋯⋯⋯⋯⋯⋯⋯⋯⋯⋯⋯⋯ 304

第一节　钢结构防腐 ⋯⋯⋯⋯⋯⋯⋯⋯⋯⋯⋯⋯⋯⋯⋯⋯⋯⋯⋯⋯⋯⋯ 304
第二节　钢结构防火 ⋯⋯⋯⋯⋯⋯⋯⋯⋯⋯⋯⋯⋯⋯⋯⋯⋯⋯⋯⋯⋯⋯ 309
思考题 ⋯⋯⋯⋯⋯⋯⋯⋯⋯⋯⋯⋯⋯⋯⋯⋯⋯⋯⋯⋯⋯⋯⋯⋯⋯⋯⋯⋯ 310

附录

附录一　钢材的强度设计值 ⋯⋯⋯⋯⋯⋯⋯⋯⋯⋯⋯⋯⋯⋯⋯⋯⋯⋯ 311
附录二　连接的强度设计值 ⋯⋯⋯⋯⋯⋯⋯⋯⋯⋯⋯⋯⋯⋯⋯⋯⋯⋯ 312
附录三　型钢截面参数表 ⋯⋯⋯⋯⋯⋯⋯⋯⋯⋯⋯⋯⋯⋯⋯⋯⋯⋯⋯ 314
附录四　常用截面回转半径的近似值 ⋯⋯⋯⋯⋯⋯⋯⋯⋯⋯⋯⋯⋯⋯ 324
附录五　工字型截面简支梁的等效弯矩系数 β_b ⋯⋯⋯⋯⋯⋯⋯⋯⋯ 325
附录六　轧制普通工字钢简支梁的整体稳定系数 φ_b ⋯⋯⋯⋯⋯⋯ 326
附录七　轴心受压构件的稳定系数 φ ⋯⋯⋯⋯⋯⋯⋯⋯⋯⋯⋯⋯⋯ 327
附录八　柱的计算长度系数 ⋯⋯⋯⋯⋯⋯⋯⋯⋯⋯⋯⋯⋯⋯⋯⋯⋯⋯ 330
附录九　疲劳计算的构件和连接分类 ⋯⋯⋯⋯⋯⋯⋯⋯⋯⋯⋯⋯⋯⋯ 332

部分习题参考答案 ⋯⋯⋯⋯⋯⋯⋯⋯⋯⋯⋯⋯⋯⋯⋯⋯⋯⋯⋯⋯⋯⋯⋯ 335

主要参考文献 ⋯⋯⋯⋯⋯⋯⋯⋯⋯⋯⋯⋯⋯⋯⋯⋯⋯⋯⋯⋯⋯⋯⋯⋯⋯ 338

第一章 绪 论

学 习 要 点

1. 掌握钢结构的特点和应用范围。
2. 了解钢结构的发展状况。
3. 熟练掌握钢结构的极限状态设计方法。
4. 了解钢材的疲劳破坏现象，掌握影响疲劳的因素和疲劳计算方法。

第一节 钢结构的特点、应用和发展

一、钢结构的特点

钢结构是由钢构件经焊接、螺栓或铆钉连接而成的结构。和其他材料的结构诸如钢筋混凝土结构、木结构和砌体结构等相比，有如下特点：

1. 钢材的强度高，塑性和韧性好

钢材与其他建筑材料相比，强度高很多。适于建造跨度大、高度高或承载重的结构。塑性好，则变形大，结构在一般工作条件下不会因超载而突然断裂，可及时采取补救措施。韧性好，则吸收能量的能力强，使钢结构具有优越的动力荷载适应性，因此，在地震区采用钢结构是比较合适的。

2. 钢材材质均匀，和力学计算的假定比较符合

钢材在冶炼和轧制过程中质量可严格控制，材质波动的范围很小，与其他建筑材料相比钢材内部组织均匀，各个方向的物理力学性能基本相同，接近于各向同性体，且在一定的应力幅度内，应力与应变成线性关系。这些物理力学性能比较符合工程力学计算采用的基本假定，因此，钢结构的实际工作性能与理论计算结果吻合较好。

3. 钢结构的重量轻

虽然钢材的密度比其他建筑材料大许多，但因强度高，做成的结构比较轻。其轻质性可以用强度与相对密度之比来衡量，比值越大则结构越轻。例如，同样跨度承受相同荷载的普通钢屋架的重量只有钢筋混凝土屋架的1/3~1/4。若采用冷弯薄壁型钢屋架甚至接近1/10。结构重量轻可降低地基及基础部分造价，

而且对抵抗地震作用有利，同时方便运输及吊装。但由于强度高，做成的构件截面小而壁薄，受压时构件一般由稳定和刚度控制，强度难以充分发挥。

4. 钢结构制造简便，施工周期短

钢结构所用材料为成材，其构件由专业化工厂制造，加工简便，机械化程度高，质量可靠，精确度高。钢结构施工一般采用构件在工厂制造后运至工地拼装，可以采用安装简便的普通螺栓和高强度螺栓，也可在地面拼装或焊接成较大单元后吊装，现场装配速度很快，施工周期短，交付使用快。小量的钢结构和轻钢结构也可以在现场就地制造，随即用简便机具吊装。此外，已建钢结构易于拆迁、改建、扩建和加固。

5. 钢结构密闭性好

钢材组织致密，具有不渗透性和耐高压性，采用焊接可制成完全密闭结构，水密性和气密性均较好，适宜压力容器、油库、管道和煤气柜等板壳结构。

6. 钢结构耐腐蚀性差

钢材的最大缺点是易锈蚀，对钢结构必须注意防护，尤其是薄壁构件。新建钢结构必须先彻底除锈并涂刷防锈油漆或镀锌，然后定期维护，维护费用较大。在无侵蚀性介质的一般厂房中，锈蚀问题并不严重。近年来出现的耐大气腐蚀的钢材具有较好的抗锈蚀能力，已逐步推广应用。

7. 钢结构耐热但不耐火

钢材长期经受 100℃ 辐射热时，其主要性能（强度、弹性模量等）变化很小，当温度达 150℃ 以上时，必须用隔热层加以保护，当温度超过 300℃ 后，强度急剧下降，600℃ 时钢材进入塑性状态而丧失承载能力。因此钢结构不耐火，对重要结构必须采取防火措施，如涂刷防火涂料等，费用较大。

8. 钢结构在低温下可能发生脆性断裂

钢材虽为韧性材料，但在低温下材质变脆，如果设计、制造或使用不当，钢结构会发生脆性断裂现象，设计时应特别注意。

二、钢结构的应用范围

钢结构的合理应用范围不仅取决于钢结构本身的特点，而且取决于国民经济发展的具体情况。过去由于我国钢产量不能满足国民经济建设的需要，使得钢结构的应用受到限制。1949 年全国钢产量只有十几万吨，随着近十年钢产量的快速增长，1998 年已达 1 亿吨，居世界钢产量第一位，2002 年更高达 2 亿吨，使钢结构在我国得到很大发展，应用范围很广。

当前钢结构的适用范围，就工业与民用建筑来说，大致如下：

1. 大跨结构

结构跨度越大，自重在全部荷载中所占比重越大，减轻自重就成为设计的关键。钢结构具有材料强度高、结构自重轻的特点，适宜用于大跨度结构如飞机制造厂的装配车间（跨度一般在60m以上）、飞机库、体育馆、火车站、展览馆、影剧院、大会堂等的屋盖体系。常用结构形式有网架（壳）结构、桁架结构、拱结构、悬索结构、斜拉结构、框架结构以及预应力结构等。大跨度钢结构的结构形式和工程实例可参考第八章第一节空间结构的特点和分类。

2. 重型厂房结构

重型厂房是指车间里的桥式吊车的起重量很大（通常在100t以上）或起重量虽不大，但吊车在24h内作业频繁的厂房，以及直接承受很大振动荷载或受振动荷载影响很大的厂房，例如，大型钢铁企业的炼钢、轧钢、无缝钢管等车间；重型机器厂的铸钢、锻压、水压机车间；造船厂的船体车间等。

3. 高层建筑结构

由于城市建设的需要，高层、超高层建筑逐渐增多。钢结构强度高、自重轻，构件体积小，且装配化程度高，对高层建筑尤其有利，因此，多采用全钢结构或钢-混凝土组合结构作为高层结构的承重结构。例如，上海浦东88层的金茂大厦，其高度为420.5m，采用钢框架-混凝土内筒结构，为我国第一高楼。上海锦江饭店、北京京广大厦、深圳发展中心大厦及深圳地王大厦等均为高层钢结构建筑。

4. 高耸结构

高耸结构包括塔架和桅杆结构，如高压输电线塔架、广播和电视发射塔、环境气象监视塔、石油钻井塔和火箭发射塔等。

5. 轻型钢结构

对于使用荷载较轻的中小跨度结构，结构自重在荷载中占有较大比例，采用钢结构可有效减轻结构自重。如轻型门式刚架结构、冷弯薄壁型钢结构及钢管结构等轻型钢结构等，已广泛用于没有吊车或吊车吨位不大的工业厂房、办公楼及中小体育馆，并开始用于民用住宅建筑。

6. 受动力荷载影响的结构

设有较大锻锤或有较大动力作用设备的厂房，因振动对结构的影响较大，往往选用钢结构。抗震要求较高的结构也宜采用钢结构。

7. 可拆卸结构

需搬迁的结构，如建筑工地的生产生活用房、临时展览馆等，以及需移动的结构，如桥式起重机、塔式起重机、龙门起重机、装卸桥，以及水工船闸、升船机等，采用钢结构最适宜。

8. 容器及其他构筑物

利用密闭性及耐高压的特点，钢结构广泛地用于冶金、石油、化工企业的油库、油罐、煤气罐、高炉、热风炉、烟囱以及水塔等。此外还有栈桥、管道支架、钻井和石油塔架，以及海上采油平台等，也经常采用钢结构。

三、钢结构的发展

1. 发展低合金高强度钢材和型钢品种

利用高强度钢材，可以用较少材料做成功效较高的结构，对跨度和荷载较大的结构及高耸结构极为有利。我国钢结构规范推荐的钢材有 Q235 钢、Q345 钢、Q390 钢、Q420 钢（牌号的数字为钢材屈服点，N/mm^2）。第一种钢材是普通碳素结构钢，后三种是低合金高强度结构钢。根据工程经验可知，采用低合金高强度钢材比采用 Q235 钢，可节约用钢量 15%~25%。

在连接方面，配合高强度钢材的应用，钢结构设计规范也推荐了与上述四种钢材相匹配的焊条。另外，用 35 号钢、45 号钢经热处理后制成 8.8 级高强度螺栓和 20MnTiB 钢制成 10.9 级高强度螺栓已经在工程中广泛使用。

我国钢结构常用的型钢截面有普通工字钢、槽钢和角钢。这种型钢的截面形式和尺寸不完全合理。近年开发的型钢截面还有 H 形钢和 T 形钢，可直接用作梁、柱或屋架杆件，使制造简便，工期缩短，已列入我国钢结构设计规范。

压型钢板也是一种新材料，它由薄钢板（0.5~1mm）模压而成。由于其重量轻（自重仅 $0.10kN/m^2$），且具有一定的抗弯能力，作为外墙板和屋面板在轻型厂房中广泛使用。另外，在组合楼板中可兼作施工模板使用，大大缩短施工周期。

2. 结构和构件设计计算方法的深入研究

现行《钢结构设计规范》（GB50017）采用以概率理论为基础的极限状态设计方法，用考虑分布类型的二阶矩概率法计算结构可靠度，并以分项系数的设计表达式进行计算。该方法的进步之处在于不用经验的安全系数，而用根据各种不定性分析所得的失效概率去度量结构可靠性，并使所计算的结构构件的可靠度达到预期的一致性和可比性。但它仍为近似概率设计法，尚需继续深入研究。

3. 结构形式的革新

平板网架结构、网壳结构、薄壁型钢结构、悬索结构、预应力钢结构等均为新结构，而钢与混凝土组合结构的研究和应用，也可看作结构的革新。这些新技术、新结构的应用，在减轻结构自重、节约钢材方面有很大作用，为大跨度结构、高层、超高层结构的发展奠定了基础。

轻型钢结构具有用钢量小，自重轻，工业化生产程度高，建造速度快，造价低，外表美观等优点，自 20 世纪 90 年代由国外引进以来，受到业主的普遍欢迎，这种结构特别适于无吊车或小吨位吊车的中小跨度单层厂房及仓库。《门式刚架轻型房屋钢结构技术规程》（CECS102）的正式颁布实施，极大地推动轻型钢结构在我国的健康发展。

高层钢结构在我国已有一二十年的历史，但大多由国外设计、制造、安装，目前逐渐发展为国外设计，国内制造安装。要实现完全国产化，还需要不断努力。多层钢结构近年才开始兴起，设计经验还不多，许多方面还需不断研究。

4. 结构优化设计

结构的优化设计是以质量最轻和造价最低为目标的，包括确定最优结构方案和最优截面尺寸。如对钢吊车梁，利用计算机进行最优设计后可节约钢材5%~10%。

第二节　极限状态设计方法

一、概述

结构设计的基本原则是做到技术先进、经济合理、安全适用和确保质量。要做到这一点，就必须有合理的设计方法。因影响结构功能的各种因素如荷载大小、材料强度、截面尺寸、计算模型、施工质量等都是不确定的随机变量，因此结构设计只能作出一定的概率保证。

随着概率论在建筑结构中的广泛应用，概率设计法在20世纪60年代末期有了重大突破，其表现在提出了一次二阶矩法。该方法既有确定的极限状态，又可给出不超过该极限状态的概率，因而是一种较为完善的概率极限状态设计方法。但由于在分析中简化了基本变量关系的变化，将一些复杂关系进行了线性化，因此该法仍为近似的概率极限状态设计法。《钢结构设计规范》GBJ17和GB50017两版均采用这一方法。完全的、真正的全概率法，目前尚不具备条件，还需进行深入的研究。

二、概率极限状态设计法

（一）结构的极限状态

当整个结构或结构的一部分超过某一特定状态就不能满足设计规定的某一功能要求时，此特定状态为该功能的极限状态。

极限状态可分为下列两类：

1. 承载能力极限状态。这种极限状态对应于结构或结构构件达到最大承载能力或出现不适于继续承载的变形，包括以下几个方面：

（1）整个结构或结构的一部分作为刚体失去平衡（如倾覆等）；

（2）结构构件或连接因超过材料强度而破坏（包括疲劳破坏），或因过度变形而不适于继续承载；

（3）结构转变为机动体系；

(4) 结构或结构构件丧失稳定（如压屈等）；
(5) 地基丧失承载能力而破坏（如失稳等）。

2. 正常使用极限状态。这种极限状态对应于结构或结构构件达到正常使用或耐久性能的某项规定限值，包括以下几个方面：

(1) 影响正常使用或外观的变形；
(2) 影响正常使用或耐久性能的局部损坏（包括裂缝）；
(3) 影响正常使用的振动；
(4) 影响正常使用的其他特定状态。

结构的工作性能可用结构的功能函数 Z 来描述，设计结构时可取荷载效应 S 和结构抗力 R 两个基本随机变量来表达结构的功能函数，即

$$Z = g(R, S) = R - S \tag{1-1}$$

显然，Z 也是随机变量，有以下三种情况：

$Z > 0$　结构处于可靠状态；
$Z = 0$　结构达到极限状态；
$Z < 0$　结构处于失效状态。

可见，结构的极限状态是结构由可靠转变为失效的临界状态。

由于 R 和 S 受到许多随机性因素影响而具有不确定性，$Z \geq 0$ 不是必然性的事件。因此科学的设计方法是以概率为基础来度量结构的可靠性。

(二) 可靠度

按照概率极限状态设计法，结构的可靠度定义为结构在规定的时间内，规定的条件下，完成预定功能的概率。它是对结构可靠性的定量描述。这里的"完成预定功能"指对某项规定功能而言结构不失效。结构在规定的设计使用年限内应满足的功能有：

(1) 在正常施工和正常使用时，能承受可能出现的各种作用；
(2) 在正常使用时具有良好的工作性能；
(3) 在正常维护下具有足够的耐久性能；
(4) 在设计规定的偶然事件发生时及发生后，仍能保持必需的整体稳定性。

规定的设计使用年限（设计基准期）是指设计规定的结构或结构构件不需进行大修即可按其预定目的使用的年限。我国建筑结构的设计基准期为 50 年。

若以 p_r 表示结构的可靠度，则有

$$p_r = P(Z \geq 0) \tag{1-2}$$

记 p_f 为结构的失效概率，则有

$$p_f = P(Z < 0) \tag{1-3}$$

显然

$$p_r = 1 - p_f \tag{1-4}$$

因此结构可靠度的计算可转换为失效概率的计算。可靠的结构设计指的是使失效概率小到可以接受程度的设计，绝对可靠的结构（失效概率等于零）是不存在的。由于与 Z 有关的多种影响因素都是不确定的，其概率分布很难求得，目前只能用近似概率设计方法，同时采用可靠指标表示失效概率。

（三）可靠指标

为了使结构达到安全可靠与经济上的最佳平衡，必须选择一个结构的最优失效概率或目标可靠指标，但这是一个非常复杂困难的工作。目前我国与其他许多国家一样，采用"校准法"求得。即通过对原有规范作反演分析，找出隐含在现有工程中相应的可靠指标值，经过综合分析，确定设计规范采用的目标可靠指标值。《建筑结构可靠度设计统一标准》（GB50068）规定结构构件承载能力极限状态的可靠指标不应小于表 1-1 中的规定。钢结构连接的承载能力极限状态经常是强度破坏而不是屈服，可靠指标应比构件为高，一般推荐用 4.5。

结构构件承载能力极限状态的可靠指标　　　　表 1-1

破坏类型	安全等级		
	一级	二级	三级
延性破坏	3.7	3.2	2.7
脆性破坏	4.2	3.7	3.2

设计钢结构时，应根据结构破坏可能产生的后果（危及人的生命、造成经济损失、产生社会影响等）的严重性，采用不同的安全等级。其划分应符合表 1-2 的要求。

建筑结构的安全等级　　　　表 1-2

安全等级	破坏后果	建筑物类型
一级	很严重	重要的房屋
二级	严重	一般的房屋
三级	不严重	次要的房屋

三、极限状态设计表达式

结构构件的极限状态设计表达式，应根据各种极限状态的设计要求，采用有关的荷载代表值、材料性能标准值、几何参数标准值及各种分项系数表达。

（一）承载能力极限状态

结构构件应采用荷载效应的基本组合和偶然组合进行设计。

1. 基本组合

（1）对于基本组合，应按下列极限状态设计表达式中最不利值确定：

由可变荷载效应控制的组合：

$$\gamma_0(\gamma_G S_{G_k} + \gamma_{Q_1} S_{Q_{1k}} + \sum_{i=2}^{n} \gamma_{Q_i} \psi_{ci} S_{Q_{ik}}) \leqslant R \tag{1-5}$$

由永久荷载效应控制的组合：

$$\gamma_0(\gamma_G S_{G_k} + \sum_{i=1}^{n} \gamma_{Q_i} \psi_{ci} S_{Q_{ik}}) \leqslant R \tag{1-6}$$

式中 γ_0——结构重要性系数，应按下列规定采用：对安全等级为一级或设计使用年限为 100 年及以上的结构构件，不应小于 1.1；对安全等级为二级或设计使用年限为 50 年的结构构件，不应小于 1.0；对于设计使用年限为 25 年的结构构件，不应小于 0.95；对安全等级为三级或设计使用年限为 5 年的结构构件，不应小于 0.9；

γ_G——永久荷载分项系数，应按下列规定采用：当永久荷载效应对结构构件的承载能力不利时，对由可变荷载效应控制的组合应取 1.2，对由永久荷载效应控制的组合应取 1.35；当永久荷载效应对结构构件的承载能力有利时，一般情况下取 1.0；

γ_{Q_1}，γ_{Q_i}——第 1 个和第 i 个可变荷载分项系数，应按下列规定采用：当可变荷载效应对结构构件的承载能力不利时，在一般情况下应取 1.4，对标准值大于 4.0kN/m² 的工业房屋楼面结构的活荷载取 1.3；当可变荷载效应对结构构件的承载能力有利时，应取为 0；

S_{G_k}——永久荷载标准值的效应；

$S_{Q_{1k}}$——在基本组合中起控制作用的第 1 个可变荷载标准值的效应；

$S_{Q_{ik}}$——第 i 个可变荷载标准值的效应；

ψ_{ci}——第 i 个可变荷载的组合值系数，其值不应大于 1；

R——结构构件的抗力设计值，$R = R_k/\gamma_R$，R_k 为结构构件抗力标准值，γ_R 为抗力分项系数，对于 Q235 钢，$\gamma_R = 1.087$；对于 Q345、Q390 和 Q420 钢，$\gamma_R = 1.111$。

(2) 对于一般排架、框架结构，可以采用简化设计表达式：

由可变荷载效应控制的组合：

$$\gamma_0(\gamma_G S_{G_k} + \psi \sum_{i=1}^{n} \gamma_{Q_i} S_{Q_{ik}}) \leqslant R \tag{1-7}$$

式中 ψ——简化设计表达式中采用的荷载组合系数，一般情况下可取 $\psi = 0.9$，当只有一个可变荷载时，取 $\psi = 1.0$。

由永久荷载效应控制的组合仍按式 (1-6) 采用。

2. 偶然组合

对于偶然组合，极限状态设计表达式宜按下列原则确定：偶然作用的代表值不乘以分项系数；与偶然作用同时出现的可变荷载，应根据观测资料和工作经验采用适当的代表值。

(二) 正常使用极限状态

结构构件应根据不同设计目的，分别选用荷载效应的标准组合、频遇组合和准永久组合进行设计，使变形、裂缝等荷载效应的设计值符合下式的要求：

$$S_d \leqslant C \tag{1-8}$$

式中 S_d——变形、裂缝等荷载效应的设计值；

C——设计对变形、裂缝等规定的相应限值。

钢结构的正常使用极限状态只涉及变形验算，仅需考虑荷载的标准组合：

$$S_d = S_{G_k} + S_{Q_{1k}} + \sum_{i=2}^{n} \psi_{ci} S_{Q_{ik}} \tag{1-9}$$

第三节 钢结构的疲劳计算

一、疲劳断裂的概念

钢结构的疲劳断裂是裂纹在连续重复荷载作用下不断扩展以至断裂的脆性破坏，塑性变形极小，破坏前没有明显破坏预兆，危险性较大。出现疲劳断裂时，截面上的应力低于材料的抗拉强度，甚至低于屈服强度。

疲劳破坏经历三个阶段：裂纹的形成、裂纹的缓慢扩展和最后迅速断裂。对于钢结构，实际上只有后两个阶段，因为结构中总会有内在的微小缺陷。对焊接构件，裂纹的起源常在焊趾处或焊缝中的孔洞、夹渣以及欠焊等处；对非焊接构件，在冲孔、剪切、气割等处也存在微观裂纹。

疲劳断裂的断口一般可分为光滑区和粗糙区两部分（图1-1）。光滑区的形成是因为裂纹多次开合的缘故，而粗糙区是因为裂纹扩展到一定程度导致截面削弱过甚以致不足以抵抗破坏而突然断裂形成的，类似于拉伸试件的断口，比较粗糙。

钢结构的疲劳破坏通常属于高周疲劳，即结构应变小，破坏前荷载循环次数多。钢结构设计规范规定，直接承受动力荷载重复作用的钢结构构件（如吊车梁、吊车桁架等）及其连接，当应力变化的循环次数 $n \geqslant 5 \times 10^4$ 时，应进行疲劳计算。

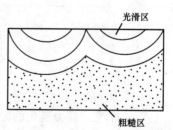

图1-1 断口示意

二、与疲劳破坏有关的几个概念

1. 应力集中

应力集中是影响疲劳性能的重要因素。应力集中越严重，钢材越容易发生疲劳破坏。应力集中的程度由构造细节所决定，包括微小缺陷、孔洞、缺口、凹槽及截面的厚度和宽度是否有变化等，对焊接结构表现为零件之间相互连接的方式和焊缝的形式。因此，对于相同的连接形式，构造细节处理的不同，也会对疲劳强度有较大的影响。根据试验研究结果，钢结构设计规范将构件和连接形式按应力集中的影响程度由低到高分为 8 类（见附表 9），第一类是没有应力集中的主体金属，第八类是应力集中最严重的角焊缝，第二至第七类则是有不同程度应力集中的主体金属。

2. 应力循环特征

连续重复荷载之下应力从最大到最小重复一周叫做一个循环。应力循环特征常用应力比 $\rho = \sigma_{min}/\sigma_{max}$ 来表示，拉应力取正值，压应力取负值，如图 1-2 所示。当 $\rho = -1$ 时称为完全对称循环（图 1-2a）；$\rho = 0$ 时称为脉冲循环（图 1-2b）；$\rho = 1$ 时为静荷载（图 1-2c）；$0 < \rho < 1$ 时为同号应力循环（图 1-2d）；$-1 < \rho < 0$ 时为异号应力循环（图 1-2e）。

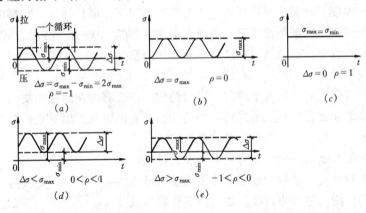

图 1-2 疲劳应力谱

3. 应力幅

应力幅表示应力变化的幅度，用 $\Delta\sigma = \sigma_{max} - \sigma_{min}$ 表示，应力幅总是正值。

应力幅在整个应力循环过程中保持常量的循环称为常幅应力循环，如图 1-3（a）所示，若应力幅是随时间随机变化的，则称为变幅应力循环，如图 1-3（b）所示。

焊接结构的疲劳计算宜以应力幅为准则，原因在于结构内部的残余应力。裂纹的起源常在焊趾或焊缝内部缺陷处，而焊缝处及其近旁残余拉应力高达屈服强

度 f_y。图 1-4（a）为一焊接工字形截面承受荷载前翼缘残余应力分布图，图 1-4（b）则表示在翼缘上施加脉动拉应力 σ（$\rho = 0$），图 1-4（c）为在此应力作用下翼缘应力变化情况：在原有残余应力①的基础上增加均布拉应力 σ 时，应力已达屈服点部分不再增加，则应力分布如实折线②所示，在卸荷时，翼缘上应力均减少 σ，则应力分布如折线③，再加载，又成为折线②，卸载，则为折线③，应力一直在②和③之间变动。因此，翼缘实际应力的变化范围并不是表面上的由 σ 到 0，而是由 f_y 到 $f_y - \sigma$。如果施加的应力为交变应力（$\rho = -1$），即由 $\sigma/2$ 至 $-\sigma/2$，应力变化范围仍是由 f_y 到 $f_y - \sigma$。因此，对于焊接结构，只要应力幅相同，对构件疲劳的实际效果就相同，而和应力循环特征 ρ 或平均应力无关。应力幅才是决定疲劳的关键，这就是应力幅准则。

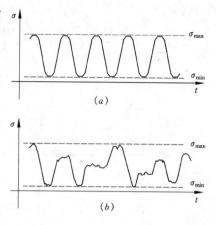

图 1-3 疲劳应力谱

对于非焊接结构，由试验可知，对于 $\rho \geq 0$ 的应力循环，该准则完全适用；对于 $\rho < 0$ 的应力循环，该准则偏于安全。因此规范取下式计算非焊接结构应力幅：

$$\Delta\sigma = \sigma_{max} - 0.7\sigma_{min} \tag{1-10}$$

此式在应力循环同号时稍偏安全。

4. 疲劳寿命（致损循环次数）

疲劳寿命指在连续反复荷载作用下应力的循环次数，一般用 n 表示。应力幅愈大，产生疲劳破坏的应力循环次数愈少。应力幅愈小，产生疲劳破坏的应力循环次数愈多，当应力幅小到一定程度，即使经无限多次应力循环也不会产生疲劳破坏。

三、疲劳曲线（$\Delta\sigma$-n 曲线）

对不同的构件和连接用不同的应力幅进行常幅循环应力试验，即可得到疲劳破坏时不同的循环次数 n，将足够多的试验点连接起来就可得到 $\Delta\sigma$-n 曲线（图 1-5a）即疲劳曲线，采用双对数坐标时，所得结果呈直线关系（图 1-5b）。

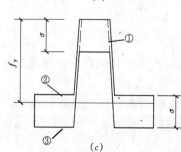

图 1-4 焊接构件的应力波动

其方程为：
$$\log n = b - m \log \Delta\sigma \tag{1-11}$$

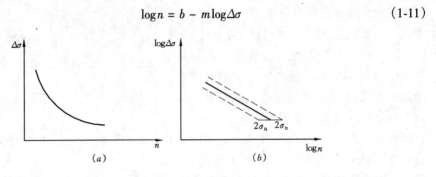

图 1-5　$\Delta\sigma$-n 曲线

考虑到试验点的离散性，需要有一定的概率保证，则方程改为：
$$\log n = b - m \log \Delta\sigma - 2\sigma_n \tag{1-12}$$

式中　b——n 轴上的截距；

　　　m——直线对纵坐标的斜率（绝对值）；

　　　σ_n——标准差，根据试验数据由统计理论公式得出，它表示 $\log n$ 的离散程度。

若 $\log n$ 呈正态分布，公式（1-12）保证率是 97.7%；若呈 t 分布，则约为 95%。

四、疲劳计算及容许应力幅

一般钢结构都是按照概率极限状态进行设计的，但对疲劳部分规范规定按容许应力原则进行验算。这是由于现阶段对疲劳裂缝的形成、扩展以至断裂这一过程的极限状态定义，以及有关影响因素研究不足的缘故。

应力幅值由重复作用的可变荷载产生，所以疲劳验算按可变荷载标准值进行。由于验算方法以试验为依据，而疲劳试验中已包含了动力的影响，故计算荷载时不再乘以吊车动力系数。

常幅疲劳按下式进行验算：
$$\Delta\sigma \leqslant [\Delta\sigma] \tag{1-13}$$

式中　$\Delta\sigma$——对焊接部位为应力幅 $\Delta\sigma = \sigma_{\max} - \sigma_{\min}$；对非焊接结构为折算应力幅 $\Delta\sigma = \sigma_{\max} - 0.7\sigma_{\min}$，应力以拉为正，压为负；

　　　$[\Delta\sigma]$——常幅疲劳的容许应力幅，按构件和连接的类别以及预期的循环次数由公式（1-15）计算。

由式（1-12）可得

$$\Delta\sigma = \left(\frac{10^{b-2\sigma_n}}{n}\right)^{\frac{1}{m}} = \left(\frac{C}{n}\right)^{\frac{1}{m}} \tag{1-14}$$

取此 $\Delta\sigma$ 作为容许应力幅，并将 m 调成整数，记为 β，则

$$[\Delta\sigma] = \left(\frac{C}{n}\right)^{\frac{1}{\beta}} \tag{1-15}$$

式中　n——应力循环次数；

C、β——参数，根据附表9的构件和连接类别按表1-3采用。

参数 C、β 值　　　　　　　　　　表 1-3

构件和连接类别	1	2	3	4	5	6	7	8
C	1940×10^{12}	861×10^{12}	3.26×10^{12}	2.18×10^{12}	1.47×10^{12}	0.96×10^{12}	0.65×10^{12}	0.41×10^{12}
β	4	4	3	3	3	3	3	3

由式 (1-15) 可知，只要确定了系数 C 和 β，就可根据设计基准期内可能出现的应力循环次数 n 确定容许应力幅 $[\Delta\sigma]$，或根据设计应力幅水平预估应力循环次数 n。

如为全压应力循环，不出现拉应力，则对这一部位不必进行疲劳计算。

五、变幅疲劳

大部分结构实际所承受的循环应力都不是常幅的。以吊车梁为例，吊车运行时并不总是满载，小车在吊车桥上所处的位置也在变化，吊车的运行速度及吊车的维修情况也经常不同。因此吊车梁每次的荷载循环都不尽相同。吊车梁实际处于欠载状态的变幅疲劳下。对于重级工作制（A6、A7、A8级）吊车梁和重级、中级工作制（A4、A5级）的吊车桁架，规范规定其疲劳可作为常幅疲劳按下式计算：

$$\alpha_f \Delta\sigma \leq [\Delta\sigma]_{2 \times 10^6} \tag{1-16}$$

式中　$\Delta\sigma$——变幅疲劳的最大应力幅；

$[\Delta\sigma]_{2 \times 10^6}$——循环次数 $n = 2 \times 10^6$ 次的容许应力幅，由式 (1-15) 计算；

α_f——中、重级吊车荷载折算成 $n = 2 \times 10^6$ 时的欠载效应等效系数，根据对国内吊车荷载谱的调查统计结果，重级工作制硬钩吊车为 1.0，重级工作制软钩吊车为 0.8，中级工作制吊车为 0.5。

思 考 题

1-1　钢结构的合理应用范围是什么？各发挥了钢结构的哪些特点？

1-2　概率极限状态设计法的基本概念：

(1) 结构设计的基本原则是什么？
(2) 如何表述两类极限状态？
(3) 设计表达式中的各参数的含义是什么？
(4) 何为可靠度、失效概率和可靠指标？
1-3 结构设计中能否保证结构绝对安全，为什么？
1-4 什么是疲劳断裂？简述其特点。
1-5 简述影响疲劳断裂的因素。
1-6 试说明对焊接结构采用应力幅作为疲劳计算准则的原因。

第二章 钢结构的材料

学习要点

1. 了解结构钢材的破坏形式及其特征，熟悉钢材脆性破坏发生的原因及其防止措施。
2. 掌握钢结构对钢材性能的要求，熟悉影响钢材性能的各种因素。
3. 熟悉结构钢材种类，能正确合理地选择钢材。
4. 熟悉结构钢材的规格，掌握其表示方法。

第一节 结构钢材的破坏形式

钢材在各种作用下会发生两种破坏形式，即塑性破坏和脆性破坏，两者的破坏特征有明显的区别。

塑性破坏是由于构件的应力达到材料的极限强度而产生的，破坏断口呈纤维状，色泽发暗，破坏前有较大的塑性变形，且变形持续时间长，容易及时发现并采取有效补救措施，通常不会引起严重后果。

脆性破坏是在塑性变形很小，甚至没有塑性变形的情况下突然发生的，破坏时构件的计算应力可能小于钢材的屈服点 f_y，破坏的断口平齐并呈有光泽的晶粒状。由于脆性破坏前没有明显的征兆，不能及时觉察和补救，破坏后果严重。如1972年河北廊坊因一个杆件脆断导致屋架倒塌，1999年四川綦江大桥倒塌等。因此，在钢结构的设计、施工和使用中，要充分考虑各方面因素，避免一切发生脆性破坏的可能性。

第二节 钢结构对钢材性能的要求

为了保证结构的安全，钢结构所用的钢材应具有下列性能要求：

一、较高的强度

钢材的强度指标主要有屈服强度（屈服点）f_y 和抗拉强度 f_u，可通过钢材的静力单向拉伸试验获得。

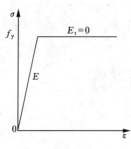

图 2-1 理想弹塑性体的 σ-ε 曲线

试验表明，钢材的屈服强度 f_y 与比例极限 f_p 和弹性极限 f_e 很接近，在屈服强度 f_y 之前，钢材应变很小，而在屈服强度 f_y 以后，钢材产生很大的塑性变形，常使结构出现使用上不允许的残余变形。因此认为：屈服强度 f_y 是设计时钢材可以达到的最大应力。钢材可看作为理想的弹塑性体（图 2-1）。

抗拉强度 f_u 是钢材破坏前能够承受的最大应力，屈强比（f_y/f_u）是衡量钢材强度储备的一个系数，屈强比愈低钢材的安全储备愈大，但屈强比过小时，钢材强度的利用率太低，不够经济；屈强比过大时，安全储备太小而不够安全。

二、良好的塑性

塑性是指钢材在应力超过屈服点后，能产生显著的残余变形（塑性变形）而不立即断裂的性质。一般用伸长率 δ 来衡量，它由钢材的静力单向拉伸试验得到。

$$\delta = \frac{l_1 - l_0}{l_0} \times 100\% \tag{2-1}$$

式中 l_0、l_1——试件原标距长度和拉断后标距间长度。

显然，δ 值愈大，钢材的塑性愈好。试件一般有两种，$l_0/d = 5$ 和 $l_0/d = 10$，d 为试件直径。当试件为板材时，$l_0 = 5.65\sqrt{F_0}$ 和 $l_0 = 11.3\sqrt{F_0}$，F_0 为试件的横截面面积，测得的伸长率分别以 δ_5 和 δ_{10} 表示，$\delta_5 > \delta_{10}$。

三、韧性好

韧性是指钢材在塑性变形和断裂过程中吸收能量的能力，是衡量钢材抵抗动力荷载能力的指标，它是强度和塑性的综合表现，是判断钢材在动力荷载作用下是否出现脆性破坏的重要指标之一。韧性的好坏用冲击韧性值 A_{kv} 或 C_v 表示，

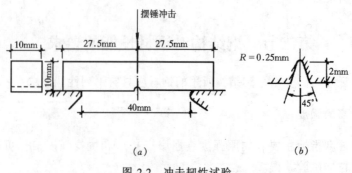

图 2-2 冲击韧性试验

它是对带有夏比 V 形缺口（Charpy）试件进行冲击试验（图 2-2）测得的试件断裂时的冲击功。

四、可焊性好

可焊性是指在一定的焊接工艺和结构条件下，不因焊接而对钢材材性产生较大的有害影响。可分为施工上的可焊性的和使用上的可焊性。

施工上的可焊性好是指在一定的焊接工艺下，焊缝金属及其附近金属均不产生裂纹；使用上的可焊性好是指焊接构件在施焊后的力学性能不低于母材的力学性能。

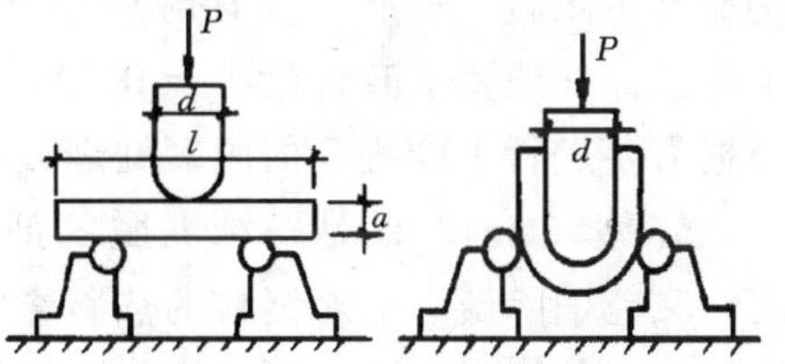

五、合格的冷弯性能

冷弯性能是指钢材在常温下加工发生塑性变形时，对产生裂纹的抵抗能力，用冷弯试验（图 2-3）来检验。如果试件弯曲 180°，无裂纹、断裂或分层，即认为试件冷弯性能合格。

图 2-3　冷弯试验示意图

冷弯试验不仅能直接检验钢材的弯曲变形能力或塑性变形，还能暴露出钢材的内部缺陷。冷弯性能是衡量钢材力学性能的综合指标。

第三节　影响钢材性能的主要因素

钢材性能受许多因素的影响，其中有些因素会促使钢材产生脆性破坏，应格外重视。

一、化学成分

钢材由各种化学成分组成的，其基本元素为铁（Fe），碳素结构钢中铁占 99%。碳和其他元素仅占 1%，但对钢材的性能有着决定性的影响。普通低合金钢中还含有低于 5% 的合金元素。

1. 碳（C）。碳是碳素结构钢中仅次于铁的主要元素，是影响钢材强度的主要因素，随着含碳量的增加，钢材强度提高，而塑性和韧性，尤其是低温冲击韧性下降，同时可焊性、抗腐蚀性、冷弯性能明显降低。因此结构用钢的含碳量一般不应超过 0.22%，对焊接结构应低于 0.2%。

2. 硫（S）。硫是一种有害元素，降低钢材的塑性、韧性、可焊性、抗锈蚀性等，在高温时使钢材变脆，即热脆。因此，钢材中硫的含量不得超过 0.05%，在焊接结构中不超过 0.045%。

3. 磷（P）。磷也是一种有害元素，虽磷的存在使钢材的强度和抗锈蚀性提高，但严重降低钢材的塑性、韧性、可焊性、冷弯性能等，特别是在低温时使钢材变脆，即冷脆。钢材中磷的含量一般不得超过0.045%。磷在钢材中的强化作用十分显著，有些国家生产高磷钢，含磷量最高可达0.08%~0.12%，由此引起的不利影响通过降低含碳量来弥补。

4. 氧（O）和氮（N）。氧和氮都是钢材的有害杂质，氧的作用与硫类似，使钢材产生热脆，一般要求其含量小于0.05%；而氮的作用与磷类似，使钢材产生冷脆，一般要求其含量小于0.008%。由于氧、氮容易在冶炼过程中逸出，且根据需要进行不同程度的脱氧处理，其含量一般不会超过极限含量。

5. 锰（Mn）。锰是一种弱脱氧剂，适量的锰含量可以有效地提高钢材的强度，又能消除硫、氧对钢材的热脆影响，而不显著降低钢材的塑性和韧性。但含量过高将使钢材变脆，降低钢材的抗锈蚀性和可焊性。锰在碳素结构钢中的含量为0.3%~0.8%，在低合金钢中一般为1.2%~1.6%。

6. 硅（Si）。硅是一种强脱氧剂，适量的硅可提高钢材的强度，而对塑性、韧性、冷弯性能和可焊性无明显不良影响，但硅含量过大（达1%左右）时，会降低钢材的塑性、韧性、抗锈蚀性和可焊性。一般硅含量不超过0.3%。

为改善钢材的性能，可掺入一定数量的其他元素，如铝（Al）、铬（Cr）、镍（Ni）、铜（Cu）、钛（Ti）、钒（V）等。

二、冶炼、轧制、热处理

1. 冶炼

结构钢材的冶炼方法主要有平炉炼钢和氧气顶吹转炉炼钢。其中平炉炼钢由于生产效率低，目前已基本淘汰，因此，主要使用氧气顶吹转炉生产的钢材。

为排除钢水中的氧元素，浇铸前要向钢液中投入脱氧剂，按脱氧程度的不同，形成沸腾钢、半镇静钢、镇静钢和特殊镇静钢。

沸腾钢是以锰作为脱氧剂，脱氧不充分，钢水出现剧烈沸腾现象而得名。因沸腾钢含有较多的氧、氮等元素，其塑性、韧性和可焊性较差，容易发生时效和变脆。但沸腾钢成品率高，成本较低，质量能满足一般承重结构的要求，因而被广泛应用。

镇静钢除了加锰以外，还加强脱氧剂硅，脱氧比较充分。镇静钢具有较高的冲击韧性，较小的时效敏感性和冷脆性，冷弯性能、可焊性和抗锈蚀性较好等优点。但成品率低，成本较高。

半镇静钢的脱氧程度介于沸腾钢和镇静钢之间，其性能也介于二者之间。

特殊镇静钢是在用锰和硅脱氧之后，再用铝等进行补充脱氧，能明显改善各项力学性能。

2. 冶金缺陷

常见的冶金缺陷有偏析、非金属夹杂、气孔、裂纹及分层等。偏析是指钢中化学成分分布不均匀，特别是硫、磷偏析严重恶化钢材的性能；非金属夹杂是指钢中含有硫化物、氧化物等杂质；气孔是由于氧化铁与碳作用生成的一氧化碳不能充分逸出而形成的。这些缺陷都将降低钢材的性能。非金属夹杂物在轧制后会造成钢材的分层，使钢材沿厚度方向受拉性能大大降低。

3. 轧制

钢的轧制是在高温（1200～1300℃）和压力作用下将钢锭热轧成钢板或型钢。轧制使钢锭中的小气孔、裂纹等缺陷焊合起来，使金属组织更加致密，并能消除显微组织缺陷，从而改善了钢材的力学性能。一般来说，轧制的钢材愈小（愈薄），其强度愈高，塑性和冲击韧性也愈好。因此规范对钢材按厚度进行分组，见附表1。

热轧的钢材由于不均匀冷却产生残余应力，一般在冷却较慢处产生拉应力，早冷却处产生压应力（图2-4）。

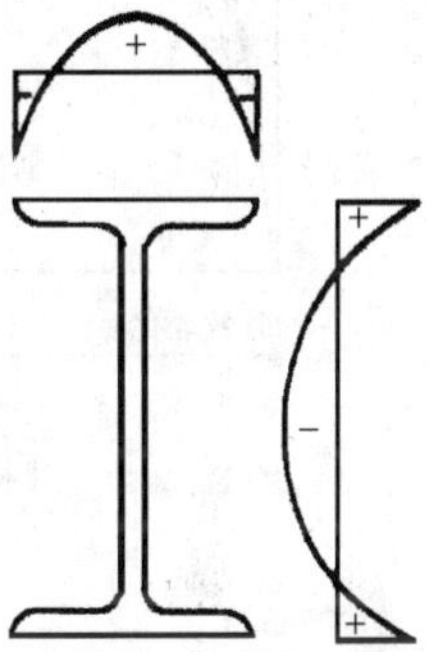

4. 热处理

钢的热处理就是将钢在固态范围内施以不同的加热、保温和冷却，以改变其性能的一种工艺。根据加热和冷却方法的不同，建筑结构钢的热处理主要有：退火处理、正火处理、淬火处理、回火处理。热处理可改善钢的组织和性能，消除残余应力。淬火加高温回火的综合操作称为调质处理，可让钢材获得强度、塑性和韧性都较好的综合性能。

图2-4 热轧钢材的残余应力分布

三、钢材的硬化

硬化有时效硬化和冷作硬化两种。

时效硬化是指钢材随时间的增长，钢材强度（屈服点和抗拉强度）提高，塑性降低、特别是冲击韧性大大降低的现象（图2-5）。时效硬化的过程一般很长。为了测定钢材时效后的冲击韧性，常采用人工快速时效方法，即先使钢材产生10%左右的塑性变形，再加热至250℃左右并保温1h，然后在空气中冷却。

冷作硬化是指当钢材冷加工（剪、冲、拉弯等）超过其弹性极限卸载后，出现残余塑性变形，再次加载时弹性极限（或屈服点）提高的现象（图2-6）。冷作硬化降低了钢材的塑性和冲击韧性，增加了出现脆性破坏的可能性。

四、温度的影响

0℃以上，总趋势是温度升高，钢材强度和弹性模量降低，塑性增大（图2-7）。100℃以内时，钢材性能变化不大；在250℃左右时，钢材会出现抗拉强度提高，冲击韧性下降的蓝脆现象，应避免钢材在蓝脆温度范围内进行热加工；温度超过300℃后，屈服点和极限强度下降显著；600℃时强度已很低，不能承担外力。

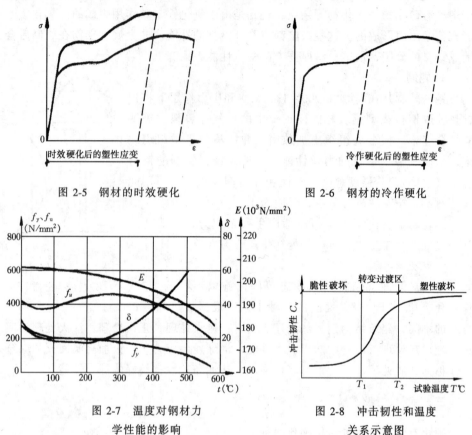

图 2-5　钢材的时效硬化

图 2-6　钢材的冷作硬化

图 2-7　温度对钢材力学性能的影响

图 2-8　冲击韧性和温度关系示意图

0℃以下，总的趋势是温度降低，钢材强度略有提高，塑性、韧性降低。特别是当温度下降到某一值时，钢材的冲击韧性突然急剧下降（图2-8），试件发生脆性破坏，这种现象称为低温冷脆现象。钢材由韧性状态向脆性状态转变的温度叫冷脆转变温度（或叫冷脆临界温度）。

五、复杂应力状态

钢材在单向应力作用下，当应力达到屈服点 f_y 时，钢材即进入塑性状态。但在复杂应力（二向或三向应力）作用下（图2-9），钢材的屈服不能以某个方向的应力达到 f_y 来判别，而应按材料第四强度理论用折算应力 σ_{zs} 与钢材单向应力下的 f_y 比较来判别。

$$\sigma_{zs} = \sqrt{\sigma_x^2 + \sigma_y^2 + \sigma_z^2 - (\sigma_x\sigma_y + \sigma_y\sigma_z + \sigma_z\sigma_x) + 3(\tau_{xy}^2 + \tau_{yz}^2 + \tau_{zx}^2)} \tag{2-2}$$

或用主应力表达：

$$\sigma_{zs} = \sqrt{\frac{1}{2}\left[(\sigma_1-\sigma_2)^2+(\sigma_2-\sigma_3)^2+(\sigma_3-\sigma_1)^2\right]} \qquad (2-3)$$

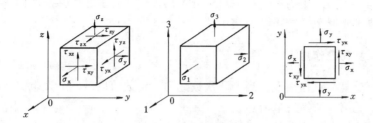

图 2-9 复杂应力状态

当 $\sigma_{zs} \leq f_y$ 时，钢材处于弹性状态；$\sigma_{zs} > f_y$ 钢材处于塑性状态。

由式（2-3）可知，当 σ_1、σ_2、σ_3 同号，且数值接近时，即使每个应力都超过 f_y，钢材也很难进入塑性状态，甚至破坏时也没有明显的塑性变形，呈现脆性破坏。

对于平面应力状态：$\sigma_{zs} = \sqrt{\sigma_x^2 + \sigma_y^2 - \sigma_x\sigma_y + 3\tau_{xy}^2}$ \hfill (2-4)

对梁腹板：$\sigma_y = 0$，记 $\sigma_x = \sigma$，$\tau_{xy} = \tau$ 则 $\sigma_{zs} = \sqrt{\sigma^2 + 3\tau^2}$ \hfill (2-5)

对纯剪状态：$\sigma_{zs} = \sqrt{3}\tau$ \hfill (2-6)

其屈服条件为：$\tau \leq f_y/\sqrt{3} \approx 0.58 f_y$，故 $f_{vy} = 0.58 f_y$ \hfill (2-7)

六、应力集中的影响

在钢结构构件中不可避免地存在着孔洞、槽口、凹角、形状变化和内部缺陷等，此时，轴心受力构件在截面变化处应力不再保持均匀分布，而是在一些区域产生局部高峰应力，另外一些区域则应力较低，形成应力集中现象（图2-10）。更严重的是，靠近高峰应力的区域总是存在着同号二维或三维应力场，因而促使钢材变脆。

高峰应力与净截面的平均应力之比称为应力集中系数。构件形状变化愈急剧，应力集中系数愈大，变脆的倾向亦愈严重。一

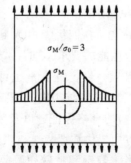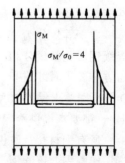

图 2-10 孔洞处的应力集中

（σ_0 为净截面上平均应力）

般情况下由于结构钢材的塑性较好,当内力增大时,应力分布不均匀的现象会由于应力重分布而逐渐平缓。故受静荷载作用的构件在常温下工作时,只要符合规范规定的有关要求,计算时可不考虑应力集中的影响。但在低温下或动力荷载作用下的结构,应力集中的不利影响将十分突出,往往是引起脆性破坏的根源,设计时应采取措施避免或减小应力集中。

七、反复荷载作用

钢材在反复荷载作用下,当循环次数达到一定数值以后,会发生突然的脆性疲劳破坏,见第一章第三节所述。

从以上论述中,我们看到有许多因素会使钢材产生脆性破坏,因此,在钢结构设计、施工和使用中,应根除或减少使钢材产生脆性破坏的因素,才能保证结构的安全。

第四节　结构钢材种类及其选择

一、钢材的种类和牌号

钢材的品种繁多,钢结构中采用的钢材主要有二类,即碳素结构钢和低合金高强度结构钢。

1. 碳素结构钢

根据现行的国家标准《碳素结构钢》(GB700)的规定,碳素结构钢的牌号由代表屈服点的字母 Q、屈服点的数值（N/mm^2）、质量等级符号和脱氧方法符号等四个部分按顺序组成。

碳素结构钢分为 Q195、Q215、Q235、Q255 和 Q275 等五种,屈服强度越大,其含碳量、强度和硬度越大,塑性越低。其中 Q235 在使用、加工和焊接方面的性能都比较好,是钢结构常用钢材之一。

质量等级分为 A、B、C、D 四级,由 A 到 D 表示质量由低到高。不同质量等级钢对化学成分和力学性能的要求不同。A 级无冲击功规定,对冷弯试验只在需方有要求时才进行,其碳、锰、硅含量也可以不作为交货条件；B 级、C 级、D 级分别要求保证 20℃、0℃、-20℃时夏比 V 形缺口冲击功 A_{kv} 不小于 27J（纵向）,都要求提供冷弯试验的合格保证,以及碳、锰、硅、硫和磷等含量的保证。

所有钢材交货时供方应提供屈服点、极限强度和伸长率等力学性能的保证。

沸腾钢、镇静钢、半镇静钢和特殊镇静钢分别用汉字拼音字首 F、Z、b 和 TZ 表示。对 Q235,A、B 级钢可以是 Z、b 或 F,C 级钢只能是 Z,D 级钢只能是 TZ。Z 和 TZ 可以省略不写。

如 Q235-AF 表示屈服强度为 235N/mm² 的 A 级沸腾钢；Q235-Bb 表示屈服强度为 235N/mm² 的 B 级半镇静钢；Q235-C 表示屈服强度为 235N/mm² 的 C 级镇静钢。

2. 低合金高强度结构钢

低合金钢是在冶炼过程中添加一种或几种少量合金元素，其总量低于5%的钢材。低合金钢因含有合金元素而具有较高的强度。根据现行国家标准《低合金高强度结构钢》（GB/T1591）的规定，其牌号与碳素结构钢牌号的表示方法相同，常用的低合金钢有 Q345、Q390、Q420 等。

低合金钢交货时供方应提供屈服强度、极限强度、伸长率和冷弯试验等力学性能保证；还要提供碳、锰、硅、硫、磷、钒、铝和铁等化学成分含量的保证。

低合金钢的质量等级除与碳素结构钢 A、B、C、D 四个等级相同外，增加 E 级，其要求提供 -40℃时夏比 V 形缺口冲击功 A_{kv} 不小于27J（纵向）。不同质量等级对碳、硫、磷、铝的含量要求也有区别。

低合金钢的脱氧方法为镇静钢或特殊镇静钢。

Q345-B 表示屈服强度为 345N/mm² 的 B 级镇静钢；Q390-D 表示屈服强度为 390N/mm² 的 D 级特殊镇静钢。

碳素结构钢和低合金钢都可以采取适当的热处理（如调质处理）进一步提高其强度。例如用于制造高强度螺栓的 45 号优质碳素钢以及 40 硼（40B）、20 锰钛硼（20MnTiB）就是通过调质处理提高强度的。

各种牌号的结构钢材强度设计值见附表1。

二、钢材的选用

（一）选用钢材的原则

钢材选用的原则是既要使结构安全可靠和满足使用要求，又要最大可能节约钢材和降低造价。为保证承重结构的承载力和防止在一定条件下可能出现的脆性破坏，应综合考虑下列因素，选用合适的钢材牌号和材性。

1. 结构的重要性

结构和构件按其用途、部位和破坏后果的严重性可以分为重要、一般和次要三类，不同类别的结构或构件应选用不同的钢材。例如大跨度结构、重级工作制吊车梁等属重要的结构，应选用质量好的钢材；一般屋架、梁和柱等属于一般的结构；楼梯、栏杆、平台等则是次要的结构，可采用质量等级较低的钢材。

2. 荷载的性质

结构承受的荷载可分为静力荷载和动力荷载两种。对承受动力荷载的结构应选用塑性、冲击韧性好的质量高的钢材，如 Q345-C 或 Q235-C；对承受静力荷载的结构可选用一般质量的钢材如 Q235-BF。

3. 连接方法

钢结构的连接有焊接和非焊接之分,焊接结构由于在焊接过程中不可避免地会产生焊接应力、焊接变形和焊接缺陷,因此,应选择碳、硫、磷含量较低,塑性、韧性和可焊性都较好的钢材。对非焊接结构,如高强度螺栓连接的结构,这些要求就可放宽。

4. 结构的工作环境

结构所处的环境如温度变化、腐蚀作用等对钢材性能的影响很大。在低温下工作的结构,尤其是焊接结构,应选用具有良好抗低温脆断性能的镇静钢,结构可能出现的最低温度应高于钢材的冷脆转变温度。当周围有腐蚀性介质时,应对钢材的抗锈蚀性作相应要求。

5. 钢材厚度

厚度大的钢材不但强度低,而且塑性、冲击韧性和可焊性也较差,因此厚度大的焊接结构应采用材质较好的钢材。

(二) 钢材选用建议

1. 承重结构的钢材宜采用 Q235、Q345、Q390 和 Q420 钢材,其质量应分别符合现行国家标准《碳素结构钢》GB700 和《低合金高强度结构钢》GB/T1591 的规定。

2. 对 Q235 钢宜选用镇静钢和半镇静钢,下列情况的承重结构和构件不应采用 Q235 沸腾钢:

(1) 焊接结构。

1) 直接承受动力荷载或振动荷载且需要验算疲劳的结构。

2) 工作温度低于 -20℃时的直接承受动力荷载但可不验算疲劳的结构以及承受静力荷载的受弯及受拉的重要承重结构。

3) 工作温度不高于 -30℃的所有承重结构。

(2) 工作温度不高于 -20℃直接承受动力荷载且需要验算疲劳的非焊接结构。

结构工作温度系指结构所处的环境温度,对非采暖房屋可取为室外空气温度,即现行国家标准《采暖通风和空气调节设计规范》GBJ 19 中所列出的最低日平均温度,对采暖房屋内的结构可提高 10℃采用。

3. 承重结构采用的钢材应具有抗拉强度、伸长率、屈服强度和硫、磷含量的合格保证,对焊接结构尚应具有碳含量的合格保证。焊接承重结构以及重要的非焊接承重结构的钢材还应具有冷弯试验的合格保证。

4. 对于需要验算疲劳的焊接结构钢材,应具有常温冲击韧性的合格保证。当结构工作温度不高于 0℃但高于 -20℃时,Q235 钢和 Q345 钢应具有 0℃冲击韧性的合格保证;对 Q390 钢和 Q420 钢应具有 -20℃冲击韧性的合格保证。当结构

工作温度不高于 -20℃时，对 Q235 钢和 Q345 钢应具有 -20℃ 冲击韧性的合格保证；对 Q390 钢和 Q420 钢应具有 -40℃ 冲击韧性合格保证。

5. 对于需要验算疲劳的非焊接结构的钢材亦应具有常温冲击韧性的合格保证，当结构工作温度不高于 -20℃时，对 Q235 钢和 Q345 钢应具有 0℃ 冲击韧性的合格保证；对 Q390 钢和 Q420 钢应具有 -20℃ 冲击韧性的合格保证。

6. 吊车起重量不小于 50t 的中级工作制吊车梁，对钢材冲击韧性的要求应与需要验算疲劳的构件相同。

7. 当焊接承重结构为防止钢材的层状撕裂而采用 Z 向钢时，其材质应符合现行国家标准《厚度方向性能钢板》GB/T5313 的规定。

8. 对处于外露环境，且对大气腐蚀有特殊要求或在腐蚀性气态和固态介质作用下的承重结构，宜采用耐候钢，其质量要求应符合现行国家标准《焊接结构用耐候钢》GB/T 4172 的规定。

三、钢材的规格

钢结构所用钢材主要为热轧成型的钢板、型钢，以及冷弯成型的薄壁型钢。

1. 钢板

钢板有薄钢板（厚度 0.35~4mm）、厚钢板（厚度 4.5~60mm）、特厚板（板厚 >60mm）和扁钢（厚度 4~60mm，宽度为 12~200mm）等。钢板用"—宽×厚×长"或"—宽×厚"表示，单位为毫米，如—450×8×3100，—450×8。

2. 型钢

钢结构常用的型钢是角钢、工字形钢、槽钢和 H 型钢、钢管等（图 2-11）。除 H 型钢和钢管有热轧和焊接成型外，其余型钢均为热轧成型。

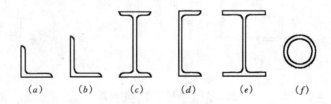

图 2-11 型钢截面

（1）角钢

角钢有等边角钢（图 2-11a）和不等边角钢（图 2-11b）两种。等边角钢以"L 肢宽×肢厚"表示，不等边角钢以"L 长肢宽×短肢宽×肢厚"表示，单位为 mm，如 L63×5，L100×80×8。

（2）工字钢

工字钢（图 2-11c）有普通工字钢和轻型工字钢两种。普通工字钢用"I 截面高度的厘米数"表示，高度 20mm 以上的工字钢，同一高度有三种腹板厚度，分别记为 a、b、c，a 类腹板最薄、翼缘最窄，b 类腹板较厚、翼缘较宽，c 类腹板最厚、翼缘最宽，如 I20a。同样高度的轻型工字钢的翼缘要比普通工字钢的翼缘宽而薄，腹板亦薄，轻型工字钢可用汉语拼音符号"Q"表示，如 QI40 等。

(3) 槽钢

槽钢（图 2-11d）也分普通槽钢和轻型槽钢两种，以"⊏或 Q⊏ 截面高度厘米数"表示，如⊏ 20 b，Q⊏ 22 等。

(4) H 型钢

H 型钢（图 2-11e）分热轧和焊接两种。热轧 H 型钢有宽翼缘（HW）、中翼缘（HM）、窄翼缘（HN）和 H 型钢柱（HP）等四类。H 型钢用"高度×宽度×腹板厚度×翼缘厚度"表示，单位为毫米，如 HW250×250×9×14，HM294×200×8×12。

焊接 H 型钢是由钢板用高频焊接组合而成，也用"高度×宽度×腹板厚度×翼缘厚度"表示，如 H350×250×10×16。

(5) 钢管

钢管（图 2-11f）有热轧无缝钢管和焊接钢管两种。无缝钢管的外径为 32～630mm。钢管用"φ外径×壁厚"来表示，单位为毫米，如 φ273×5。

我国生产的各类型钢规格和截面特性见附录三。对普通钢结构的受力构件不宜采用厚度小于 5mm 的钢板、壁厚小于 3mm 的钢管、截面小于 L45×4 或 L56×36×4 的角钢。

3. 冷弯薄壁型钢

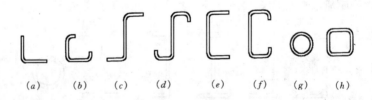

图 2-12 冷弯薄壁型钢截面

冷弯薄壁型钢（图 2-12）采用薄钢板冷轧制成。其壁厚一般为 1.5～12mm，但承重结构受力构件的壁厚不宜小于 2mm。薄壁型钢能充分利用钢材的强度以节约钢材，在轻钢结构中得到广泛应用。常用冷弯薄壁型钢截面形式有等边角钢（图 2-12a）、卷边等边角钢（图 2-12b）、Z 形钢（图 2-12c）、卷边 Z 形钢（图 2-12d）、槽钢（图 2-12e）、卷边槽钢（C

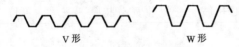

图 2-13 压型钢板

形钢)(图 2-12f)、钢管(图 2-12g、h)等,其表示方法为:按字母 B、截面形状符号和长边宽度×短边宽度×卷边宽度×壁厚的顺序表示,单位为毫米,长、短边相等时,只标一个边宽,无卷边时不标卷边宽度,如 B⌐ 120×40×2.5、BC160×60×20×3。

压型钢板(图 2-13)是冷弯薄壁型钢的另一种形式,它是用厚度为 0.4～2mm 的钢板、镀锌钢板或彩色涂层钢板经冷轧成的波形板。

冷弯薄壁型钢的规格及截面特性可参考有关文献。

思 考 题

2-1 结构钢材的破坏形式有哪几类?各有什么特征?

2-2 试述引起钢材发生脆性破坏的因素。

2-3 解释下列名词:

(1)韧性;(2)可焊性;(3)蓝脆;(4)时效硬化

2-4 试述碳、硫、磷对钢材性能的影响。

2-5 温度对钢材性能有什么影响?

2-6 试述应力集中产生的原因及后果。

2-7 指出下列各符号的意义:

(1) Q235-BF;(2) Q235-D;(3) Q345-C

2-8 下列钢材出厂时,哪些化学成分和力学性能有合格保证?

(1) Q390-B;(2) Q235-AF;(3) Q420-E

2-9 如在你家乡所在地建造一栋轻型门式刚架仓库,跨度 18m,梁柱采用焊接工字型截面,你认为应选用何种钢材?并说明理由。

第三章 钢结构的连接

学习要点

1. 了解钢结构常用的连接方式及其特点。
2. 了解对接焊缝及角焊缝的构造和工作性能。熟练掌握其传力过程和计算方法。了解焊缝缺陷对承载能力的影响及质量检验方法。
3. 了解焊接应力和焊接变形的种类、产生原因及其对构件工作性能的不利影响，了解减小和消除其影响的方法。
4. 了解螺栓连接排列方式和构造要求，了解普通螺栓和高强度螺栓连接的性能，熟练掌握普通螺栓和高强度螺栓连接的计算方法。

第一节 钢结构的连接方法

钢结构的基本构件由钢板、型钢等连接而成，如梁、柱、桁架等，运到工地后通过安装连接成整体结构，如厂房、桥梁等。因此在钢结构中，连接占有很重要的地位，设计任何钢结构都离不开连接问题。

在传力过程中，连接部位应有足够的强度、刚度和延性。被连接件间应保持正确的位置，以满足传力和使用要求。连接的加工和安装比较复杂而且费工，因此选定连接方案是钢结构设计的重要环节。

钢结构的连接通常有焊接、铆接和螺栓连接三种方式（图 3-1）。

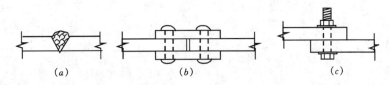

图 3-1 钢结构的连接方式
(a) 焊接连接；(b) 铆钉连接；(c) 螺栓连接

一、焊接连接

焊接是通过电弧产生热量，使焊条和焊件局部熔化，然后冷却凝结形成焊缝，使焊件连成一体。焊接连接是当前钢结构最主要的连接方式，它的优点是构造简单，节约钢材，加工方便，易于采用自动化作业。焊接连接一般不需拼接材料，不需开孔，可直接连接；连接的密封性好，刚度大。目前钢结构中焊接结构占绝对优势。但焊缝质量易受材料、操作的影响，因此对钢材材性要求较高。高强度钢更要有严格的焊接程序，焊缝质量要通过多种途径的检验来保证。

二、铆钉连接

铆钉连接需要先在构件上开孔，用加热的铆钉进行铆合。这种连接传力可靠，韧性和塑性较好，质量易于检查，适用于承受动力荷载、荷载较大和跨度较大的结构。但铆钉连接费工费料，现在很少采用，多被焊接及高强度螺栓连接所代替。

三、螺栓连接

螺栓连接需要先在构件上开孔，然后通过拧紧螺栓产生紧固力将被连接板件连成一体，分为普通螺栓连接和高强度螺栓连接两种。

1. 普通螺栓连接

普通螺栓的优点是装卸便利，不需特殊设备。普通螺栓又分为 C 级螺栓（又称粗制螺栓）和 A、B 级螺栓（又称精制螺栓）两种。其中 C 级螺栓有 4.6 级和 4.8 级两种，A、B 级螺栓有 5.6 级和 8.8 级两种。

C 级螺栓直径与孔径相差 1.0~2.0mm。A、B 级螺栓直径与孔径相差 0.3~0.5mm，A、B 级螺栓间的区别只是尺寸不同，其中 A 级为螺栓杆直径 $d \leqslant 24$mm 且螺栓杆长度 $l \leqslant 150$mm 的螺栓，B 级为 $d > 24$mm 或 $l > 150$mm 的螺栓。

C 级螺栓安装简单，便于拆装，但螺杆与钢板孔壁接触不够紧密，当传递剪力时，连接变形较大，故 C 级螺栓宜用于承受拉力的连接，或用于次要结构和可拆卸结构的受剪连接以及安装时的临时固定。A、B 级螺栓的受力性能较 C 级螺栓好，但其加工费用较高且安装费时费工，目前建筑结构中很少使用。

2. 高强度螺栓连接

高强度螺栓用高强度的钢材制作，安装时通过特制的扳手，以较大的扭矩拧紧螺帽，使螺栓杆产生很大的预应力，由于螺帽的挤压力把被连接的部件夹紧，依靠接触面间的摩擦力来阻止部件相对滑移，达到传递外力的目的，因而变形较小。从受力特征的不同，高强度螺栓连接可分为摩擦型和承压型两种。

摩擦型连接：外力仅依靠部件接触面间的摩擦力来传递。孔径比螺栓公称直径大 1.5~2.0mm。其特点是连接紧密，变形小，传力可靠，疲劳性能好，主要用于直接承受动力荷载的结构、构件的连接。

承压型连接：起初由摩擦传力，后期同普通螺栓连接一样，依靠杆和螺孔之间的抗剪和承压来传力。孔径比螺栓公称直径大 1.0~1.5mm。其连接承载力一般比摩擦型连接高，可节约钢材。但在摩擦力被克服后变形较大，故仅适用于承受静力荷载或间接承受动力荷载的结构、构件的连接。

除上述常用连接外，在薄壁钢结构中还经常采用射钉、自攻螺钉和焊钉等连接方式。射钉和自攻螺钉主要用于薄板之间的连接，如压型钢板与檩条或墙梁的连接，具有施工简单、操作方便的特点。焊钉用于混凝土与钢板连接，使两种材料能共同工作。

第二节　焊接连接的特性

一、焊接方法

钢结构常用的焊接方法有电弧焊、电渣焊、气体保护焊和电阻焊等。

1. 电弧焊

电弧焊是通电后在涂有焊药的焊条和焊件间产生电弧，由电弧提供热源，使焊条溶化，滴落在焊件上被电弧吹成的小凹槽溶池中，并与焊件溶化部分冷却后凝结成焊缝，把构件连接成一体。电弧焊的焊缝质量比较可靠，是一种最常用的焊接方法。

电弧焊分手工电弧焊（图3-2）和自动或半自动埋弧焊（图3-3）。

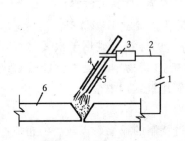
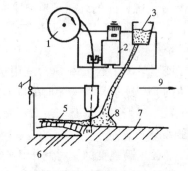

图 3-2　手工电弧焊　　　　　　图 3-3　自动埋弧焊
1—电源；2—导线；3—夹具；　　1—焊丝转盘；2—转动焊丝的电动机；3—焊剂漏斗；4—电源；
4—焊条；5—药皮；6—焊件　　　5—熔化的焊剂；6—焊缝金属；7—焊件；8—焊剂；9—移动方向

手工电弧焊在通电后，涂有焊药的焊条与焊件之间产生电弧，熔化焊条形成焊缝。焊药则随焊条熔化而形成熔渣覆盖在焊缝上，同时产生气体，防止空气与熔化的液体金属接触，保护焊缝不受空气中有害元素影响。手工电弧焊焊条应与焊件的金属强度相适应。对 Q235 钢焊件宜用 E43 型焊条，对 Q345 钢焊件宜用 E50 型焊条，对 Q390 和 Q420 钢焊件宜用 E55 型焊条。当不同钢种的钢材连接时，宜用与强度低的钢材相适应的焊条。

手工电弧焊具有设备简单适应性强的优点，适用于短焊缝或曲折焊缝的焊接，或施工现场的焊接。

自动或半自动埋弧焊：焊条采用没有涂层的焊丝，插入从漏斗中流出的覆盖在被焊金属表面的焊剂中，通电后由于电弧作用熔化焊条及焊剂，熔化后的焊剂浮在熔化金属表面保护熔化金属，使之不与外界空气接触，有时焊剂还可提供给焊缝必要的合金元素以改善焊缝质量。焊接进行时，焊接设备或焊体自行移动或人工操作移动，焊剂不断由漏斗漏下，电弧完全被埋在焊剂之下。同时，绕在转盘上的焊丝也不断下降熔化进行焊接。自动或半自动埋弧焊所采用的焊丝和焊剂要保证其熔敷金属的抗拉强度不低于相应手工焊焊条的数值。对 Q235 钢焊件，可采用 H08、H08A 等焊丝；对 Q345 钢焊件，可采用 H08A、H08MnA 和 H10Mn2 等焊丝；对 Q390 钢焊件可采用 H08MnA、H10Mn2 和 H08MnMoA 等焊丝。

自动焊的焊缝质量均匀，焊缝内部缺陷少，塑性好，冲击韧性高，抗腐蚀性强，适用于直长焊缝。半自动焊除人工操作前进外，其余与自动焊相同。

2. 电渣焊

电渣焊是利用电流通过熔渣所产生的电阻来熔化金属，焊丝作为电极伸入并穿过渣池，使渣池产生电阻热将焊件金属及焊丝熔化，沉积于熔池中，形成焊缝。电渣焊一般在立焊位置进行，目前多用熔嘴电渣焊，以管状焊条作为熔嘴，填充丝从管内递进。填充丝在焊接 Q235 钢时用 H08MnA，焊接 Q345 钢时用 H08MnMoA。

3. 电阻焊

电阻焊利用电流通过焊件接触点表面的电阻产生的热量来熔化金属，再通过压力使焊件焊合。薄壁型钢焊接常采用电阻焊（图 3-4）。电阻焊适用于板叠厚度不超过 12mm 的焊接。

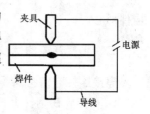

图 3-4 电阻焊

二、焊缝连接形式

焊缝连接形式可按构件相对位置、构造和施焊位置来划分。

1. 按构件的相对位置划分

焊缝连接形式按构件的相对位置可分为平接、搭接和顶接等几种（图 3-5）。

2. 按构造划分

焊缝的连接形式按构造可分为对接焊缝和角焊缝两种形式。图 3-5 中（a）和（d）为对接焊缝；（b）和（c）为角焊缝。

3. 按施焊位置划分

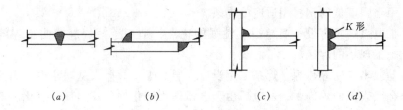

图 3-5 焊缝的连接形式
(a) 平接；(b) 搭接；(c)、(d) 顶接

焊缝按施焊位置可划分为俯焊、立焊、横焊和仰焊几种（图 3-6）。俯焊的施焊工作方便，质量易于保证。立焊和横焊的质量及生产效率比俯焊的差一些。仰焊的操作条件最差，焊缝质量不易保证，因此应尽量避免采用仰焊焊缝。

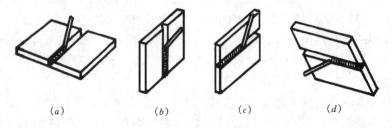

图 3-6 焊缝的施焊位置
(a) 俯焊；(b) 立焊；(c) 横焊；(d) 仰焊

焊缝的施焊位置由连接构造决定，在设计时应尽量采用便于俯焊的焊接构造。要避免焊缝立体交叉和在一处集中大量焊缝，同时焊缝的布置要尽量对称于构件形心。

三、焊接连接的优缺点

焊接连接与铆钉、螺栓连接比较有下列优点：

1. 不需要在钢材上打孔钻眼，既省工省时，又不使材料的截面积受到减损，使材料得到充分利用。

2. 任何形状的构件都可以直接连接，一般不需要辅助零件。连接构造简单，传力路线短，适用面广。

3. 焊接连接的气密性和水密性都较好，结构刚性也较大，结构的整体性好。

但是，焊缝连接也存在下列问题：

1. 由于高温作用在焊缝附近形成热影响区，钢材的金相组织和机械性能发生变化，材质变脆。

2. 焊接残余应力使结构发生脆性破坏的可能性增大，并降低压杆稳定承载力，同时残余变形还会使构件尺寸和形状发生变化，矫正费工。

3. 焊接结构具有连续性，局部裂缝一经产生便很容易扩展到整体。

设计焊接结构时，应考虑焊接连接的上述特点，扬长避短。遇到重要的焊接结构，结构设计与焊接工艺要密切配合，取得一个完满的设计和施工方案。

四、焊缝缺陷和焊缝等级

1. 焊缝缺陷

焊缝中可能存在裂纹、气孔、烧穿等缺陷（图 3-7a、b、c、d）。其中裂纹是焊缝中最危险的缺陷，分为热裂纹和冷裂纹，前者是在焊接时产生的，后者是在焊缝冷却的过程中产生的。焊缝的其它缺陷有夹渣、未焊透、咬边、焊瘤等（图 3-7e、f、g、h、i、j）。这些缺陷的存在，削弱了焊缝的截面面积，不同程度地降低了焊缝强度。在缺陷处容易形成应力集中，对结构和构件的工作性能不利，成为连接破坏的隐患和根源。因此施工时应引起足够的重视。

2. 焊缝质量检验

为了避免并减少上述缺陷的影响，保证焊缝连接的可靠工作，对焊缝进行质量检查极为重要。《钢结构工程施工质量验收规范》（GB50205）规定，焊缝依其

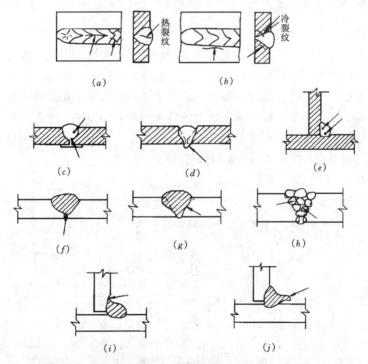

图 3-7 焊缝缺陷

(a) 热裂纹；(b) 冷裂纹；(c) 气孔；(d) 烧穿；(e) 夹渣；(f) 根部未焊透；(g) 边缘未熔合；(h) 层间未熔合；(i) 咬边；(j) 焊瘤

质量检查标准分为三级,其中三级焊缝只要求通过外观检查,即检查焊缝实际尺寸是否符合设计要求和有无看得见的裂纹、咬边等缺陷。对于重要结构或要求焊缝金属强度等于被焊金属强度的对接焊缝,必须进行一级或二级质量检验,即在外观检查的基础上再做无损检验。其中二级要求用超声波检验每条焊缝的20%长度,且不小于200mm;一级要求用超声波检验每条焊缝全部长度,以便揭示焊缝内部缺陷。当超声波探伤不能对缺陷作出判断时,应采用射线探伤,探伤比例与超声波检验的比例相同。

钢结构中一般采用三级焊缝,可满足通常要求;但对接焊缝的抗拉强度有较大的变异性,《钢结构工程施工质量验收标准》规定其强度设计值取主体金属的85%左右。因此,对有较大拉应力的对接焊缝以及直接受动力荷载的较重要的对接焊缝,宜采用二级焊缝;对抵抗动力和疲劳性能有较高要求的部位可采用一级焊缝。对于重要连接部位的角焊缝,要求其外观质量等级为二级。

焊缝质量与施焊条件有关,对于施焊条件较差的高空安装焊缝,其强度设计值应乘以0.9的折减系数。

五、焊缝代号及标注方法

在钢结构施工图上要用焊缝代号表明焊缝形式、尺寸和辅助要求。焊缝符号主要由图形符号、辅助符号和引出线等部分组成。引出线有横线和带箭头的斜线组成。箭头指到图形上相应的焊缝处,横线的上、下用来标注图形符号和焊缝尺寸。当引出线的箭头指向焊缝所在的一面时,应将图形符号和焊缝尺寸等标注在水平横线的上面;当引出线的箭头指向焊缝所在的另一面时,应将图形符号和焊缝尺寸等标注在水平横线的下面。必要时,可在水平横线的末端加一尾部作其他辅助说明。表3-1中列出了一些常用焊缝代号。

焊 缝 代 号　　　　　　　表 3-1

		角焊缝				对接焊缝	塞焊缝	三边围焊缝
		单面焊缝	双面焊缝	安装焊缝	相同焊缝			
型式								
标注方法								

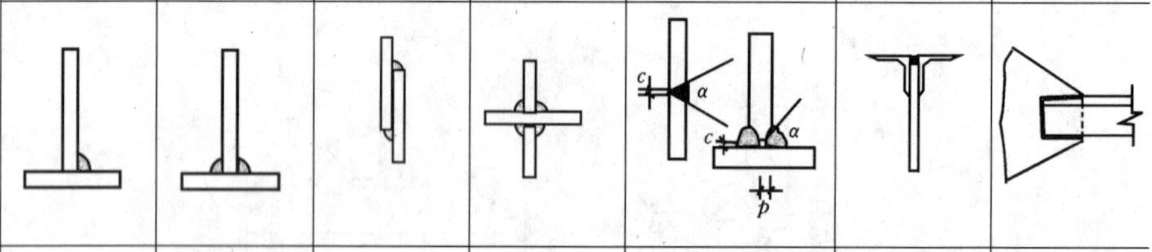

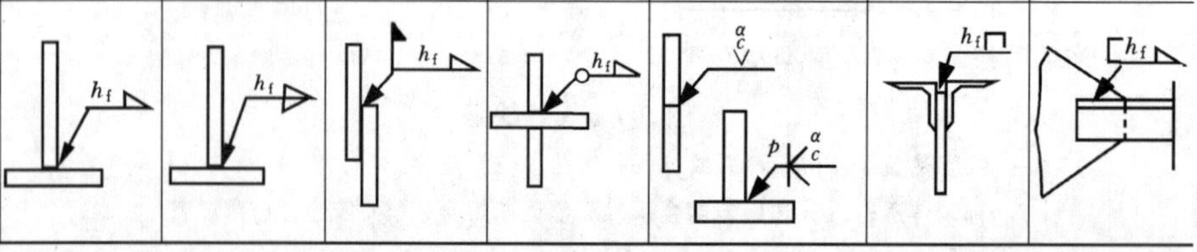

当焊缝分布比较复杂或用上述标注方法不能表达清楚时,在标注焊缝代号的同时,宜在焊缝处加中实线表示可见焊缝(图 3-8a),或在图形上加细栅线表示不可见焊缝(图 3-8b)。

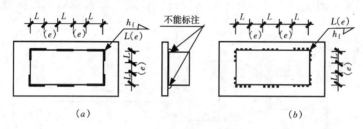

图 3-8 不规则焊缝的标注方法
(a)可见焊缝;(b)不可见焊缝

第三节 对接焊缝的构造和计算

一、对接焊缝的构造要求

对接焊缝按坡口形式分为 I 形缝、V 形缝、带钝边单边 V 形缝、带钝边 V 形缝(也叫 Y 形缝)、带钝边 U 形缝、带钝边双单边 V 形缝和双 Y 形缝等(图 3-9)。

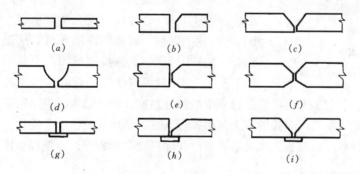

图 3-9 对接焊缝坡口形式
(a) I 形缝;(b) 带钝边单边 V 形缝;(c) Y 形缝;(d) 带钝边 U 形缝;(e) 带钝边双单边 V 形缝;(f) 双 Y 形缝;(g)、(h)、(i) 加垫板的 I 形缝、带钝边单边 V 形缝和 Y 形缝

当焊件厚度较小($t \leqslant 10 mm$),可采用不切坡口的直边 I 形缝。对于一般厚度($t = 10 \sim 20 mm$)的焊件,可采用有斜坡口的带钝边单边 V 形缝或 Y 形缝,以便斜坡口和焊缝跟部共同形成一个能够运转焊条的施焊空间,使焊缝易于焊透。对于较厚的焊件($t \geqslant 20 mm$),应采用带钝边 U 形缝、带钝边双单边 V 形缝或双

Y形缝。为保证焊缝质量,对于带钝边 U 形缝和 Y 形缝,焊缝根部需要清除焊根并进行补焊。对于没有条件清根和补焊者,要事先加垫板(图3-9中 g、h、i),以保证焊透。当焊件可随意翻转施焊时,使用带钝边双单边 V 形缝或双 Y 形缝较好。焊缝的坡口形式和尺寸可参看行业标准《建筑钢结构焊接技术规程》(JGJ81)。

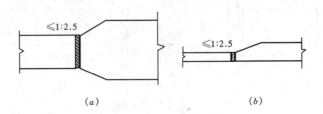

图 3-10 不同宽度或厚度的钢板连接

在钢板宽度或厚度有变化的连接中,为了减少应力集中,应从板的一侧或两侧做成图3-10所示的坡度不大于1:2.5的斜坡(当需要进行疲劳计算时,坡度不大于1:4),形成平缓过渡。当板厚相差不大于4mm时,可不做斜坡,焊缝的计算厚度取较薄板件的厚度。

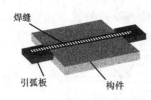

图 3-11 引弧板

对接焊缝的优点是用料经济,传力平顺均匀,没有明显的应力集中,对于承受动力荷载作用的焊接结构,采用对接焊缝最为有利。但对接焊缝的焊件边缘需要进行剖口加工,焊件长度必须准确,施焊时焊件要保持一定的间隙。对接焊缝的起弧和落弧点,常因不能熔透而出现焊口,形成裂纹和应力集中。为消除焊口影响,焊接时可将焊缝的起点和终点延伸至引弧板(图3-11)上,焊后将引弧板多余的部分割掉,并用砂轮将表面磨平。采用引弧板很麻烦,在工厂焊接时可采用引弧板,在工地焊接时,除了受动力荷载的结构外,一般不用引弧板,而是在计算时扣除焊缝两端各一个板厚的长度。

二、对接焊缝的计算

对接焊缝的应力分布情况基本上与焊件相同,可用计算焊件的方法计算对接焊缝。对于重要的构件,按一、二级标准检验焊缝质量,焊缝和构件等强,不必另行计算,只有对三级焊缝,才需要按下列要求计算:

1. 轴心受力的对接焊缝(图3-12),应按式(3-1)计算:

$$\sigma = \frac{N}{l_w t} \leqslant f_t^w \text{ 或 } f_c^w \tag{3-1}$$

式中 N——轴心拉力或压力的设计值;

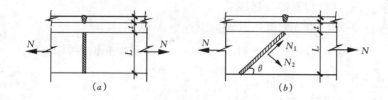

图 3-12 轴心力作用下对接焊缝连接
(a) 正对接焊缝；(b) 斜对接焊缝

l_w——焊缝计算长度，当采用引弧板施焊时，取焊缝实际长度；当无法采用引弧板时，每条焊缝取实际长度减去 $2t$；

t——在对接接头中为连接件的较小厚度，不考虑焊缝的余高；在 T 形接头中为腹板厚度；

f_t^w，f_c^w——对接焊缝的抗拉、抗压强度设计值。抗压焊缝和质量等级为一、二级的抗拉焊缝与母材等强，三级抗拉焊缝强度为母材的 85%，见附表 2-1。

当正对接焊缝（图 3-12a）连接的强度低于焊件的强度时，为了提高连接承载力，可改用斜对接焊缝（图 3-12b），但较费材料。规范规定：当 $\mathrm{tg}\theta \leqslant 1.5$ 时，焊缝强度不必计算。

2. 受弯、受剪的对接焊缝计算

对接焊缝应根据焊缝截面的应力分布，计算其危险点处的应力状态。如矩形截面的对接焊缝，其正应力与剪应力的分布分别为三角形与抛物线形（图 3-13a），应分别计算最大正应力（式 3-2）和最大剪应力（式 3-3）；工字形截面的对接焊缝，其正应力与剪应力的分布较复杂（图 3-13b），除计算 A 点的正应力和 C 点的剪应力外，还应计算 B 点的折算应力（式 3-4）。

$$\sigma = M/W_w \leqslant f_t^w \tag{3-2}$$

$$\tau = \frac{V \cdot S_w}{I_w \cdot t} \leqslant f_v^w \tag{3-3}$$

$$\sigma_{zs} = \sqrt{\sigma_B^2 + 3\tau_B^2} \leqslant 1.1 f_t^w \tag{3-4}$$

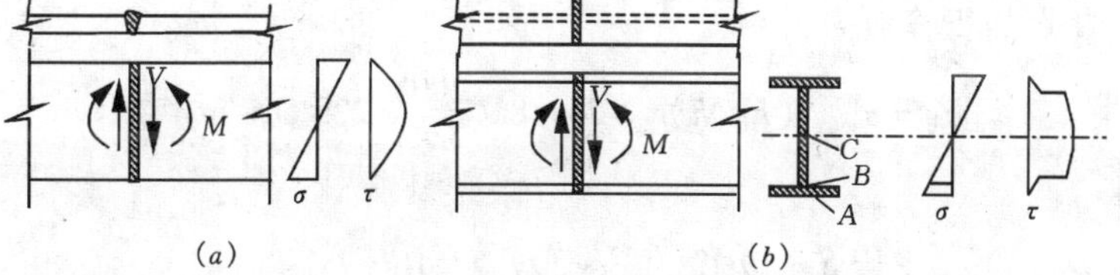

图 3-13 受弯受剪的对接焊缝连接

式中 W_w——焊缝截面的截面模量；

I_w——焊缝截面对其中和轴的惯性矩；

S_w——焊缝截面在计算剪应力处以上部分对中和轴的面积矩；

f_v^w——对接焊缝的抗剪强度设计值，见附表 2-1；

σ_B——翼缘与腹板交界处 B 点焊缝正应力；

τ_B——翼缘与腹板交界处 B 点焊缝剪应力；

1.1——系数，考虑最大折算应力只是在焊缝的局部而将焊缝强度提高 10%。

【例题 3-1】 验算图 3-13 (b) 所示由三块钢板焊接的工字形截面的对接焊缝。钢材为 Q345，手工焊接，焊条为 E50 型，加引弧板，焊缝质量为三级。已知截面尺寸为：翼缘板：2-100×12；腹板：1-200×10。作用在焊缝上的弯矩设计值 $M = 75\text{kN}\cdot\text{m}$，剪力设计值 $V = 250\text{kN}$。

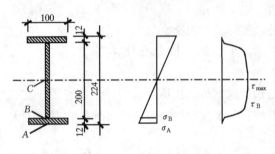

图 3-14 例题 3-1 图

【解】 焊缝受力见图 3-14。

由附表 2-1 查得：$f_t^w = 265\text{N/mm}^2$，$f_v^w = 180\text{N/mm}^2$。

焊缝截面特征：

$$A_w = 100 \times 12 \times 2 + 200 \times 10 = 4400\text{mm}^2$$

$$I_w = \frac{10 \times 200^3}{12} + 2 \times (100 \times 12) \times 106^2 = 3363.3 \times 10^4 \text{mm}^4$$

$$W_w = 3363.3 \times 10^4 / 112 = 300.3 \times 10^3 \text{mm}^3$$

$$S_w = 100 \times 12 \times 106 + 100 \times 10 \times 50 = 177.2 \times 10^3 \text{mm}^3$$

$$S_B = 100 \times 12 \times 106 = 127.2 \times 10^3 \text{mm}^3$$

验算 A 点的正应力（截面最大正应力）：

$$\sigma_{\max} = M/W_w = \frac{75 \times 10^6}{300.3 \times 10^3} = 249.8\text{N/mm}^2 < 265\text{N/mm}^2$$

验算 B 点的折算应力：

$$\sigma_B = \sigma_{\max}(h_0/h) = 249.8 \times \frac{200}{224} = 223.0\text{N/mm}^2$$

$$\tau_B = \frac{V \cdot S_B}{I_w \cdot t} = \frac{250 \times 10^3 \times 127.2 \times 10^3}{3363.3 \times 10^4 \times 10} = 94.5\text{N/mm}^2$$

故 $\sigma_{zs} = \sqrt{\sigma_B^2 + 3\tau_B^2} = \sqrt{223.0^2 + 3 \times 94.5^2} = 276.6 < 1.1 f_t^w = 291.5 \text{N/mm}^2$

验算 C 点的剪应力（截面最大剪应力）：

$$\tau_{max} = \frac{V \cdot S_w}{I_w \cdot t} = \frac{250 \times 10^3 \times 177.2 \times 10^3}{3363.3 \times 10^4 \times 10} = 131.7 \text{N/mm}^2 < 180 \text{N/mm}^2$$

因此，该连接满足传力要求。

第四节　角焊缝的构造和计算

一、角焊缝的构造

1. 角焊缝的分类

角焊缝按其受力的方向和位置可分为垂直于力作用方向的正面角焊缝和平行于力作用方向的侧面角焊缝，见图 3-15。

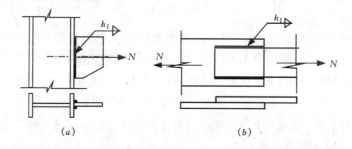

图 3-15　侧焊缝与端焊缝
（a）正面角焊缝；（b）侧面角焊缝

2. 角焊缝的截面形式

角焊缝可分为直角角焊缝和斜角角焊缝（图 3-16）。一般采用直角焊缝。除钢管结构外，夹角大于 135°或小于 60°的斜角角焊缝不宜用作受力焊缝。

直角角焊缝的截面形式有普通焊缝、平坡焊缝、凹焊缝等几种（图 3-17）。一般情况下常用普通焊缝。当为正面角焊缝时，由于普通焊缝受力时力线弯折，

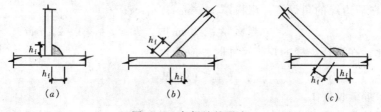

图 3-16　角焊缝的形式
（a）直角角焊缝；（b）、（c）斜角角焊缝

应力集中现象较严重,在焊趾上形成高峰应力,容易开裂。因此在承受动力荷载的连接中,宜采用平坡或凹焊缝。

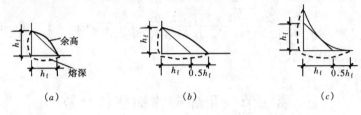

图 3-17 直角角焊缝的截面形式
(a) 普通焊缝;(b) 平坡焊缝;(c) 凹焊缝

受动力荷载的结构中,正面角焊缝最好采用图 3-17(b)所示边长比为 1:1.5 的平坡焊缝;侧面角焊缝可用边长比为 1:1 的普通焊缝(图 3-17a)。直角角焊缝最好做成直线形或凹形。凹形焊缝(图 3-17c)有较好的动力性能。

3. 角焊缝的尺寸限制

(1) 焊脚尺寸 h_f

角焊缝的焊脚尺寸 h_f 应与焊件的厚度相适应,不宜过大或过小。焊脚尺寸不宜过小,以保证焊缝的最小承载能力,并防止焊缝因冷却过快而产生裂缝。焊缝的冷却速度与焊件的厚度有关,焊件越厚则焊缝冷却越快,在焊件刚度较大的情况下,焊缝也容易产生裂纹。因此,规范规定角焊缝的最小焊脚尺寸 $h_{\min}$ 为:

1) 对手工焊: $h_f \geq 1.5\sqrt{t}$,其中 t 为较厚焊件厚度(mm)(对于低氢碱性焊条,t 可采用较薄焊件厚度);

2) 对于自动焊: $h_f \geq 1.5\sqrt{t} - 1$;

3) 对于 T 形连接的单面角焊缝: $h_f \geq 1.5\sqrt{t} + 1$;

4) 当焊件厚度等于或小于 4mm 时,则 h_f 应与焊件厚度相同。

角焊缝的焊脚尺寸 h_f 不宜太大,以避免焊缝冷却收缩而产生较大的焊接残余变形,且热影响区扩大,容易产生脆裂,较薄焊件易烧穿。因此,规范规定角焊缝的最大焊脚尺寸 $h_{\max}$ 为:

1) T 形连接角焊缝: $h_f \leq 1.2t$,t 为较薄焊件厚度(mm)(钢管结构除外);

2) 在板边缘的角焊缝:当板厚 $t \leq 6$mm,$h_f \leq t$;

当板厚 $t > 6$mm 时,$h_f \leq t - (1 \sim 2)$ mm。

因此,在选择焊缝的焊脚尺寸时,应符合

$$h_{\min} \leq h_f \leq h_{\max} \tag{3-5}$$

(2) 焊缝长度 l_w

角焊缝的长度不宜过小,长度过小会使杆件局部加热严重,且起弧、落弧坑相距太近,加上一些可能产生的缺陷,使焊缝不够可靠。所以,侧面角焊缝和正面角焊缝的计算长度不得小于 $8h_f$ 或 40mm。

侧面角焊缝的计算长度也不宜过大。侧面角焊缝的应力沿长度分布不均匀，两端大中间小（图 3-20），焊缝越长其差别也越大，太长时焊缝两端应力可能已经达到极限强度而破坏，此时焊缝中部还未充分发挥其承载力。这种应力分布的不均匀性，对承受动力荷载的构件尤其不利。因此，侧面角焊缝的计算长度不宜大于 $60h_f$。大于上述规定时，其超过部分在计算中不予考虑。

因此，在设计焊缝的长度时，应符合

$$l_{\min} \leqslant l_w \leqslant l_{\max} \tag{3-6}$$

若内力沿侧面角焊缝全长均匀分布，焊缝计算长度不受此限。例如工字梁的腹板与翼缘连接焊缝，屋架弦杆与节点板的连接焊缝及梁的支承加劲板与腹板的连接焊缝等。

当构件仅在两边用侧面角焊缝连接时，为了避免应力传递的过分弯折而使板件应力过分不均匀，每条焊缝长度 l_w 不宜小于两焊缝之间的距离 b（图 3-18a），同时为了避免因焊缝横向收缩时引起板件拱曲太大，两侧面角焊缝之间的距离不宜大于 $16t$（当 $t>12$mm）或 190mm（当 $t\leqslant 12$mm），t 为较薄焊件的厚度。当 b 不满足此规定时，应加焊正面角焊缝，或加槽焊（图 3-18b）或加塞焊缝（图 3-18c）。

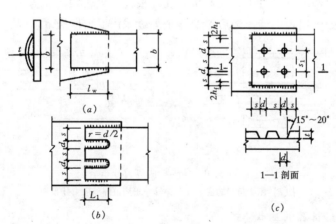

图 3-18 防止板件拱曲的构造

二、角焊缝计算的基本公式

1. 角焊缝的有效截面

平分角焊缝夹角 α 的截面称为角焊缝的有效截面，破坏往往从这个截面发生。有效截面的高度（不考虑焊缝余高）称为角焊缝的有效厚度 h_e（图 3-19）。

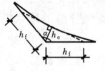

图 3-19 角焊缝有效厚度计算简图

角焊缝有效厚度 h_e 为：

$$h_e = 0.7h_f \quad (\alpha \leqslant 90°) \tag{3-7}$$

$$h_e = 0.7h_f\cos(\alpha/2) \quad (\alpha > 90°) \tag{3-8}$$

2. 角焊缝的受力状态

角焊缝的应力分布比较复杂，正面角焊缝与侧面角焊缝的性能差别较大。侧面角焊缝的应力分布见图 3-20 (a)，主要受剪力作用。在弹性阶段，其应力分布沿焊缝长度并不均匀，焊缝越长越不均匀。但由于侧面角焊缝的塑性较好，两端出现塑性变形后，产生应力重分布，在一定范围内，应力分布可趋于均匀。正面角焊缝在外力作用下应力分布见图 3-20 (b)，其应力状态比侧面角焊缝复杂得多。根据试验结果，正面角焊缝的破坏强度比侧面角焊缝高，但塑性变形要差一些。在外力作用下，由于力线弯折，在焊根处产生较大的应力集中，故破坏时总是在焊根处先出现裂缝，然后扩及整个焊缝截面以致断裂。

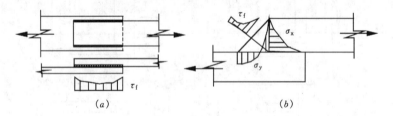

图 3-20 角焊缝的应力分布
(a) 侧面角焊缝应力分布；(b) 正面角焊缝应力分布

3. 角焊缝计算的基本公式

在外力作用下，直角角焊缝有效截面上产生三个方向的应力，即 $\sigma_\perp$、$\tau_\perp$、$\tau_{/\!/}$（图 3-21c）。三个方向应力与焊缝强度间的关系，根据试验研究，可用下式表示：

$$\sqrt{\sigma_\perp^2 + 3(\tau_\perp^2 + \tau_{/\!/}^2)} \leqslant \sqrt{3} f_f^w \tag{3-9}$$

式中 $\sigma_\perp$——垂直于角焊缝有效截面上的正应力；

$\tau_\perp$——有效截面上垂直于焊缝长度方向的剪应力；

$\tau_{/\!/}$——有效截面上平行于焊缝长度方向的剪应力；

第四节 角焊缝的构造和计算

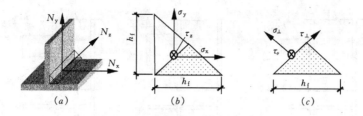

图 3-21 角焊缝有效截面上的应力分析

f_f^w——角焊缝的强度设计值。把它看为剪切强度,因而乘以 $\sqrt{3}$。

为了便于计算,不计诸力的偏心作用,并认为有效截面上诸应力都是均匀分布的。通过与外力方向一致的焊缝应力(图 3-21b)与焊缝有效截面上的应力(图 3-21c)间的转换关系,并带入式(3-9)整理后可得到角焊缝的计算公式如下:

$$\sqrt{\frac{1}{\beta_f^2}(\sigma_x^2+\sigma_y^2-\sigma_x\cdot\sigma_y)+\tau_z^2}\leq f_f^w \tag{3-10}$$

式中 β_f——正面角焊缝的强度设计值增大系数,$\beta_f=\sqrt{3/2}\approx 1.22$;但对直接承受动力荷载结构中的角焊缝,由于正面角焊缝的刚度大,韧性差,应取 $\beta_f=1.0$;

σ_x、σ_y——按角焊缝有效截面计算,垂直于焊缝长度方向的正应力;

τ_z——按角焊缝有效截面计算,沿焊缝长度方向的剪应力。

上述计算方法虽然与实际情况有一定出入,但通过大量试验证明是可以保证安全的,已为大多数国家所采用。

三、角焊缝连接计算

1. 轴心力作用下角焊缝的计算

(1) 钢板连接

当焊件受轴心力,且轴心力通过连接焊缝形心时,焊缝的应力可认为是均匀分布的。下面给出了几种典型角焊缝的计算公式。

1) 轴力与焊缝相垂直——正面角焊缝(图 3-22a)

$$\sigma_f=\frac{N}{h_e\cdot\Sigma l_w}\leq\beta_f f_f^w \tag{3-11}$$

式中 l_w——角焊缝计算长度,每条焊缝取实际长度扣除 $2h_f$(每端扣除 h_f)。若某端为连续焊缝,则该端不用扣除。

2) 轴力与焊缝相平行——侧面角焊缝(图 3-22b)

$$\tau_f=\frac{V}{h_e\cdot\Sigma l_w}\leq f_f^w \tag{3-12}$$

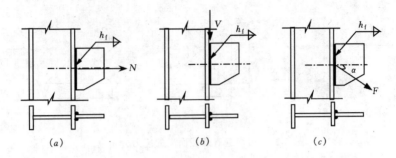

图 3-22 钢板上的轴心力作用

3) 轴力与焊缝成一夹角（图 3-22c）

$$\sqrt{\frac{\sigma_f^2}{\beta_f^2} + \tau_f^2} \leqslant f_f^w \tag{3-13}$$

式中，$\sigma_f = \dfrac{F \cdot \cos\alpha}{h_e \cdot \Sigma l_w}$；$\tau_f = \dfrac{F \cdot \sin\alpha}{h_e \cdot \Sigma l_w}$。

(2) 角钢连接

当角钢用角焊缝连接时（图 3-23），虽然轴心力通过截面形心，但由于截面形心到角钢肢背和肢尖的距离不等，肢背焊缝和肢尖焊缝受力也不相等。由力的平衡关系（$\Sigma M = 0$；$\Sigma N = 0$）可求出各焊缝的受力。

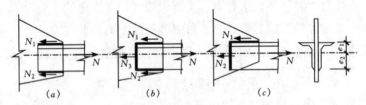

图 3-23 角钢上的轴心力作用

1) 两边仅用侧面角焊缝连接时（图 3-23a）

肢背 $N_1 = e_2 N / (e_1 + e_2) = K_1 N$ (3-14a)

肢尖 $N_2 = e_1 N / (e_1 + e_2) = K_2 N$ (3-14b)

式中 K_1、K_2——焊缝内力分配系数，见表 3-2。

2) 三面围焊时（图 3-23b）

正面角焊缝承担的力 $N_3 = 0.7 h_f \Sigma l_{w3} \beta_f f_f^w$

肢背 $N_1 = e_2 N / (e_1 + e_2) - N_3/2 = K_1 N - N_3/2$ (3-15a)

肢尖 $N_2 = e_1 N / (e_1 + e_2) - N_3/2 = K_2 N - N_3/2$ (3-15b)

式中 l_{w3}——端部正面角焊缝的计算长度。

3) L 形焊缝（图 3-23c）

正面角焊缝承担的力 $N_3 = 0.7 h_f \Sigma l_{w3} \beta_f f_f^w$

肢背 $\qquad N_1 = N - N_3 \qquad$ (3-16)

【例题 3-2】 一双盖板的拼接连接（图 3-24），钢材为 Q235B，采用 E43 型焊条，手工焊。已知钢板截面为 -12×300mm，承受轴心力设计值 $N = 650$kN（静力荷载）。试按（a）用侧面角焊缝；（b）用三面围焊，设计拼接板尺寸。

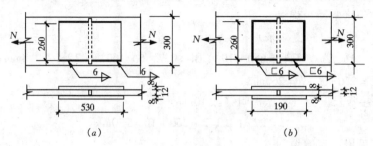

图 3-24 例题 3-2 图
（a）侧面角焊缝；（b）三面围焊

角钢角焊缝的内力分配系数 表 3-2

角钢类型	连接形式	内力分配系数	
		肢背 K_1	肢尖 K_2
等肢角钢		0.7	0.3
不等肢角钢短肢连接		0.75	0.25
不等肢角钢长肢连接		0.65	0.35

【解】（1）设计拼接板

根据拼接板承载力不小于主板承载能力的原则，拼接板的总截面积不应小于被连接钢板的截面积，材料与主板相同，为 Q235B。考虑到拼接板侧面施焊，拼接板每侧缩进 20mm，略大于 $2h_f$，取拼接板宽度为 260mm，故厚度为：

$$t_1 = \frac{300 \times 12}{260 \times 2} = 6.92\text{mm}, \quad \text{取} \ t_1 = 8\text{mm}$$

（2）焊缝计算

角焊缝的强度要求 查附表 2-1 得角焊缝的强度设计值 $f_f^w = 160\text{N/mm}^2$

角焊缝的构造要求　最大焊脚尺寸　$h_{f\max} = 8 - (1 \sim 2) = 7 \sim 6\text{mm}$

最小焊脚尺寸　$h_{f\min} = 1.5(12)^{1/2} = 5.2\text{mm}$

故　取焊脚尺寸，$h_f = 6\text{mm}$

侧面角焊缝的计算长度应满足 $8h_f \leqslant l_w \leqslant 60h_f$，即 $48\text{mm} \leqslant l_w \leqslant 360\text{mm}$

(a) 采用侧面角焊缝

焊缝长度为（每侧4条）

$l_w = N/(4h_e f_f^w) + 2h_f = 650 \times 10^3/(4 \times 0.7 \times 6 \times 160) + 12 = 253.8\text{mm} < 60h_f$

取 $l_w = 260\text{mm} \geqslant b = 260\text{mm}$

故拼接板长度为（考虑板间缝隙10mm）

$l = 2l_w + 10 = 2 \times 260 + 10 = 530\text{mm}$

(b) 采用三面围焊

正面角焊缝承担的力为

$N' = 2h_e l'_w \beta_f f_f^w = 2 \times 0.7 \times 6 \times 260 \times 1.22 \times 160 \times 10^{-3} = 426.3\text{kN}$

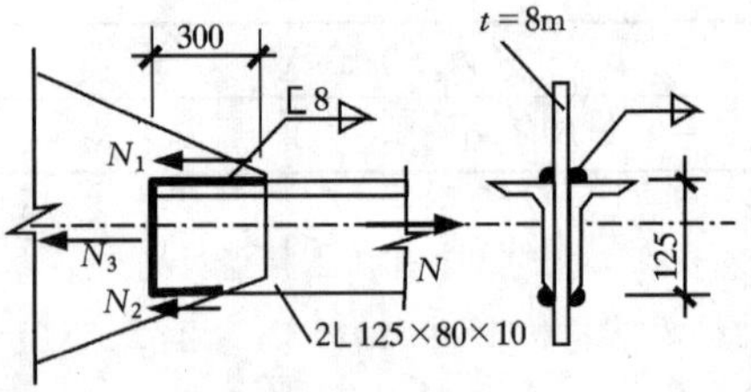

侧面角焊缝长度为（每侧4条）

$l_w = (N - N')/(4h_e f_f^w) + h_f = (650 - 426.3) \times 10^3/(4 \times 0.7 \times 6 \times 160) + 6 = 89.2\text{mm} < 60h_f$

取 $l_w = 90\text{mm}$

故拼接板长度为（考虑板间缝隙10mm） $l = 2l_w + 10\text{mm} = 190\text{mm}$

比较以上两种拼接方案，可见采用三面围焊的连接方案较为经济。

图 3-25　例题 3-3 图

【例题 3-3】　某角钢与节点板的连接如图 3-25 所示。已知钢材为 Q235-B，手工焊，焊条为 E43 型。试确定此连接的静力荷载设计值和肢尖的焊缝长度。

【解】　由表 3-2 得：角钢肢尖、肢背焊缝的分配系数 $K_2 = 0.35$，$K_1 = 0.65$；由附表 2-1 知角焊缝的强度设计值为 $f_f^w = 160\text{N}/\text{mm}^2$。

(1) 焊缝受力计算

正面角焊缝承担的力为

$N_3 = 2h_e l_{w3} \beta_f f_f^w = 2 \times 0.7 \times 8 \times 125 \times 1.22 \times 160 \times 10^{-3} = 273.3\text{kN}$

肢背焊缝受力

$N_1 = 2h_e l_{w1} f_f^w = 2 \times 0.7 \times 8 \times (300 - 8) \times 160 \times 10^{-3} = 523.3\text{kN}$

因　　$N_1 = K_1 N - \dfrac{N_3}{2} = 0.65N - \dfrac{273.3}{2}$

故　　$N = \left(523.3 + \dfrac{273.3}{2}\right)/0.65 = 1015.3\text{kN}$

肢尖焊缝受力

$$N_2 = K_2 N - \frac{N_3}{2} = 0.35 \times 1015.3 - \frac{273.3}{2} = 218.7 \text{kN}$$

(2) 焊缝长度计算

肢尖焊缝长度为

$$l_{w2} = N_2 / (2 h_e f_f^w) + h_f = 218.7 \times 10^3 / (2 \times 0.7 \times 8 \times 160) + 8 = 130.0 \text{mm}$$

取肢尖焊缝长度 130mm，满足构造要求。

故该连接承载力为 1015.3kN，肢尖焊缝长度取为 130mm。

2. 弯矩、剪力和轴心力共同作用下角焊缝的计算

在弯矩 M 单独作用的角焊缝连接中，角焊缝有效截面上的应力呈三角形分布（图 3-26b），属正面角焊缝受力性质。其最大应力的计算公式为：

$$\sigma_f = \frac{M}{W_w} \leq \beta_f \cdot f_f^w \tag{3-17}$$

式中 W_w——角焊缝有效截面的截面模量，$W_w = \Sigma (h_e l_w^2)/6$。

当角焊缝同时承受弯矩 M、剪力 V 和轴力 N 的作用时（图 3-26a），应分别计算角焊缝在 M、V、N 作用下的应力，求出有效截面受力最大点的应力分量 σ_A^M（式 3-17）、τ_A^V（式 3-12）、σ_A^N（式 3-11），然后按下式验算：

$$\sqrt{\left(\frac{\sigma_A^M + \sigma_A^N}{\beta_f}\right)^2 + (\tau_A^V)^2} \leq f_f^w \tag{3-18}$$

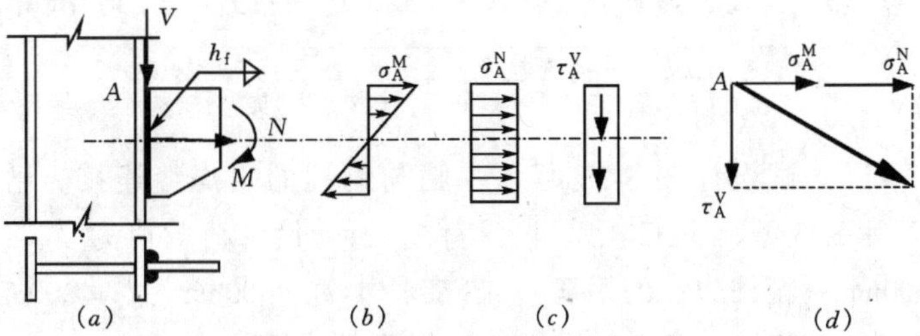

图 3-26 弯矩作用时角焊缝应力

3. 扭矩、剪力和轴心力共同作用下角焊缝的计算

在扭矩 T 单独作用下的角焊缝连接中（图 3-27b），假定：1) 被连接构件是绝对刚性的，而焊缝则是弹性的；2) 被连接板件绕角焊缝有效截面形心 o 旋转，角焊缝上任一点的应力方向垂直于该点与形心 o 的连线，应力的大小与其距离 r 的大小成正比。扭矩单独作用时角焊缝应力计算公式为：

$$\tau_A = \frac{T \cdot r_A}{J} \tag{3-19}$$

式中 J——角焊缝有效截面的极惯性矩，$J = I_x + I_y$；

r_A——A 点至形心 o 点的距离。

上式所给出的应力与焊缝长度方向成斜角，把它分解到 x 轴上和 y 轴上的分应力为：

$$\tau_{Ax}^T = \frac{T \cdot r_{Ay}}{J} \quad \text{（侧面角焊缝受力性质）} \quad (3\text{-}20a)$$

$$\sigma_{Ay}^T = \frac{T \cdot r_{Ax}}{J} \quad \text{（正面角焊缝受力性质）} \quad (3\text{-}20b)$$

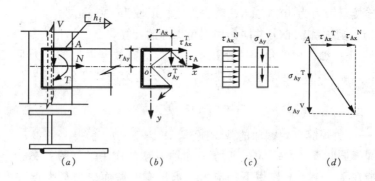

图 3-27 扭矩作用时角焊缝应力

当角焊缝同时承受扭矩 T、剪力 V 和轴力 N 共同作用（图 3-27a）时，应分别计算角焊缝在 T、V、N 作用下的应力，求出受力最大点的应力分量 τ_{Ax}^T、σ_{Ay}^T（式 3-20a、b）、σ_{Ay}^V（式 3-11）、τ_{Ax}^N（式 3-12），然后按式（3-21）验算：

$$\sqrt{\left(\frac{\sigma_{Ay}^T + \sigma_{Ay}^V}{\beta_f}\right)^2 + (\tau_{Ax}^T + \tau_{Ax}^N)^2} \leq f_f^w \quad (3\text{-}21)$$

【例题 3-4】 试设计图 3-28 所示牛腿与钢柱的角焊缝连接。已知钢材为 Q235-B；焊条为 E43 型，手工电弧焊。构件上所受设计荷载值为 $F = 217\text{kN}$，偏心矩为 $e = 300\text{mm}$（至柱边缘的距离）。搭接尺寸 $l_1 = 400\text{mm}$，$l_2 = 300\text{mm}$。

【解】（1）几何特性：设三边围焊的角焊缝尺寸相同，$h_f = 8\text{mm}$

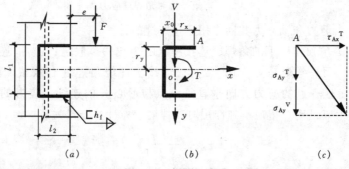

图 3-28 例题 3-4 图

角焊缝有效截面的形心位置

$$x_0 = \frac{(2l_{w2} \cdot l_{w2}/2)h_e}{(2l_{w2} + l_{w1})h_e} = \frac{(l_2 - h_f)^2}{2(l_2 - h_f) + l_1} = \frac{(30 - 0.8)^2}{2 \times (30 - 0.8) + 40} = 8.7\text{cm}$$

角焊缝有效截面的惯性矩

$$I_x = \frac{1}{12} \times 0.7 \times 0.8 \times 40^3 + 2 \times 0.7 \times 0.8 \times 29.2 \times 20^2 = 16068.3\text{cm}^4$$

$$I_y = \frac{2}{12} \times 0.7 \times 0.8 \times 29.2^3 + 2 \times 0.7 \times 0.8 \times 29.2$$

$$\times (14.6 - 8.7)^2 + 0.7 \times 0.8 \times 40 \times 8.7^2$$

$$= 2323.7 + 1138.4 + 1695.5 = 5157.5\text{cm}^4$$

角焊缝有效截面的极惯性矩

$$J = I_x + I_y = 21225.8\text{cm}^4$$

焊缝 A 点到 x、y 轴的距离 $r_x = 20.5\text{cm}$，$r_y = 20.0\text{cm}$

(2) 角焊缝受力

剪力　　$V = F = 217\text{kN}$

扭矩　　$T = F \times (60 - 8.7)/100 = 111.3\text{kN} \cdot \text{m}$

焊缝 A 点应力有

$$\tau_{Ax}^T = \frac{T \cdot r_y}{J} = \frac{111.3 \times 200 \times 10^6}{21225.8 \times 10^4} = 104.9\text{N/mm}^2$$

$$\sigma_{Ay}^T = \frac{T \cdot r_x}{J} = \frac{111.3 \times 205 \times 10^6}{21225.8 \times 10^4} = 107.5\text{N/mm}^2$$

$$\sigma_{Ay}^V = \frac{V}{\Sigma h_e l_w} = \frac{217 \times 10^3}{0.7 \times 8 \times (2 \times 292 + 400)} = 39.4\text{N/mm}^2$$

(3) 受力最大点 A 验算

$$\sqrt{\left(\frac{\sigma_{Ay}^T + \sigma_{Ay}^V}{\beta_f}\right)^2 + \tau_{Ax}^A} = \sqrt{\left(\frac{107.5 + 39.4}{1.22}\right)^2 + 104.9^2} = 159.7\text{N/mm}^2 < f_f^w = 160\text{N/mm}^2$$

故焊角尺寸取 8mm 可以满足连接传力要求。

第五节　焊接残余应力和焊接残余变形

一、焊接残余应力的分类和产生的原因

焊接残余应力有纵向焊接残余应力、横向焊接残余应力和厚度方向的残余应力，这些应力都是由焊接加热和冷却过程中不均匀收缩变形引起的。

1. 纵向焊接残余应力（图 3-29）

焊接过程是一个不均匀加热和冷却的过程。在施焊时，焊件上产生不均匀的温度场，焊缝及其附近温度最高，达 1600℃ 以上，其邻近区域温度则急剧下降。

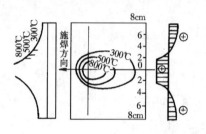

图 3-29 焊接时焊缝附近的温度场　　图 3-30 焊缝的纵向残余应力

不均匀的温度场产生不均匀的膨胀，高温处的钢材膨胀最大，但受到两侧温度较低、膨胀较小的钢材的限制，产生了热状态塑性压缩。焊缝冷却时，被塑性压缩的焊缝区趋向于缩得比原始长度稍短，这种缩短变形受到两侧钢材的限制，使焊缝区产生纵向拉应力。在低碳钢和低合金钢中，这种拉应力经常会达到钢材的屈服强度。

焊接残余应力是一种在没有外荷载作用下的内应力，因此会在焊件内部自相平衡。这就必然在距焊缝稍远区段内产生压应力。如用三块板焊成的工字形截面，焊接残余应力的分布如图 3-30 所示。

2. 横向焊接残余应力

横向焊接残余应力产生的原因有二：一是由于焊缝纵向收缩，两块钢板趋向于形成反方向的弯曲变形，但实际上焊缝将两块钢板连成整体，不能分开，于是在焊缝中部产生横向拉应力，而在两端产生横向压应力（图 3-31a）。二是焊缝在施焊过程中，先后冷却的时间不同，先焊的焊缝已经凝固，且具有一定的强度，会阻止后焊焊缝在横向的自由膨胀，使其发生横向的塑性压缩变形。当先焊部分冷却时，中间焊缝部分逐渐冷却，后焊部分开始冷却。后焊焊缝的收缩受到已凝固的焊缝限制而产生横向拉应力，同时在先焊部分的焊缝内产生横向压应

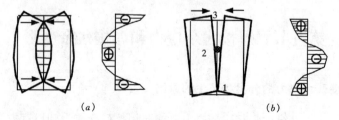

图 3-31 焊缝的横向残余应力
（a）焊缝纵向收缩产生的横向残余应力；（b）焊缝横向收缩产生的横向残余应力

力。由杠杆原理可知，横向残余应力分布如图 3-31（b）所示。

横向收缩引起的横向应力与施焊方向和先后次序有关（图 3-32）。焊缝的横向残余应力是上述两种原因产生的应力合成的结果，如图 3-32（d）就是图 3-31（a）和 3-31（b）应力合成的结果。

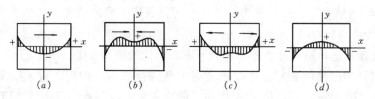

图 3-32　不同施焊方向时的横向残余应力

3. 沿焊缝厚度方向的残余应力

在厚钢板的连接中，焊缝需要多层施焊。因此，除有纵向和横向焊接残余应力 σ_x、σ_y 外，还存在着沿钢板厚度方向的焊接残余应力 σ_z（图 3-33）。这三种应力形成比较严重的同号三轴应力，大大降低结构连接的塑性。

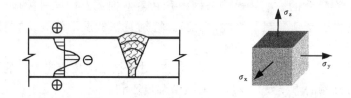

图 3-33　厚度方向的焊接应力

二、焊接残余应力的影响

1. 对结构静力强度的影响：在静力荷载作用下，由于钢材具有一定塑性，焊接残余应力不会影响结构强度。因为当焊接残余应力加上外力引起的应力达到屈服点后，应力不再增大，外力由弹性区域承担，直到全截面达到屈服点为止。这一点可由图 3-34 作简要说明。

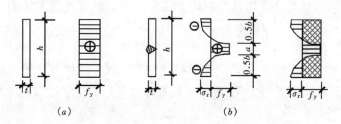

图 3-34　残余应力对静力强度的影响

当构件无残余应力时,由图3-34（a）知其承载力为 $N = htf_y$；当构件有残余应力时,图3-34（b）给出了纵向残余应力的分布情况。当施加轴心拉力时,板中残余应力已达屈服强度 f_y 的塑性区域内的应力不再增大,外力 N 仅由弹性区域承担,焊缝两侧受压区的应力由原来的受压逐渐变为受拉,最后应力也达到 f_y。由于焊接残余应力在焊件内部自相平衡,残余压应力的合力必然等于残余拉应力的合力,其承载力仍为 $N = htf_y$。所以,有残余应力焊件的承载能力和没有残余应力者完全相同,可见残余应力不影响结构的静力强度。

2. 对结构刚度的影响：焊接残余应力会降低结构的刚度。对无残余应力的轴心拉杆（图3-34a）,在拉力 N 作用下的应变为：$\varepsilon_0 = N/(htE)$；对有残余应力的轴心拉杆（图3-34b）,截面中部塑性区仅发生变形而不再承担外力,外力由两侧的弹性区承担（宽度 $b < h$）,在拉力 N 作用下的应变为：$\varepsilon_1 = N/(btE)$。当拉力 N 相同时,$\varepsilon_1 > \varepsilon_0$,即残余应力使构件的变形增大,刚度降低。

3. 对压杆稳定的影响：焊接残余应力使压杆的挠曲刚度减小,抵抗外力增量的弹性区面积和弹性区惯性矩减小,从而降低其稳定承载能力。

4. 对低温冷脆的影响：焊接结构中存在着双向或三向同号拉应力场,材料塑性变形的发展受到限制,使材料变脆。特别是在低温下使裂纹容易发生和发展,更加速了构件的脆性破坏倾向。

5. 对疲劳强度的影响：由第一章第三节对焊接结构疲劳应力幅的分析可知,焊缝及近旁高额的焊接残余拉应力对疲劳强度不利。

三、焊接残余变形的产生和防止

焊接残余变形与焊接残余应力相伴而生。在焊接过程中,由于焊缝的收缩变形,构件总要产生一些局部的鼓起、歪曲、弯曲或扭曲等,包括纵向收缩、横向收缩、角变形、弯曲变形、扭曲变形和波浪变形等（图3-35）。这些变形应满足《钢结构工程施工质量验收规范》（GB 50205—2001）的规定,否则必须加以矫正,以保证构件的承载力和正常使用。

减少焊接变形和焊接应力的方法有以下几种：

1. 采取合理的焊接次序,如钢板对接时采用分段焊（图3-36a）,厚度方向分层焊（图3-36b）,工字形截面采用对角跳焊（图3-36c）,钢板分块拼焊（图3-36d）。

2. 施焊前给构件一个和焊接变形相反的预变形,使构件在焊接后产生的焊接变形与之正好抵消（图3-37a、b）。这种方法可以减少焊接后的变形量,但不会根除焊接应力。

3. 对于小尺寸焊件,施焊前预热或施焊后回火（加热至600℃左右）,然后缓慢冷却,可以消除焊接残余应力。或对构件进行锤打,可减小焊接残余应力。

另外,也可采用机械方法或氧-乙炔局部加热反弯(图 3-37c)以消除焊接变形。

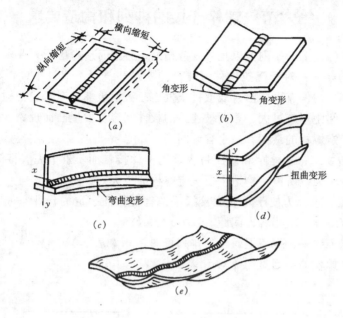

图 3-35 焊接残余变形

(a)纵向和横向收缩;(b)角变形;(c)弯曲变形;(d)扭曲变形;(e)波浪变形

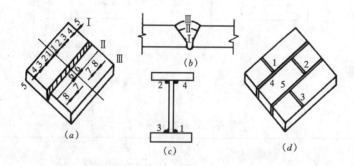

图 3-36 合理的焊接次序

(a)分段退焊;(b)沿厚度分层焊;(c)对角跳焊;(d)钢板分块拼接

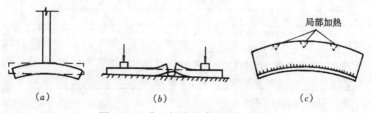

图 3-37 减少焊接残余变形的措施

第六节 螺栓连接的排列和构造要求

螺栓在构件上的排列可以是并列或错列,排列时应考虑下列要求:

1. 受力要求:对于受拉构件,螺栓的栓距和线距不应过小,否则对钢板截面削弱太多,构件有可能沿直线或折线发生净截面破坏。对于受压构件,沿作用力方向螺栓间距不应过大,否则被连接的板件间容易发生凸曲现象。因此,从受力角度应规定螺栓的最大和最小容许间距。

2. 构造要求:若栓距和线距过大,则构件接触面不够紧密,潮气易于侵入缝隙而产生腐蚀,所以,构造上要规定螺栓的最大容许间距。

3. 施工要求:为便于转动螺栓扳手,就要保证一定的作业空间。所以,施工上要规定螺栓的最小容许间距。

根据以上要求,钢板上螺栓的排列见图 3-38 和表 3-3。

型钢上螺栓的排列见图 3-39 和表 3-4、3-5、3-6。

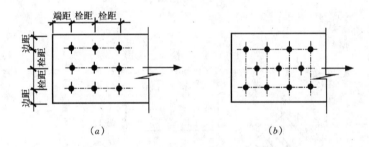

图 3-38 钢板上螺栓的排列
(a) 并列;(b) 错列

钢板上螺栓的容许间距 表 3-3

名称	位置和方向			最大容许距离(取两者的较小值)	最小容许距离
中心间距	外排(垂直内力或顺内力方向)			$8d_0$ 或 $12t$	$3d_0$
	中间排	垂直内力方向		$16d_0$ 或 $24t$	
		顺内力方向	构件受压力	$12d_0$ 或 $18t$	
			构件受拉力	$16d_0$ 或 $24t$	
	沿对角线方向			—	
中心至构件边缘距离	顺内力方向			$4d_0$ 或 $8t$	$2d_0$
	垂直内力方向	剪切或手工气割边			$1.5d_0$
		轧制边、自动气割或锯割边	高强度螺栓		$1.5d_0$
			其他螺栓		$1.2d_0$

注:1. d_0 为螺栓孔径,t 为外层薄板件厚度。

2. 钢板边缘与刚性构件(如角钢、槽钢)相连的螺栓最大间距,可按中间排数值采用。

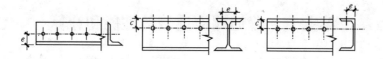

图 3-39 型钢上螺栓的排列

角钢上螺栓的容许间距（mm）　　　　　　　　表 3-4

肢宽		40	45	50	56	63	70	75	80	90	100	110	125
单行	e	25	25	30	30	35	40	40	45	50	55	60	70
	d_0	11.5	13.5	13.5	15.5	17.5	20	22	22	24	24	26	26

工字钢和槽钢腹板上螺栓的容许间距（mm）　　　　　　　　表 3-5

工字钢号	12	14	16	18	20	22	25	28	32	36	40	45	50	56	63
线距 c_{min}	40	45	45	45	50	50	55	60	60	65	70	75	75	75	75
槽型钢号	12	14	16	18	20	22	25	28	32	36	40				
线距 c_{min}	40	45	50	50	55	55	55	60	65	70	75				

工字钢和槽钢翼缘上螺栓的容许间距（mm）　　　　　　　　表 3-6

工字钢号	12	14	16	18	20	22	25	28	32	36	40	45	50	56	63
线距 e_{min}	40	40	50	55	60	65	65	70	75	80	80	85	90	95	95
槽型钢号	12	14	16	18	20	22	25	28	32	36	40				
线距 e_{min}	30	35	35	40	40	45	45	50	56	60					

在钢结构施工图上需要将螺栓孔的施工要求用图形表示出来，常用的图例见表 3-7。

螺栓、孔的表示方法　　　　　　　　表 3-7

序号	名　称	图　例	说　明
1	永久螺栓	◇	
2	高强度螺栓	◆	1. 细"+"线表示定位线 2. 采用引出线标注时，横线上标注螺栓规格，横线下标注螺栓孔直径 　　　M 　　　φ 3. M 表示螺栓型号 4. φ 表示螺栓孔直径
3	安装螺栓	◇	
4	圆形螺栓孔	●	
5	长圆形螺栓孔	⬬	

第七节 普通螺栓连接的性能和计算

普通螺栓连接按螺栓传力方式,可分为抗剪螺栓连接和抗拉螺栓连接。当外力垂直于螺栓杆时,此螺栓为抗剪螺栓;当外力平行于螺栓杆时,此螺栓为抗拉螺栓。图 3-40 中的螺栓 2 为抗剪螺栓。当采用支托板承受剪力时,图 3-40 中的螺栓 1 为抗拉螺栓连接;当支托板仅起临时安装作用或不设支托板时,图 3-40 中的螺栓 1 兼承受剪力和拉力。

一、抗剪螺栓连接

抗剪螺栓连接在受力以后,当外力不大时,首先由构件间的摩擦力抵抗外力。不过摩擦力很小,随着外力的增大,构件很快就出现滑移使螺栓杆与孔壁接触,使螺栓杆受剪,同时孔壁受压。

当连接处于弹性阶段时,螺栓群中各螺栓受力并不相等,两端大而中间小(图 3-41a);当螺栓群连接长度 l_1 不太大时,随着外力增加连接超过弹性变形而进入塑性阶段后,因内力重分布使各螺栓受力趋于均匀(图 3-41b)。但当构件的节点处或拼接缝的一侧螺栓很多,且沿受力方向的连接长度 l_1 过大时,端部的螺栓会因受力过大而首先发生破坏,随后依次向内逐排破坏(即所谓解钮扣现象)。因此规范规定当连接长度 l_1 较大时,应将螺栓的承载力乘以折减系数 β。因此,当外力通过螺栓群中心时,可认为所有的螺栓受力相同。

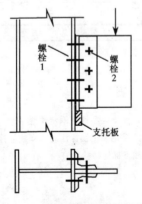

图 3-40 抗剪螺栓和抗拉螺栓

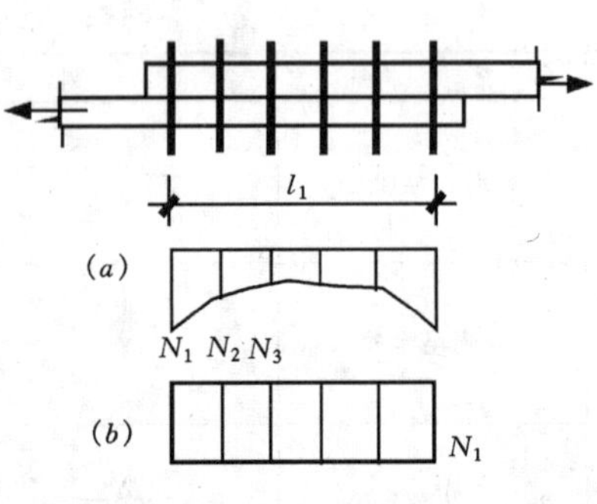

图 3-41 螺栓群受剪工作状态
(a)弹性阶段;(b)塑性阶段

$$\left.\begin{array}{ll} 当\ l_1 \leqslant 15 d_0\ 时, & \beta = 1.0 \\ 当\ 15 d_0 < l_1 \leqslant 60 d_0\ 时, & \beta = 1.1 - \dfrac{l_1}{150 d_0} \\ 当\ l_1 > 60 d_0\ 时, & \beta = 0.7 \end{array}\right\} \tag{3-22}$$

式中 d_0——螺栓孔径。

抗剪螺栓连接可能的破坏形式有五种,见图 3-42。其中螺栓杆剪断、孔壁压坏和钢板被拉断需要通过计算来保证连接安全,后两种破坏形式通过构造要求来保证,即通过限制端距 $e \geqslant 2d_0$ 避免板端被剪断,通过限制板叠厚度 $\leqslant 5d$ 避免螺栓杆弯曲。

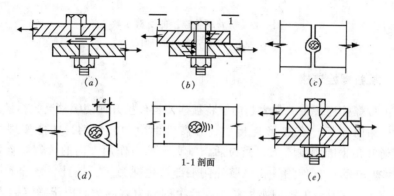

图 3-42 抗剪螺栓的破坏形式

(a) 螺栓杆剪断;(b) 孔壁压坏;(c) 板被拉断;(d) 板端被剪断;(e) 螺栓杆弯曲

单个抗剪螺栓的承载力设计值为:

(1) 抗剪承载力设计值

$$N_v^b = n_v \frac{\pi \cdot d^2}{4} f_v^b \tag{3-23}$$

(2) 承压承载力设计值

$$N_c^b = d \cdot \Sigma t \cdot f_c^b \tag{3-24}$$

(3) 一个抗剪螺栓的承载力设计值应取上面两式算得的较小值

$$[N]_v^b = \min\{N_v^b, N_c^b\} \tag{3-25}$$

式中 n_v——螺栓受剪面数(图 3-43),单剪 $n_v = 1$,双剪 $n_v = 2$,四剪面 $n_v = 4$ 等;

Σt——在不同受力方向中一个受力方向承压板件总厚度的较小值。图 3-43 (b) 中双剪面取 Σt 为 $\min\{(a+c)$ 或 $b\}$;图 3-43 (c) 中四剪面取 Σt 为 $\min\{(a+c+e)$ 或 $(b+d)\}$;

d——螺栓杆直径;

f_v^b、f_c^b——螺栓的抗剪、承压强度设计值,见附表 2-2。

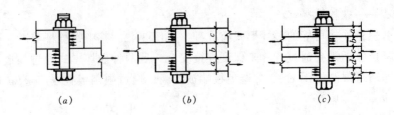

图 3-43 抗剪螺栓连接的受剪面数
(a) 单剪；(b) 双剪；(c) 四剪面

二、抗拉螺栓连接

在抗拉螺栓连接中，外力趋向于将被连接构件拉开而使螺栓受拉，最后导致螺栓被拉断而破坏。在 T 形连接中，必需借助附件（角钢）才能实现（图3-44a）。通常角钢的刚度不大，受拉后，垂直于拉力作用方向的角钢肢会发生较大的变形，并起杠杆作用，在该肢外侧端部产生撬力 Q。因此，螺栓实际所受拉力为 $P_f = N + Q$。角钢的刚度越小，产生的撬力就越大。由于确定撬力 Q 比较复杂，为了简化计算，对普通螺栓连接，规范采用降低螺栓强度设计值的方法来考虑撬力的影响，规定普通螺栓抗拉强度设计值 f_t^b 取同样牌号钢材抗拉强度设计值 f 的 0.8 倍（即 $f_t^b = 0.8f$）。

如果在构造上采取一些措施加强角钢的刚度，可使其不致产生撬力 Q，或产生撬力甚小，例如在角钢两肢间设置加劲肋（图3-44b），就是增大刚度的一种有效办法。

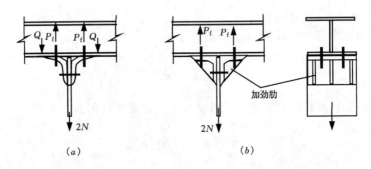

图 3-44 抗拉螺栓连接

单个螺栓抗拉承载力设计值为：

$$N_t^b = \frac{\pi \cdot d_e^2}{4} f_t^b = A_e f_t^b \tag{3-26}$$

式中 d_e、A_e——螺栓杆螺纹处的有效直径和有效截面面积，见表 3-8；
f_t^b——螺栓的抗拉强度设计值，见附表 2-2。

普通螺栓规格　　　　　　　　表 3-8

螺栓直径 d (mm)	螺距 p (mm)	螺栓有效直径 d_e (mm)	螺栓有效面积 A_e (mm²)	说明
16	2	14.12	156.7	
18	2.5	15.65	192.5	
20	2.5	17.65	244.8	
22	2.5	19.65	303.4	螺栓有效截面面积按下式算得
24	3	21.19	352.5	$A_e = \dfrac{\pi}{4}\left(d - \dfrac{13}{24}\sqrt{3}p\right)^2$
27	3	24.19	459.4	
30	3.5	26.72	560.6	
33	3.5	29.72	693.6	
36	4	32.25	816.7	
39	4	35.25	975.8	
42	4.5	37.78	1121.0	

三、螺栓群抗剪连接计算

1. 螺栓群在轴心力作用下的抗剪计算

（1）螺栓数目

当外力通过螺栓群形心时，在连接长度范围内，计算时假定所有螺栓受力相等，按式 3-27 计算所需螺栓数目。

$$n = \frac{N}{\beta \cdot [N]_v^b} \quad （取整） \tag{3-27}$$

式中　N——作用于螺栓群的轴心力设计值。

（2）构件（板件）净截面强度

$$\sigma = \frac{N}{A_n} \leq f \tag{3-28}$$

式中　A_n——构件净截面面积（图 3-45）。

构件净截面面积 A_n 计算方法如下（$t_1 \leq t_2$）：

1) 并列（图 3-45a）

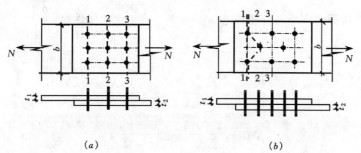

图 3-45　构件净截面面积

$$A_1 = A_2 = A_3 = t_1(b - 3d_0)$$
$$N_1 = N; N_2 = N - (N/9) \times 3; N_3 = N - (N/9) \times 6$$

2) 错列（图 3-45b）

正截面 $\quad A_1 = A_3 = t_1(b - 2d_0)$

齿形截面 $\quad A_2 = t_1(l - 3d_0)$；其中 l 为折线长度（图 b 中的点划线）。

$$N_1 = N; \quad N_2 = N; \quad N_3 = N - (N/8) \times 3$$

2. 螺栓群在扭矩作用下的抗剪计算

承受扭矩的螺栓群的连接，可先按构造要求布置螺栓群，然后计算受力最大的螺栓所承受的剪力，并与一个螺栓的抗剪承载力设计值进行比较。

分析螺栓群受扭矩作用时采用下列计算假定：

1) 被连接构件是绝对刚性的，而螺栓则是弹性的；

2) 各螺栓绕螺栓群形心 o 旋转（图 3-46），其受力大小与其至螺栓群形心 o 的距离 r 成正比，力的方向与其至螺栓群形心的连线相垂直。

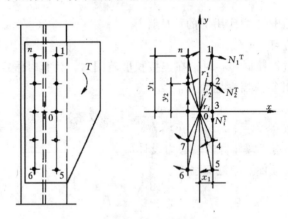

图 3-46 螺栓群受扭矩作用

根据平衡条件得

$$T = N_1^T r_1 + N_2^T r_2 + \cdots + N_n^T r_n$$

根据螺栓受力大小与其至形心 o 的距离 r 成正比的条件得：

$$\frac{N_1^T}{r_1} = \frac{N_2^T}{r_2} = \cdots = \frac{N_n^T}{r_n}$$

则

$$T = \frac{N_1^T}{r_1}(r_1^2 + r_2^2 + \cdots + r_n^2) = \frac{N_1^T}{r_1} \sum_{i=1}^{n} r_i^2 \quad (3-29)$$

或

$$N_1^T = \frac{T \cdot r_1}{\Sigma r_i^2} = \frac{T \cdot r_1}{\Sigma x_i^2 + \Sigma y_i^2} \quad (3-30)$$

为便于计算，可将 N_1^T 分解为沿 x 轴和 y 轴上的两个分量

$$N_{1x}^{T} = \frac{T \cdot y_1}{\Sigma x_i^2 + \Sigma y_i^2} \quad (3\text{-}31a)$$

$$N_{1y}^{T} = \frac{T \cdot x_1}{\Sigma x_i^2 + \Sigma y_i^2} \quad (3\text{-}31b)$$

设计时,受力最大的一个螺栓所承受的剪力 N_1^T 不应大于抗剪螺栓的承载力设计值 $[N]_v^b$,即

$$N_1^T \leqslant [N]_v^b \quad (3\text{-}32)$$

3. 螺栓群在扭矩、剪力和轴心力作用下的抗剪计算

在螺栓群受扭矩 T、剪力 V 和轴心力 N 共同作用的连接中(图 3-47),首先进行受力分析,判断受力最不利的螺栓,然后对此螺栓求矢量合力,要求此合剪

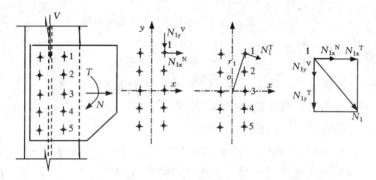

图 3-47 螺栓群受扭矩、剪力和轴心力共同作用

力 N_1 不应大于抗剪螺栓的承载力设计值 $[N]_v^b$,即

$$N_1 = \sqrt{(N_{1x}^N + N_{1x}^T)^2 + (N_{1y}^V + N_{1y}^T)^2} \leqslant [N]_v^b \quad (3\text{-}33)$$

四、螺栓群抗拉连接计算

1. 螺栓群在轴心力作用下的抗拉连接计算

当外力通过螺栓群形心时,假定所有螺栓受力相等,所需的螺栓数目为:

$$n = \frac{N}{N_t^b} \quad (\text{取整}) \quad (3\text{-}34)$$

式中 N——螺栓群承受的轴心拉力设计值。

2. 弯矩和轴力作用于抗拉螺栓群

螺栓群在弯矩作用下上部螺栓受拉,因而有使连接上部分离的趋势,使螺栓群形心下移。与螺栓群拉力相平衡的压力产生于下部的接触面上,精确确定中和轴的位置比较复杂。为便于计算,通常假定中和轴在最下排螺栓处(图 3-48c)。因此,弯矩作用下螺栓的最大拉力为:

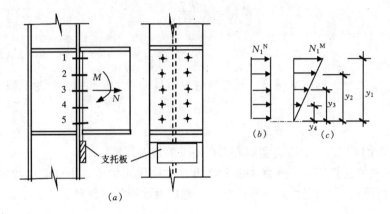

图 3-48 弯矩和轴心力作用下的普通螺栓群

$$N_1^M = \frac{M \cdot y_1}{m \Sigma y_i^2} \tag{3-35}$$

式中　m——螺栓排列的纵向列数（例如图 3-48 中 $m = 2$）；

　　　y_i——各螺栓到螺栓群中和轴的距离；

　　　y_1——受力最大的螺栓到中和轴的距离。

在螺栓群受弯矩 M 和轴心力 N 共同作用下的连接中（图 3-48a），首先进行受力分析，判断受力最大的螺栓，求此螺栓的受力 N_1，要求 N_1 不应大于其抗拉承载力 N_t^b，即

$$N_1 = \frac{N}{n} + \frac{M \cdot y_1}{m \Sigma y_i^2} \leqslant N_t^b \tag{3-36}$$

五、剪力和拉力共同作用的螺栓群连接计算

在螺栓群受弯矩 M、剪力 V 和轴心力 N 共同作用的连接中（图 3-49），螺栓群承受剪力和拉力作用，这种连接可以有两种算法。

1. 当不设置支托或支托仅起安装作用时

螺栓群受拉力和剪力共同作用，应按下式进行计算：

$$\sqrt{\left(\frac{N_v}{N_v^b}\right)^2 + \left(\frac{N_t}{N_t^b}\right)^2} \leqslant 1 \tag{3-37}$$

$$N_v = \frac{V}{n} \leqslant N_c^b \tag{3-38}$$

式中　N_v、N_t——分别为受力最大的螺栓所受的剪力和拉力。

2. 假定支托承受剪力，螺栓仅承受弯矩

对于粗制螺栓，一般不宜受剪（承受静力荷载的次要连接或临时安装连接除

第七节　普通螺栓连接的性能和计算　　63

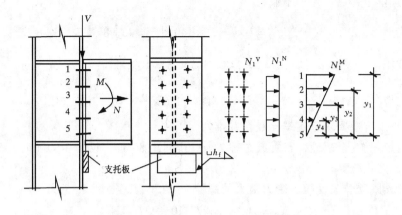

图 3-49　剪力和拉力作用下的螺栓群

外)。此时可设置支托承受剪力，螺栓只承受拉力作用。

(1) 支托焊缝计算

$$\tau_f = \frac{\alpha \cdot V}{0.7 h_f \Sigma l_w} \leqslant f_f^w \tag{3-39}$$

式中　α——考虑剪力对焊缝的偏心影响系数，可取 1.25～1.35。

(2) 螺栓受拉按式 (3-36) 计算。

【例题 3-5】　图 3-50 所示的梁柱连接，采用普通 C 级螺栓，梁端支座板下设有支托，试设计此连接。已知：钢材为 Q235B，螺栓直径为 20mm，焊条为 E43 型，手工焊。此连接承受的静力荷载设计值为：$V = 277kN$，$M = 38.7kN \cdot m$。

【解】　$f_v^b = 140N/mm^2$，$f_c^b = 305N/mm^2$，$f_t^b = 170N/mm^2$。

(1) 假定支托板仅起安装作用

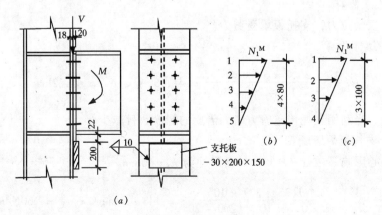

图 3-50　例题 3-5 图

1) 单个普通螺栓的承载力

抗剪　　$N_v^b = n_v \dfrac{\pi \cdot d^2}{4} f_v^b = 1 \times \dfrac{\pi \cdot 2^2}{4} \times 140 \times \dfrac{1}{10} = 43.98 \text{kN}$

抗压　　$N_c^b = d \cdot \Sigma t \cdot f_c^b = 2 \times 1.8 \times 305 \times \dfrac{1}{10} = 109.8 \text{kN}$

抗拉　　$N_t^b = \dfrac{\pi \cdot d_e^2}{4} f_t^b = A_e f_t^b = 2.448 \times 170 \times \dfrac{1}{10} = 41.62 \text{kN}$

2) 按构造要求选定螺栓数目并排列

假定用 10 个螺栓，布置成 5 排 2 列，排间距 80mm，见图 3-50 (b)。

3) 连接验算

螺栓既受剪又受拉，受力最大的螺栓为"1"，其受力为：

$$N_v = V/n = 277/10 = 27.7 \text{kN}$$

$$N_t = \dfrac{M \cdot y_1}{m \Sigma y_i^2} = \dfrac{38.7 \times 32 \times 10^2}{[2 \times (8^2 + 16^2 + 24^2 + 32^2)]} = 32.25 \text{kN}$$

验算"1"螺栓受力

$$\sqrt{\left(\dfrac{N_v}{N_v^b}\right)^2 + \left(\dfrac{N_t}{N_t^b}\right)^2} = \sqrt{\left(\dfrac{27.7}{43.98}\right)^2 + \left(\dfrac{32.25}{41.62}\right)^2} = 0.999 \leqslant 1.0$$

$$N_v = 27.7 \text{kN} < N_c^b = 109.8 \text{kN}$$

(2) 假定支托板起承受剪力的作用

1) 单个螺栓承载力同 (1)

2) 按构造要求选定螺栓数目并排列

支托承受剪力作用，螺栓数目可以减少，假定用 8 个螺栓，布置成 4 排 2 列，排间距 100mm，见图 3-50 (c)。

3) 连接验算

螺栓仅受拉力，支托板承受剪力。

(a) 螺栓验算

$$N_t = \dfrac{38.7 \times 30 \times 10^2}{2 \times (10^2 + 20^2 + 30^2)} = 41.46 \text{kN} < N_t^b = 41.62 \text{kN}$$

可见，当利用支托传递剪力时，需要的螺栓数目减少。

(b) 支托板焊缝验算

取偏心影响系数 $\alpha = 1.35$，焊角尺寸为 $h_f = 10 \text{mm}$。

$$\tau_f = \dfrac{\alpha \cdot V}{h_e \Sigma l_w} = \dfrac{1.35 \times 277 \times 10^3}{2 \times 0.7 \times 10 \times (200 - 20)} = 148.4 \text{N/mm}^2 < f_f^w = 160 \text{N/mm}^2$$

第八节 高强度螺栓连接的性能和计算

一、高强度螺栓连接的性能

普通螺栓连接在抗剪时依靠杆身承压和螺栓抗剪来传递剪力,扭紧螺帽时螺栓产生的预拉力很小,其影响可以忽略。高强度螺栓除了材料强度高外还给螺栓施加很大的预拉力,使被连接构件的接触面之间产生较大挤压力,因而当构件有相对滑动趋势时会在接触面产生垂直于螺栓杆方向的摩擦力。这种挤压力和摩擦力对外力的传递有很大影响。

高强度螺栓连接,从受力特征分为高强度螺栓摩擦型连接和高强度螺栓承压型连接。

1. 高强度螺栓材料

高强度螺栓的杆身、螺帽和垫圈都要用抗拉强度很高的钢材制作。高强度螺栓的性能等级有 8.8 级(有 40B 钢、45 号钢和 35 号钢)和 10.9 级(有 20MnTiB 钢和 35VB 钢)。级别划分的小数点前的数字是螺栓钢材热处理后的最低抗拉强度,小数点后面的数字是屈强比(屈服强度 f_y 与抗拉强度 f_u 的比值)。如 10.9 级钢材的最低抗拉强度为 $1000N/mm^2$,屈服强度是 $0.9 \times 1000 = 900N/mm^2$。高强度螺栓所用的螺帽和垫圈采用 45 号钢或 35 号钢制成。高强度螺栓应采用钻成孔,摩擦型的孔径比螺栓公称直径大 1.5~2.0mm,承压型的孔径则大 1.0~1.5mm。

2. 高强度螺栓的预拉力

高强度螺栓的预拉力是通过扭紧螺帽实现的。一般采用扭矩法、转角法和扭剪法。

扭矩法:采用可直接显示扭矩的特制扳手,根据事先测定的扭矩和螺栓拉力之间的关系施加扭矩,使之达到预定的预拉力。

转角法:分初拧和终拧两步。初拧是先用普通扳手使被连接构件相互紧密贴合,终拧就是以初拧的贴紧位置为起点,根据按螺栓直径和板叠厚度所确定的终拧角度,用强有力的扳手旋转螺母,拧至预定角度值时,螺栓的拉力即达到了所需要的预拉力数值。

扭剪法:是采用扭剪型高强度螺栓,该螺栓尾部设有梅花头(图 3-51),拧紧螺帽时,靠拧断螺栓梅花头切口处截面来控制预拉力值。

高强度螺栓预拉力设计值与材料强度和螺栓有效截面积有关,取值时考虑1)螺栓材料抗力的变异性,引入折减系数 0.9;2)施加预拉力时为补

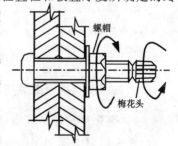

图 3-51 扭剪型高强度螺栓

偿预拉力损失超张拉 5%~10%，引入折减系数 0.9；3) 在扭紧螺栓时，扭矩使螺栓产生的剪力将降低螺栓的抗拉承载力，引入折减系数 1/1.2；4) 钢材由于以抗拉强度为准，引入附加安全系数 0.9。由此，高强度螺栓预拉力为：

$$P = \frac{0.9 \times 0.9 \times 0.9}{1.2} f_u \cdot A_e = 0.608 f_u A_e \quad (3-40)$$

式中　f_u——螺栓材料经热处理后的最低抗拉强度，对于 8.8 级螺栓，f_u = 830 N/mm²；对于 10.9 级螺栓，f_u = 1040N/mm²；

　　　A_e——高强度螺栓螺纹处的有效截面积，见表 3-8。

规范规定的高强度螺栓预拉力设计值，按式 (3-40) 计算，并取 5kN 的倍数，见表 3-9。

一个高强度螺栓的预拉力 P (kN)　　　　表 3-9

螺栓的性能等级	螺栓的公称直径 (mm)					
	M16	M20	M22	M24	M27	M30
8.8 级	80	125	150	175	230	280
10.9 级	100	155	190	225	290	355

3. 高强度螺栓连接的摩擦面抗滑移系数

被连接板件之间的摩擦力大小，不仅和螺栓的预拉力有关，还与被连接板件材料及其接触面的表面处理有关。高强度螺栓应严格按照施工规程操作，不得在潮湿、淋雨状态下拼装，不得在摩擦面上涂红丹、油漆等，应保证摩擦面干燥、清洁。

规范规定的高强度螺栓连接的摩擦面抗滑移系数 μ 值见表 3-10。

摩擦面的抗滑移系数 μ　　　　表 3-10

连接处构件接触面的处理方法	构件的钢号		
	Q235 钢	Q345 钢、Q390 钢	Q420 钢
喷砂 (丸)	0.45	0.50	0.50
喷砂 (丸) 后涂无机富锌漆	0.35	0.40	0.40
喷砂 (丸) 后生赤锈	0.45	0.50	0.50
钢丝刷清除浮锈或未经处理的干净轧制表面	0.30	0.35	0.40

二、高强度螺栓摩擦型连接计算

(一) 高强度螺栓摩擦型抗剪连接计算

高强度螺栓摩擦型连接单纯依靠被连接构件间的摩擦阻力传递剪力，以剪力等于摩擦力为承载能力的极限状态。

第八节 高强度螺栓连接的性能和计算

1. 单个高强度螺栓的抗剪承载力设计值

$$N_v^b = 0.9 n_f \mu P \tag{3-41}$$

式中 　0.9——抗力分项系数 γ_R 的倒数，即 $1/\gamma_R = 1/1.111 = 0.9$；

　　　n_f——传力的摩擦面数；

　　　μ——高强度螺栓摩擦面抗滑移系数 μ，按表 3-10 采用；

　　　P——一个高强度螺栓的预拉力，按表 3-9 采用。

2. 轴心力作用下的螺栓群计算

（1）螺栓数目

$$n = \frac{N}{\beta \cdot N_v^b} \quad （取整） \tag{3-42}$$

式中 　N——作用于螺栓群的轴心力设计值；

　　　β——连接长度较大时，螺栓的承载力折减系数，由式（3-22）计算。

（2）板件净截面强度

高强度螺栓摩擦型连接的板件净截面强度计算与普通螺栓连接不同，被连接钢板最危险截面在第一排螺栓孔处。在这个截面上，一部分剪力已由孔前接触面传递（图 3-52）。规范规定孔前传力占该排螺栓传力的 50%。这样截面 1-1 净截面传力为：

$$N' = N - 0.5 \frac{N}{n} \times n_1 = N\left(1 - \frac{0.5 n_1}{n}\right) \tag{3-43}$$

式中 　n——连接一侧的螺栓总数；

　　　n_1——计算截面上的螺栓数。

连接构件（板件）净截面强度

$$\sigma_n = \frac{N'}{A_n} \leqslant f \tag{3-44}$$

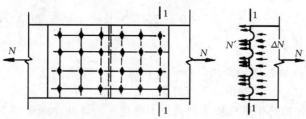

图 3-52　高强度螺栓摩擦型连接孔前传力

3. 扭矩、剪力和轴心力作用下的螺栓群计算

螺栓群受扭矩 T、剪力 V 和轴心力 N 共同作用的高强度螺栓连接的抗剪计算与普通螺栓相同，只是用高强度螺栓摩擦型连接的承载力设计值。

【例 3-6】 验算图 3-53 所示轴心受拉双拼接板的连接。已知：钢材为 Q345，采用 8.8 级高强度摩擦型螺栓连接，螺栓直径 M22，构件接触面采用喷砂处理。此连接承受的设计荷载为 $N = 1550\text{kN}$。

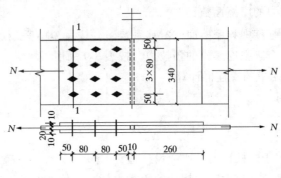

图 3-53 例题 3-6 图

【解】

由表 3-10 和 3-9 知，构件接触面抗滑移系数 $\mu = 0.50$；8.8 级 M22 螺栓的预拉力 $P = 150\text{kN}$，螺栓孔径取 $d_0 = 24\text{mm}$。由附表 2-1 知，Q345 钢板强度设计值 $f = 295\text{N/mm}^2$。

一个螺栓的抗剪承载力

$$N_v^b = 0.9 n_f \mu P = 0.9 \times 2 \times 0.5 \times 150 = 135\text{kN}$$

螺栓受力

$$N_v = N/n = 1550/12 = 129.17\text{kN} < N_v^b = 135\text{kN}$$

钢板在 1-1 截面处受力

$$N' = N - 0.5 \frac{N}{n} n_1 = 1550 - 0.5 \times \frac{1550}{12} \times 4 = 1291.7\text{kN}$$

1-1 处净截面面积 $A_n = t(b - n_1 d_0) = 2.0 \times (34 - 4 \times 2.4) = 48.8\text{cm}^2$

$$\sigma_n = \frac{N'}{A_n} = \frac{1291.7}{48.8} \times 10 = 264.7\text{N/mm}^2 < f = 295\text{N/mm}^2$$

连接满足要求。

(二) 高强度螺栓摩擦型抗拉连接计算

1. 高强度螺栓连接的抗拉工作性能

高强度螺栓连接由于螺栓中的预拉力作用，构件间在承受外力作用前已经有较大的挤压力，高强度螺栓受到外拉力作用时，首先要抵消这种挤压力。分析表明，当高强度螺栓达到规范规定的承载力 $0.8P$ 时，螺栓杆的拉力仅增大 7% 左右，可以认为基本不变。

2. 单个高强度螺栓摩擦型连接抗拉承载力设计值

规范规定一个高强度螺栓抗拉承载力设计值为：

$$N_t^b = 0.8P \tag{3-45}$$

3. 轴心拉力作用下高强度螺栓摩擦型连接计算

因力通过螺栓群形心,每个螺栓所受外拉力相同,一个螺栓所受拉力为:

$$N_t = \frac{N}{n} \leqslant 0.8P \tag{3-46}$$

式中 n——螺栓数目。

4. 高强度螺栓群在弯矩和轴力作用下的计算

高强度螺栓群在弯矩 M 作用下(图3-54),由于被连接构件的接触面一直保持紧密贴合,可以认为受力时中和轴在螺栓群的形心线处。如果以板不被拉开为承载能力的极限,在弯矩和轴力的作用下,最上端的螺栓拉力应按式(3-36)计算,只是弯曲中和轴取螺栓群形心线处。但对于承受静力荷载的连接,板被拉开并不等于达到承载能力的极限,可以像图3-48所示的普通螺栓群一样按中和轴在最下排螺栓形心处计算。

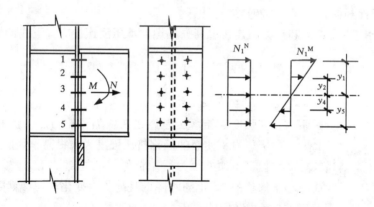

图 3-54 弯矩和轴心拉力作用下的高强度螺栓连接

(三)**高强度螺栓摩擦型连接,同时承受剪力和拉力的计算**

由于外拉力的作用,板件间的挤压力降低。每个螺栓的抗剪承载力也随之减少。另外,由试验知,抗滑移系数随板件间的挤压力的减小而降低。规范规定按下式计算高强度螺栓摩擦型连接的抗剪承载力,μ 仍用原值:

$$\frac{N_v}{N_v^b} + \frac{N_t}{N_t^b} \leqslant 1 \tag{3-47}$$

式中 N_v、N_t——受力最大的螺栓承所受的剪力和拉力的设计值;

N_v^b、N_t^b——一个高强度螺栓抗剪、抗拉承载力设计值,分别按式(3-41)和(3-45)计算。

三、高强度螺栓承压型连接计算

高强度螺栓承压型连接的传力特征是剪力超过摩擦力时,构件间发生相对滑移,螺栓杆身与孔壁接触,螺栓受剪同时孔壁承压。但是,另一方面,摩擦力随外力继续增大而逐渐减弱,到连接接近破坏时,剪力完全由杆身承担。高强度螺栓承压型连接以螺栓或钢板破坏为承载能力的极限状态,可能的破坏形式和普通螺栓相同。高强度螺栓承压型连接不应用于直接承受动力荷载的结构。

1. 在抗剪连接中,承压型连接的高强度螺栓承载力设计值的计算方法与普通螺栓相同,只是采用高强度螺栓的抗剪、承压设计值。但当剪切面在螺纹处时,其受剪承载力设计值应按螺纹处的有效面积进行计算,即 $N_v^b = n_v \cdot \dfrac{\pi d_e^2 f_v^b}{4}$,式中 f_v^b 为高强度螺栓的抗剪设计值。

2. 在受拉连接中,承压型连接的高强度螺栓抗拉承载力设计值的计算方法与普通螺栓相同,按式(3-26)进行计算。

3. 同时承受剪力和拉力的连接中高强度螺栓承压型连接应按下式计算:

$$\sqrt{\left(\frac{N_v}{N_v^b}\right)^2 + \left(\frac{N_t}{N_t^b}\right)^2} \leq 1 \tag{3-37}$$

$$N_v \leq N_c^b / 1.2 \tag{3-48}$$

式中 1.2——折减系数,高强度螺栓承压型连接在施加预拉力后,板的孔前有较高的三向压应力,使板的局部挤压强度大大提高,因此 N_c^b 比普通螺栓高。但当施加外拉力后,板件间的局部挤压力随外拉力增大而减小,螺栓的 N_c^b 也随之降低且随外力变化。为计算简便,取固定值 1.2 考虑其影响。

【例题 3-7】 设计牛腿与钢柱的连接(图 3-55)。已知:钢材为 Q390,采用 10.9 级高强度螺栓,螺栓直径 M20,构件接触面采用喷砂处理。支托起安装作用。此连接承受的设计荷载为 $V = 300\text{kN}$,$M = 50\text{kN} \cdot \text{m}$。

【解】(1)按高强度螺栓摩擦型连接计算,取 10 个螺栓按 2 列 5 排布置,排间距为 80mm,见图 3-55(b)。

1)由表 3-9、3-10 知 10.9 级 M20 螺栓预拉力 $P = 155\text{kN}$,Q390 钢板接触面抗滑移系数 $\mu = 0.50$。

2)螺栓受力计算:

最大拉力: $N_t = \dfrac{M \cdot y_1}{m \Sigma y_i^2} = \dfrac{50 \times 16}{2 \times (2 \times 8^2 + 2 \times 16^2)} \times 100 = 62.5\text{kN}$

最大剪力: $N_v = V/n = 300/10 = 30\text{kN}$

3)单个螺栓的承载力:

第八节 高强度螺栓连接的性能和计算 71

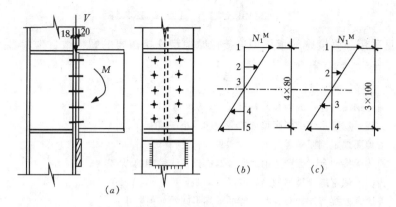

图 3-55 例题 3-7 图

抗剪承载力： $N_v^b = 0.9 n_f \mu P = 0.9 \times 1 \times 0.5 \times 155 = 69.75 \text{kN}$

抗拉承载力： $N_t^b = 0.8 P = 124 \text{kN}$

4）螺栓验算：

$$\frac{N_v}{N_v^b} + \frac{N_t}{N_t^b} = \frac{30}{69.75} + \frac{62.5}{124} = 0.43 + 0.5 = 0.93 < 1$$

故螺栓群满足剪力和弯矩共同作用的要求。

（2）按高强度螺栓承压型连接计算，取 8 个螺栓按 2 列 4 排布置，排间距为 100mm，见图 3-55（c）。

1）由附表 2-2 知：

$f_v^b = 310 \text{N/mm}^2$； $f_c^b = 615 \text{N/mm}^2$； $f_t^b = 500 \text{N/mm}^2$

2）螺栓受力计算：

最大拉力： $N_t = \dfrac{M \cdot y_1}{m \Sigma y_i^2} = \dfrac{50 \times 15}{2 \times (2 \times 7.5^2 + 2 \times 15^2)} \times 100 = 66.7 \text{kN}$

最大剪力： $N_v = V/n = 300/8 = 37.5 \text{kN}$

3）一个螺栓的承载力设计值：

抗剪承载力（假定剪切面在螺纹处）

$$N_v^b = n_v \frac{\pi \cdot d_e^2}{4} f_v^b = 1 \times \frac{\pi \times 17.65^2}{4} \times 310 \times 10^{-3} = 75.8 \text{kN}$$

抗压承载力 $N_c^b = d \cdot \Sigma t \cdot f_c^b = 20 \times 18 \times 615 \times 10^{-3} = 221.4 \text{kN}$

抗拉承载力 $N_t^b = \dfrac{\pi \cdot d_e^2}{4} f_t^b = \dfrac{\pi \times 17.65^2}{4} \times 500 \times 10^{-3} = 122.3 \text{kN}$

4）验算螺栓承载力：

$$\sqrt{\left(\frac{N_v}{N_v^b}\right)^2 + \left(\frac{N_t}{N_t^b}\right)^2} = \sqrt{\left(\frac{37.5}{75.8}\right)^2 + \left(\frac{66.7}{122.3}\right)^2} = 0.74 < 1.0$$

$$N_V = 37.5 \text{kN} < N_c^b/1.2 = 184.5 \text{kN}$$

可见采用高强度螺栓承压型连接比摩擦型连接需要的螺栓数目少。

思 考 题

3-1 简述钢结构连接的类型及特点。
3-2 为何要规定角焊缝焊脚尺寸的最大和最小限值？
3-3 为何要规定侧面角焊缝的最大和最小长度？
3-4 简述焊接残余应力产生的原因及对构件工作性能的影响。
3-5 为何要规定螺栓排列的最大和最小间距？
3-6 普通螺栓抗剪连接有哪些可能的破坏形式？如何防止？
3-7 抗剪连接中普通螺栓与摩擦型高强度螺栓的性能有何不同？

习 题

3-1 某 T 形牛腿与柱的对接焊缝连接（图 3-56），承受的荷载设计值 $N = 150 \text{kN}$，材料为 Q345 钢，手工焊，焊条为 E50 型，焊缝质量等级为三级，试验算此连接。

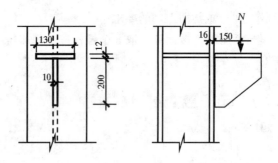

图 3-56 习题 3-1 图

3-2 某节点连接构造如图 3-57 所示，采用 2L100×80×10（长肢相并）通过 14mm 厚的连接板和 20mm 厚的端板连接于柱的翼缘，钢材用 Q235B，焊条为 E43 型，采用手工焊，所承受的静力荷载设计值 $N = 540 \text{kN}$，要求：

1）设计角钢和连接板间的焊缝尺寸。
2）取 $d_1 = d_2 = 170 \text{mm}$，确定连接板和端板间焊缝的焊脚尺寸。
3）改取 $d_1 = 150 \text{mm}$，$d_2 = 190 \text{mm}$，验算上面确定的焊脚尺寸是否满足要求？

3-3 图 3-58 所示焊接连接，采用三面围焊，承受的轴心拉力设计值 $N = 1000 \text{kN}$。钢材为 Q235B，焊条为 E43 系列型，试验算此连接焊缝是否满足要求。

3-4 某连接如图 3-59 所示，钢材为 Q235 钢，焊条为 E43 型，采用手工焊，承受的静力荷载设计值 $N = 850 \text{kN}$，试计算所需的焊缝长度。

第八节 高强度螺栓连接的性能和计算

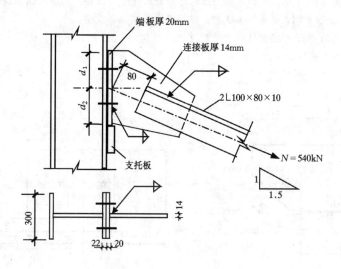

图 3-57 习题 3-2 图

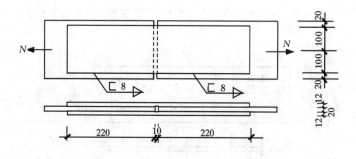

图 3-58 习题 3-2 图

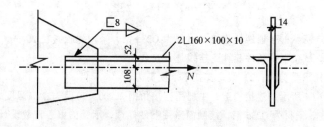

图 3-59 习题 3-3 图

3-5 如图 3-60 所示,牛腿板采用三面围焊的角焊缝与柱连接,承受扭矩设计值 $T = 60\mathrm{kN} \cdot \mathrm{m}$,材料为 Q235-B 钢,焊条为 E43 型。试验算此连接是否安全。

3-6 图 3-61 所示 C 级螺栓的双盖板连接,钢材为 Q235 钢,螺栓直径 $d = 20\mathrm{mm}$,孔径为 $d_0 = 21.5\mathrm{mm}$,承受的荷载设计值 $N = 480\mathrm{kN}$,试验算此连接是否安全。

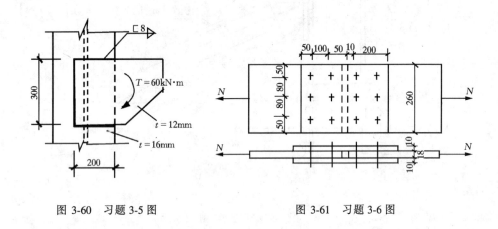

图 3-60 习题 3-5 图   图 3-61 习题 3-6 图

3-7 某双盖板高强度螺栓摩擦型连接如图 3-62 所示。构件材料为 Q345 钢,螺栓采用 M20,强度等级为 8.8 级,接触面喷砂处理。试确定此连接所能承受的最大拉力 N。

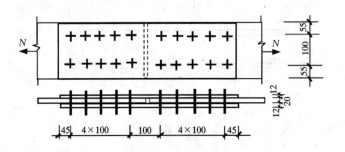

图 3-62 习题 3-7 图

3-8 图 3-63 所示的普通螺栓连接,材料为 Q235 钢,采用螺栓直径 20mm,承受的荷载设计值 $V = 240\mathrm{kN}$。试按下列条件验算此连接是否安全:
1) 假定支托承受剪力; 2) 假定支托不承受剪力。

3-9 如图 3-64 所示的连接构造,牛腿用连接角钢 2L200×20 及 M22 高强度螺栓(10.9 级)摩擦型与柱相连。钢材为 Q235 钢,接触面采用喷砂处理,承受的偏心荷载设计值 $V = 150\mathrm{kN}$,支托板仅起临时安装作用。试确定连接角钢的两肢上所需螺栓个数。

第八节 高强度螺栓连接的性能和计算

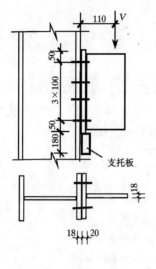 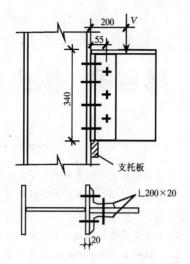

图 3-63　习题 3-8 图　　　　　图 3-64　习题 3-9 图

第四章 钢结构稳定基本原理

学 习 要 点

1. 掌握稳定问题的基本概念、分类和计算方法。
2. 掌握理想轴心受压构件的弹性弯曲屈曲性能及分析方法。
3. 掌握影响实际轴心受压构件弯曲屈曲性能的主要因素。
4. 了解压弯构件弯矩作用平面内弯曲屈曲的性能及分析方法。
5. 了解轴心受压构件的扭转屈曲和弯扭屈曲性能及分析方法。
6. 了解受弯构件和压弯构件的弯扭屈曲性能及分析方法。
7. 了解矩形薄板在不同面内荷载作用下的屈曲性能和分析方法。

第一节 稳定问题的分类和计算方法

钢材具有轻质、高强、力学性能好的特点,使得钢结构构件与钢筋混凝土构件相比,在相同受力的条件下截面轮廓尺寸较小、构件细长、板件柔薄。当构件受压时,可能会出现整体或局部失稳现象。与强度破坏不同,失稳时构件的形状可能会发生突然的改变而导致结构完全丧失承载能力,甚至整体倒塌。因此,稳定问题是钢结构中的一个非常重要的问题,这也是钢结构区别于其他结构形式的一个主要特点。了解稳定问题的分类,掌握不同失稳类型的特征和计算方法,正确估计工程中实际钢结构的稳定承载能力,对从事钢结构设计的人员来说,是非常重要的。

一、稳定问题的分类

钢结构的失稳类型是多种多样的,但就其性质而言,可以分为以下三类:平衡分岔失稳、极值点失稳和跃越失稳。由于跃越失稳在实际工程中非常鲜见,这里只介绍平衡分岔失稳和极值点失稳问题。

(一)平衡分岔失稳

平衡分岔失稳是指构件或板件在某一荷载点存在着相邻的对应于不同变形形式的两种平衡状态,构件或板件有变形形式的改变,所以称之为平衡分岔失稳,也称第一类失稳。根据失稳后的平衡是否处于稳定状态,可以分为稳定分岔失稳和不稳定分岔失稳两种。

1. 稳定分岔失稳

理论上轴心受压构件失稳后，挠度增加时荷载还略有增加，如图 4-1（a）所示，失稳后构件的荷载挠度曲线是 AB 或 AB'，这时平衡状态是稳定的。不过大挠度理论的分析表明，荷载的增加量非常小而挠度的增加却非常大，构件因有弯曲变形而产生附加弯矩，在压力和弯矩的共同作用下，中央截面边缘纤维首先开始屈服，随着塑性的发展，构件很快达到承载能力，所以轴心受压构件的屈曲后强度不能够被利用。

对于四边支承的薄板，在中面均匀压力 N 的作用下达到屈曲荷在 N_{cr} 后发生屈曲。侧边支承的约束作用在板的中面内产生了薄膜力，牵制了板的变形，使得屈曲后的荷载还能有大幅度的提高，荷载挠度曲线如图 4-1（b）的 OAB 或 OAB' 所示。屈曲以后板的平衡状态也是稳定的，属于稳定分岔失稳。板的屈曲后强度 N_u 可能远远超过其屈曲荷载 N_{cr}，因此，国内外钢结构规范都对板的屈曲后强度利用有所要求。

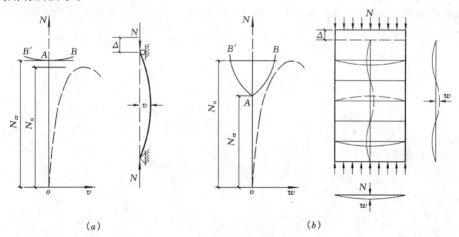

图 4-1　稳定分岔失稳
(a) 轴心受压构件的弯曲失稳；(b) 四边支承板的失稳

对于稳定的分岔失稳问题，当实际构件存在着缺陷时（初弯曲或初偏心），构件或板的极限荷载 N_u 会有所降低，其荷载挠度曲线不再有分岔点，如图 4-1 中的虚线所示。但初始缺陷对构件极限荷载的影响较小，属于缺陷不敏感型，尤其对于薄板，其极限荷载仍可能高于屈曲荷载。

2. 不稳定分岔失稳

不稳定分岔失稳指结构或构件屈曲后只能在远低于屈曲荷载的条件下才能维持平衡状态。例如承受均匀压力的圆柱壳，其荷载变形曲线如图 4-2 所示的 OAB

或 OAB'，属于不稳定的分岔失稳，这种屈曲形式也叫有限干扰屈曲。由于微小的缺陷使得圆柱壳在达到平衡分岔屈曲荷载之前，有可能由屈曲前的稳定平衡状态跳跃到非邻近的平衡状态，如图中的 $OA'CB$ 曲线，而不经过理想的分岔点 A。缺陷对这类结构的影响非常大，属于缺陷敏感型，其实际的极限荷载 N_u 远小于理论上的屈曲荷载 N_{cr}，荷载变形曲线如图中虚线所示。研究这类稳定问题的目的在于寻求远小于屈曲荷载的安全可靠的极限荷载。

（二）极值点失稳

偏心受压构件在压力作用下产生弯曲变形，荷载挠度曲线如图 4-3 所示，在曲线的上升段 OAB 内构件的挠度随荷载增加而增加，处于稳定平衡状态，A 点表示构件中央截面的边缘纤维开始屈服，此后随着荷载的增加该截面的塑性区向内扩展，弯曲变形加快，曲线在达到最高点 B 之后出现下降段 BC，表明要维持构件的平衡就必须减小构件端部的压力，构件处于不稳定平衡状态。曲线的极值点 B 标志此压弯构件在弯矩作用平面内已达到承载能力极限状态，对应的荷载 N_u 为构件的极限荷载。由图 4-3 可知，构件的荷载挠度曲线只有极值点，弯曲变形性质没有改变，没有出现理想轴心受压构件在同一点存在两种不同变形状态的分岔点，故这种失稳形式被称为极值点失稳，也称为第二类稳定问题。

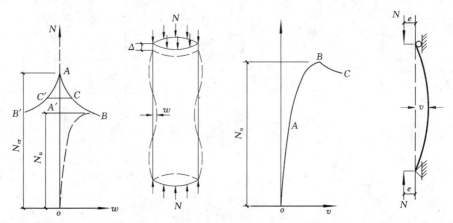

图 4-2　圆柱壳的失稳-不稳定分岔失稳现象　　图 4-3　偏心受压构件的极值点失稳现象

极值点失稳现象在实际工程非常普遍，如实际的轴心受压构件因存在着初始缺陷（构件的初弯曲和荷载作用点的初偏心），因此其荷载挠度曲线呈现如图 4-1（a）中虚线所示的极值点失稳现象；还有双向受弯构件和双向弯曲压弯构件发生的弹塑性弯扭失稳，压弯构件的弯矩作用平面内的失稳等。

二、稳定问题的计算方法

结构稳定问题的分析都是针对在外力作用下结构存在着变形的条件进行的，

且此变形必须与结构或构件失稳时的变形相对应，要计入轴力的附加作用，使得所研究的结构变形与荷载之间呈非线性关系，故稳定分析属于几何非线性问题，须采用二阶分析方法。稳定计算将涉及构件或结构的一系列初始条件，如结构体系、构件的几何长度、连接条件、截面的组成、形状、尺寸和残余应力分布，以及钢材性能和外荷载作用等，所给出的结果，无论是屈曲荷载还是极限荷载都标志着所计算构件或结构达到了稳定承载力。

稳定问题的计算方法有以下三种：平衡法、能量法和动力法。由于动力法属于结构动力学范畴，这里不作介绍。

（一）平衡法

中性平衡法或静力平衡法，简称平衡法，是求解结构屈曲荷载的最基本的方法。对于有平衡分岔点的弹性稳定问题，在分岔点存在着两个极为邻近的平衡状态，一个是原结构的平衡状态，一个是已经有了微小变形的结构的平衡状态。平衡法是根据已产生了微小变形后结构的受力条件建立平衡方程后求解的。如果得到的符合平衡方程的解有不止一个，那么其中具有最小值的一个才是该结构的分岔屈曲荷载。平衡法只能求解屈曲荷载，但不能判断结构平衡状态的稳定性。尽管如此，由于常常只需要得到结构的屈曲荷载，所以经常采用平衡法。在许多情况下，采用平衡法可以获得精确解。

（二）能量法

如果结构承受着保守力，可以根据有变形结构的受力条件建立总的势能，总的势能是结构的应变能和外力势能两项之和。如果结构处在平衡状态，那么总势能必有驻值。根据势能驻值原理，先由总势能对于位移的一阶变分为零，可得到平衡方程，再由平衡方程求解分岔屈曲荷载；按照小变形理论，能量法一般只能获得屈曲荷载的近似解；用于大挠度理论分析时，能量法可以判断屈曲后的平衡是否稳定。对于处于平衡状态的结构，当有微小干扰时其势能有变化，在平衡位置势能对位移的一阶变分是零。但是如果它的势能具有最小值，二阶变分是正值，平衡状态是稳定的。稳定平衡时总势能最小的原理称为最小势能原理。如果它的势能具有最大值，它的二阶变分是负值，平衡状态是不稳定的。因此，用总势能驻值原理可以求解屈曲荷载，而用总势能最小原理可以判断屈曲后平衡的稳定性。能量法作为稳定计算的近似分析方法，分为解析法和数值法两大类，解析法包括能量守恒原理、势能驻值原理和最小势能原理、瑞利-里兹法和迦辽金法等，数值法包括有限差分法、有限积分法和有限单元法等。

第二节　轴心受压构件和压弯构件的弯曲屈曲

轴心受压构件的性能和很多因素有关，在考察它的性能时可以从理想的轴心受压两端铰接柱（杆轴挺直）入手，并且假定在柱承受外力之前，内部不存在初始应力。在轴心压力的作用下柱发生屈曲时，其屈曲形式可能有三种（图4-4）：（1）弯曲屈曲，屈曲时柱只绕其截面的一个主轴产生弯曲变形；（2）扭转屈曲，屈曲时柱截面只绕其纵轴产生扭转变形；（3）弯扭屈曲，屈曲时柱既产生绕截面主轴的弯曲变形，又产生绕纵轴的扭转变形。

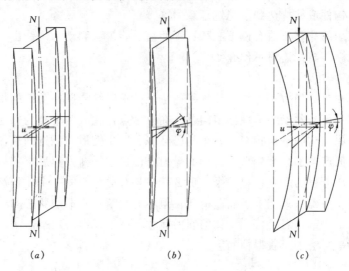

图 4-4 轴心受压构件的屈曲形式
（a）弯曲屈曲；（b）扭转屈曲；（c）弯扭屈曲

本节主要研究柱的弹性和弹塑性弯曲屈曲问题，用平衡法研究轴心受压构件的弯曲屈曲性能。针对如图4-5（a）所示两端铰接的挺直的轴心受压柱，按照

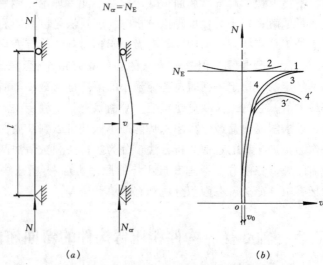

图 4-5 轴心受压构件的荷载挠度曲线

小挠度理论求解中性平衡状态时弹性分岔弯曲屈曲荷载,即欧拉(Euler, L.)荷载 N_E,见图4-5(b)中曲线1。当用大挠度理论分析时,构件在屈曲后承载力还会有所提高,见图4-5(b)曲线2。细长的挺直杆可能在弹性状态屈曲,但是短粗的和中等长度的杆可能在弹塑性状态屈曲,因此需要从理论上阐明切线模量屈曲荷载和双模量屈曲荷载,同时还要研究残余应力以及初始几何缺陷对轴心受压构件屈曲荷载的影响。图4-5(b)中的曲线3和4分别表示有初弯曲和初偏心的轴心受压构件的弹性荷载挠度曲线。

有几何缺陷的轴心受压构件由于塑性发展,其荷载挠度曲线实际上应如图4-5(b)中的曲线3'和4',曲线有上升段和下降段,其性质和压弯构件弯曲屈曲一样属于极值点失稳问题,它的极限荷载 N_u 需用数值法确定。

压弯构件屈曲时可能会发生弯矩作用平面内的弯曲屈曲现象,属极值点失稳问题,其承载力可用近似法或数值法求得;也可能会发生弯矩作用平面外的弯扭屈曲现象,属分岔屈曲范畴。

本节只介绍轴心受压构件和压弯构件的弯曲屈曲问题,而扭转屈曲和弯扭屈曲问题,将在第三节和第四节中介绍。

一、理想轴心受压构件的性能

(一)轴心受压构件的弹性弯曲屈曲

对于如图4-6(a)所示的两端铰接的轴心受压构件,在压力 N 的作用下,根据构件屈曲时存在微小弯曲变形的条件,取如图4-6(b)所示隔离体,离下端距离为 x 处的挠度为 y,作用于截面的外力矩 $M_e = Ny$,内力矩为截面的抵抗力矩 $M_i = EI\Phi$,小变形时 $\Phi = -y''$,平衡方程是 $M_e = M_i$,即

$$EIy'' + Ny = 0 \qquad (4-1)$$

式中 E 为材料的弹性模量,I 为截面的惯性矩。引进符号 $k^2 = N/EI$,式(4-1)是一常系数微分方程:

$$y'' + k^2 y = 0 \qquad (4-2)$$

式(4-2)的通解为:

$$y = A\sin kx + B\cos kx \qquad (4-3)$$

式中有两个未知数 A、B 和待定值 k,有两个独立的边界条件 $y(0) = 0$ 和 $y(l) = 0$,以此代入上式后得到 $B = 0$:

$$A\sin kl = 0 \qquad (4-4)$$

满足上式的解有两个,一是平凡解 $A = 0$,这说明构件仍处在挺直状态,不符合构件

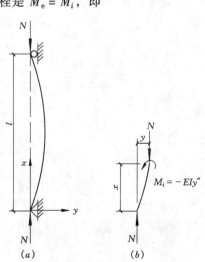

图4-6 轴心受压构件弯曲屈曲

已处在微弯状态的原意，因此 $A \neq 0$，故

$$\sin kl = 0 \tag{4-5}$$

显然满足式（4-5）的解的最小值为分岔屈曲荷载 N_{cr}，又称为欧拉荷载 N_E：

$$N_{cr} = \pi^2 EI/l^2 \tag{4-6}$$

此时截面中的临界应力为：

$$\sigma_{cr} = \frac{N_{cr}}{A} = \frac{\pi^2 E}{(l/i)^2} = \frac{\pi^2 E}{\lambda^2} \tag{4-7}$$

式中 $\lambda = l/i$ 为构件长细比，i 为截面回转半径。以 $B = 0$ 和 $k = \pi/l$ 代入式（4-3）可以得到构件屈曲后的变形曲线为一正弦曲线的半波，即

$$y = A\sin\frac{\pi x}{l} \tag{4-8}$$

在上式中，A 仍为未知常数，这是由于按照小变形理论在建立平衡方程时曲率近似地取变形的二阶导数，因此求解后只能得到构件屈曲后变形的形状而不能得到构件任一点的挠度值。在图 4-5（b）中给出了荷载挠度曲线，当 $N < N_E$ 时，$v = 0$，而当 $N = N_E$ 时为分岔点处的水平线 1。

对于其他边界条件的轴心受压构件，也可以根据边界条件建立计算简图，然后建立二阶微分方程求解。对于两端固定的理想轴心受压构件其屈曲荷载为 $N_{cr} = 4\pi^2 EI/l^2$；对于一端固定、另一端铰接的轴心受压构件其屈曲荷载为 $N_{cr} = 2.046\pi^2 EI/l^2$；对于悬臂柱，其屈曲荷载为 $N_{cr} = 0.25\pi^2 EI/l^2$。

（二）轴心受压构件的非弹性屈曲

当临界应力 $\sigma_{cr} > f_p$ 时，截面进入弹塑性状态，应力-应变关系呈现非线性性质，历史上曾有两种理论解决这个问题，即切线模量理论和双模量理论。

1. 切线模量理论

对于如图 4-7（a）所示两端铰接轴心受压构件，切线模量理论假定杆件在弯曲时全截面不出现反号应变，即荷载达到 $N_{cr,t}$ 构件产生微弯曲时荷载还略有增加，且增加的平均轴向应力可以抵消因弯曲而在 1—1 截面右侧边缘产生的拉应力，这样一来整个截面都处在加载状态。为了简化计算，假定弯曲的凹面有压应力增加，其最大值如图 4-7（b）中的 $\Delta\sigma_{max}$，而凸面的增加量正好为零，全截面的切线模量均取 $E_t = \Delta\sigma/\Delta\varepsilon$。

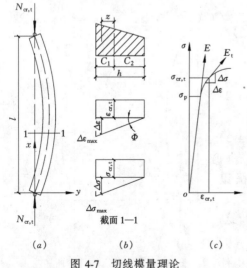

图 4-7 切线模量理论

因 ΔN 很微小，可以忽略不计而把 $N_{cr,t}$ 作为本理论的临界荷载；同时整个截面的变形模量均为 E_t，中和轴与形心轴重合，故只须以切线模量 E_t 代替式（4-6）、(4-7) 的弹性模量 E 即可得到切线模量理论屈曲荷载和临界应力：

$$N_{cr,t} = \pi^2 E_t I / l^2 \tag{4-9}$$

$$\sigma_{cr,t} = \frac{N_{cr,t}}{A} = \frac{\pi^2 E_t}{\lambda^2} \tag{4-10}$$

2. 双模量理论

对于如图 4-8（a）所示两端铰接轴心受压构件，双模量理论认为构件屈曲时作用于端部的荷载是常量 $N_{cr,r}$，而构件发生微弯曲时凹面为正号应变（压应变），凸面为反号应变（拉应变），如图 4-8（b）所示，即存在着凹面的加载区和凸面的卸载区。因为弯曲应力较轴向应力小得多，故认为在加载区的变形模量均为 E_t，它与构件截面的平均应力 $\sigma_{cr,r}$ 相对应，见图 4-8（c）和（d）；此时卸载区的变形模量为弹性模量 E，见图 4-8（c）；由于 E_t 小于 E，因此弯曲时，截面 1—1 的弯曲中性轴与截面的形心轴不再重合而是向卸载区偏移，见图 4-8（b）。

令 I_1 为加载区截面对中和轴的惯性矩，I_2 为卸载区截面对中和轴的惯性矩，则内力矩为：

$$M_i = -(E_t I_1 + E I_2) y'' \tag{4-11}$$

外力矩仍为 $M_e = Ny$，故构件的平衡方程为：

$$(E_t I_1 + E I_2) y'' + Ny = 0 \tag{4-12}$$

由上式解得

$$N_{cr,r} = \frac{\pi^2 (E_t I_1 + E I_2)}{l^2} = \frac{\pi^2 E_r I}{l^2} = \frac{E_r}{E} N_{cr} \tag{4-13}$$

$$\sigma_{cr,t} = \frac{\pi^2 (E_t I_1 + E I_2)}{l^2 A} = \frac{\pi^2 E_r}{\lambda^2} \tag{4-14}$$

式中，$E_r = (E_t I_1 + E I_2)/I$。因为 $N_{cr,r}$ 与两个变形模量 E 和 E_t 有关，故称为双模量屈曲荷载或折算模量屈曲荷载，E_r 称为折算模量。

由于切线模量 E_t 小于双模量 E_r，故 $N_{cr,t}$ 小于 $N_{cr,r}$，前者为屈曲荷载的下限，而后者则为屈曲荷载的上限。曾经认为双模量理论更完善些，但是研究表明 $N_{cr,t}$ 更接近试验结果，这是因为试件都存在微小缺陷，在微弯时还可继续加载，有可能屈曲时构件弯曲的凸面不出现反号应变，使得试验的荷载更接近于切线模量屈曲荷载。对于轴心受压构件的非弹性屈曲，采用切线模量理论的分析方法比

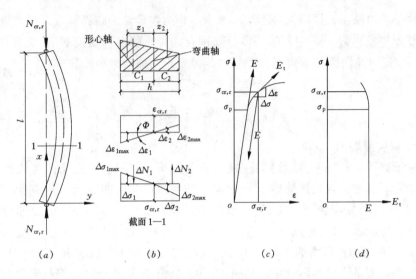

图 4-8 双模量理论

较合理。

二、实际轴心受压构件的性能

如本章第一节所述,实际的轴心受压构件不可避免地存在着初始缺陷,如杆轴的初弯曲、荷载作用点的初偏心、截面中还有残余应力,另外构件的端部还存在着不同程度的约束等,因此实际的轴心受压构件与前面的理想轴心受压构件的性能有着很大差别,而且上述因素的影响非常复杂,其中残余应力、初弯曲和初偏心都是不利的因素,被看作是轴心压杆的缺陷,而杆端约束则往往是有利的因素,能够提高轴心压杆的承载能力。下面将分别研究杆轴的初弯曲、荷载作用点的初偏心、截面的残余应力和杆端约束对压杆承载能力的影响。

(一) 初弯曲对轴心受压构件影响

实际的轴心受压构件不可避免地存在着微小弯曲,其弯曲形式是多种多样的,图4-9 (a) ~ (e) 中的实线是几种经实测得到的型钢和焊接组合截面构件的初始弯曲形状,虚线是正弦曲线的一个半波,是理想化了的一种最简单的初弯曲形状。对于两端铰接的轴心受压构件,正弦曲线半波最具代表性,即

$$y_0 = v_0 \sin \frac{\pi x}{l} \tag{4-15}$$

在加载之前,构件任一点的曲率为 $-y_0''$,作用轴线压力 N 后构件总的挠度为 y,曲率为 $-y''$,见图4-9 (g),截面的内力矩 $M_i = -EI(y'' - y_0'')$,外力矩 $M_e = Ny$,则平衡方程为:

第二节 轴心受压构件和压弯构件的弯曲屈曲

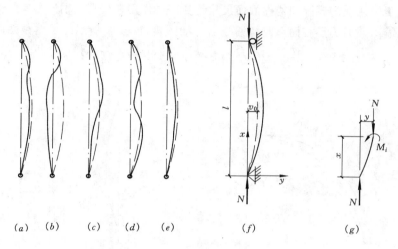

图 4-9 有初弯曲的轴心受压构件

$$EIy'' + Ny = EIy''_0 \tag{4-16}$$

解此方程可得压杆的弹性挠度曲线为:

$$y = \frac{v_0}{1 - N/N_E} \sin \frac{\pi x}{l} \tag{4-17}$$

式中 v_0 为构件中点初弯曲的幅值,已有的统计资料表明该值约为构件几何长度 l 的 1/500 至 1/2000。

构件中央的最大挠度为 $y_{max} = \dfrac{v_0}{1 - N/N_E}$,最大弯矩为 $M_{max} = Ny_{max} = \dfrac{Nv_0}{1 - N/N_E}$,把 $A_m = \dfrac{1}{1 - N/N_E}$ 称为弯矩放大系数,反映了初弯曲对弹性轴心受压构件的影响。任一截面的一阶弯矩为 $Nv_0\sin(\pi x/l)$,二阶弯矩为 $A_m N V_0 \sin(\pi x/l)$,二者之间的差别称为构件本身的二阶效应,简称 N-δ 效应。

由式(4-17)可知构件的最大挠度 y_{max} 不是随着压力 N 按比例增加的,当压力达到构件的欧拉临界荷载 N_E 时,对于有不同初弯曲的轴心受压构件,y_{max} 均达到无穷大。图 4-10 的实线给出了 $v_0 = 1\text{mm}$ 和 $v_0 = 3\text{mm}$ 的轴心受压构件的荷载挠度曲线,对于弹性构件,曲线均以 $N = N_E$ 的水平线为渐近线。但对于实际的轴心受压构件,当截面承受弯矩较大时受力最大的截面边缘纤维开始屈服而进入塑性状态,使得构件的刚度降低,如图 4-10 中的虚线所示,可见初弯曲降低了轴心受压构件的承载力,使得构件的破坏实际上属极值点失稳问题,其极限荷载 N_u 与构件截面形式、长细比 λ、弯曲方向和钢材的屈服强度 f_y 有关。

(二)初偏心对轴心受压构件的影响

由于构造上的原因和构件截面尺寸的变异，作用在杆端的轴压力实际上不可避免地偏离截面的形心而形成初偏心 e_0，如图 4-11（a）所示。虽然截面两端的初偏心不会完全相同，但差别不大，可以按等偏心的构件作弹性分析来考察它的影响。

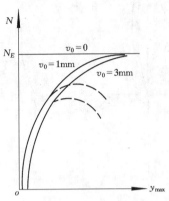

图 4-10 有初弯曲的轴心
受压构件的荷载挠度曲线

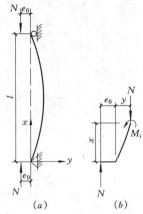

图 4-11 有初偏心的
轴心受压构件

对于两端铰接的压杆，由图 4-11（b）可得初偏心为 e_0 时的平衡方程为：

$$EIy'' + N(y + e_0) = 0 \qquad (4\text{-}18)$$

令 $k^2 = N/EI$，其解答为：

$$y = \left(\frac{1 - \cos kl}{\sin kl}\sin kx + \cos kx - 1\right)e_0 \qquad (4\text{-}19)$$

构件的最大挠度为：

$$y_{\max} = y(l/2) = \left(\sec\frac{kl}{2} - 1\right)e_0 \qquad (4\text{-}20)$$

最大弯矩为：

$$M_{\max} = N(y_{\max} + e_0) = Ne_0\sec\frac{kl}{2}$$

$$\approx \frac{1 + 0.234N/N_E}{1 - N/N_E} \cdot Ne_0 = A_m Ne_0$$

式中，$A_m = \dfrac{1 + 0.234N/N_E}{1 - N/N_E}$ 看作是弯矩放大系数，即初偏心对轴心受压构件的影响。

由式（4-20）可知，挠度 $y_{\max}$ 也不是随着压力 N 按比例增加的。和初弯曲一样，当压力 N 达到欧拉临界力 N_E 时，有着不同初偏心的轴心受压构件的最大挠度 $y_{\max}$ 均达到无穷大。图 4-12 为 $e_0 =$

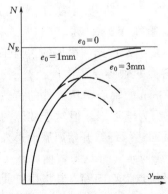

图 4-12 有初偏心受压构件
的荷载挠度曲线

1mm 和 $e_0 = 3$mm 的两种轴心受压构件的荷载挠度曲线。对于弹性构件，曲线均以 $N = N_E$ 的水平线为渐近线。实际上由于存在着弯矩作用，当截面承受弯矩较大时受力最大的截面边缘纤维开始屈服而进入塑性状态，荷载挠度曲线如图 4-12 中的虚线所示，构件的破坏也属极值点失稳问题。由于初弯曲和初偏心对轴心受压构件的影响都导致出现极值点失稳现象，都使构件的承载力有所降低，两种影响在本质上是相同的，只是在影响的程度上有所差别。因为初偏心的数值很小，除对短杆稍有影响外，对长杆的影响远不如初弯曲大。因此在研究实际构件的承载能力时，常把它们的影响合在一起考虑。

(三) 轴心受压构件端部约束的影响和计算长度系数

在前面分析轴心受压构件的弹性屈曲时得到了两端铰接构件屈曲荷载-欧拉临界荷载，$N_E = \pi^2 EI/l^2$，以及两端固定、一端固定一端铰接和悬臂柱的临界荷载分别为 $N_{cr} = 4\pi^2 EI/l^2$、$2.046\pi^2 EI/l^2$ 和 $0.25\pi^2 EI/l^2$，可见端部约束对构件的承载力有相当程度的影响。为了设计应用上的方便，可以把各种约束条件下的 N_{cr} 值换算成两端铰接的轴心受压构件屈曲荷载的形式，即把端部有约束的构件用等效长度 l_0 代替其几何长度，令 $l_0 = \mu l$。等效长度 l_0 通常称计算长度，μ 称为计算长度系数。对于均匀受压的等直杆，此系数取决于构件两端的约束条件。这样有约束的轴心受压构件的屈曲荷载为：

$$N_{cr} = \frac{\pi^2 EI}{(\mu l)^2} \tag{4-21}$$

构件截面的屈曲应力为：

$$\sigma_{cr} = \frac{N_{cr}}{A} = \frac{\pi^2 E}{(\mu l/i)^2} = \frac{\pi^2 E}{\lambda^2} \tag{4-22}$$

式中，A 为构件毛截面面积，λ 为长细比，$\lambda = \mu l/i$，i 为截面回转半径，$i = \sqrt{I/A}$。由式 (4-22) 可知，屈曲应力只与构件长细比有关。表 4-1 列举了几种有理想端部约束条件的等截面轴心受压构件计算长度系数的理论值和非理想端部约束条件的建议值。表中构件的变形曲线图还给出了反弯点之间的距离，此距离代表了该构件的计算长度。因为反弯点的弯矩为零，因此与铰支点的受力相当。根据不同的约束条件，反弯点可能落在构件的实际几何长度范围之内，也可能在其延伸线上。构件的计算长度不仅与构件两端的约束条件有关，还与在构件的长度范围内是否设置弹性的或不可移动的中间支承有关。绕截面的两个主轴弯曲时，与之对应的中间支承的条件可能有所不同，因此两个弯曲方向的计算长度可能不同。

轴心受压构件的计算长度系数 μ 表 4-1

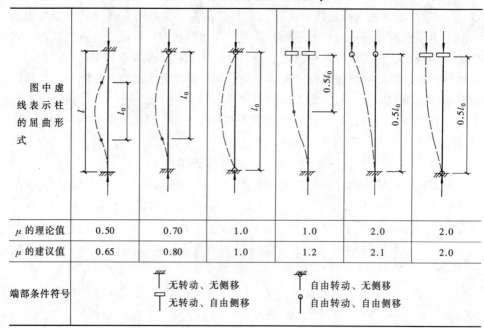

图中虚线表示柱的屈曲形式						
μ 的理论值	0.50	0.70	1.0	1.0	2.0	2.0
μ 的建议值	0.65	0.80	1.0	1.2	2.1	2.0
端部条件符号		无转动、无侧移 无转动、自由侧移		自由转动、无侧移 自由转动、自由侧移		

在弹塑性阶段失稳的轴心受压构件，端部约束对承载能力的影响比较复杂，主要取决于端部连接条件、构件长度，残余应力的数值与分布，以及构件的初弯曲等。约束程度愈高，构件的承载力愈高。

（四）轴心受压构件截面的残余应力及其影响

建筑钢材材性试件的应力-应变曲线可认为是理想弹塑性，即假定比例极限 f_p 与屈服点 f_y 相等（图4-13a），在屈服点 f_y 之前为完全弹性，应力达到 f_y 就呈完全塑性。从理论上来说，轴心受压构件临界应力与长细比的关系曲线（柱子曲线）应如图 4-13（b）中实线所示，即当 $\lambda \geq \pi \sqrt{E/f_y}$ 时为欧拉曲线；当 $\lambda < \pi$

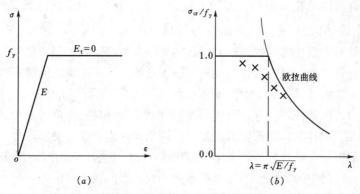

图 4-13 理想弹塑性的应力-应变曲线和柱子曲线

$\sqrt{E/f_y}$时,由屈服条件 $\sigma_{cr}=f_y$ 控制,为一水平线。

但是,一般轴心受压构件的试验结果却常处于图4-13(b)用"×"标出的位置,它们明显地低于上述理论值。20世纪中期美国 Lehigh 大学 Fritz 工程结构实验室的 Huber, A.W., Tall, L. 和 Beedle, L.S. 等对构件中的残余应力分布和其对轴心受压构件屈曲荷载影响的研究发现,试验结果偏低的原因还有残余应力的影响,而且对有些构件残余应力的影响是最主要的因素。

1. 残余应力产生原因和分布

残余应力是杆件截面内存在的自相平衡的初始应力。其产生原因有:(1)焊接时的不均匀加热和不均匀冷却。这是焊接结构最主要的残余应力,在前面已作过介绍;(2)型钢热轧后不同部位的不均匀冷却;(3)板边缘经火焰切割后的热塑性收缩;(4)构件经冷校正产生的塑性变形。残余应力的分布和数值除与构件的加工条件有关外,截面的形状和尺寸也有很大影响。

根据实际情况测定的残余应力分布图一般比较复杂而且离散性较大,不便于分析时采用。因此,通常是将残余应力分布图进行简化,得出其计算简图。结构分析时采用的纵向残余应力计算简图,一般由直线或简单的曲线组成,如图4-14所示。其中图4-14(a)是轧制普通工字钢,腹板较薄,热轧后首先冷却;翼缘在冷却收缩过程中受到腹板的约束,因此翼缘中产生纵向残余拉应力,而腹板中部受到压缩作用产生纵向压应力。图4-14(b)是轧制H型钢,由于翼缘较宽,其端部先冷却,因此具有较高的残余压应力。图4-14(c)为翼缘是轧制边或剪

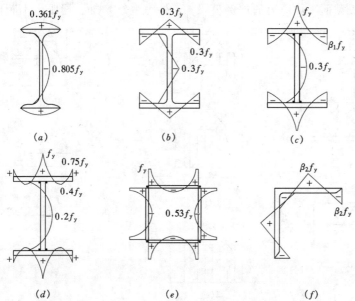

图 4-14 典型截面的纵向残余应力 ($\beta_1 = 0.3 \sim 0.6$, $\beta_2 \approx 0.25$)

切边的焊接工字形截面，其残余应力分布情况与轧制 H 型钢类似，但翼缘与腹板连接处的残余拉应力通常达到钢材屈服点。图 4-14（d）为翼缘是火焰切割边的焊接工字形截面，翼缘端部和翼缘与腹板连接处都产生残余拉应力，而后者也经常达到钢材屈服点。图 4-14（e）是焊接箱形截面，焊缝处的残余拉应力也达到钢材的屈服点，为了互相平衡，板的中部自然产生残余压应力。图 4-14（f）是轧制等边角钢，其峰值与角钢的边长有关。

残余应力使构件截面提前进入塑性，降低了构件的刚度，对压杆的承载力有不利的影响。分布不同，影响的程度也不同。此外，残余应力对两端铰接的等截面直杆的影响和对有初弯曲柱的影响也不相同。

2. 残余应力对轴心受压构件的影响

首先考虑有残余应力的短直柱的应力应变曲线，其长细比应不大于 10，以避免在全截面屈服之前屈曲。图 4-15（a）为一双轴对称工字形截面，翼缘的残余应力分布取图 4-15（b）所示的三角形分布，具有相同的残余压应力峰值和残余拉应力峰值，即 $\sigma_c = \sigma_t = 0.4 f_y$。为便于说明问题，对短柱性能影响不大的腹板部分和其残余应力均忽略不计。假定短柱段的材料为理想的弹塑性体，如图 4-13（a）所示。在轴线压力 N 的作用下，当截面的平均应力小于图 4-15（c）中的 $f_y - \sigma_c = 0.6 f_y$ 时，截面的应力应变关系呈直线变化，如图 4-15（f）中的 OA 段，其弹性模量为常数 E。当 $\sigma > f_y - \sigma_c$ 时［图 4-15（d）］，翼缘的外侧先开始屈服，见图 4-15（g）中的阴影部分所示。在图 4-15（f）曲线上的 A 点可以看作是短柱段截面平均应力的比例极限 f_p。外力继续增加，屈服区不断向内扩展，

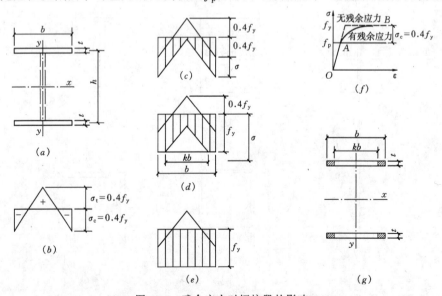

图 4-15　残余应力对短柱段的影响

图 4-15（d）中的弹性区 kb 不断减小直至全截面屈服，如图 4-15（e）所示。图 4-15（f）中的曲线 AB 即为短柱段的弹塑性应力应变曲线，其切线模量 $E_t = \mathrm{d}\sigma/\mathrm{d}\varepsilon = \dfrac{\mathrm{d}N}{A} \Big/ \dfrac{\mathrm{d}N}{EA_e} = E\dfrac{A_e}{A}$。该图中的虚线组成的应力应变关系属于无残余应力的短柱段的，可见，残余应力使短柱段提前进入了弹塑性状态，因而必将降低轴心受压构件的承载力。

对于两端铰接的等截面轴心受压柱，当截面的平均应力 $\sigma < f_y - \sigma_c$ 时，柱在弹性阶段屈曲，其临界应力为欧拉临界力，即 $N_E = \pi^2 EI/l^2$。当 $\sigma > f_y - \sigma_c$ 时，柱在弹塑性状态屈曲，须按切线模量计算柱的临界力，即柱的微小弯曲只能由截面的弹性区来抵抗，抗弯刚度是 EI_e。可见，残余应力使柱的抗弯刚度降低。在柱微弯的平衡方程中，应用弹性区截面的惯性矩 I_e 代替全截面惯性矩 I，其临界应力为：

$$N_{\mathrm{cr,t}} = \pi^2 EI_e/l^2 = \frac{I_e}{I}N_E \tag{4-23}$$

相应的临界应力为：

$$\sigma_{\mathrm{cr,t}} = \frac{\pi^2 E}{\lambda^2} \cdot \frac{I_e}{I} \tag{4-24}$$

对于图 4-16（a）的工字形截面，其弯曲可能绕两个不同的主轴。绕不同主轴屈曲时，不仅临界应力不同，残余应力的影响也是不同。

对 y-y 弯曲时，

$$\sigma_{\mathrm{cry}} = \frac{\pi^2 E}{\lambda_y^2} \cdot \frac{I_{ey}}{I_y} = \frac{\pi^2 E}{\lambda_y^2} \cdot \frac{2t(kb)^3/12}{2tb^3/12} = \frac{\pi^2 E}{\lambda_y^2} k^3 \tag{4-25}$$

对 x-x 弯曲时，

$$\sigma_{\mathrm{crx}} = \frac{\pi^2 E}{\lambda_x^2} \cdot \frac{I_{ex}}{I_x} = \frac{\pi^2 E}{\lambda_x^2} \cdot \frac{2t(kb)h^2/4}{2tbh^2/4} = \frac{\pi^2 E}{\lambda_x^2} k \tag{4-26}$$

由式（4-25）和（4-26）可知，σ_{cry} 与 k^3 有关，而 σ_{crx} 只与 k 有关，残余应力对弱轴的影响比对强轴严重得多。k 实际上是弹性区面积 A_e 与全截面面积 A 之比，kE 正好是对有残余应力的短柱试验得到的应力应变的切线模量 E_t，可见，短柱试验的切线模量并不能普遍地用于计算轴心受压构件的屈曲应力。

因 k 是未知量，不能用式（4-25）、（4-26）直接求出临界应力，需要引入平衡条件，集合图 4-16（b）阴影区的力可得：

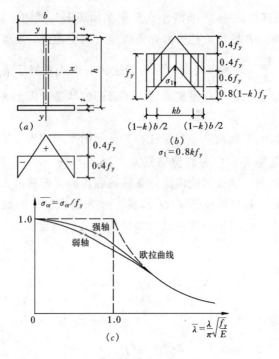

图 4-16 轴心受压构件的 $\bar{\sigma}_{cr}$-$\bar{\lambda}$ 曲线

$$\sigma_{cr} = \frac{2btf_y - 2kbt/2 \times 0.8kf_y}{2bt} = (1 - 0.4k^2)f_y \tag{4-27}$$

联合求解式 (4-25) 和 (4-27) 或 (4-26) 和 (4-27) 就可得到与长细比 λ_y 或 λ_x 相对应的 σ_{cry} 或 σ_{crx}，其关系可用图 4-16 (c) 的无量纲化曲线表示，纵坐标是临界应力 σ_{cr} 与屈服强度 f_y 的比值 $\bar{\sigma}_{cr}$，横坐标是正则化长细比 $\bar{\lambda} = \frac{\lambda}{\pi}\sqrt{\frac{f_y}{E}}$。采用这一横坐标，曲线可以通用于不同等级牌号的钢材。由图可知，在 $\bar{\lambda} = 1.0$ 处残余应力的影响最大，对 σ_{crx} 降低了 23.4%，而对 σ_{cry} 降低了 31.2%。

三、轴心受压构件的整体稳定计算

（一）以截面边缘纤维屈服为准则的设计方法

对于不考虑残余应力的轴心受压构件，在轴线压力 N 和初弯曲产生的二阶弯矩 $Nv_0/(1 - N/N_E)$ 的作用下，受力最大截面边缘纤维开始屈服的条件是：

$$\frac{N}{A} + \frac{Nv_0}{W(1 - N/N_E)} = f_y \tag{4-28}$$

W 为受压最大纤维毛截面模量。

当冷弯薄壁型钢轴心受压构件失稳或格构式轴心受压构件绕虚轴失稳时，截面受压最大纤维开始屈服后塑性发展的潜力不大，很快会发生失稳破坏，因此式（4-28）是确定这类轴心受压构件稳定承载力的准则。

令 $\varepsilon_0 = \dfrac{v_0}{W/A} = \dfrac{v_0}{\rho}$，式（4-28）改写为：

$$\frac{N}{A}\left[1 + \frac{\varepsilon_0}{(1 - N/N_E)}\right] = f_y \tag{4-29}$$

式中，ε_0 称为相对初弯曲，$\rho = W/A$ 为截面的核心矩。如果以 $v_0 = l/n$ 表示，则 $\varepsilon_0 = l/(n\rho) = \lambda i/(n\rho)$。回转半径 i 与截面核心矩 ρ 的比值主要取决于截面的形状，还与弯曲轴有关，对于工形截面绕强轴弯曲时，此比值约在 1.16~1.25 之间，绕弱轴时约为 2.10~2.50。此比值越大，截面边缘纤维越早屈服，初弯曲对承载力的影响也越大。另外此值与构件的长细比也有关系，当正则化长细比 $\overline{\lambda}$ 在 1.0~1.2 时承载力最低。

将 $\overline{\lambda}$ 和 N_E 代入式（4-29），则此类构件的稳定系数 φ（截面边缘纤维开始屈服时的平均应力 $\overline{\sigma}_{cr}$ 与屈服强度 f_y 的比值）为：

$$\varphi = \frac{1}{2}\left[1 + (1 + \varepsilon_0)/\overline{\lambda}^2\right] - \sqrt{\frac{1}{4}\left[1 + (1 + \varepsilon_0)/\overline{\lambda}^2\right]^2 - 1/\overline{\lambda}^2} \tag{4-30}$$

冷弯薄壁型钢构件的设计公式为：

$$\frac{N}{\varphi A_{\text{eff}}} \leqslant f \tag{4-31}$$

式中，N 为轴线压力设计值，f 为钢材强度设计值，A_{eff} 为考虑板件屈曲后强度的有效截面面积。稳定系数 φ 按构件的毛截面确定。

（二）以构件极限荷载为准则的设计方法

1. 轴心受压构件的实际承载力

一般的轴心受压构件既有残余应力的影响，还存在着初弯曲和初偏心，属于极值点失稳问题，失稳发生在弹塑性状态，可按数值积分法确定柱的极限强度 N_u，相应的稳定系数 $\varphi = N_u/(Af_y)$。按照概率统计理论，影响柱承载力的几个不利因素，其最大值同时出现的可能性是极小的。理论分析表明，考虑初弯曲和残余应力两个最主要的不利因素比较合理，初偏心不必另行考虑。初弯曲的矢高取构件长度的千分之一，残余应力根据截面的加工条件确定。轴心受压构件应按下式计算整体稳定：

$$\frac{N}{\varphi A} \leqslant f \tag{4-32}$$

式中　N——轴心受压构件的压力设计值；
　　　A——构件的毛截面面积；
　　　φ——轴心受压构件的稳定系数，见附录七；
　　　f——钢材的抗压强度设计值，见附录一。

2. 轴心受压构件的整体稳定系数

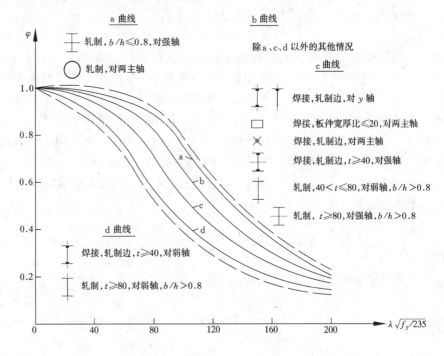

图 4-17　我国的柱曲线

各类钢构件截面的残余应力分布情况和大小有很大差异，其影响又随构件屈曲方向不同而不同，初弯曲的影响也与截面形式和屈曲方向有关，因此当构件的长细比相同时，其承载力往往有很大差别。可以根据设计中常用的不同截面形式和不同的加工条件，按极限强度理论得到考虑初弯曲和残余应力影响的一系列曲线，即无量纲化的 $\varphi - \bar{\lambda}$ 曲线。图 4-17 的两条虚线表示这一系列柱曲线变动范围的上限和下限。为了便于在设计中使用，必须适当归并为代表曲线。如果用一条曲线，则变异系数太大，必然降低轴心受压构件的可靠度。因此，大多数国家和地区都以多条柱曲线来代表不同的构件分类。

我国经重庆建筑大学和西安建筑科技大学等单位的研究，认为取 a、b、c、d 四条曲线较为合理（图4-17）。其中 a、c、d 曲线所包含的截面及对应轴已示于图中，除此之外的截面和对应轴均属曲线 b。曲线 a 包括两种截面情况，因残余应力影响最小，其稳定承载力最高；曲线 c 较低，是由于残余应力影响较大；曲线 d 最低,主要是由于厚板或特厚板残余应力较大,且处于最不利屈曲方向的缘故。

a、b、c、d 等曲线所代表的具体截面和对应的屈曲轴见表 5-3。

四、压弯构件弯矩作用平面内的稳定

压弯构件指既承受轴压力又承受弯矩的构件,广泛地使用于刚架柱中。对于抵抗弯扭变形能力很强的构件,或者在构件的侧向有足够的支承以阻止其发生弯扭变形时压弯构件可能在弯矩作用平面内发生整体的弯曲失稳,其承载力可以用图 4-18 所示的荷载-挠度曲线来说明。对于两端铰接、在端部作用有相同的轴线压力和弯矩的构件,如 M 与 N,其比值为常数 e,即 $M = Ne$,作用在构件的一个对称轴平面内,而在另一个平面有足够的支承以防止发生弯扭屈曲。和轴心受压构件不同,压弯构件不存在直线平衡状态,一开始施加荷载构件就产生弯曲变形。在

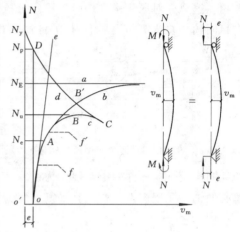

图 4-18 压弯构件的荷载挠度曲线

图 4-18 中的弹性荷载-挠度曲线 b 为二阶弹性曲线,曲线 b 只有渐近线,理论上它与从轴心受压构件的分岔点荷载 N_E 处引出的水平线 a 相交于无穷远。直线 e 是不计附加弯矩影响的一阶弹性曲线。对于不同受力条件的压弯构件,按照弹性理论分析时都可得到荷载挠度曲线、最大挠度和最大弯矩的解析式。常将它们用来分析比较,推演出便于应用的计算公式。但是实际的压弯构件存在残余应力和初始几何缺陷,材料为弹塑性,如按照理想的弹塑性体分析,荷载挠度曲线将是 OABC,从 A 点开始构件中点截面的边缘纤维屈服,与此对应的荷载为 N_e,此后随着塑性向纵深发展,构件变形加快增长。图中 OAB 段曲线是上升的,构件处于稳定平衡状态,而到达 B 点以后,由于弹性区已经缩小到构件抵抗力矩的增加小于外力矩的增加的程度,出现了下降段曲线 BC,这时如要维持平衡需要减小外力作用,因此这种平衡是暂时的、不稳定的。曲线的极值点 B 给出构件在弯矩作用平面内的极限荷载 N_u,这是属于二阶弹塑性分析的极值点失稳问题,可用数值积分法通过给出荷载-挠度曲线后得到极限荷载。数值积分法可同时考虑残余应力和几何缺陷。图 4-18 还画出了在压力和二阶弯矩的共同作用下构件中点全截面屈服出现塑性铰的荷载挠度曲线 d,此曲线向上延伸交于 D 点。即认为构件的塑性发展全集中在弯矩最大的

截面，属于二阶刚塑性稳定问题，N_p 为 N 与 M 共同作用时全截面压弯屈服的荷载。N_y 是全截面受压屈服的荷载。很多压弯构件抵抗扭转与侧向弯曲的能力较差，当侧向没有足够的支承时，很可能在达到弯矩作用平面内的极限荷载之前发生弯扭屈曲，这是属于压弯构件的分岔失稳问题。根据不同条件，可能在弹性状态发生弯扭屈曲分岔失稳，如图中 OA 段之间的虚线 f，也可能发生在 AB 段之间的弹塑性阶段，如图中的虚线 f'。关于压弯构件的弯扭屈曲问题将在本章第四节介绍。这里先对压弯构件作弹性稳定分析，然后再研究压弯构件的弹塑性极值点失稳问题和在弯矩作用平面内 M 与 N 的相关设计公式。

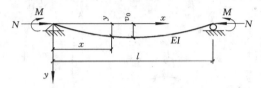

图 4-19 等弯矩作用压弯构件

（一）压弯构件弯矩作用平面内的弹性弯曲屈曲

1. 等效弯矩和弯矩放大系数

对于两端作用有相同弯矩的等截面压弯构件，两端铰接，如图 4-19 所示，在轴线压力 N 和弯矩 M 的共同作用下，构件的中点挠度为 v_0，离端部距离 x 处的挠度为 y，与前面有初偏心的轴心受压构件一样，其平衡方程为：

$$EIy'' + Ny = -M \tag{4-33}$$

式（4-33）的解与式（4-19）类似。构件中点挠度为：

$$v_0 = \frac{M}{N}\left[\sec\left(\frac{\pi}{2}\sqrt{\frac{N}{N_E}}\right) - 1\right] \tag{4-34}$$

$$M_{\max} = M + Nv_0 = M\sec\left(\frac{\pi}{2}\sqrt{\frac{N}{N_E}}\right) \approx \frac{M(1 + 0.234N/N_E)}{1 - N/N_E} = \alpha M \tag{4-35}$$

式中，$\alpha = M_{\max}/M = (1 + 0.234N/N_E)/(1 - N/N_E)$ 为弯矩放大系数，可以近似采用 $\alpha = 1/(1 - N/N_E)$。

对于其他荷载作用的压弯构件，也可用类似的方法建立平衡方程求解。几种常用的压弯构件的计算结果列于表 4-2 中，表中的 M 或 M_1 为不计轴线压力作用的一阶最大弯矩，而 $M_{\max}$ 为计及轴线压力影响的二阶最大弯矩，表中还给出了便于应用的近似值。表 4-2 中的第 6 项和第 7 项中 $\alpha = 1/(1 - N/N_{cr})$，$N_{cr} = \pi^2 EI/(0.5l)^2$。

比值 $\beta_{mx} = M_{\max}/\alpha M$ 或 $M_{\max}/\alpha M_1$ 称为弯矩等效系数，也列于表 4-2 中。利用这一系数就可以在计算平面内的稳定时把各种荷载作用的弯矩分布形式转化为均匀受弯情况来对待。

压弯构件的最大弯矩与弯矩等效系数 β_{mx} 表 4-2

序号	荷载及弯矩图形	$M_{\max}$	β_{mx} 弹性分析值	β_{mx} 规范采用值
1	正弦曲线	αM	1.0	1.0
2	抛物线	$\alpha M\left(1+0.028\dfrac{N}{N_E}\right)$	$1+0.028\dfrac{N}{N_E}$	1.0
3		$\alpha M\left(1+0.234\dfrac{N}{N_E}\right)$	$1+0.234\dfrac{N}{N_E}$	1.0
4		$\alpha M\left(1-0.178\dfrac{N}{N_E}\right)$	$1-0.178\dfrac{N}{N_E}$	1.0
5		$\alpha M\left(1+0.051\dfrac{N}{N_E}\right)$	$1+0.051\dfrac{N}{N_E}$	1.0
6		$\alpha M(1-0.2N/N_{cr})$	$1-0.2N/N_{cr}$	0.85
7		$\alpha M\left(1-0.27\dfrac{N}{N_{cr}}\right)$	$1-0.27N/N_{cr}$	0.85
8		$\alpha M_1\sqrt{0.3+0.4\dfrac{M_2}{M_1}+0.3\left(\dfrac{M_2}{M_1}\right)^2}$	$\sqrt{0.3+0.4\dfrac{M_2}{M_1}+0.3\left(\dfrac{M_2}{M_1}\right)^2}$	$0.65+0.35\dfrac{M_2}{M_1}$

2. 压弯构件弯矩作用平面内承载力计算的边缘纤维屈服准则

对于弹性压弯构件,如果以截面边缘纤维开始屈服作为弯矩作用平面内稳定承载能力的计算准则,那么考虑缺陷后截面的最大应力应满足下式:

$$\sigma = \frac{N}{A} + \frac{\beta_{mx}M_x + Ne_0}{W_x(1-N/N_{Ex})} = f_y \tag{4-36}$$

式中,e_0 是用来考虑缺陷的等效偏心距。当 $M_x=0$ 时,压弯构件转化为带有缺陷 e_0 的轴心受压构件,其承载力为 $N=N_x=\varphi_x A f_y$,由式(4-36)可得:

$$e_0 = \frac{(Af_y - N_x)(N_{Ex} - N_x)}{N_x N_{Ex}} \cdot \frac{W_x}{A}$$

或者

$$\frac{e_0}{W_x} = \frac{(Af_y - N_x)}{N_x A} \cdot \left(1 - \frac{N_x}{N_{Ex}}\right) \tag{4-37}$$

将式（4-37）代入式（4-36）可得：

$$\sigma = \frac{N}{\varphi_x A} + \frac{\beta_{mx} M_x}{W_x(1 - \varphi_x N/N_{Ex})} = f_y \tag{4-38}$$

式（4-38）可直接用来计算冷弯薄壁型钢压弯构件或格构式压弯构件绕虚轴弯曲的平面内整体稳定问题。

（二）实腹式压弯构件弯矩作用平面内的极限承载力

由于实腹式压弯构件在弯矩作用平面内失稳时部分截面已进入塑性，弹性平衡微分方程（4-33）式不再适用。图 4-20（a）所示的同时承受轴线压力 N 和弯矩 M 的压弯构件，在平面内失稳时的塑性区分布有两种可能情况，只在弯曲受压一侧出现塑性（图 4-20b）和在两侧同时出现塑性（图 4-20c）。由于塑性的出现，构件的弯曲刚度随截面上塑性发展的深度而变化，平衡微分方程为变系数微分方程，解析法不再适用，只能采用第一节中提到的近似法或数值积分法求解。

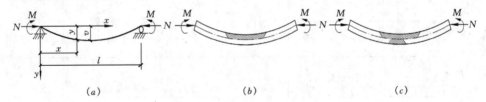

图 4-20　压弯构件弯矩作用平面内失稳时的塑性区

1. 近似法

近似法可以用于求解比较简单的情况，如矩形截面，不计残余应力和初弯曲的影响，同时还要做若干假定，如 Ježek 法，构件的变形曲线为正弦曲线的一个半波（$y = v\sin\pi x/l$）等。因为假定的变形曲线与实际的变形曲线并不相同，因此只能建立弯矩最大截面的内外力平衡方程。已知变形曲线后，构件任一截面的弯矩 $M + Ny$ 都可以和构件中央的挠度 v 联系起来，可以由极值条件 $dN/dv = 0$ 得出构件的承载力 N_u。以矩形截面构件为例，在构件的一侧出现塑性区（图 4-21b）和两侧同时出现塑性区（图 4-21d）时，N_u 可以分别由以下两式计算：

仅在受压侧出现塑性区时，

$$N_u = \frac{\pi^2 EI}{l^2}\left[1 - \frac{M}{3M_y(1 - N_u/N_y)}\right]^3 \tag{4-39}$$

两侧同时出现塑性区时，

$$N_u = \frac{\pi^2 EI}{l^2}\left[1 - \left(\frac{N_u}{N_y}\right)^2 - \frac{2M}{3M_y}\right]^{3/2} \tag{4-40}$$

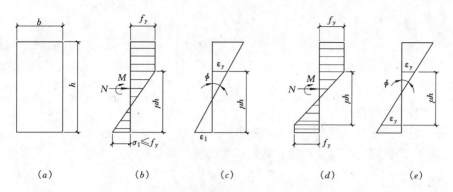

图 4-21 矩形截面压弯构件中央截面的应力和应变

在以上两式中 $N_y = Af_y$, $M_y = Wf_y$。这两个公式可以概括为:

$$N_u = \frac{\pi^2 EI}{l^2}\mu^3 \tag{4-41}$$

式中,μ 为截面弹性核高度与截面高度之比,对于图 4-21(b)、(d) 两种情况,μ 可分别由下面两式计算:

当 $\mu \geq 1 - N_u/N_y$ 时,

$$\mu = 1 - \frac{M}{3M_y/(1 - N_n/N_y)} \tag{4-42}$$

当 $\mu < 1 - N_u/N_y$ 时,

$$\mu = \sqrt{1 - \left(\frac{N_u}{N_y}\right)^2 - \frac{2M}{3M_y}} \tag{4-43}$$

式 (4-39) 和 (4-40) 的右端都含有 N_u,因此即使像矩形这样简单的截面,构件在失稳时 N 和 M 的关系已相当复杂,截面为 H 形或其他组合截面时,这一关系将更加复杂。另外,近似法很难具体分析残余应力对压弯构件承载力的影响。

2. 数值积分法

数值积分法不假定构件挠曲线的形式,而是通过计算确定。计算时把构件沿轴线划分为足够多的小段,并以每段中点的曲率代表该段曲率。为了确定截面上各点的应力分布并计及残余应力的影响,需把构件的截面分成很多单元,第 i 单元的应变为:

$$\varepsilon_i = \varepsilon_0 + \phi y_i + \sigma_{ri}/E \tag{4-44}$$

式中 ε_0——截面的轴向应变;

ϕ——计算段中点的曲率;

σ_{ri}——残余应力。

假定材料为理想的弹塑性体,单元 i 的应力为:

当 $-\varepsilon_y < \varepsilon_i < \varepsilon_y$ 时,

当 $\varepsilon_i > \varepsilon_y$ 时,

当 $\varepsilon_i < -\varepsilon_y$ 时,

$$\left.\begin{array}{l}\sigma_i = E\varepsilon_i \\ \sigma_i = \sigma_y \\ \sigma_i = -\sigma_y\end{array}\right\} \quad (4\text{-}45)$$

在求得截面的应力分布后,截面承受的轴力和弯矩为:

$$N = \Sigma \sigma_i A_i \quad (4\text{-}46)$$

$$M = \Sigma \sigma_i A_i z_i \quad (4\text{-}47)$$

式中,z_i 为第 i 单元中点到形心轴的距离。

给定曲率 ϕ 后,通过式(4-44)~(4-47)的计算可以得出截面承受的外力 N 和 M,从而得到了 M—N—ϕ 关系。

假定构件左端的转角为 θ_0,用数值积分法逐段计算各分段点的位移和转角,对于第一段末端,有

$$y_1 = v_0 + \theta_0 l_1 - \phi l_1^2/2 \quad (4\text{-}48)$$

$$\theta_1 = \theta_0 - \phi l_1 \quad (4\text{-}49)$$

式中 v_0——左端的位移,若端部有支承点,则 $v_0 = 0$;

l_1——第一段的长度。

然后逐段推算至构件右端,得到右端支承点的位移应该为零。如果此处位移不为零,则需要调整前面所假定的 θ_0,重新开始计算,直到最后误差在容许的范围之内。对于图 4-22(a)所示的对称情况,可用跨中的倾角 $\theta_i = 0$ 的条件代替右端位移为零的条件。分级给定荷载 N,即可得出图 4-22(b)的 N-v 曲线。曲线的极值点 B 给出了构件的极限承载力 N_u。

数值积分法比不考虑残余应力的近似法精确,并且还可以考虑初弯曲和不同的支承条件,因而得到了广泛的应用。

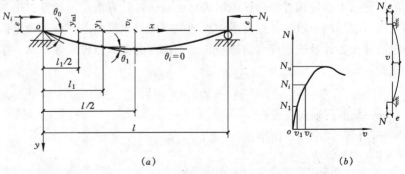

图 4-22 压弯构件的极限荷载

第三节 轴心受压构件的扭转屈曲和弯扭屈曲

对于双轴对称截面轴压构件,除可能发生绕截面对称轴弯曲失稳外,还可能发生绕构件纵轴的扭转失稳,如长细比较小的十字形截面。对于单轴对称截面轴心受压构件,除可能发生绕截面非对称轴的弯曲失稳外,还可能发生绕对称轴弯曲的同时绕纵轴扭转的弯扭失稳。对于无对称轴截面的轴心受压构件,则只能发生弯扭失稳。由于弹塑性扭转屈曲和弯扭屈曲问题比较复杂,这里只介绍弹性扭转屈曲和弯扭屈曲问题。

一、轴心受压构件的弹性扭转屈曲

(一)构件的扭转

1. 截面的剪力中心

在叙述扭转对构件的效应前,先讲一下薄壁截面的剪力流和剪切中心(简称剪心)。受弯构件(梁)在横向荷载作用下都会产生弯曲剪应力。初等材料力学的计算方法假定剪应力沿梁截面宽度均匀分布,作用方向与横向荷载平行。但对钢构件的截面(如工字形、槽形),其组成板件较薄(宽厚比一般大于 10),属薄壁构件。薄壁截面剪应力的计算宜用剪力流理论。它认为剪应力沿板厚度均匀分布,方向与各板件平行。两种计算方法,在计算薄壁构件腹板剪应力时是一致的;但在计算翼缘剪应力时,无论大小和方向都有质的差别。

按剪力流理论,梁弯曲剪应力在截面上的分布如图 4-23 所示。任意点的剪应力值为:

$$\tau = \frac{VS}{I_x t} \tag{4-50}$$

式中 V——计算截面一个主轴方向的剪力;

S——计算翼缘剪应力时为计算处以外,计算腹板剪应力时为计算处以上毛截面对中和轴的面积矩;

I_x——毛截面惯性矩;

t——计算剪应力处的板件厚度。

对图 4-23(a)所示的双轴对称截面,翼缘中剪应力的合力互相抵消,所以腹板中剪应力的合力即为整个截面剪应力的合力,此合力通过截面的形心。如果横向荷载也通过形心,则梁只产生弯曲,不会扭转。

对图 4-23(b)所示的单轴对称槽形截面,荷载平行于 y 轴作用时,翼缘中剪应力的合力 H 形成力偶;腹板中竖向剪应力的合力必然等于外剪力 V。此槽形截面中的三个剪力的总合力,大小为 V,方向与 y 轴平行,作用点距腹板中

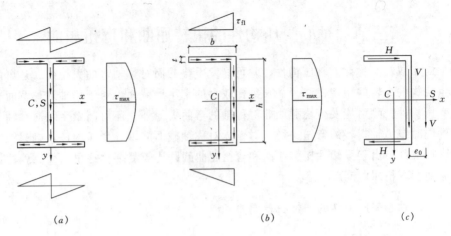

图 4-23 梁的弯曲剪应力

线为 e_0（图 4-23c），因

$$H \times h = V \times e_0$$

$$H = \frac{bt}{2} \times \tau_{\mathrm{fl}} = \frac{bt}{2} \times \frac{V}{I_x t}(bt \times h/2) = \frac{V \times b^2 t h}{4 I_x}$$

则

$$e_0 = \frac{h}{V} H = \frac{b^2 t h^2}{4 I_x}$$

此截面中剪应力的总合力作用线与对称轴的交点 S，称为剪力中心（剪心）。外荷载的作用线或外力矩作用面通过剪切中心时，梁只产生弯曲变形；若不通过剪切中心，梁在弯曲的同时还要扭转。由于扭转变形是绕剪力中心进行的，故剪力中心又称扭转中心（简称扭心）。

剪力中心的位置仅与截面形式和尺寸有关，与外荷载无关。各种截面的剪力中心位置为：

(1) 双轴对称截面以及对形心成点对称的截面（图 4-24a、b），剪力中心与截面形心相重合；

(2) 单轴对称截面，剪力中心在对称轴上（图 4-24c、d、e），其具体位置可通过计算确定；

(3) 由矩形薄板中线相交于一点组成的截面，每个薄板中的剪力通过这个交点，所以剪力中心在此交点上（图 4-24f、g、h）。

荷载作用线未通过剪力中心产生的扭转有两种形式：自由扭转和约束扭转。非圆截面构件扭转时，原来为平面的横截面不再成为平面，有的纤维凹进而有的纤维凸出，这种现象称为翘曲。如果扭转时轴向位移不受任何约束，截面可自由翘曲变形（图 4-25a），称为自由扭转或圣维南扭转。自由扭转时，各截面的翘曲变形相同，纵向纤维保持直线且长度保持不变，截面上只有剪应力，没有纵向

第三节 轴心受压构件的扭转屈曲和弯扭屈曲

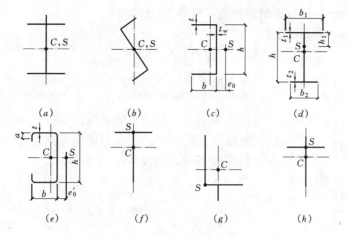

图 4-24 开口薄壁截面的剪力中心

(c) 中 $e_0 = \dfrac{3tb^2}{(t_w h + 6tb)}$; (d) 中 $h_1 = \dfrac{t_2 b_2^3}{(t_1 b_1^3 + t_2 b_2^3)} h$;

(e) 中 $e'_0 = \dfrac{tb}{I_x}\left(\dfrac{1}{4}bh^2 + \dfrac{1}{2}ah^2 - \dfrac{2}{3}a^3\right)$

正应力,因此又称为纯扭转。

如果由于支承情况或外力作用方式使构件扭转时截面的翘曲受到约束,称为约束扭转(图 4-25b)。约束扭转时,纵向纤维不能自由伸缩,截面上将产生纵向正应力,称为翘曲正应力。同时还必然产生与翘曲正应力相平衡的翘曲剪应力。

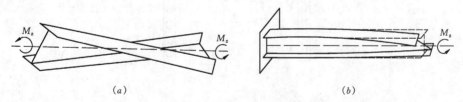

图 4-25 构件的扭转形式
(a) 自由扭转;(b) 约束扭转

2. 自由扭转

对于图 4-26 所示矩形截面杆件的扭转,当 $b \gg t$ 时,扭矩和扭转率的关系为:

$$M_s = GI_t \theta \tag{4-51}$$

$$\tau_{max} = \dfrac{M_s t}{I_t} \tag{4-52}$$

式中 M_s——截面上的扭矩;
G——材料的剪变模量;

θ ——单位长度的扭转角,或称为扭转率;

t ——截面厚度;

I_t ——扭转常数或扭转惯性矩,$I_t \approx bt^3/3$。

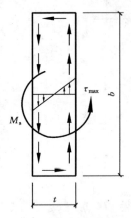

图 4-26 矩形截面杆件的扭转剪应力

对于由薄板组成的开口截面,根据理论和试验研究,可以看作由几个狭长矩形截面组成。其剪应力沿板厚度方向与图 4-26 相同,呈三角形分布,相当于在截面内有循环的扭转剪力(图 4-27a),在截面内形成扭矩(图 4-27b)。其扭转常数 I_t 可近似取为:

$$I_t = \frac{1}{3} \sum_{i=1}^{n} b_i t_i^3 \tag{4-53}$$

对于热轧型钢截面,考虑到轧制圆角的加强作用,根据试验研究,扭转常数 I_t 可修正为:

$$I_t = \frac{1}{3} k \sum_{i=1}^{n} b_i t_i^3 \tag{4-54}$$

式中,k 为依截面形状而定的常数,可参照表 4-3 取用。

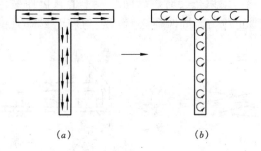

图 4-27 扭转剪应力和扭矩

系数 k 表 4-3

截面形状	⌐⌐	⊤⌐	[	I	H
k 值	1.0	1.15	1.12	1.31	1.29

薄板组成的闭合截面的抗扭刚度比开口截面大得多,在扭矩作用下其内部将形成各组成板件中线方向的循环剪力流,如图 4-28 所示,剪应力可看作沿壁厚

均匀分布。其扭转常数 I_t 为:

$$I_t = \frac{4A^2}{\oint \frac{dS}{t}} \quad (4\text{-}55)$$

3. 约束扭转

图 4-25（b）所示双轴对称工字形截面悬臂构件，在悬臂端处作用有外扭矩 M_z，使其上、下翼缘向不同方向弯曲。在悬臂端处截面的翘曲变形最大，向固定端逐渐减小，说明截面的翘曲变形受到不同程度的约束。在固定端处，截面的翘曲变形受到完全的约束而保持原来的平截面。翘曲变形受到约束，相当于对梁的纵向纤维施加了拉伸或压缩作用。此时梁中除有剪应力产生外，同时产生正应力，称为弯曲扭转正应力。

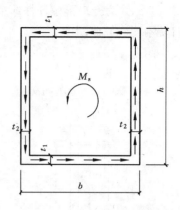

图 4-28 闭合截面的循环剪力流

构件扭转时，截面内的剪应力分两个部分：自由扭转剪应力 τ_s（图 4-29a）和弯曲扭转剪应力 τ_ω（图 4-29b）。前者沿厚度呈三角形分布，而后者可看作沿厚度均匀分布。自由扭转剪应力之和构成内部自由扭矩 M_s，见式 (4-51)。

每一翼缘弯曲扭转剪应力 τ_ω 之和应为翼缘中的弯曲剪力 V_f，即在上、下翼缘中作用有大小相等、方向相反的剪力 V_f，二者之间的力臂为 h，形成另一内部扭矩。

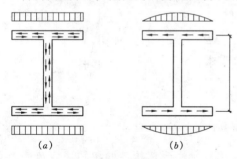

图 4-29 扭转剪应力分布

$$M_\omega = V_f h \quad (4\text{-}56)$$

M_ω 为约束扭转力矩或弯曲扭转力矩。依内外力矩的平衡条件有：

$$M_z = M_s + M_\omega \quad (4\text{-}57)$$

由材料力学知识可知

$$M_\omega = -EI_\omega \varphi''' \quad (4\text{-}58)$$

式中，I_ω 为翘曲常数或扇性惯性矩，是约束扭转中的一个重要的截面几何性质。对于双轴对称工字形截面，$I_\omega = I_y h^2 / 4$。

将式 (4-51) 和 (4-58) 代入式 (4-57) 可得约束扭转的内外力矩平衡方程为：

$$M_z = GI_t \varphi' - EI_\omega \varphi''' \quad (4\text{-}59)$$

式 (4-59) 为开口薄壁杆件约束扭转计算的一般公式。GI_t 和 EI_ω 分别为截面的扭转刚度和翘曲刚度。

闭合截面薄壁杆件的约束扭转计算与开口薄壁杆件的计算方法相似，其翘曲刚度比开口截面大。

(二) 轴心受压构件的弹性扭转屈曲

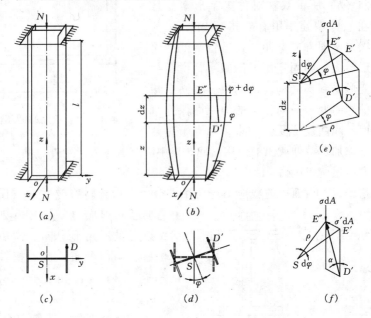

图 4-30　轴心受压构件的扭转变形

用平衡法确定图 4-30 (a) 所示两端简支轴心受压构件的扭转屈曲荷载时，先研究在构件绕纵轴存在微小扭转角时的受力条件图 (4-30b)。在离原点为 z 处截面的扭转角为 φ，隔一微段距离为 dz 处截面的扭转角为 $\varphi + d\varphi$。图 4-30 (e) 表示了在微段 dz 内的任一纤维 DE 因构件扭转而位移到了 $D'E''$，它与垂线的夹角为 α，在水平面内 E'' 至截面剪心的距离为 ρ，由于纤维有倾斜，作用于纤维上端 E'' 处的力 σdA 在水平面内产生了分力 $\sigma' dA$，它绕剪心 S 形成了扭矩 $\sigma' dA \rho$。

由图 4-30 (e) 可知，倾斜纤维与垂直线的夹角为 α，因此夹角很小，故

$$\sin\alpha \approx \alpha = \frac{E'E''}{dz} = \frac{\rho d\varphi}{dz}$$

由图 4-30 (f) 知，纤维上端的水平分力：

$$\sigma' dA = \sigma dA \sin\alpha = \sigma dA \rho \varphi'$$

构件扭转时全截面形成的非均匀扭矩为：

$$M_z = \int_A \sigma\rho^2 dA\varphi' = \frac{N}{A}\int_A \rho^2 dA\varphi' \qquad (4\text{-}60)$$

受力纤维因扭转而倾斜时诸截面内的分力绕截面的剪心形成的扭矩称为 Wagner 效应，而 $\frac{N}{A}\int_A \rho^2 dA$ 则称为 Wagner 效应系数。对于双轴对称截面，$\int_A \rho^2 dA = I_x + I_y = i_0^2 A$，而 $i_0^2 = (I_x + I_y)/A$，i_0 是截面对剪心的极回转半径。式 (4-60) 可写作：

$$M_z = N i_0^2 \varphi' \qquad (4\text{-}61)$$

在离原点距离为 z 处截面的扭矩平衡方程为 $M_z = M_s + M_\omega$，由式 (4-59) 可得：

$$EI_\omega \varphi''' + (N i_0^2 - GI_t)\varphi' = 0 \qquad (4\text{-}62)$$

令 $k^2 = (N i_0^2 - GI_t)/(EI_\omega)$，则上式可写作：

$$\varphi''' + k^2 \varphi' = 0 \qquad (4\text{-}63)$$

其通解为：

$$\varphi = C_1 \sin kz + C_2 \cos kz + C_3 \qquad (4\text{-}64)$$

由构件端部的边界条件 $\varphi(0) = 0$，得到 $C_2 + C_3 = 0$；由 $B_\omega = -EI_\omega \varphi''(0) = 0$，亦即 $\varphi''(0) = 0$，知 $C_2 = 0$，故 $C_3 = 0$。由 $\varphi(l) = 0$，得到 $C_1 \sin kl = 0$，但 $C_1 \neq 0$，只有 $\sin kl = 0$，kl 的最小值为 π。代入 $k^2 = (N i_0^2 - GI_t)/(EI_\omega)$，得到扭转屈曲荷载为：

$$N_\omega = \frac{1}{i_0^2}\left(\frac{\pi^2 EI_\omega}{l^2} + GI_t\right) \qquad (4\text{-}65)$$

上式还可写作：

$$N_\omega = \frac{GI_t}{i_0^2}\left(1 + \frac{\pi^2 EI_\omega}{GI_t l^2}\right) = \frac{GI_t}{i_0^2}(1 + K^2) \qquad (4\text{-}66)$$

式中，$K = \sqrt{\dfrac{\pi^2 EI_\omega}{GI_t l^2}}$ 为扭转刚度参数，K 值愈大，说明构件抗翘曲扭转的能力愈高，它将提高扭转屈曲荷载；而 K 值愈小，则扭转屈曲荷载愈小。对于双轴对称的十字形截面，其 K 值远小于双轴对称的工字形截面，所以其扭转屈曲荷载较小，而且由于 $I_\omega \approx 0$，十字形截面轴心受压构件的 N_ω 与构件长度无关。

（三）端部约束条件对轴心受压构件的弹性扭转屈曲荷载的影响

对于不同端部约束条件的轴心受压构件，可以采用与弯曲屈曲相同的处理方法，即用扭转屈曲计算长度 l_ω 代替 l，其屈曲荷载可以写为：

$$N_\omega = \frac{1}{i_0^2}\left(\frac{\pi^2 EI_\omega}{l_\omega^2} + GI_t\right) \tag{4-67}$$

式中　$l_\omega = \mu_\omega l$，μ_ω 为扭转屈曲计算长度系数，见表 4-4。

轴心受压构件的扭转计算长度系数 μ_ω　　　　表 4-4

序号	1	2	3	4	5
支承条件	两端简支	两端固定	一端固定，一端简支	一端固定，一端自由	两端不能翘曲，但能自由转动
μ_ω	1.0	0.5	0.7	2.0	1.0

二、轴心受压构件的弹性弯扭屈曲

（一）单轴对称截面轴心受压构件的弹性弯扭屈曲

对图 4-31（a）所示单轴对称工形截面轴心受压构件，截面绕对称轴有弯曲变形如图 4-31（b），绕纵轴有扭转变形如图 4-31（c）。离左端距离为 z 处截面剪心的位移为 u，扭转角为 φ。采用两套坐标系，一套是与原构件相对应的固定坐标系 $oxyz$，另一套是与构件变形后相对应的移动坐标系 $o'\xi\eta\zeta$。由于侧向位移 u 很小，因此在 xz 平面内的曲率可以用 $-u''$ 表示，而截面的扭转角 φ 也很小，因此在 $\xi\zeta$ 平面内的曲率与 xz 平面内的曲率相同，即 $\xi'' = u''$。由图 4-31（d）知，形心的位移为 $u + y_0\sin\varphi \approx u + y_0\varphi$，故在 $\xi\zeta$ 平面内的弯曲平衡条件为 $-EI_\eta\xi'' = -EI_y u'' = N(u + y_0\varphi)$，或

$$EI_y u'' + Nu + Ny_0\varphi = 0 \tag{4-68}$$

截面绕对称轴弯曲时，纵轴的倾角为 θ，因而在形心 o' 处产生切向力 $N\sin\theta \approx N\tan\theta \approx Nu'$。从图 4-31（c）可知，此切力不通过截面的剪心 S'，而是绕剪心形成一逆时针方向的扭矩 $Nu'y_0\cos\varphi \approx Nu'y_0$。截面上任意点 D 到剪心的距离为

$$\rho = \sqrt{x^2 + (y - y_0)^2}$$

构件扭转时，Wagner 效应为：

$$\begin{aligned}\int_A \sigma\rho^2 \mathrm{d}A\varphi' &= \int_A \sigma[x^2 + (y - y_0)^2]\mathrm{d}A\varphi' \\ &= \sigma(I_x + I_y + Ay_0^2)\varphi' \\ &= Ni_0^2\varphi' \end{aligned} \tag{4-69}$$

式中，$i_0^2 = (I_x + I_y)/A + y_0^2$。

因此截面的非均匀扭矩为 $M_z = Ni_0^2\varphi' + Ny_0 u'$，扭矩平衡方程为

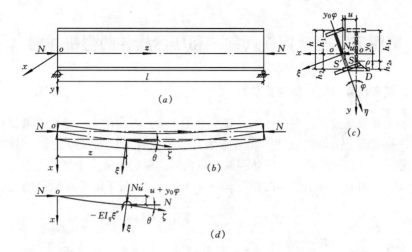

图 4-31 单轴对称截面轴心受压构件的弯扭变形

$$EI_\omega \varphi''' + (Ni_0^2 - GI_t)\varphi' + Ny_0 u' = 0 \tag{4-70}$$

对式（4-68）微分两次，对式（4-70）微分一次得

$$EI_y u^{IV} + Nu'' + Ny_0 \varphi'' = 0 \tag{4-71}$$

$$EI_\omega \varphi^{IV} + (Ni_0^2 - GI_t)\varphi'' + Ny_0 u'' = 0 \tag{4-72}$$

上面两式是耦联的高阶微分方程组，适用于任意边界条件的单轴对称轴心受压构件的弹性弯扭屈曲问题。如果截面的剪心 S 位于形心 o 之上，剪心距 y_0 为负值。

对于两端简支单轴对称截面轴心受压构件，其边界条件为 $u(0) = u(l) = u''(0) = u''(l) = 0$，$\varphi(0) = \varphi(l) = \varphi''(0) = \varphi''(l) = 0$，满足这些边界条件的变形函数为 $u = C_1 \sin\frac{n\pi z}{l}$ 和 $\varphi = C_2 \sin\frac{n\pi z}{l}$，当 $n=1$ 时可以得到解的最小值，即构件的屈曲荷载。将 $u = C_1 \sin\frac{\pi z}{l}$ 和 $\varphi = C_2 \sin\frac{\pi z}{l}$ 代入式（4-71）和（4-72），并令 $N_y = \frac{\pi^2 EI_y}{l^2}$ 和 $N_\omega = \frac{1}{i_0^2}\left(GI_t + \frac{\pi^2 EI_\omega}{l^2}\right)$，可得弯扭屈曲荷载为

$$N_{y\omega} = \frac{(N_y + N_\omega) - \sqrt{(N_y + N_\omega)^2 - 4N_y N_\omega[1-(y_0/i_0)^2]}}{2[1-(y_0/i_0)^2]} \tag{4-73}$$

（二）其他端部约束条件轴心受压构件的弹性弯扭屈曲荷载

对于其他的端部约束条件，只需令 $N_y = \frac{\pi^2 EI_y}{l_y^2}$ 和 $N_\omega = \frac{1}{i_0^2}(\pi^2 EI_\omega/l_\omega^2 + GI_t)$，而 $l_y = \mu_y l$，$l_\omega = \mu_\omega l$，其弹性弯扭屈曲临界荷载仍为式（4-73）。

第四节 受弯构件(梁)和压弯构件的弯扭屈曲

一、受弯构件(梁)的弯扭屈曲

为了更有效地发挥材料的作用,在一个主平面内弯曲的梁,其截面常设计得窄而高,截面两个主轴的惯性矩相差很大。如果在梁的侧向没有足够有效的支承,当梁承受的横向荷载或弯矩达到某一数值时,梁会突然发生侧向弯曲(绕截面弱轴弯曲)同时伴有绕纵轴的扭转(图4-32),梁丧失了继续承载的能力,这

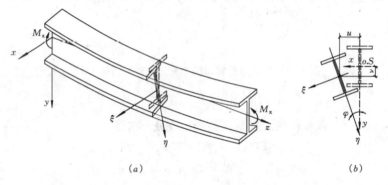

图 4-32 梁的弯扭屈曲现象

一现象称为梁的弯曲扭转屈曲(简称弯扭屈曲)或称梁丧失了整体稳定,此时的横向荷载或弯矩被称为临界荷载或临界弯矩。横向荷载的临界值和它在梁截面上的作用位置有关。如图4-33(a)所示,当荷载作用于上翼缘时,在梁产生微小侧向弯曲和扭转的情况下,荷载F将产生绕剪力中心的附加扭矩Fe,对梁的侧向弯曲和扭转起促进作用,降低了梁的稳定承载力。但当荷载作用于梁的下翼缘时(图4-33b),它将产生反向的附加扭矩Fe,延缓梁丧失整体稳定,提高梁的稳定承载力。

(一) 双轴对称截面梁的弹性弯扭屈曲

图4-34(a)为一两端简支双轴对称工字形截面纯弯曲梁,梁两端受弯矩M_x作用。这里所谓的简支是指夹支条件,支座处截面可以自由翘曲,能绕x轴和y轴转动,但不能绕z轴转动,也不能侧向移动。按梁达到临界状态发生微小侧向弯曲和扭转的情况建立平衡方程。图4-34中取固定坐标系为$oxyz$,截面发生变形后的移动坐标系相应取为$o'\xi\eta\zeta$。剪力中心为S(对于双轴对称截面,剪心S和形心o重

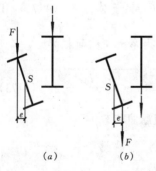

图 4-33 荷载作用点位置对梁整体稳定的影响

合），沿 x、y 轴的位移分别为 u、v，沿坐标轴的正向为正。截面的扭转角为 φ，方向符合右手螺旋准则。在小变形情况下，xoy 和 yoz 平面内的曲率分别取为 $-u''$ 和 $-v''$，并且认为在 $\xi o'\zeta$ 和 $\eta o'\zeta$ 平面内的曲率分别与之相等。由小变形假定，取 $\sin\theta \approx \tan\theta \approx \mathrm{d}u/\mathrm{d}z = u'$，$\sin\varphi \approx \varphi$，$\cos\theta \approx 1$ 和 $\cos\varphi \approx 1$。由图 4-34（b）、（c）可以得到：

$$M_\zeta = M_x\sin\theta \approx M_x u',\quad M_\xi = M_x\cos\theta\cos\varphi \approx M_x,\quad M_\eta = M_x\cos\theta\sin\varphi \approx M_x\varphi$$

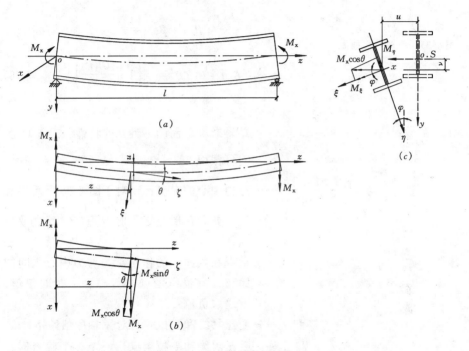

图 4-34　梁的弯扭屈曲

则绕 ξ、η 轴的弯曲平衡方程和绕 ζ 轴的扭转平衡方程分别为：

$$EI_x v'' + M_x = 0 \tag{4-74}$$

$$EI_y u'' + M_x\varphi = 0 \tag{4-75}$$

$$EI_\omega \varphi''' - GI_t \varphi' + M_x u' = 0 \tag{4-76}$$

由于忽略了构件屈曲前的变形对弯扭屈曲的影响，故式（4-74）是独立的，它是最大刚度平面的弯曲问题，与梁的弯扭屈曲无关。式（4-75）和（4-76）的联合求解，可以求得梁的弯扭屈曲临界荷载为：

$$M_{\mathrm{cr}} = \frac{\pi}{l}\sqrt{EI_y GI_t}\sqrt{1 + \frac{\pi^2 EI_\omega}{GI_t l^2}} \tag{4-77}$$

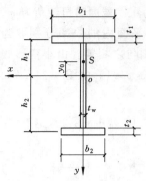

图 4-35 单轴对称截面

由式（4-77）可知，临界弯矩和梁的侧向弯曲刚度、扭转刚度、翘曲刚度都有关系，和梁的跨度也有关系。

（二）单轴对称截面梁的弹性弯扭屈曲

加强梁的受压翼缘可以提高梁的整体稳定性，梁可以作成单轴对称截面形式，如图 4-35，在不同荷载作用下的临界弯矩 M_{cr} 可以由弹性理论得到：

$$M_{cr} = \beta_1 \frac{\pi^2 EI_y}{l^2} \left[\beta_2 a + \beta_3 \beta_y + \sqrt{(\beta_2 a + \beta_3 \beta_y)^2 + \frac{I_\omega}{I_y}\left(1 + \frac{GI_t l^2}{\pi^2 EI_\omega}\right)} \right] \quad (4-78)$$

式中 $\beta_y = \dfrac{\int_A y(x^2 + y^2)\mathrm{d}A}{2I_x} - y_0$ ——单轴对称截面的一种几何特性，对于双轴对称截面，$\beta_y = 0$；

$y_0 = -\dfrac{I_1 h_1 - I_2 h_2}{I_y}$ ——剪力中心的纵坐标，对于图 4-35 所示坐标系，剪心在形心之下时取正值，反之取负值；

a——荷载在截面上的作用点与剪力中心之间的距离，荷载作用点在剪心之下时取正值，反之取负值；

I_1 和 I_2——受压翼缘和受拉翼缘对 y 轴的惯性矩；

h_1 和 h_2——受压翼缘和受拉翼缘形心至整个截面形心的距离；

β_1、β_2 和 β_3——依荷载类型而定的系数，其值见表 4-5。

系数 β_1、β_2 和 β_3 的取值　　　　表 4-5

荷载类型	β_1	β_2	β_3
跨度中点集中荷载	1.35	0.55	0.40
满跨均布荷载	1.13	0.46	0.53
纯弯曲	1.0	0	1.0

二、压弯构件的弯扭屈曲

开口薄壁截面压弯构件的抗扭刚度和弯矩作用平面外的抗弯刚度通常都不很

大，当侧向没有足够支承阻止其产生侧向弯曲和扭转时，构件可能因为弯扭屈曲而破坏。下面先分析压弯构件的弹性弯扭屈曲，然后介绍弯扭屈曲理论在钢结构设计中的应用。

（一）单轴对称截面压弯构件的弹性弯扭屈曲

图 4-36 （a）是两端简支的单轴对称截面压弯构件，弯矩作用在截面的对称轴平面内，当构件有微小变形时剪力中心 S 沿 x、y 轴的位移分别为 u、v，扭转角为 φ。则形心的位移分别为 $u + y_0\sin\varphi = u + y_0\varphi$ 和 v，y_0 为剪心的 y 坐标。取固定坐标系为 $oxyz$，截面发生变形后的移动坐标系取为 $o'\xi\eta\zeta$。在小变形情况下，xoz 和 yoz 平面内的曲率分别取为 $-u''$ 和 $-v''$，并且认为在 $\xi o'\zeta$ 和 $\eta o'\zeta$ 平面内的曲率分别与之相等。由于 θ 和 φ 角很小，取 $\sin\theta \approx \tan\theta \approx du/dz$，$\sin\varphi \approx \varphi$，$\cos\theta \approx 1$ 和 $\cos\varphi \approx 1$。由图 4-36 （b）可知，$M_\xi = M_x\cos\theta\cos\varphi + Nv \approx M_x + Nv$。不计构件屈曲前变形对弯扭屈曲的影响，由图 4-36 （c）可知，M_x 在 η 方向的分量为 $M_x\cos\theta\sin\varphi \approx M_x\varphi$，故 $M_\eta = N(u + y_0\varphi) + M_x\varphi$，则绕 ξ 和 η 轴的弯曲平衡方程为：

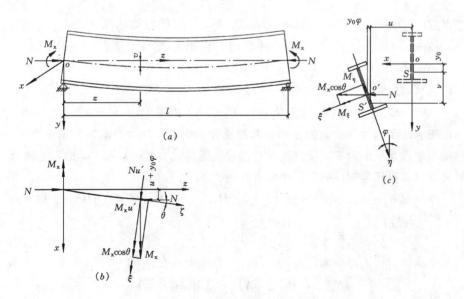

图 4-36 压弯构件的弯扭变形与受力

$$EI_xv'' + Nv + M_x = 0 \tag{4-79}$$

$$EI_yu'' + Nu + (M_x + Ny_0)\varphi = 0 \tag{4-80}$$

构件屈曲前截面上任一点的正应力如以压应力为正，针对图 4-36 （a）的受力条件和坐标系为：

$$\sigma = \frac{N}{A} - \frac{M_x y}{I_x}$$

Wagner 效应系数为：

$$\overline{K} = \int_A \sigma \rho^2 \mathrm{d}A$$

$$= \frac{N}{A}(I_x + I_y + A y_0^2) - \frac{M_x}{I_x}\left[\int_A y(x^2 + y^2)\mathrm{d}A - 2 I_x y_0\right]$$

令 $i_0^2 = (I_x + I_y)/A + y_0^2$，$\beta_y = \dfrac{\int_A y(x^2 + y^2)\mathrm{d}A}{2 I_x} - y_0$，$i_0$ 和 β_y 都是单轴对称截面的几何性质，β_y 称为截面的不对称常数，对于单轴对称工形截面，β_y 中前一项的值常常比后一项小得多，因此，按图 4-36（c）所示坐标系，剪心距 y_0 是正值，β_y 将是负值。

Wagner 效应为：

$$\overline{K}\varphi' = (N i_0^2 - 2\beta_y M_x)\varphi' \tag{4-81}$$

M_x 在 ζ 方向的分量为 $M_x \sin\theta \approx M_x u'$，切力 Nu' 的扭矩从图 4-36（c）可知为 $Nu' y_0 \cos\varphi = N y_0 u'$，则 ζ 方向总的非均匀扭矩为 $M_\zeta = (N i_0^2 - 2\beta_y M_x)\varphi' + M_x u' + N y_0 u'$。

由式（4-59）可得构件的扭转平衡方程为：

$$EI_\omega \varphi''' + (N i_0^2 - 2\beta_y M_x - GI_t)\varphi' + (M_x + N y_0)u' = 0 \tag{4-82}$$

由于忽略了构件屈曲前的变形对弯扭屈曲的影响，故式（4-79）是独立的，它只能用来描述平面内荷载挠度的弹性曲线。通过式（4-80）和（4-82）的联合求解，可以求得压弯构件的弯扭屈曲方程为：

$$(N_y - N)[i_0^2 N_\omega - (i_0^2 N - 2\beta_y M_x)] - (M_x + N y_0)^2 = 0 \tag{4-83}$$

式中，$N_y = \dfrac{\pi^2 E I_y}{l^2}$，$N_\omega = \dfrac{1}{i_0^2}\left(GI_t + \dfrac{\pi^2 E I_\omega}{l^2}\right)$

对于双轴对称工形截面，$y_0 = 0$，$\beta_y = 0$ 代入上式有：

$$(N_y - N)(N_\omega - N) - (M_x/i_0)^2 = 0 \tag{4-84}$$

其弯扭屈曲临界荷载为：

$$N_{y\omega} = \frac{1}{2}\left[N_y + N_\omega - \sqrt{(N_y + N_\omega)^2 - 4(N_y N_\omega - M_x^2/i_0^2)}\right] \tag{4-85}$$

对于两端有约束或侧向有支承点的压弯构件，确定计算长度 l_y 和 l_ω 的方法同轴心受压构件是一致的，而 M_x 取构件计算段内的弯矩。

（二）压弯构件弯扭屈曲理论在钢结构设计中的应用

对于受均匀弯矩作用的双轴对称工字形截面梁，其弹性弯扭屈曲的临界弯矩由式（4-77）给出，将 $N_y = \dfrac{\pi^2 EI_y}{l^2}$ 和 $N_\omega = \dfrac{1}{i_0^2}\left(\dfrac{\pi^2 EI_\omega}{l^2} + GI_t\right)$ 代入该式可得：

$$M_{cr} = i_0\sqrt{N_y N_\omega} \tag{4-86}$$

式（4-84）可以改写为：

$$\left(1 - \dfrac{N}{N_y}\right)\left(1 - \dfrac{N}{N_\omega}\right) - M_x^2 \Big/ (i_0^2 N_y N_\omega) = 0 \tag{4-87}$$

将式（4-86）代入到（4-87）并移项可得：

$$\dfrac{N}{N_y} + \dfrac{M^2}{M_{cr}^2(1 - N/N_\omega)} = 1 \tag{4-88}$$

上式表示为 N/N_y 和 M_x/M_{cr} 的相关关系见图 4-37，由图可见，曲线受 N_ω/N_y 的影响很大。N_ω/N_y 越大，曲线越高，压弯构件的承载力越高。当 $N_\omega = N_y$ 时，相关曲线变为直线：

$$\dfrac{N}{N_y} + \dfrac{M_x}{M_{cr}} = 1 \tag{4-89}$$

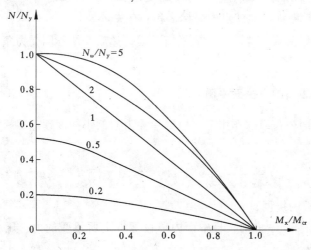

图 4-37 N/N_y 和 M_x/M_{cr} 和的相关曲线

普通工字形截面压弯构件的 N_ω 均大于 N_y，其相关曲线均在直线之上，只有开口的冷弯薄壁型钢构件的相关曲线因 N_ω 小于 N_y 而在直线之下。

对于单轴对称截面压弯构件，其 N/N_y 和 M_x/M_{cr} 的相关关系更为复杂一些，但如果以单轴对称截面的弯扭屈曲临界荷载 $N_{y\omega}$ 代替式（4-89）中的 N_y，则该式仍然适用。

对于压弯构件的弹塑性弯扭屈曲，通过数值法计算可知，式（4-89）的相关关系也可适用。

第五节　矩形薄板的屈曲

板按照其厚度分为厚板、薄板和薄膜三种。如果板的厚度 t 与幅面的最小宽度 b 相比不太小（$t/b \geq 1/5 \sim 1/8$），由于板内的横向剪力产生的剪切变形与弯曲变形相比属于相同量级，计算时不能忽略，这种板称为厚板。如果 t/b 相比较小时（$1/80 \sim 1/100 < t/b < 1/5 \sim 1/8$），剪切变形与弯曲变形相比很微小，可以忽略不计，这种板称为薄板。当板的厚度极小，以至其抗弯刚度几乎降至为零时，这种板完全靠薄膜拉力来支承横向荷载的作用，称为薄膜。薄板既具有抗弯能力还可能存在薄膜拉力。平分板的厚度且与板的两个面平行的平面称为中面。本节只介绍外力作用于中面内的等厚度薄板的屈曲问题。这些受力的薄板常常是受压和受弯构件的组成部分，如工字形截面构件的翼缘和腹板以及冷弯薄壁型钢中的板件。与前面几章已经介绍的受压和受弯构件的屈曲问题不同，板在屈曲时产生出平面的凸曲现象，产生双向弯曲变形，任何一点的弯矩 M_x、M_y 和扭矩 M_{xy} 以及板的挠度 w 都与此点的坐标 x 和 y 有关。

本节先介绍薄板小挠度分析的平衡方程，然后介绍不同受力条件下薄板的弹性屈曲问题。

一、薄板屈曲的小挠度平衡方程

在板的中面内荷载的作用下，根据弹性力学的小挠度理论，板的屈曲平衡方程为：

$$D\left(\frac{\partial^4 w}{\partial x^4} + 2\frac{\partial^4 w}{\partial x^2 \partial y^2} + \frac{\partial^4 w}{\partial y^4}\right) + N_x \frac{\partial^2 w}{\partial x^2} + 2N_{xy}\frac{\partial^2 w}{\partial x \partial y} + N_y \frac{\partial^2 w}{\partial y^2} = 0 \quad (4-90)$$

式中　w——板的挠度；

N_x、N_y——在 x、y 方向，板中面内单位宽度上所承受的力，压力为正，拉力为负；

N_{xy}——单位宽度的剪力；

D——板单位宽度的抗弯刚度，$D = \dfrac{Et^3}{12(1-\nu^2)}$，此抗弯刚度较宽度为 1、高度为 t 的矩形截面梁的抗弯刚度大，这是因为板条弯曲时，截面的侧向应变受到临近板条限制的缘故；

ν——材料的泊松比，弹性时钢材为 0.3。

二、四边简支薄板的屈曲荷载

(一) 单向均匀受压四边简支薄板

对图 4-38 所示在 x 方向承受均布压力 p_x 的四边简支矩形薄板,有 $N_x = p_x$,$N_y = N_{xy} = 0$,代入式 (4-90) 可得:

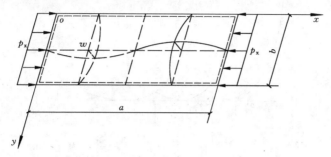

图 4-38 单向均匀受压四边简支矩形板的屈曲

$$D\left(\frac{\partial^4 w}{\partial x^4} + 2\frac{\partial^4 w}{\partial x^2 \partial y^2} + \frac{\partial^4 w}{\partial y^4}\right) + p_x \frac{\partial^2 w}{\partial x^2} = 0 \tag{4-91}$$

板的边界条件为 $x = 0$ 和 $x = a$ 时,$w = 0$,$\frac{\partial^2 w}{\partial x^2} = 0$,$\frac{\partial^2 w}{\partial y^2} = 0$;$y = 0$ 和 $y = b$ 时,$w = 0$,$\frac{\partial^2 w}{\partial x^2} = 0$,$\frac{\partial^2 w}{\partial y^2} = 0$。符合这些条件的板的挠曲面可用二重三角级数表示。

$$w = \sum_{m=1}^{\infty}\sum_{n=1}^{\infty} A_{mn} \sin\frac{m\pi x}{a} \sin\frac{n\pi y}{b} \tag{4-92}$$

式中,m、n 分别为板屈曲时在 x 和 y 向的半波数,$m = 1, 2, 3\cdots$,$n = 1, 2, 3\cdots$,而 A_{mn} 为待定常数。

将式 (4-92) 代入 (4-91) 可得到板的屈曲荷载为:

$$p_x = \frac{\pi^2 D}{b^2}\left(\frac{mb}{a} + \frac{n^2 a}{mb}\right)^2 \tag{4-93}$$

板的屈曲荷载应是上式给出的 p_x 的最小值,因此 $n = 1$,说明板在凸曲时在 y 向只有一个半波。由 $\partial p_x / \partial m = 0$,可得 $m = a/b$,将其代入式 (4-93) 后得:

$$p_{\text{crx}} = \frac{4\pi^2 D}{b^2} \tag{4-94}$$

如果 a/b 不是整数,则 m 应取与 a/b 接近且使 p_{crx} 较小的整数。令

$$p_{\text{crx}} = \frac{k\pi^2 D}{b^2} \tag{4-95}$$

式中,$k = (mb/a + a/mb)^2$ 称为板的屈曲系数,取决于板的长宽比 a/b,式中的半波数 m 应使 k 值最小。k 与 a/b 的关系曲线见图 4-39。由图可知,当 $a/b \geqslant 4$ 时,k 非常接近于最小值 $k_{\min} = 4$,因此对于狭长的均匀受压四边简支板,屈曲系数可用 $k = 4$。

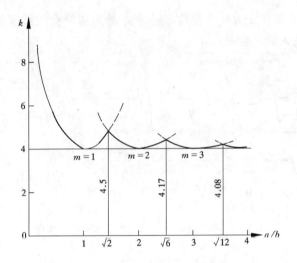

图 4-39 均匀受压四边简支板的屈曲系数

板的屈曲应力为：

$$\sigma_{crx} = \frac{p_{crx}}{t} = \frac{k}{12(1-\nu^2)} \cdot \frac{\pi^2 E}{(b/t)^2} \quad (4\text{-}96)$$

由式（4-96）可知，均匀受压板的屈曲应力与板的宽厚比的平方成反比，而与板的长度无关。这与轴心受压构件的屈曲应力是不同的，当构件的截面尺寸为定值时，它与构件长细比的平方成反比。

当板的非加载边不是简支时，也可以用与上述相同的方法求得屈曲系数 k 的值。表 4-6 给出了加载边简支时单向均匀受压板的屈曲系数。由表 4-6 可知，非加载边的支承条件不同，其屈曲系数 k 有很大差别，说明非加载边的约束条件对板的弹性屈曲荷载有很大影响。

加载边简支时单向均匀受压板的屈曲系数　　　　　表 4-6

序号	1	2	3	4	5
非加载边支承条件	一边简支 一边自由	一边固定 一边自由	两边简支	一边简支 一边固定	两边固定
屈曲系数 k	0.425	1.28	4.00	5.42	6.97

（二）单向非均匀受压四边简支板

如图 4-40 所示单向非均匀受压简支板，荷载沿板宽成线性分布，距原点 y 处的荷载为：

$$p_x = p_1\left(1 - \frac{\alpha_0}{b}y\right) \quad (4\text{-}97)$$

式中，$\alpha_0 = (\sigma_1 - \sigma_2)/\sigma_1$ 为应力梯度。σ_1 和 σ_2 分别为最大应力和最小应力，以压为正。因此均匀受压时 $\alpha_0 = 0$；纯弯曲时 $\alpha_0 = 2$；压弯组合时 α_0 在 $0 \sim 2$ 之间。

对于这种受力条件，其平衡微分方程仍为式 (4-91)，只不过此时式中的 p_x 不再是常数，按解析法求解非常困难，可以按能量法的瑞利-里兹法或迦辽金法求解。相应于最大应力 σ_1 的临界应力为：

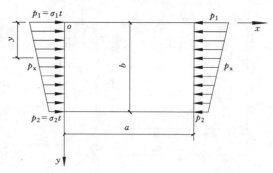

图 4-40 单向非均匀受压四边简支板

$$\sigma_{cr1} = k \frac{\pi^2 E}{12(1-\nu^2)} \left(\frac{t}{b}\right)^2 \tag{4-98}$$

k 为屈曲系数，经归纳分析可得 α_0 和 k 值的近似关系为：

$0 \leqslant \alpha_0 \leqslant 2/3$ 时，　　　$k = 4/(1 - 0.5\alpha_0^2)$ 　　　　　　　(4-99a)

$2/3 < \alpha_0 \leqslant 1.4$ 时，　　　$k = 4.1/(1 - 0.474\alpha_0)$ 　　　　　(4-99b)

$1.4 < \alpha_0 \leqslant 2.0$ 时，　　　$k = 6\alpha_0^2$ 　　　　　　　　　　(4-99c)

均匀受压时，$\alpha_0 = 0$，$k = 4$；纯弯曲（如梁的腹板）时，$\alpha_0 = 2$，$k = 24$。对于非加载边固定的板，纯弯曲时，$\alpha_0 = 2$，$k = 39.6$。

（三）四边简支均匀受剪板

四边简支均匀受剪的板，由于与剪应力等效的主拉应力和主压应力的数值相等并呈 45°方向，故屈曲时产生如图 4-41（b）所示的大约 45°方向的凸曲变形。

设均匀分布的剪应力为 τ，单位宽度的剪力为 $N_{xy} = \tau t$，则平衡微分方程为：

$$\frac{\partial^4 w}{\partial x^4} + 2 \frac{\partial^4 w}{\partial x^2 \partial y^2} + \frac{\partial^4 w}{\partial y^4} + \frac{2\tau t}{D} \cdot \frac{\partial^2 w}{\partial x^2} = 0 \tag{4-100}$$

可以用能量法进行求解，这里略去具体的计算过程，只列出屈曲系数 k 的计算结果如图 4-41（c）所示，其横坐标 l_1/l_2 表示板长边尺寸 l_1 和短边尺寸 l_2 之比。

应用时可将 k 简化为：

$$k = 5.34 + \frac{4}{(l_1/l_2)^2} \tag{4-101}$$

这样，四边简支板在均匀剪应力作用下的临界应力为：

$$\tau_{cr} = \frac{k\pi^2 E}{12(1-\nu^2)} \left(\frac{t}{l_2}\right)^2 \tag{4-102}$$

（四）一个边缘受压四边简支板

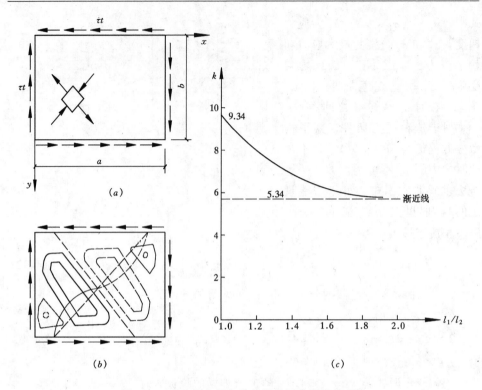

图 4-41 四边简支均匀受剪板的屈曲及屈曲系数

在实际工程中常常会遇到矩形板一个边缘受压的情况。如吊车梁的腹板,受有轨道上的轮压在腹板边缘产生的非均匀分布压应力(图 4-42a)。此时板的临界应力仍用式(4-98)的形式,即

$$\sigma_{c,cr} = \frac{k\pi^2 E}{12(1-\nu^2)}\left(\frac{t}{b}\right)^2 \quad (4-103)$$

其屈曲系数 k 可采用理论分析和试验相结合的办法确定,其取值有两种近似方法:

1. 当考虑压应力为 4-42(a)的非均匀分布时,k 可以近似取:

$$0.5 \leqslant \frac{a}{b} \leqslant 1.5 \text{ 时,} \quad k = \frac{7.4}{a/b} + \frac{4.5}{(a/b)^2}$$

$$1.5 \leqslant \frac{a}{b} \leqslant 2.0 \text{ 时,} \quad k = \frac{11.0}{a/b} - \frac{0.9}{(a/b)^2}$$

(4-104)

这种取值方法首先在前苏联规范中采用,我国规范从 20 世纪 50 年代也开始沿用。实际取用的 $\sigma_{c,cr}$ 值,还要考虑由试验确定的翼缘对腹板边缘的弹性约束作用。

2. 当考虑压应力如图 4-42(b)均匀分布时,k 可以采用 K.Baslar 推荐的近似值

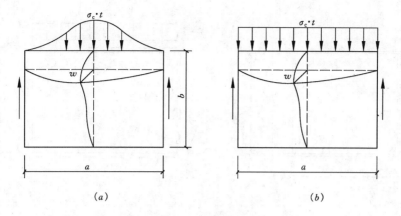

图 4-42 单侧受压板

$$k = 2 + \frac{4}{(a/b)^2} \tag{4-105}$$

如果是吊车梁的腹板,则均布压应力 σ_c 取为轮压 F 除以 at 或 bt 中的较小者,同时也要考虑翼缘对腹板的约束作用,取屈曲系数 k 为:

$$k = 5.5 + \frac{4}{(a/b)^2} \tag{4-106}$$

美国规范采用这种取值方法。

(五) 各种边缘荷载作用下薄板的临界应力

实际构件中的腹板通常承受两种或两种以上荷载的共同作用,下面按不同情况分别介绍其临界应力状态。

1. 用横向加劲肋加强的梁腹板

梁腹板在二横向加劲肋之间的板段(图 4-43)同时受弯曲正应力和均布剪应力,可能还有边缘压应力的共同作用。当它们达到某种组合的一定值时,腹板就会发生屈曲,这一临界状态可用下面的相关条件近似表示:

$$\left(\frac{\sigma_0}{\sigma_{cr}} + \frac{\sigma_{c0}}{\sigma_{c,cr}}\right)^2 + \left(\frac{\tau_0}{\tau_{cr}}\right)^2 = 1 \tag{4-107}$$

式中 σ_{cr}、$\sigma_{c,cr}$、τ_{cr}——弯曲正应力、局部压应力、剪应力单独作用的临界应力;

σ_0、σ_{c0}、τ_0——各种应力联合作用时的临界应力。

上式是根据 σ_c 为均匀分布的情况确定的,对于非均匀分布情况也可近似采用。保证梁腹板稳定的条件就是使实际设计应力满足下列要求:

$$\sigma \leqslant \sigma_0/\gamma_R, \ \sigma_c \leqslant \sigma_{c0}/\gamma_R, \ \tau \leqslant \tau_0/\gamma_R$$

代入式 (4-107) 有

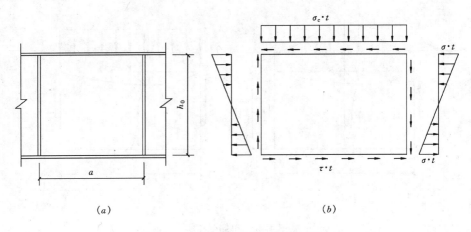

图 4-43 用横向加劲肋加强的梁腹板

$$\sqrt{\left(\frac{\sigma}{\sigma_{cr}}+\frac{\sigma_c}{\sigma_{c,cr}}\right)^2+\left(\frac{\tau}{\tau_{cr}}\right)^2} \leq \frac{1}{\gamma_R} \tag{4-108}$$

式中，γ_R 为材料抗力分项系数。钢结构设计规范考虑腹板屈曲后尚有部分承载力（屈曲后强度），取 $\gamma_R = 1$。另外，规范认为在计算腹板稳定时，σ_{cr}、$\sigma_{c,cr}$、τ_{cr} 的取值还应根据试验分析考虑翼缘对腹板的约束作用，见表 4-7。

梁腹板的 σ_{cr}、τ_{cr}、$\sigma_{c,cr}$ 值（N/mm²）　　　　表 4-7

项目	简支时的 k 值	翼缘约束系数 χ	表达式
σ_{cr}	24	1.61	$\sigma_{cr} = 715\left(\dfrac{100t}{h_0}\right)^2$
τ_{cr}	式（4-101）	1.25	$\tau_{cr} = \left[123 + \dfrac{93}{(l_1/l_2)^2}\right]\left(\dfrac{100t}{l_2}\right)^2$
$\sigma_{c,cr}$	式（4-104）	1.81 − 0.255/(a/h_0)	$\sigma_{c,cr} = 18.6k\chi\left(\dfrac{100t}{h_0}\right)^2$

注：表中临界应力系取 $E = 206000\text{N/mm}^2$，$\nu = 0.3$ 得到，h_0 为腹板高度，l_1 和 l_2 分别为腹板的长边和短边。

2. 同时用横向加劲肋和纵向加劲肋加强的梁腹板

同时用横向加劲肋和纵向加劲肋加强的梁腹板，纵肋将其分为两个板段，即图 4-44（a）中的板段 I 和板段 II。

(1) 靠近受压翼缘的板段 I，承受均布剪应力、两侧几乎均匀分布的压应力，可能还有上、下两边的压应力的共同作用，其临界应力相关公式为：

$$\frac{\sigma_0}{\sigma_{cr1}} + \frac{\sigma_{c0}}{\sigma_{c,cr1}} + \left(\frac{\tau_0}{\tau_{cr1}}\right)^2 = 1 \tag{4-109}$$

同样，实际设计应力应满足 $\sigma \leqslant \sigma_0/\gamma_R$，$\sigma_c \leqslant \sigma_{c0}/\gamma_R$，$\tau \leqslant \tau_0/\gamma_R$ 得：

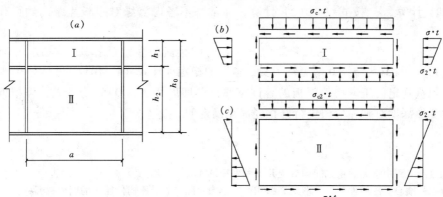

图 4-44　同时用横向加劲肋和纵向加劲肋加强的梁腹板

$$\frac{\sigma}{\sigma_{crl}} + \frac{\sigma_c}{\sigma_{c,crl}} + \gamma_R \left(\frac{\tau}{\tau_{crl}}\right)^2 \leqslant \frac{1}{\gamma_R} \qquad (4\text{-}110)$$

上式中的 γ_R 在钢结构设计规范中也偏于安全地取 1。有关临界应力的计算可参考规范的相关部分。

(2) 靠近受拉翼缘的板段Ⅱ，受力状态与仅有横向加劲肋的腹板近似，可以利用式 (4-108) 进行计算，但实际作用应力应取图 4-44（c）所示的 σ_2 和 σ_{c2}（等于 $0.4\sigma_c$），而各种应力单独作用时的临界应力取值也与仅有横向加劲肋时不同，可参考规范的相关部分。

3. 压弯构件的腹板

压弯构件的腹板往往不能忽略剪应力的影响，故它要承受单向线性分布压应力和均匀分布剪应力的共同作用，见图 4-45。根据弹性理论其计算公式为（$\gamma_R = 1$）：

$$\left[1 - \left(\frac{\alpha_0}{2}\right)^5\right]\frac{\sigma_1}{\sigma_{crl}} + \left(\frac{\alpha_0}{2}\right)^5 \left(\frac{\sigma_1}{\sigma_{crl}}\right)^2 + \left(\frac{\tau}{\tau_{cr}}\right)^2 \leqslant 1 \qquad (4\text{-}111)$$

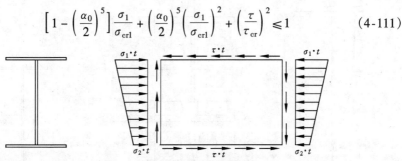

图 4-45　压弯构件的腹板

式中，$\alpha_0 = (\sigma_1 - \sigma_2)/\sigma_1$ 为应力梯度。各应力单独作用的临界应力，σ_{cr1} 按式 (4-98) 计算，τ_{cr} 按式 (4-102) 计算，通常都不考虑翼缘对腹板边缘的约束作用。

当 $\alpha_0 = 2$ 时，式 (4-111) 即为 $\sigma_c = 0$ 时的梁腹板稳定计算式 (4-107)；当 $\alpha_0 = 0$ 时，此式为 $\sigma_c = 0$ 两侧均匀受压情况的稳定计算式 (4-110)。

规范规定的压弯构件腹板的容许宽厚比，即以式 (4-111) 为基础，再根据塑性变形深度对临界应力进行修正经简化确定的。

思 考 题

4-1 工程中常见的稳定问题分为几类？失稳形式有什么不同？
4-2 轴心受压构件的失稳形式有哪几种？影响实际轴心受压构件性能的因素有哪些？
4-3 梁的弯扭失稳有何特点？
4-4 板的屈曲有何特点？

习 题

4-1 试画出图 4-46 所示下端固定、上端可移动但不能转动的轴心受压构件的计算简图，建立它的二阶微分方程，并确定其屈曲荷载，给出计算长度系数。

4-2 导出工字形截面轴心受压构件绕 x 和 y 轴弯曲时的弹塑性屈曲应力和长细比的关系式。计算时不计腹板面积，残余应力分布如图 4-47 所示，材料为理想的弹塑性体，屈服强度为 f_y。

4-3 二简支梁跨度均为 10m，跨间无侧向支承，均布荷载分别作用于梁的上、下翼缘，截面尺寸见图 4-48，分别计算其弹性临界弯矩并加以比较。

4-4 计算两端简支的单轴对称 T 形截面压弯构件的弹性弯扭临界荷载，轴线压力作用于截面的剪心，构件的长度为 4m，截面尺寸见图 4-49。已知 $E = 206\,000\text{N/mm}^2$，$G = 79\,000\text{N/mm}^2$。

4-5 用平衡法求解图 4-50 所示四边简支均匀受压方板的屈曲荷载。

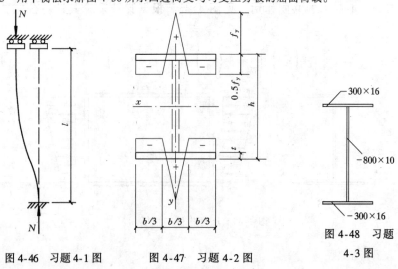

图 4-46 习题 4-1 图   图 4-47 习题 4-2 图   图 4-48 习题 4-3 图

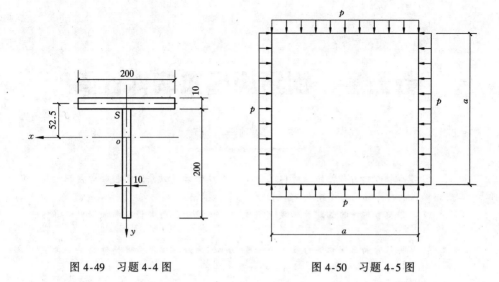

图 4-49　习题 4-4 图　　　　图 4-50　习题 4-5 图

第五章 钢结构基本构件计算

学习要点

1. 掌握轴心受力构件的性能以及强度、刚度的计算方法，掌握轴心受压构件整体稳定和局部稳定的计算方法。
2. 掌握受弯构件的性能及强度、刚度、整体稳定、局部稳定和加劲肋计算方法。
3. 掌握拉弯和压弯构件的性能和强度的计算方法，掌握压弯构件的平面内弯曲屈曲、平面外弯扭屈曲和局部稳定的计算方法。

第一节 轴心受力构件

一、轴心受力构件的应用和截面形式

轴心受力构件广泛地应用于钢结构承重构件中，如钢屋架、网架、网壳、塔架等杆系结构的杆件，平台结构的支柱等。这类构件，在节点处往往做成铰接连接，节点的转动刚度在确定杆件计算长度时予以适当考虑，一般只承受节点荷载。根据杆件承受的轴心力的性质可分为轴心受拉构件和轴心受压构件。一些非承重构件，如支撑、缀条等，也常常由轴心受力构件组成。

轴心受力构件的截面形式有三种：第一种是热轧型钢截面，如图 5-1 (a) 中的工字钢、H 型钢、槽钢、角钢、T 形钢、圆钢、圆管、方管等；第二种是冷弯薄壁型钢截面，如图 5-1 (b) 中冷弯角钢、槽钢和冷弯方管等；第三种是用型钢和钢板或钢板和钢板连接而成的组合截面，如图 5-1 (c) 所示的实腹式组合截面和图 5-1 (d) 所示的格构式组合截面等。

轴心受力构件的截面必须满足强度、刚度要求，且制作简单、便于连接、施工方便。因此，一般要求截面宽大而壁厚较薄，能提供较大的刚度，尤其对于轴心受压构件，承载力一般由整体稳定控制，宽大的截面因稳定性能好从而用料经济，但此时应注意板件的局部屈曲问题，板件的局部屈曲势必影响构件的承载力。

二、轴心受力构件的强度和刚度

1. 强度

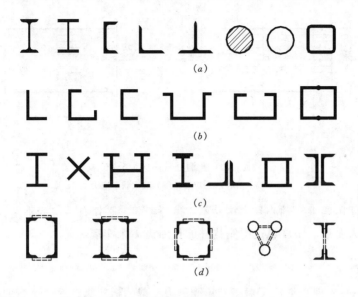

图 5-1 轴心受力构件的截面形式
(a) 热轧型钢截面；(b) 冷弯薄壁型钢截面；
(c) 实腹式组合截面；(d) 格构式组合截面

由第二章钢材的应力应变关系可知，轴心受力构件的极限承载力是截面的平均应力达到钢材的抗拉强度 f_u，但在设计时必须留有较多的安全储备，以防止构件被突然拉断。另外，当构件的毛截面平均应力超过屈服应力 f_y 时，由于构件塑性变形的发展，会使构件的变形过大而不适于继续承载。对于有孔洞的构件，在孔洞附近存在着高额的应力集中现象，如图 5-2 (a) 所示。孔洞边缘的应力较早的达到屈服应力而发展塑性变形，由于应力重分布，净截面的应力最终可以均匀地达到屈服强度 f_y，如图 5-2 (b)。如果外力继续增加，一方面构件的变形过大，另一方面孔壁附近因塑性变形过大有可能被拉裂而降低了构件的承载力。因此，轴心受力构件的强度应以净截面的平均应力不超过钢材的屈服强度为准则，计算公式为：

$$\sigma = \frac{N}{A_n} \leqslant f \tag{5-1}$$

式中　　N——轴心力设计值；

A_n——构件的净截面面积；

f——钢材的抗拉、抗压强度设计值，见附表 1。

对于高强度螺栓的摩擦型连接，计算板件强度时要考虑孔前传力的影响，按第三章有关内容进行计算。

2. 刚度

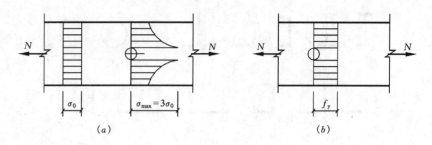

图 5-2 孔洞处截面应力分布
(a) 弹性状态应力；(b) 极限状态应力

按照使用要求，轴心受力构件不应过分柔弱，必须有一定的刚度，防止使用中产生过大变形。刚度通过限制构件的长细比 λ 来实现。

$$\lambda = \frac{l_0}{i} \leqslant [\lambda] \tag{5-2}$$

式中　λ——构件长细比，对于仅承受静力荷载的桁架为自重产生弯曲的竖向平面内的长细比，其他情况为构件最大长细比；

　　　l_0——构件的计算长度；

　　　i——截面的回转半径；

　　　$[\lambda]$——构件的容许长细比，见表 5-1 和 5-2。

在长期使用经验的基础上，根据构件的重要性和荷载性质，对受拉构件和受压构件的容许长细比提出了不同的要求，见表 5-1 和 5-2。

受拉构件的容许长细比　　　　表 5-1

项次	构件名称	承受静力荷载或间接承受动力荷载的结构		直接承受动力荷载的结构
		有重级工作制吊车的厂房	一般结构	
1	桁架的杆件	250	350	250
2	吊车梁或吊车桁架以下的柱间支撑	200	300	—
3	其它拉杆、支撑、系杆等（张紧的圆钢除外）	350	400	—

注：1. 承受静力荷载的结构中，可仅计算受拉构件在竖向平面内的长细比；
　　2. 直接或间接承受动力荷载的结构中，单角钢受拉构件的长细比应采用角钢的最小回转半径，但在计算交叉杆件平面外的长细比时，可采用与角钢肢边平行轴的回转半径；
　　3. 中、重级工作制吊车桁架下弦杆的长细比不宜超过 200；
　　4. 在设有夹钳吊车或刚性料耙吊车的厂房中，支撑（表中第 2 项除外）的长细比不宜超过 300；
　　5. 受拉构件在永久荷载和风荷载组合下受压时，其长细比不宜超过 250；
　　6. 跨度等于或大于 60m 的桁架，其受拉弦杆和腹杆的长细比不宜超过 300（承受静力荷载或间接承受动力荷载）和 250（直接承受动力荷载）。

受压构件的容许长细比　　　　　　　　　表 5-2

项次	构件名称	容许长细比
1	柱、桁架和天窗架构件	150
	柱的缀条、吊车梁或吊车桁架以下的柱间支撑	
2	支撑（吊车梁或吊车桁架以下的柱间支撑除外）	200
	用以减小受压构件长细比的杆件	

注：1. 桁架（包括空间桁架）的受压腹杆，当其内力等于或小于承载能力的 50% 时，容许长细比可取 200；
2. 计算单角钢受压构件的长细比的计算方法同受拉构件；
3. 跨度等于或大于 60m 的桁架，其受压弦杆和端压杆的长细比不宜超过 100，其他受压腹杆不宜超过 150（承受静力荷载或间接承受动力荷载）或 120（直接承受动力荷载）；
4. 由容许长细比控制截面的杆件，计算其长细比时可不考虑扭转效应。

【例题 5-1】　某钢屋架下弦采用 2L125×12 双角钢做成，钢材为 Q235，长度为 12.2m，倒 T 形放置，承受静力荷载设计值为 900kN，验算此拉杆的强度和刚度。

【解】　查附表 3-4，$A_n = 2 \times 28.91 = 57.82 \text{cm}^2$，竖向平面内回转半径 $i_x = 3.83$cm。

$\sigma = N/A_n = 900/57.82 \times 10 = 155.7 < f = 215 \text{N/mm}^2$，满足要求

$\lambda = l_0/i_x = 12.2/3.83 \times 100 = 318.5 < [\lambda] = 350$，满足要求。

三、实腹式轴心受压构件的稳定计算

1. 整体稳定计算

当截面没有削弱时，轴心受压构件一般不会因截面的平均应力达到钢材的抗压强度而破坏，构件的承载力由稳定控制。此时构件所受应力应不大于整体稳定的临界应力，考虑抗力分项系数 γ_R 后，整体稳定计算采用式（4-32）。

$$\frac{N}{\varphi A} \leqslant f \tag{5-3}$$

式中　$\varphi = \sigma_u/f_y$——轴心受压构件的整体稳定系数（取截面两主轴稳定系数较小者），根据构件的长细比、钢材屈服强度和表 5-3 的截面分类按附表 7-1～7-4 查得。

稳定系数 φ 值可以用 Perry 公式（式 4-30）表示。

$$\varphi = \frac{1}{2}\left[1 + (1+\varepsilon_0)/\overline{\lambda}^2\right] - \sqrt{\frac{1}{4}\left[1 + (1+\varepsilon_0)/\overline{\lambda}^2\right]^2 - 1/\overline{\lambda}^2} \tag{5-4}$$

按柱极限强度理论确定压杆的极限承载力后反算出的 ε_0 值实质是考虑了初弯曲、残余应力等综合因素的等效缺陷。对于我国规范采用的四条柱曲线，ε_0 的取值为

当 $\bar{\lambda} > 0.215$ 时（$\lambda > 20\sqrt{235/f_y}$）

a 类截面：$\varepsilon_0 = 0.152\bar{\lambda} - 0.014$

b 类截面：$\varepsilon_0 = 0.300\bar{\lambda} - 0.035$

c 类截面：$\varepsilon_0 = 0.595\bar{\lambda} - 0.094$ （$\bar{\lambda} \leqslant 1.05$ 时）

$\varepsilon_0 = 0.302\bar{\lambda} + 0.216$ （$\bar{\lambda} > 1.05$ 时）

d 类截面：$\varepsilon_0 = 0.915\bar{\lambda} - 0.132$ （$\bar{\lambda} \leqslant 1.05$ 时）

$\varepsilon_0 = 0.432\bar{\lambda} + 0.375$ （$\bar{\lambda} > 1.05$ 时）

当 $\bar{\lambda} \leqslant 0.215$ 时（$\lambda \leqslant 20\sqrt{235/f_y}$），Perry 公式不再适用，可以直接由下式求得稳定系数 φ 的值：

$$\varphi = 1 - \alpha_1 \bar{\lambda}^2 \tag{5-5}$$

系数 α_1 对 a 类截面为 0.41，对 b 类截面为 0.65，对 c 类截面为 0.73，对 d 类截面为 1.35。

式中 $\bar{\lambda} = \dfrac{\lambda}{\pi}\sqrt{\dfrac{f_y}{E}}$ 为正则化长细比。

构件长细比根据构件可能发生的失稳形式采用绕主轴弯曲的长细比或构件发生弯扭失稳时的换算长细比，较小稳定系数的相应值：

（1）截面为双轴对称或极对称的构件

$$\lambda_x = l_{0x}/i_x \quad \lambda_y = l_{0y}/i_y \tag{5-6}$$

式中　l_{0x}、l_{0y}——构件对主轴 x 和 y 轴的计算长度；

　　　i_x、i_y——构件截面对 x 和 y 轴的回转半径。

对双轴对称十字形截面构件，规范规定 λ_x 和 λ_y 不得小于 $5.07b/t$（b/t 为悬伸板件宽厚比）。此时，构件不会发生扭转屈曲。

轴心受压构件的截面分类（板厚 $t < 40$mm）　　表 5-3（a）

截面形式		对 x 轴	对 y 轴
（双轴对称圆形截面）	轧制	a 类	a 类
（矩形截面 b/h）	轧制，$b/h \leqslant 0.8$	a 类	b 类

续表

截面形式			对 x 轴	对 y 轴
轧制, $b/h > 0.8$	焊接,翼缘为焰切边	焊接		
	轧制	轧制等边角钢		
轧制、焊接(板件宽厚比 > 20)	轧制或焊接		b 类	b 类
焊接		轧制截面或翼缘为焰切边的焊接截面		
格构式		焊接,板件边缘焰切		
		焊接,翼缘为轧制边或剪切边	b 类	c 类
焊接,板件边缘轧制或剪切	焊接,板件宽厚比 ≤ 20		c 类	c 类

轴心受压构件的截面分类（板厚 $t \geqslant 40\text{mm}$） 表 5-3（b）

截面形式		对 x 轴	对 y 轴
轧制工字形或 H 形截面	$t < 80\text{mm}$	b 类	c 类
	$t \geqslant 80\text{mm}$	c 类	d 类
焊接工字形截面	翼缘为焰切边	b 类	b 类
	翼缘为轧制边或剪切边	c 类	d 类
焊接箱形截面	板件宽厚比 > 20	b 类	b 类
	板件宽厚比 ≤ 20	c 类	c 类

(2) 截面为单轴对称的构件

单轴对称截面轴心受压构件由于剪心和形心不重合，在绕对称轴 y 弯曲时伴随着扭转产生，发生弯扭失稳。因此对于这类构件，绕非对称轴弯曲失稳时的长细比 λ_x 仍用式 (5-6) 计算，绕对称轴失稳时要用计及扭转效应的换算长细比 λ_{yz} 代替 λ_y。

$$\lambda_{yz} = \frac{1}{\sqrt{2}} \left[(\lambda_y^2 + \lambda_z^2) + \sqrt{(\lambda_y^2 + \lambda_z^2)^2 - 4\lambda_y^2\lambda_z^2(1 - e_0^2/i_0^2)} \right]^{\frac{1}{2}} \quad (5\text{-}7)$$

$$\lambda_z^2 = i_0^2 A / (I_t/25.7 + I_\omega/l_\omega^2) \quad (5\text{-}8)$$

$$i_0^2 = e_0^2 + i_x^2 + i_y^2$$

式中　e_0 ——截面形心至剪心距离；

　　　i_0 ——截面对剪心的极回转半径；

　　　λ_y ——构件对对称轴的长细比；

　　　λ_z ——扭转屈曲的换算长细比；

　　　I_t ——毛截面抗扭惯性矩；

　　　I_ω ——毛截面扇性惯性矩，对 T 形截面、十字形截面和角形截面 $I_\omega \approx 0$；

　　　A ——毛截面面积；

　　　l_ω ——扭转屈曲的计算长度，$l_\omega = \mu_\omega l$，μ_ω 见表 4-4。

对于单角钢截面和双角钢组合的 T 形截面，规范中还给出了 λ_{yz} 的简化算法，这里不再罗列。

(3) 无任何对称轴且不是极对称的截面(单面连接的不等肢角钢除外)不宜用作轴心压杆。对单面连接的单角钢轴心受压构件,考虑折减系数后,不再考虑弯扭效应(参见式 5-19);当槽形截面用于格构式构件的分肢,计算分肢绕对称轴 y 轴的稳定时,不必考虑扭转效应,直接用 λ_y 查稳定系数 φ_y。

2. 局部稳定计算

为节约材料,轴心受压构件的板件一般宽厚比都较大,由于压应力的存在,板件可能会发生局部屈曲,设计时应予以注意。图 5-3 为一工字形截面轴心受压构件发生局部失稳的现象,图(a)为腹板失稳情况,图(b)为翼缘失稳情况。构件丧失局部稳定后还可能继续承载,但板件的局部屈曲对构件的承载力有所影响,会加速构件的整体失稳。

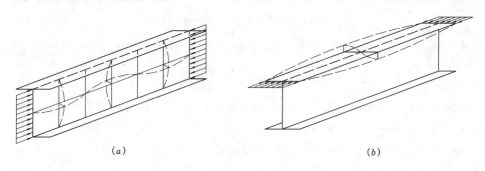

图 5-3　轴心受压构件的局部失稳
(a) 腹板失稳现象;(b) 翼缘失稳现象

在第四章第五节分析板的屈曲问题时已经得到板在单向压应力作用下的临界应力,考虑到板的弹塑性性能,以 $\sqrt{\eta}E$ 代替 E,并考虑相邻板件的约束作用,有

$$\sigma_{\mathrm{cr}} = k \frac{\sqrt{\eta\chi}\pi^2 E}{12(1-\nu^2)} \left(\frac{t}{b}\right)^2 \tag{5-9}$$

式中　k——屈曲系数;
　　　χ——板件边缘的弹性约束系数;
　　　η——弹性模量折减系数,根据试验资料可采用式(5-10)计算,但 $\eta \leq 1$。

$$\eta = 0.1013\lambda^2 (1 - 0.0248\lambda^2 f_y/E) f_y/E \tag{5-10}$$

对于局部屈曲问题,通常有两种考虑方法:一是不允许板件屈曲先于构件整体屈曲,GB50017 规范对轴心受压构件板件的规定就是不允许局部屈曲先于整体屈曲来限制板件宽厚比。另一种做法是允许板件先于整体屈曲,采用有效截面的概念来考虑局部屈曲对构件承载力的不利影响,冷弯薄壁型钢结构和轻型门式刚架结构的腹板就是这样考虑的。板件宽厚比的规定是基于局部屈曲不先于整体屈曲考虑的，根据板件的临界应力不小于构件的临界应力的原则即可确定板件的宽厚比：

$$k\frac{\sqrt{\eta\chi}\pi^2 E}{12(1-\nu^2)}\left(\frac{t}{b}\right)^2 \geq \varphi f_y \tag{5-11}$$

式中的 φ 可以用 Perry 公式表示（式 5-4）。

对工字形截面和 H 形截面：

(1) 翼缘宽厚比

由于工字形截面的腹板一般较翼缘板薄，腹板对翼缘板嵌固作用较弱，翼缘可视为三边简支一边自由的均匀受压板，屈曲系数 $k = 0.425$，弹性约束系数 $\chi = 1.0$，由式（5-11）可以得到翼缘板悬伸部分的宽厚比 b/t 与长细比 λ 的关系曲线，经简化可用三段直线式代替：

$$b/t \leq (10 + 0.1\lambda)\sqrt{235/f_y} \tag{5-12}$$

式中 λ 取构件两方向长细比的较大值。当 $\lambda < 30$ 时，取 $\lambda = 30$；当 $\lambda > 100$ 时，取 $\lambda = 100$。

(2) 腹板高厚比

腹板可视为四边支承板，此时屈曲系数 $k = 4$。当腹板发生屈曲时，翼缘板作为腹板纵向边的支承，对腹板起一定的弹性嵌固作用，这种嵌固作用可使腹板的临界应力提高，根据试验可取弹性约束系数 $\chi = 1.3$。仍由式（5-11），经简化后得到腹板高厚比 h_0/t_w 的设计公式为：

$$h_0/t_w \leq (25 + 0.5\lambda)\sqrt{235/f_y} \tag{5-13a}$$

式中，h_0 和 t_w 分别为腹板的高度和厚度，λ 取构件两方向长细比的较大值。当 $\lambda < 30$ 时，取 $\lambda = 30$；当 $\lambda > 100$ 时，取 $\lambda = 100$。

对热轧剖分 T 形钢截面和焊接 T 形钢截面，翼缘的宽厚比限值同工字钢或 H 型钢，为式（5-12），腹板的高厚比限值分别为式（5-13b）和（5-13c）：

热轧剖分 T 形钢截面：$h_0/t_w \leq (15 + 0.2\lambda)\sqrt{235/f_y}$ (5-13b)

焊接 T 形钢截面：$h_0/t_w \leq (13 + 0.17\lambda)\sqrt{235/f_y}$ (5-13c)

式中 λ 的取值同式（5-13a）。

对箱形截面中的板件（包括双层翼缘板的外层板）其宽厚比限值偏于安全地取 $40\sqrt{235/f_y}$，不与构件长细比发生关系。

对圆管截面是根据管壁的局部屈曲不先于构件的整体屈曲确定，考虑材料的弹塑性和管壁缺陷的影响，根据理论分析和试验研究，得出其径厚比限值为

$$D/t \leq 100 \times 235/f_y \tag{5-14}$$

【例题 5-2】 图 5-4 所示轴心受压柱，截面为热轧工字钢 I32a，在强轴平面内下端固定、上端铰接，在弱轴平面内两端及三分点处均有可靠的支点，柱高

6m,承受的轴心压力设计值为980kN,钢材为Q235。试验算该柱是否安全。

【解】 已知 $l_x = 0.8 \times 6 = 4.8\text{m}$,$l_y = 2.0\text{m}$,$f = 215\text{N/mm}^2$。

查附表 3-1 可知,I32a 的截面特性为:$A = 67.1\text{cm}^2$,$i_x = 12.8\text{cm}$,$i_y = 2.62\text{cm}$。

柱子的长细比为:

$\lambda_x = l_x/i_x = 480/12.8 = 37.5 < [\lambda] = 150$

$\lambda_y = l_y/i_y = 200/2.62 = 76.3 < [\lambda] = 150$

由表 5.3(a)可知,截面对 x 轴为 a 类,对 y 轴为 b 类,分别查附表 7-1 和附表 7-2 可知,$\varphi_x = 0.947$,$\varphi_y = 0.712$,取 $\varphi = \varphi_y = 0.712$,则

$$\sigma = \frac{N}{\varphi A} = \frac{980}{0.712 \times 67.1} \times 10 = 205.1\text{N/mm}^2 < f = 215\text{N/mm}^2$$

截面满足整体稳定和容许长细比的要求。因轧制型钢的翼缘和腹板一般都较厚,都能满足局部稳定的要求,不必验算。

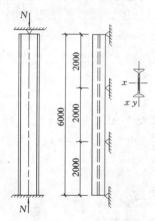

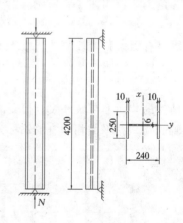

图 5-4 例题 5-2 图

图 5-5 例题 5-3

【例题 5-3】 某焊接工字形截面柱,截面几何尺寸如图 5-5 所示。柱的上、下端均为铰接,柱高 4.2m,承受的轴心压力设计值为 1000kN,钢材为 Q235,翼缘为火焰切割边,焊条为 E43 系列,手工焊。试验算该柱是否安全。

【解】 已知 $l_x = l_y = 4.2\text{m}$,$f = 215\text{N/mm}^2$。

计算截面特性:

$A = 2 \times 25 \times 1 + 22 \times 0.6 = 63.2\text{cm}^2$

$I_x = 2 \times 25 \times 1 \times 11.5^2 + 0.6 \times 22^3/12 = 7144.9\text{cm}^4$

$I_y = 2 \times 1 \times 25^3/12 = 2604.2\text{cm}^4$

$i_x = \sqrt{I_x/A} = 10.63\text{cm}$,$i_y = \sqrt{I_y/A} = 6.42\text{cm}$。

验算整体稳定、刚度和局部稳定性

$\lambda_x = l_x/i_x = 420/10.63 = 39.5 < [\lambda] = 150$

$\lambda_y = l_y/i_y = 420/6.42 = 65.4 < [\lambda] = 150$

由表 5.3（a）可知，截面对 x 轴和 y 轴为 b 类，查附表 7-2 有，$\varphi_x = 0.901$，$\varphi_y = 0.778$，取 $\varphi = \varphi_y = 0.778$，则

$$\sigma = \frac{N}{\varphi A} = \frac{1000}{0.778 \times 63.2} \times 10 = 203.4 \text{N/mm}^2 < f = 215 \text{N/mm}^2$$

翼缘宽厚比为 $b_1/t = (12.5 - 0.3)/1 = 12.2 < 10 + 0.1 \times 65.4 = 16.5$

腹板高厚比为 $h_0/t_w = (24 - 2)/0.6 = 36.7 < 25 + 0.5 \times 65.4 = 57.7$

构件的整体稳定、刚度和局部稳定都满足要求。

四、格构式轴心受压构件计算

1. 格构式轴心受压构件的截面形式

格构式轴心受压构件通过缀材连成整体，一般使用型钢作肢件，如槽钢、工字钢、角钢等，如图 5-6 所示。对于十分强大的柱，肢件可采用焊接工字形截面。

缀材有缀条和缀板两种。缀条用斜杆组成，如图 5-7（a），也可由斜杆和横杆共同组成，如图 5-7（b），一般用单角钢作缀条。缀板由钢板组成，如图 5-7（c）。

构件的截面上与肢件腹板相交的轴线称为实轴，如图 5-6（a）、（b）、（c）的 y 轴，与缀材平面相垂直的轴称为虚轴，如图 5-6（a）、（b）、（c）的 x 轴和 5-6（d）的 x、y 轴。

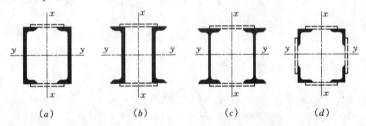

图 5-6 格构式轴心压杆截面形式

2. 格构式轴心受压构件绕虚轴失稳的换算长细比

格构式轴心受压构件绕实轴的计算与实腹式构件相同，但绕虚轴的计算不同，绕虚轴屈曲时的稳定承载力比相同长细比的实腹式构件低。

实腹式轴心受压构件在发生整体弯曲后，构件中产生的剪力很小，而其抗剪刚度很大，因此横向剪力产生的附加变形很微小，对构件临界荷载的降低不到 1%，可以忽略不计。对于格构式轴心受压构件，绕虚轴失稳时的剪力要由较弱

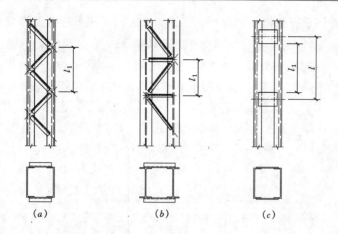

图 5-7 格构式轴心压杆组成

的缀材承担，剪切变形较大，产生较大的附加变形，对构件临界荷载的降低不能忽略。经理论分析，可以用换算长细比 λ_{0x} 代替对 x 轴的长细比 λ_x 来考虑剪切变形对临界荷载的影响。对于双肢格构式构件，换算长细比为：

缀条构件

$$\lambda_{0x} = \sqrt{\lambda_x^2 + 27A/A_{1x}} \tag{5-15}$$

缀板构件

$$\lambda_{0x} = \sqrt{\lambda_x^2 + \lambda_1^2} \tag{5-16}$$

式中 λ_x——整个构件对虚轴（x 轴）的长细比；

A——整个构件的毛截面面积；

A_{1x}——构件截面中垂直于 x 轴各斜缀条的毛截面面积之和；

λ_1——单肢对于平行于虚轴的形心轴的长细比，计算长度焊接时取缀板净距（图 5-7 中之 l_1），当用螺栓或铆钉连接时取缀板边缘螺栓中心线之间距离。

四肢或三肢格构式轴心受压构件的换算长细比，可参考钢结构规范有关条文。

3. 缀材计算

格构式轴心受压构件绕虚轴弯曲时产生剪力，该剪力和变形大小有直接关系。钢结构规范在计算剪力时，以压杆弯曲至中央截面边缘纤维屈服为条件，得到最大剪力 V 和轴力 N 之间的关系为：

$$V = \frac{Af}{85}\sqrt{\frac{f_y}{235}} \tag{5-17}$$

且认为剪力 V 沿构件全长不变。

(1) 缀条柱

将缀条看作平行弦桁架的腹杆,如图5-8所示,缀条的内力为:

$$N_t = V_b / (n\cos\alpha) \tag{5-18}$$

式中　V_b——分配到一个缀条面的剪力;
　　　n——承受剪力 V_b 的缀条数,图5-8(a)为单缀条体系,$n=1$;图5-8(b)为双缀条超静定体系,认为每根缀条负担一半剪力,$n=2$。
　　　α——缀条夹角,在30°~60°之间采用。

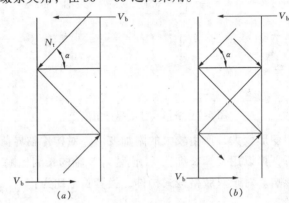

图5-8　缀条计算简图
(a) 单缀条体系;(b) 双缀条体系

缀条通常采用单角钢,按轴心压杆设计,截面类别为 b 类。但因角钢只有一个边和构件的肢件相连,考虑到偏心受力作用,可将材料设计强度 f 予以折减,此时不再考虑角钢构件的扭转效应。折减系数 γ_r 为:

①按轴心受力计算强度和连接时　$\gamma_r = 0.85$;

②按轴心受压计算稳定时:

等边角钢,$\gamma_r = 0.6 + 0.0015\lambda$,但不大于1.0　　　　(5-19a)

短边相连的不等边角钢,$\gamma_r = 0.5 + 0.0025\lambda$,但不大于1.0　　(5-19b)

长边相连的不等边角钢,$\gamma_r = 0.70$　　　　　　　　　　(5-19c)

式中　λ——长细比,对于中间无联系的单角钢压杆,按最小回转半径计算;对中间有联系的单角钢缀条,取与角钢边平行或垂直的轴的长细比。
　　　当 $\lambda < 20$ 时取 $\lambda = 20$。

横缀条主要用于减小肢件的计算长度,其截面尺寸可取与斜缀条相同,也可按容许长细比确定。

(2) 缀板柱

先按单肢长细比 λ_1 及其回转半径 i_1 确定缀板之间的净距离 $l_1 = \lambda_1 i_1$。为满足刚度要求,缀板尺寸应足够大,钢结构规范规定在构件同一截面处缀板的线刚度之和不得小于柱较大分肢线刚度的6倍。此时可假定缀板和肢件组成多层框架,构件弯曲时,可假定各分肢中点和缀板中点为反弯点,如图5-9所示。如果一个缀板面分担的剪力为 V_b，缀板所受的内力为：

$$\left.\begin{array}{ll}\text{剪力} & T = V_b l/a \\ \text{弯矩（与肢件连接处）} & M = V_b l/2\end{array}\right\} \quad (5\text{-}20)$$

缀板与肢件间用角焊缝连接，搭接长度一般为 20~30mm。角焊缝承受剪力和弯矩的共同作用。因角焊缝强度设计值小于钢材强度设计值，只须验算连接焊缝而不必验算缀板强度。

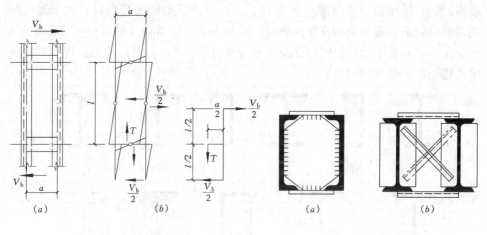

图 5-9　缀板计算简图
(a) 缀板柱；(b) 计算简图

图 5-10　横隔构造
(a) 钢板横隔；(b) 角钢横隔

4. 柱的横隔

为了提高构件的抗扭刚度，应每隔一段距离设置一道横隔，其间距应不大于柱截面长边尺寸的 9 倍或 8m，且在每个运送单元的端部均应设置。横隔可由钢板或角钢组成，如图 5-10 所示。

第二节　受弯构件

一、梁的类型和应用

钢梁主要用以承受横向荷载，在建筑结构中应用非常广泛，常见的有楼盖梁、吊车梁、工作平台梁、墙架梁、檩条、桥梁等。

钢梁分为型钢梁和组合梁两大类。如图 5-11 所示。型钢梁又分为热轧型钢梁和冷弯薄壁型钢梁。前者常用普通工字钢、槽钢或 H 型钢制成，如图 5-11 (a)、(b)、(c)，应用比较广泛，成本也较低廉。其中以 H 型钢截面最为合理，翼缘内外边缘平行，与其他构件连接方便（图 5-11c）。当受荷较小、跨度不大时可用冷弯薄壁C形钢（图5-11d、f）或Z形钢（图5-11e）做梁，可以有效地节约钢材，如檩条和墙梁等，有时也可用单角钢做梁。

受到尺寸和规格的限制，当荷载和跨度较大时，型钢梁往往不能满足承载力或刚度的要求，这时需要用组合梁。最常用的组合梁是由三块钢板焊接而成的工字形截面组合梁（图5-11g），它构造简单，加工方便。当所需翼缘板较厚时可采用双层翼缘板（图5-11h）。荷载很大而截面高度受到限制或对抗扭刚度要求较高时，可采用箱形截面梁（图5-11i）。当梁要承受动力荷载时，由于对疲劳性能要求较高，需要采用高强度螺栓连接的工字形截面梁（图5-11j）。混凝土适于受压，钢材适于受拉，钢与混凝土组合梁（图5-11k）可以充分发挥两种材料的优势，经济效果较明显。

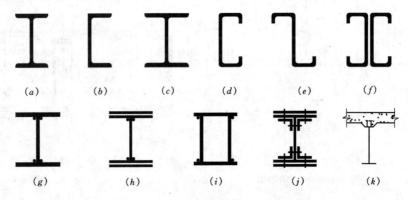

图5-11 梁的截面形式

为了更好发挥材料的性能，可以做成截面沿梁长度方向变化的变截面梁。常用的有楔形梁，如图5-12。这种梁仅改变腹板高度而翼缘的厚度、宽度，腹板的厚度均不改变，加工方便，经济性能较好，目前已经广泛地用于轻型门式刚架房屋中。对于简支梁，可以在支座附近降低截面高度，除节约材料外，还可节省净空，已广泛地应用于大跨度吊车梁中（图5-13）。另外，还可以做成改变翼缘板的宽度或厚度的变截面梁。

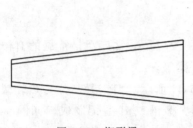

图5-12 楔形梁

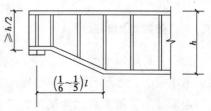

图5-13 变截面高度吊车梁

根据梁的支承情况,可把梁分为简支梁、悬臂梁和连续梁。简支梁较费钢材,但制造简单、安装方便,还可避免支座沉降的不利影响而得到了广泛的应用。

按受力情况的不同,可以分为单向受弯梁和双向受弯梁。如吊车梁、檩条等。

二、梁的强度和刚度

为了确保安全适用、经济合理,梁在设计时既要考虑承载能力的极限状态,又要考虑正常使用的极限状态。前者包括强度、整体稳定和局部稳定三个方面,用的是荷载设计值;后者指梁应有一定的抗弯刚度,即在荷载标准值的作用下,梁的最大挠度不超过规范容许值。

(一)梁的强度

1. 梁的正应力

梁在纯弯曲时的弯矩-挠度曲线与材料拉伸试验的应力-应变曲线类似,屈服点也相差不多,分析时可采用理想弹塑性模型,在荷载作用下大致可以分为四个工作阶段。现以工字形截面为例说明如下:

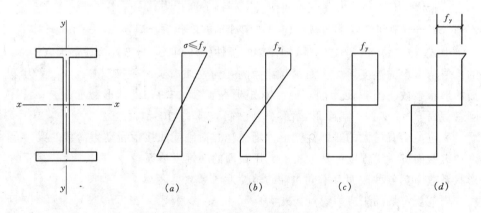

图 5-14 梁的正应力分布

(1)弹性工作阶段

钢梁的受力最大纤维的应力未超过钢材屈服强度 f_y 的加载过程属于弹性工作阶段,如图 5-14(a)。对于直接承受动力荷载的梁,以受力最大纤维应力达到钢材屈服强度 f_y 作为承载能力的极限状态。

(2)弹塑性工作阶段

随着荷载的继续增加,梁的翼缘板逐渐屈服,随后腹板的两侧也逐渐屈服,此时梁的截面部分处于弹性,部分处于塑性,如图 5-14(b)。对于承受静力荷载或间接承受动力荷载的梁,规范适当地考虑了截面的塑性发展。

(3) 塑性工作阶段

荷载进一步增大,梁截面将出现塑性铰,如图 5-14 (c),梁将发生较大塑性变形。塑性设计的超静定梁允许出现塑性铰,直至形成机构。

(4) 应变硬化工作阶段

实际材料的应力-应变关系并不是理想弹塑性,在应变进入硬化阶段后,变形模量为 E_{st},使梁在变形增加时,应力也继续有所增加,此时梁截面的应力分布图形如图 5-14 (d)。

弹性工作阶段,梁的最大弯矩为:

$$M_e = W_n f_y \tag{5-21}$$

塑性工作阶段,梁的塑性铰弯矩为:

$$M_p = W_{pn} f_y \tag{5-22}$$

式中 f_y——钢材的屈服强度;

W_n——净截面模量;

W_{pn}——净截面塑性截面模量;

$$W_{pn} = S_{1n} + S_{2n} \tag{5-23}$$

S_{1n}——中和轴以上净截面面积对中和轴的面积矩;

S_{2n}——中和轴以下净截面面积对中和轴的面积矩。

由式 (5-21) 和 (5-22) 可知,梁的塑性铰弯矩 M_p 与弹性阶段最大弯矩 M_e 的比值与材料的强度无关,而只与截面的几何性质有关。令 $F = W_{pn}/W_n$ 称为截面的形状系数。当截面无削弱时,对矩形截面,$F = 1.5$;圆形截面,$F = 1.7$;圆管截面,$F = 1.27$;工字形截面(对强轴),$F = 1.10 \sim 1.17$。

为避免梁有过大的非弹性变形,承受静力荷载或间接承受动力荷载的梁,允许考虑截面有一定程度的塑性发展,用截面的塑性发展系数 γ_x 和 γ_y 代替截面的形状系数 F。各种截面对不同主轴的塑性发展系数见表 5-4。

规范规定梁的正应力设计公式为:

单向受弯时

$$\sigma = \frac{M_x}{\gamma_x W_{nx}} \leqslant f \tag{5-24}$$

双向受弯时

$$\sigma = \frac{M_x}{\gamma_x W_{nx}} + \frac{M_y}{\gamma_y W_{ny}} \leqslant f \tag{5-25}$$

式中 M_x、M_y——同一截面梁在最大刚度平面内(x 轴)和最小刚度平面内(y 轴)的弯矩;

W_{nx}、W_{ny}——对 x 轴和 y 轴的净截面模量;

f——钢材的抗弯强度设计值，见附表1。

若梁直接承受动力荷载，则以上两式中不考虑截面塑性发展系数，即 $\gamma_x = \gamma_y = 1.0$。

截面塑性发展系数 γ_x 和 γ_y 值　　　　　　表 5-4

项次	截面形式	γ_x	γ_y
1		1.05	1.2
2		1.05	1.05
3		$\gamma_{x1} = 1.05$ $\gamma_{x2} = 1.2$	1.2
4			1.05
5		1.2	1.2
6		1.15	1.15
7		1.05	1.05
8		1.0	1.0

2. 梁的剪应力

在横向荷载作用下,梁在受弯的同时又承受剪力。对于工字形截面和槽形截面,其最大剪应力在腹板上,剪应力的分布如图 5-15 所示,其计算公式为:

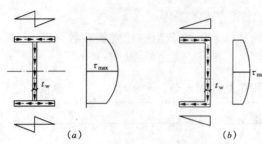

图 5-15 梁的弯曲剪应力分布

$$\tau = \frac{VS}{It_w} \leqslant f_v \tag{5-26}$$

式中 V——计算截面沿腹板平面作用的剪力;

I——梁的毛截面惯性矩;

S——计算剪应力处以上(或以下)毛截面对中和轴的面积矩;

t_w——梁腹板厚度;

f_v——钢材抗剪强度设计值,见附表 1。

3. 局部压应力

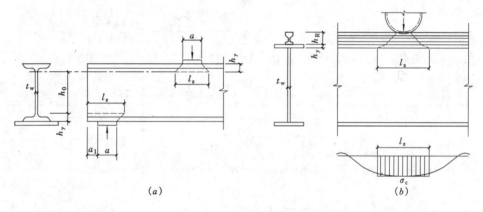

图 5-16 局部压应力

当梁的翼缘承受较大的固定集中荷载(包括支座)而又未设支承加劲肋(图 5-16a)或受有移动的集中荷载(如吊车轮压)(图 5-16b)时,应计算腹板高度边缘的局部承压强度。假定集中荷载从作用处在 h_y 高度范围内以 1∶2.5 扩散,在 h_R 高度范围内以 1∶1 扩散,均匀分布于腹板高度计算边缘。这样得到的 σ_c 与理论的局部压应力的最大值十分接近。局部承压强度可按下式计算:

$$\sigma_c = \frac{\psi F}{t_w l_z} \leqslant f \tag{5-27}$$

式中 F——集中荷载,对动力荷载应乘以动力系数;

ψ——集中荷载增大系数,对重级工作制吊车轮压,$\psi = 1.35$;对其他荷载，$\psi = 1.0$；

l_z——集中荷载在腹板计算高度处的假定分布长度，对跨中集中荷载，$l_z = a + 5h_y + 2h_R$；梁端支反力，$l_z = a + 2.5h_y + a_1$；

a——集中荷载沿跨度方向的支承长度，对吊车轮压，无资料时可取 50mm；

h_y——自梁顶至腹板计算高度处的距离；

h_R——轨道高度，梁顶无轨道时取 $h_R = 0$；

a_1——梁端至支座板外边缘的距离，取值不得大于 $2.5h_y$。

腹板的计算高度 h_0，对轧制型钢梁，为腹板与上、下翼缘相接处两内弧起点间的距离；对焊接组合梁，为腹板高度；对铆接（或高强度螺栓连接）组合梁，为上、下翼缘与腹板连接的铆钉（或高强度螺栓）线间最近距离（见图5-18）。

当计算不能满足时，对承受固定集中荷载处或支座处，可通过设置横向加劲肋予以加强，也可修改截面尺寸；当承受移动集中荷载时，则只能修改截面尺寸。

4. 复杂应力作用下的强度计算

当腹板计算高度处同时承受较大的正应力、剪应力或局部压应力时，需计算该处的折算应力。

$$\sqrt{\sigma^2 + \sigma_c^2 - \sigma\sigma_c + 3\tau^2} \leqslant \beta_1 f \tag{5-28}$$

式中 σ、τ、σ_c——腹板计算高度处同一点的弯曲正应力、剪应力和局部压应力，$\sigma = (M_x/W_{nx}) \times (h_0/h)$，以拉应力为正，压应力为负；

β_1——局部承压强度设计值增大系数，当 σ 与 σ_c 同号或 $\sigma_c = 0$ 时，$\beta_1 = 1.1$，当 σ 与 σ_c 异号时取 $\beta_1 = 1.2$。

(二) 梁的刚度

梁的刚度指梁在使用荷载下的挠度，属正常使用极限状态。为了不影响结构或构件的正常使用和观感，规范规定，在荷载标准值的作用下，梁的挠度不应超过规范容许值。

$$v \leqslant [v] \tag{5-29}$$

式中 v——由荷载标准值（不考虑动力系数）求得的梁的最大挠度；

$[v]$——规范容许挠度，见表 5-5。

在计算梁的挠度值时，采用的荷载标准值必须与表 5-5 中计算的挠度相对应。由于截面削弱对梁的整体刚度影响不大，习惯上用毛截面特性按结构力学方法确定梁的最大挠度，表 5-6 给出了几种常用等截面简支梁的最大挠度计算公式。

梁的容许挠度 表 5-5

项次	构件类别	挠度容许值	
		$[\nu_T]$	$[\nu_Q]$
1	吊车梁和吊车桁架（按自重和起重量最大的一台吊车计算挠度） （1）手动吊车和单梁吊车（含悬挂吊车） （2）轻级工作制桥式吊车 （3）中级工作制桥式吊车 （4）重级工作制桥式吊车	$l/500$ $l/800$ $l/1000$ $l/1200$	
2	手动或电动葫芦的轨道梁	$l/400$	
3	有重轨（重量等于或大于 38kg/m）轨道的工作平台梁 有轻轨（重量等于或小于 24kg/m）轨道的工作平台梁	$l/600$ $l/400$	

4	屋（楼）盖或桁架，工作平台梁（第 3 项除外）和平台板
	（1）主梁或桁架（包括设有悬挂起重设备的梁和桁架）
	（2）抹灰顶棚的次梁
	（3）除（1）、（2）款外的其他梁（包括楼梯梁）
	（4）屋盖檩条
	    支承无积灰的瓦楞铁和石棉瓦屋面者
	    支承压型金属板、有积灰的瓦楞铁和石棉瓦屋面者
	    支承其他屋面材料者
	（5）平台板
		$l/400$
		$l/250$
		$l/250$
		
		$l/150$
		$l/200$
		$l/200$
		$l/150$
			$l/500$
			$l/350$
			$l/300$

注：1. l 为梁的跨度（对悬臂梁或伸臂梁为悬伸长度的 2 倍）；
    2. $[\nu_T]$ 为全部荷载标准值产生的挠度（如有起拱应减去拱度）的容许值；
    3. $[\nu_Q]$ 为可变荷载标准值产生的挠度的容许值。

等截面简支梁的最大挠度计算公式 表 5-6

荷载情况	均布荷载 q，跨度 l	集中荷载 F 位于 $l/2$	两点荷载 $F/2$，位于 $l/3$ 处	三点荷载 $F/3$，位于 $l/4$ 处
计算公式	$\dfrac{5}{384}\cdot\dfrac{ql^4}{EI}$	$\dfrac{1}{48}\cdot\dfrac{Fl^3}{EI}$	$\dfrac{23}{1296}\cdot\dfrac{Fl^3}{EI}$	$\dfrac{19}{1152}\cdot\dfrac{Fl^3}{EI}$

三、梁的整体稳定

（一）梁的整体稳定系数

在一个主轴平面内弯曲的梁，为了更有效地发挥材料的作用，经常设计得窄而高。如果没有足够的侧向支承，在弯矩达到临界值 M_{cr} 时，梁就会发生整体的弯扭失稳破坏而非强度破坏。在第四章第四节中，我们已经得到了双轴对称工字形截面简支梁在纯弯曲作用下的临界弯矩公式（式 4-77），该式可以改写为

$$M_{cr}=\frac{\pi^2 EI_y}{l^2}\sqrt{\frac{I_\omega}{I_y}+\frac{GI_t l^2}{\pi^2 EI_y}} \tag{5-30}$$

在修订规范时,为了简化计算,引入 $I_t = At_1^2/3$ 及 $I_\omega = I_y h^2/4$,并以 $E = 206\,000\text{N/mm}^2$ 和 $E/G = 2.6$ 代入式(5-30),可得临界弯矩为:

$$M_{cr} = \frac{10.17 \times 10^5}{\lambda_y^2} Ah \sqrt{1 + \left(\frac{\lambda_y t_1}{4.4h}\right)^2} \quad (\text{N} \cdot \text{mm}) \tag{5-31}$$

式中 A——梁的毛截面面积(mm^2);
$\quad\quad t_1$——梁受压翼缘板的厚度(mm);
$\quad\quad h$——梁截面的全高度(mm)。

临界应力 $\sigma_{cr} = M_{cr}/W_x$,W_x 为按受压翼缘确定的毛截面模量。

在上述情况下,若保证梁不丧失整体稳定,应使受压翼缘的最大应力小于临界应力 σ_{cr} 除以抗力分项系数 γ_R,即

$$\frac{M_x}{W_x} \leqslant \frac{\sigma_{cr}}{\gamma_R} \tag{5-32}$$

令梁的整体稳定系数 φ_b 为:

$$\varphi_b = \frac{\sigma_{cr}}{f_y} \tag{5-33}$$

将式(5-33)代入式(5-32)

$$\frac{M_x}{W_x} \leqslant \frac{\varphi_b f_y}{\gamma_R} = \varphi_b f$$

则梁的整体稳定计算公式为:

$$\frac{M_x}{\varphi_b W_x} \leqslant f \tag{5-34}$$

由式(5-33)可得整体稳定系数的近似值为:

$$\varphi_b = \frac{4320}{\lambda_y^2} \cdot \frac{Ah}{W_x} \sqrt{1 + \left(\frac{\lambda_y t_1}{4.4h}\right)^2} \cdot \frac{235}{f_y} \tag{5-35}$$

当梁上承受其他形式荷载时,临界弯矩应按式(4-78)计算,并可由式(5-33)算得稳定系数 φ_b,但这样很烦琐。通过选取较多的常用截面尺寸,进行电算和数理统计分析,得出了不同荷载作用下的稳定系数与纯弯时的稳定系数的比值为 β_b。同时为了适用于单轴对称工字形截面简支梁的情况,梁的整体稳定系数的计算公式为:

$$\varphi_b = \beta_b \frac{4320}{\lambda_y^2} \cdot \frac{Ah}{W_x} \left[\sqrt{1 + \left(\frac{\lambda_y t_1}{4.4h}\right)^2} + \eta_b\right] \frac{235}{f_y} \tag{5-36}$$

式中 β_b——梁整体稳定的等效弯矩系数,工字形截面简支梁的 β_b 见附表5;
$\quad\quad \eta_b$——截面不对称影响系数;
$\quad\quad$ 双轴对称截面,$\eta_b = 0$;

加强受压翼缘工字形截面，$\eta_b = 0.8\ (2\alpha_b - 1)$；

加强受拉翼缘工字形截面，$\eta_b = 2\alpha_b - 1$。

$\alpha_b = \dfrac{I_1}{I_1 + I_2}$ —— I_1 和 I_2 分别为受压翼缘和受拉翼缘对 y 轴的惯性矩。

由上述关系可知，对于加强受压翼缘的工字形截面，η_b 为正值，由式 (5-36) 算得的整体稳定系数 φ_b 增大；反之，对加强受拉翼缘的工字形截面，η_b 为负值，使梁的整体稳定系数降低。因此，加强受压翼缘的工字形截面更有利于提高梁的整体稳定性。

上述的稳定系数计算公式是按弹性分析导出的。对于钢梁，当考虑残余应力影响时，可取比例极限 $f_p = 0.6 f_y$。因此，当 $\sigma_{cr} > 0.6 f_y$ 时，即当算得的稳定系数 $\varphi_b > 0.6$ 时，梁已进入弹塑性工作阶段，其临界弯矩有明显的降低。需按下式进行修正，以 φ'_b 代替 φ_b：

$$\varphi'_b = 1.07 - 0.282/\varphi_b \leqslant 1.0 \tag{5-37}$$

轧制普通工字钢简支梁的整体稳定系数 φ_b，可由附表 6 直接查得。当查得的 φ_b 值大于 0.6 时，应按式 (5-37) 进行修正。

（二）整体稳定系数 φ_b 的近似计算

对于均匀受弯（纯弯曲）构件，当 $\lambda_y \leqslant 120\sqrt{235/f_y}$ 时，其整体稳定系数 φ_b 可按下列近似公式计算：

1. 工字形截面（含 H 型钢）

双轴对称时

$$\varphi_b = 1.07 - \dfrac{\lambda_y^2}{44000} \cdot \dfrac{f_y}{235} \tag{5-38}$$

单轴对称时

$$\varphi_b = 1.07 - \dfrac{W_{1x}}{(2\alpha_b + 0.1) Ah} \cdot \dfrac{\lambda_y^2}{14000} \cdot \dfrac{f_y}{235} \tag{5-39}$$

式中 W_{1x} 为截面最大受压纤维的毛截面截面模量。

2. T 形截面（弯矩作用在对称轴平面，绕 x 轴）

弯矩使翼缘受压时：

双角钢组成的 T 形截面

$$\varphi_b = 1 - 0.0017\lambda_y \cdot \sqrt{\dfrac{f_y}{235}} \tag{5-40}$$

钢板组成的 T 形截面和剖分 T 形钢截面

$$\varphi_b = 1 - 0.0022\lambda_y \cdot \sqrt{\dfrac{f_y}{235}} \tag{5-41}$$

弯矩使翼缘受拉且腹板宽厚比不大于 $18\sqrt{235/f_y}$ 时

$$\varphi_{b} = 1.0 - 0.0005\lambda_y \sqrt{f_y/235} \tag{5-42}$$

式（5-38）~（5-42）中的 φ_b 值已经考虑了非弹性屈曲问题，因此，当算得的 $\varphi_b > 0.6$ 时不能再换算成 φ'_b。当 $\varphi_b > 1.0$ 时取 $\varphi_b = 1.0$。

（三）梁整体稳定性的保证

实际工程中的梁与其他构件相互连接，有利于阻止其侧向失稳。符合下列情况之一时，不用计算梁的整体稳定性：

1. 有刚性铺板密铺在梁受压翼缘并有可靠连接能阻止受压翼缘侧向位移时。
2. 等截面 H 型钢或工字形截面简支梁的受压翼缘自由长度 l_1 与其宽度 b_1 之比不超过表 5-7 所规定的限值时。

等截面 H 型钢或工字形截面简支梁不需要计算整体稳定的 l_1/b_1 限值   表 5-7

跨中无侧向支承，荷载作用在		跨中受压翼缘有侧向支承，不论荷载作用在何处
上翼缘	下翼缘	
$13\sqrt{235/f_y}$	$20\sqrt{235/f_y}$	$16\sqrt{235/f_y}$

注：l_1 为梁受压翼缘自由长度：对跨中无侧向支承点的梁为其跨度；对跨中有侧向支承点的梁，为受压翼缘侧向支承点间的距离（梁支座处视为有侧向支承点）。b_1 为受压翼缘宽度。

需要指出的是，上述条件是建立在梁支座不产生扭转的前提下的，因此在构造上要保证支座处梁上翼缘有可靠的侧向支点，对于高度不大的梁，也可以在靠近支座处设置支撑加劲肋来阻止梁端扭转。

3. 箱形截面简支梁（图 5-17），其截面尺寸满足 $h/b_0 \leq 6$，且 $l_1/b_0 \leq 95(235/f_y)$。

四、梁的局部稳定和腹板加劲肋计算

如果设计不适当，组成梁的板件在压应力或剪应力作用下，可能会发生局部屈曲问题。轧制型钢梁因板件宽厚比较小，都能满足局部稳定要求，不必计算。冷弯薄壁型钢梁允许板件屈曲，采用有效截面计算，以考虑板件局部截面因屈曲退出工作对梁承载能力的影响，可按《冷弯薄壁型钢结构技术规范》GB 50018 进行计算。这里只分析一般钢结构的组合梁的局部稳定问题。

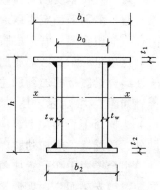

图 5-17 箱形截面梁

（一）受压翼缘的局部稳定

梁的翼缘板远离截面形心，强度一般能得到充分利用。若翼缘板发生局部屈

曲，梁很快就会丧失继续承载的能力。因此，规范采用限制板件宽厚比的方法，防止翼缘板的屈曲。

工形截面或等截面 H 形梁的受压翼缘可以看作加载边简支、非加载边一边简支、一边自由的板，在单向均匀压应力的作用下，其临界应力按式（5-9）计算，$\sigma_{cr} = k \dfrac{\sqrt{\eta\chi}\pi^2 E}{12(1-\nu^2)} \left(\dfrac{t}{b}\right)^2$，取 $k = 0.425$，$\chi = 1.0$，$\eta = 0.25$，$\nu = 0.3$ 和 $E = 206\,000\text{N/mm}^2$，若 $\sigma_{cr} \geqslant f_y$，则

$$\frac{b}{t} \leqslant 13\sqrt{\frac{235}{f_y}} \tag{5-43}$$

式中　b——梁受压翼缘自由外伸宽度：对焊接构件，取腹板边至翼缘板（肢）边缘的距离；对轧制构件，取内圆弧起点至翼缘板（肢）边缘距离。

式（5-43）可以考虑截面发展部分塑性。若为弹性设计（即式 5-24 和式 5-25 中取 $\gamma_x = 1.0$），则 b/t 可以放宽为：

$$\frac{b}{t} \leqslant 15\sqrt{\frac{235}{f_y}} \tag{5-44}$$

对于箱形截面梁两腹板中间的部分（图 5-17），相当于四边简支单向均匀受压板，屈曲系数 $k = 4$，取 $\chi = 1.0$，$\eta = 0.25$，$\nu = 0.3$ 和 $E = 206\,000\text{N/mm}^2$，若 $\sigma_{cr} \geqslant f_y$，则

$$\frac{b_0}{t} \leqslant 40\sqrt{\frac{235}{f_y}} \tag{5-45}$$

（二）腹板的局部稳定

对于直接承受动力荷载的吊车梁及类似构件和其他不考虑屈曲后强度的组合梁，腹板的局部稳定可以通过配置加劲肋来保证；对承受静力荷载或间接承受动力荷载的组合梁，宜考虑腹板的屈曲后强度，按规范规定计算其抗弯和抗剪承载力。这里只介绍不考虑屈曲后强度的梁腹板的局部稳定问题。

组合梁腹板的加劲肋主要分为横向、纵向、短加劲肋和支承加劲肋几种情况，如图 5-18 所示。图 5-18（a）为仅配置横向加劲肋的情况，图 5-18（b）、（c）为同时配置横向和纵向加劲肋情况，图 5-18（d）除配置了横向和纵向加劲肋外，还配置了短加劲肋。

组合梁腹板在配置加劲肋之后，腹板被分成了不同的区段，各区段的受力不同。对简支梁而言，靠近梁端部的区段主要受剪力作用，跨中区段主要受正应力作用，其他区段则受正应力和剪应力的联合作用。对于受有集中荷载的区段，还承受局部压应力作用。

加劲肋的设置需要先布置加劲肋，然后计算各区段板的临界应力，使之满足

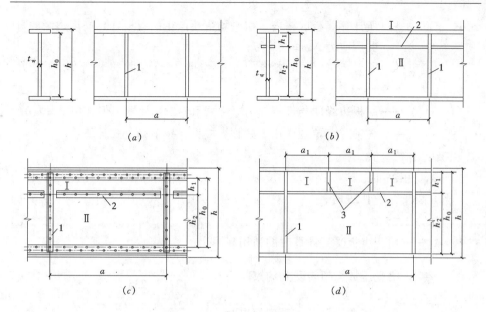

图 5-18 加劲肋配置
1—横向加劲肋；2—纵向加劲肋；3—短加劲肋

局部稳定条件。对轻、中级工作制吊车梁计算腹板稳定性时，吊车轮压设计值可以乘以 0.9 的折减系数。

1. 组合梁腹板配置加劲肋的规定

(1) 当 $h_0/t_w \leqslant 80\sqrt{235/f_y}$ 时，对有局部压应力（$\sigma_c \neq 0$）的梁，应按构造配置横向加劲肋。对无局部压应力（$\sigma_c = 0$）的梁，可不配置加劲肋。

(2) 当 $h_0/t_w > 80\sqrt{235/f_y}$ 时，应配置横向加劲肋并满足局部稳定计算要求。

(3) 当 $h_0/t_w > 170\sqrt{235/f_y}$（受压翼缘扭转受到约束，如连有刚性铺板、制动板或焊有钢轨时）或 $h_0/t_w > 150\sqrt{235/f_y}$（受压翼缘扭转未受到约束时），或按计算需要，应在弯曲压应力较大区格的受压区增加配置纵向加劲肋。当局部压应力很大时，必要时尚应在受压区配置短加劲肋。

任何情况下，h_0/t_w 均不应超过 $250\sqrt{235/f_y}$。

此处 h_0 为腹板计算高度［对单轴对称梁，第（3）条中的 h_0 应取为腹板受压区高度 h_c 的 2 倍］，t_w 为腹板的厚度。

(4) 梁的支座处和上翼缘受有较大固定集中荷载处，宜设置支承加劲肋。

2. 梁腹板各区段的局部稳定计算

(1) 仅配置横向加劲肋的腹板（图 5-18a），各区格局部稳定按下式计算：

$$\left(\frac{\sigma}{\sigma_{cr}}\right)^2 + \left(\frac{\tau}{\tau_{cr}}\right)^2 + \frac{\sigma_c}{\sigma_{c,cr}} \leqslant 1.0 \tag{5-46}$$

式中　σ——所计算腹板区格内，由平均弯矩产生的腹板计算高度边缘的弯曲压应力，$\sigma = Mh_c/I$；

　　　τ——所计算腹板区格内，由平均剪力产生的腹板平均剪应力，$\tau = V/(h_w t_w)$；

　　　σ_c——腹板边缘的局部压应力，由式（5-27）计算，但式中 $\psi = 1.0$；

σ_{cr}、τ_{cr}、$\sigma_{c,cr}$——各种应力单独作用下的临界应力，按下列公式计算：

1) σ_{cr} 计算公式。

当 $\lambda_b \leqslant 0.85$ 时，　　　　　$\sigma_{cr} = f$ 　　　　　　　　　　　(5-47a)

当 $0.85 < \lambda_b \leqslant 1.25$ 时，　　$\sigma_{cr} = [1 - 0.75(\lambda_b - 0.85)]f$ 　(5-47b)

当 $\lambda_b > 1.25$ 时，　　　　　$\sigma_{cr} = 1.1f/\lambda_b^2$ 　　　　　　　(5-47c)

式中　λ_b——用于腹板受弯计算时的通用高厚比：

梁受压翼缘扭转受到约束时，$\lambda_b = \dfrac{2h_c/t_w}{177}\sqrt{\dfrac{f_y}{235}}$ 　(5-47d)

梁受压翼缘扭转未受到约束时，$\lambda_b = \dfrac{2h_c/t_w}{153}\sqrt{\dfrac{f_y}{235}}$ 　(5-47e)

　　　h_c——梁腹板受压区高度，对双轴对称截面，$2h_c = h_0$。

2) τ_{cr} 计算公式。

当 $\lambda_s \leqslant 0.8$ 时，　　　　　$\tau_{cr} = f_v$ 　　　　　　　　　　　(5-48a)

当 $0.8 < \lambda_s \leqslant 1.2$ 时，　　$\tau_{cr} = [1 - 0.59(\lambda_s - 0.8)]f_v$ 　(5-48b)

当 $\lambda_s > 1.2$ 时，　　　　　$\tau_{cr} = 1.1f_v/\lambda_s^2$ 　　　　　　(5-48c)

式中　λ_s——用于腹板受剪计算时的通用高厚比：

当 $\dfrac{a}{h_0} \leqslant 1.0$ 时，$\lambda_s = \dfrac{h_0/t_w}{41\sqrt{4 + 5.34(h_0/a)^2}}\sqrt{\dfrac{f_y}{235}}$ 　(5-48d)

当 $\dfrac{a}{h_0} > 1.0$ 时，$\lambda_s = \dfrac{h_0/t_w}{41\sqrt{5.34 + 4(h_0/a)^2}}\sqrt{\dfrac{f_y}{235}}$ 　(5-48e)

3) $\sigma_{c,cr}$ 计算公式。

当 $\lambda_c \leqslant 0.9$ 时，　　　　　$\sigma_{c,cr} = f$ 　　　　　　　　　　(5-49a)

当 $0.9 < \lambda_c \leqslant 1.2$ 时，　　$\sigma_{c,cr} = [1 - 0.79(\lambda_c - 0.9)]f$ 　(5-49b)

当 $\lambda_c > 1.2$ 时，　　　　　$\sigma_{c,cr} = 1.1f/\lambda_c^2$ 　　　　　　(5-49c)

式中　λ_c——用于腹板受局部压力计算时的通用高厚比：

当 $0.5 \leqslant \dfrac{a}{h_0} \leqslant 1.5$ 时，$\lambda_c = \dfrac{h_0/t_w}{28\sqrt{10.9 + 13.4(1.83 - a/h_0)^3}}\sqrt{\dfrac{f_y}{235}}$ 　(5-49d)

当 $1.5 < \dfrac{a}{h_0} \leqslant 2.0$ 时，$\lambda_c = \dfrac{h_0/t_w}{28\sqrt{18.9 - 5a/h_0}}\sqrt{\dfrac{f_y}{235}}$ 　(5-49e)

(2) 同时配置横向加劲肋和纵向加劲肋加强的腹板（图 5-18b、c），局部稳定按下列公式计算。

1) 受压翼缘与纵向加劲肋之间的区格 I。

$$\frac{\sigma}{\sigma_{\text{cr1}}} + \left(\frac{\sigma_c}{\sigma_{c,\text{cr1}}}\right)^2 + \left(\frac{\tau}{\tau_{\text{cr1}}}\right)^2 \leq 1.0 \tag{5-50}$$

式中 σ_{cr1}、$\sigma_{c,\text{cr1}}$、τ_{cr1} 分别按下列方法计算：

① σ_{cr1} 按式（5-47）计算，但 λ_b 改用 λ_{b1} 代替：

梁受压翼缘扭转受到约束时，$\lambda_{b1} = \dfrac{h_1/t_w}{75}\sqrt{\dfrac{f_y}{235}}$ (5-51a)

梁受压翼缘扭转未受到约束时，$\lambda_{b1} = \dfrac{h_1/t_w}{64}\sqrt{\dfrac{f_y}{235}}$ (5-51b)

式中 h_1——纵向加劲肋至腹板计算高度受压边缘的距离。

② τ_{cr1} 按式（5-48）计算，将式中的 h_0 改用 h_1 代替。

③ $\sigma_{c,\text{cr1}}$ 亦按式（5-47）计算，但 λ_b 改用 λ_{c1} 代替：

梁受压翼缘扭转受到约束时，$\lambda_{c1} = \dfrac{h_1/t_w}{56}\sqrt{\dfrac{f_y}{235}}$ (5-52a)

梁受压翼缘扭转未受到约束时，$\lambda_{c1} = \dfrac{h_1/t_w}{40}\sqrt{\dfrac{f_y}{235}}$ (5-52b)

2) 受拉翼缘与纵向加劲肋之间的区格 II。

$$\left(\frac{\sigma_2}{\sigma_{\text{cr2}}}\right)^2 + \frac{\sigma_{c2}}{\sigma_{c,\text{cr2}}} + \left(\frac{\tau}{\tau_{\text{cr2}}}\right)^2 \leq 1.0 \tag{5-53}$$

式中 σ_2——所计算区格内腹板在纵向加劲肋处压应力的平均值；

σ_{c2}——腹板在纵向加劲肋处的横向压应力，取为 $0.3\sigma_c$。

① σ_{cr2} 按式（5-47）计算，但 λ_b 改用 λ_{b2} 代替：

$$\lambda_{b2} = \frac{h_2/t_w}{194}\sqrt{\frac{f_y}{235}} \tag{5-54}$$

② τ_{cr2} 按式（5-48）计算，将式中的 h_0 改用 h_2 代替，$h_2 = h_0 - h_1$。

③ $\sigma_{c,\text{cr2}}$ 按式（5-49）计算，但式中的 h_0 改用 h_2 代替。当 $a/h_2 > 2$ 时，取 $a/h_2 = 2$。

(3) 受压翼缘与纵向加劲肋之间设有短加劲肋的区格 I（图 5-18d），其局部稳定性可参考式（5-50），按钢结构规范的有关规定计算。

加劲肋的构造要求见第六章第四节平台梁设计的有关内容。

3. 支承加劲肋计算

支承加劲肋指承受支座反力或固定集中荷载的横向加劲肋（图 5-19），应在腹板两侧对称布置，截面往往比其它横向加劲肋大，且应进行稳定、端面承压和焊缝连接计算。

(1) 支承加劲肋的稳定计算。

支承加劲肋应按承受梁支座反力或固定集中荷载的轴心受压构件计算其在腹板平面外的稳定性。此受压构件的截面积 A 应包括加劲肋和加劲肋每侧 $15t_w\sqrt{235/f_y}$ 范围内的面积（图 5-19 中阴影部分面积），计算长度取 h_0。验算公式为式 (5-3)。

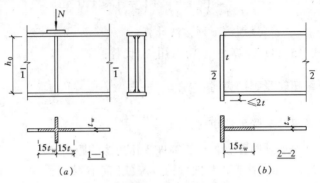

图 5-19 支承加劲肋

(2) 端面承压强度计算。

支承加劲肋的端部应按其所承受梁支座反力或固定集中荷载进行计算。当加劲肋端部刨平顶紧时，按下式计算其端面承压：

$$\sigma = N/A_b \leqslant f_{ce}$$

式中　N——支承加劲肋承受的支座反力或固定集中荷载；

　　　A_b——支承加劲肋与翼缘或顶板相接触的面积；

　　　f_{ce}——钢材端面承压强度设计值，见附表 1。

对于突缘式支座，支承加劲肋的伸出长度不应大于其厚度的 2 倍（图 5-28b）。

(3) 支承加劲肋与梁腹板间的连接焊缝应能承受全部支座反力或固定集中荷载，并假定应力沿焊缝全长均匀分布。

【例题 5-4】　图 5-20（a）所示工作平台的普通工字钢简支次梁，截面为 I32a，抹灰顶棚，跨度为 7.5m，承受的静力荷载标准值为：恒载 2kN/m²，活载 4.2kN/m²。钢材为 Q235，平台上有刚性铺板，可保证次梁整体稳定。验算次梁是否满足要求。

【解】　次梁的计算简图如图 5-20（b）所示。根据《建筑结构荷载规范》（GB50009）的规定，其最不利组合为活载起控制作用，取恒载分项系数 $\gamma_G = 1.2$，活载分项系数 $\gamma_Q = 1.3$。

次梁上的线荷载标准值为 $q_k = 2.5 \times (2 + 4.2) = 15.5 \text{kN/m}$

线荷载设计值为 $q_d = 2.5 \times (1.2 \times 2 + 1.3 \times 4.2) = 19.65 \text{kN/m}$

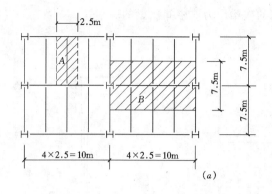 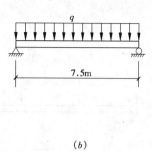

图 5-20 例题 5-4 图
（a）某工作平台主次梁布置；（b）次梁计算简图

跨中最大弯矩为 $M_{max} = q_d \cdot l^2/8 = 19.65 \times 7.5^2/8 = 138.16 \text{kN} \cdot \text{m}$

支座处的最大剪力为 $V = q_d \cdot l/2 = 19.65 \times 7.5/2 = 73.69 \text{kN}$

查附表 3-1 知，I32a 单位长度的质量为 52.7kg/m，梁的自重为 $52.7 \times 9.8 = 516 \text{N/m}$，$I_x = 11080 \text{cm}^4$，$W_x = 692 \text{cm}^3$，$I_x/S_k = 27.7 \text{cm}$，$t_w = 9.5 \text{mm}$。

次梁自重产生的弯矩为 $M_g = (1.2 \times 516 \times 7.5^2)/8 \times 10^{-3} = 4.36 \text{kN} \cdot \text{m}$

次梁自重产生的剪力为 $V_g = (1.2 \times 516 \times 7.5)/2 \times 10^{-3} = 2.33 \text{kN}$

则弯曲正应力为：

$$\sigma = \frac{M_x}{\gamma_x W_{nx}} = \frac{138.16 + 4.36}{1.05 \times 692} \times 10^3 = 196.1 \leq f = 215 \text{N/mm}^2$$

支座处最大剪应力为：

$$\tau = \frac{VS}{It_w} = \frac{73.69 + 2.33}{27.7 \times 0.95} \times 10 = 28 \leq f_v = 125 \text{N/mm}^2$$

跨中最大挠度为

全部荷载作用下

$$v_T = \frac{5}{384} \cdot \frac{q_T l^4}{EI} = \frac{5}{384} \cdot \frac{(15.5 + 0.52) \times 7500^4}{2.06 \times 10^5 \times 11080 \times 10^4} = 28.9 < [v_T] = \frac{l}{250} = 30 \text{mm}$$

可变荷载作用下

$$v_Q = \frac{5}{384} \cdot \frac{q l^4}{EI} = \frac{5}{384} \cdot \frac{4.2 \times 2.5 \times 7500^4}{2.06 \times 10^5 \times 11080 \times 10^4} = 19.0 < [v_Q] = \frac{l}{350} = 21.4 \text{mm}$$

热轧型钢截面的局部稳定无须验算，因此该梁满足要求。

【例题 5-5】 按照例题 5-4 的条件和结果，验算图 5-21（b）所示主梁截面是否满足要求。主梁为两端简支梁，钢材为 Q235，焊条为 E43 系列，手工焊。

【解】 1. 主梁承受的荷载

主梁的计算简图如图 5-21（a）所示。两侧的次梁对主梁产生的压力为

$2 \times 73.69 + 2 \times 2.33 = 152.04\text{kN}$,梁端的次梁压力取中间次梁的一半。

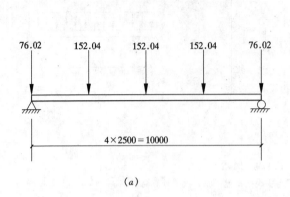 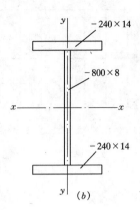

图 5-21 主梁计算简图

主梁的支座反力为:
$$R = 2 \times 152.04 = 304.08\text{kN}$$

梁的最大弯矩为:
$$M = (304.08 - 76.02) \times 5 - 152.04 \times 2.5 = 760.2\text{kN·m}$$

2. 计算截面特性。

$A = 131.2\text{cm}^2$,$I_x = 145449\text{cm}^4$,$W_x = 3513.3\text{cm}^3$。

主梁的自重为 $131.2 \times 10^2 \times 7850 \times 10^{-6} \times 1.2 = 123.6\text{kg/m} = 1.211\text{kN/m}$。式中的 1.2 为考虑主梁加劲肋的增大系数。

考虑主梁自重后的弯矩设计值为:
$$M = 760.2 + 1.2 \times 1.211 \times 10^2/8 = 760.2 + 18.2 = 778.4\text{kN·m}$$

考虑主梁自重后的支座反力设计值为:
$$R = 304.08 + 1.2 \times 1.211 \times 10/2 = 304.08 + 7.27 = 311.3\text{kN}$$

3. 强度校核

$$\sigma = \frac{M}{\gamma_x W_{nx}} = \frac{778.4 \times 10^6}{1.05 \times 3513.3 \times 10^3} = 211.0 < f = 215\text{N/mm}^2$$

$$\tau = 1.2 \times \frac{R}{t_w h_w} = 1.2 \times \frac{311.3 \times 10^3}{8 \times 800} = 58.4 < f_v = 125\text{N/mm}^2$$

在次梁连接处设支承加劲肋,无局部压应力。同时由于剪应力较小,其他截面折算应力无须验算。

4. 次梁上有刚性铺板,次梁稳定得到了保证,可以作为主梁的侧向支承点

此时由于 $l_1/b_1 = 2500/240 = 10.4 < 16$,整体稳定可以得到保证,无须计算。

5. 刚度验算

次梁传来的全部荷载标准值 $F_T = (15.5 + 0.52) \times 7.5 = 120.2 \text{kN}$，故

$$v_T = \frac{5 \times 1.211 \times 10000^4}{384 \times 206000 \times 145449 \times 10^4} + \frac{19 \times 3 \times 120.2 \times 10^3 \times 10000^3}{1152 \times 206000 \times 145449 \times 10^4}$$

$$= 0.53 + 19.85$$

$$= 20.4 < [v_T] = l/400 = 25 \text{mm}$$

次梁传来的可变荷载标准值 $F_Q = 2.5 \times 4.2 \times 7.5 = 78.75 \text{kN}$，故

$$v_Q = \frac{19 \times 3 \times 78.75 \times 10^3 \times 10000^3}{1152 \times 206000 \times 145449 \times 10^4} = 13.0 < [v_Q] = l/500 = 20 \text{mm}$$

6. 局部稳定

翼缘：$b/t = (120 - 4)/14 = 8.3 < 13$，满足局部稳定要求，且 γ_x 可取 1.05；

腹板：$h_0/t_w = 800/8 = 100$，需配置横向加劲肋，从略。

五、焊接组合梁翼缘焊缝的计算

由于梁承受的弯矩沿梁长是变化的，在梁的翼缘和腹板之间产生剪力作用（图 5-22）。翼缘和腹板接触面的剪应力为 $\tau = \frac{VS_1}{I_x t_w}$，则沿梁轴向单位长度上的水平剪力 T_h 为

$$T_h = \tau \cdot t_w \cdot 1 = \frac{VS_1}{I_x}$$

式中　V——所计算截面处的剪力；

　　　S_1——翼缘板对梁截面中和轴的面积矩。

为了保证梁翼缘和腹板的整体工作，连接处两条角焊缝承受的剪应力 τ_f 应不超过角焊缝的强度设计值 f_f^w，即

$$\tau_f = \frac{T_h}{2h_e \times 1} = \frac{VS_1}{1.4 h_f I_x} \leq f_f^w$$

则焊脚尺寸 h_f 为：

$$h_f \geq \frac{VS_1}{1.4 f_f^w I_x} \tag{5-55}$$

对于具有多层翼缘板的梁，S_1 为计算焊缝以外截面对中和轴的面积矩。

当梁的翼缘上承受有集中荷载而又未设加劲肋时，翼缘和腹板的连接焊缝除受上述水平剪力 T_h 作用外，还承受集中压力 F 所产生的垂直剪力 T_v 的作用（图 5-23）。

$$T_v = \sigma_c \times t_w \times 1 = \frac{\psi F}{t_w l_z} \times t_w \times 1 = \frac{\psi F}{l_z}$$

在 T_v 的作用下，两条角焊缝相当于正面角焊缝，其应力为：

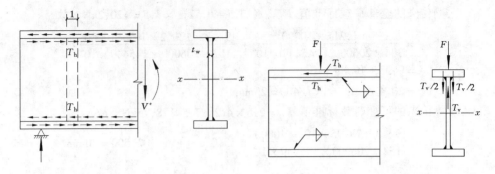

图 5-22 翼缘焊缝所受剪力　　　　图 5-23 有集中荷载作用时翼缘焊缝的受力

$$\sigma_\mathrm{f} = \frac{T_\mathrm{v}}{2h_\mathrm{e} \times 1} = \frac{\psi F}{1.4 h_\mathrm{f} l_z}$$

故在 T_h 和 T_v 的共同作用下应满足：

$$\sqrt{(\sigma_\mathrm{f}/\beta_\mathrm{f})^2 + \tau_\mathrm{f}^2} \leqslant f_\mathrm{f}^w$$

则有

$$h_\mathrm{f} \geqslant \frac{1}{1.4 f_\mathrm{f}^w} \sqrt{\left(\frac{\psi F}{\beta_\mathrm{f} l_z}\right)^2 + \left(\frac{VS_1}{I_\mathrm{x}}\right)^2} \tag{5-56}$$

计算时可先根据构造要求选定焊脚尺寸 h_f，然后进行验算。

第三节　拉弯和压弯构件

一、拉弯和压弯构件的应用和破坏形式

1. 拉弯构件

同时承受轴线拉力和弯矩作用的构件称为拉弯构件。如图 5-24（a）所示的偏心受拉的构件和图 5-24（b）的有横向荷载作用的拉杆。如桁架下弦为轴心拉杆，但若存在非节点横向力，则为拉弯构件。在钢结构中拉弯构件的应用较少。

对于拉弯构件，如果承受的弯矩不大，而轴心拉力很大，它的截面形式和一般轴心拉杆一样。当承受的弯矩很大时，应该在弯矩作用平面内采用较大的截面高度。

在轴线拉力和弯矩的共同作用下，拉弯构件的承载能力极限状态是截面出现塑性铰。但对于格构式拉弯构件或冷弯薄壁型钢拉弯构件，截面边缘受力最大纤维开始屈服就基本上达到了强度的极限。

2. 压弯构件

同时承受轴线压力和弯矩作用的构件称为压弯构件。如图 5-25（a）所示的

偏心受压的构件和图 5-25（b）的有横向荷载作用的压杆。在钢结构中压弯构件的应用十分广泛，如厂房的框架柱，高层建筑的框架柱，如图 5-25（c），海洋平台的支柱和受有节间荷载的桁架上弦等。

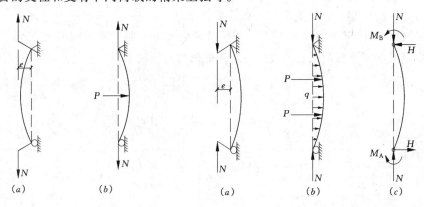

图 5-24 拉弯构件　　　　　　　　　图 5-25 压弯构件

对于压弯构件，如果承受的弯矩不大，而轴心压力很大，其截面形式和一般轴心压杆相同，见图 5-1。如果弯矩相对较大，除采用截面高度较大的双轴对称截面外，还经常采用图 5-26 所示的单轴对称截面。单轴对称截面有实腹式和格构式两种，如图 5-26（a）、（b），在受压较大的一侧分布着更多的材料。

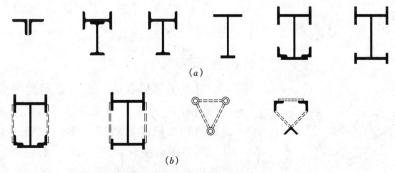

图 5-26 压弯构件的单轴对称截面形式
（a）实腹式截面；（b）格构式截面

压弯构件的整体破坏有三种形式：一是当杆端弯矩很大或截面局部有严重削弱时的强度破坏；二是弯矩作用平面内的弯曲失稳破坏，属极值点失稳问题；三是弯矩作用平面外的弯曲扭转破坏，属分岔失稳问题。另外，由于组成构件的板件有一部分受压，还存在着局部稳定问题。

二、拉弯、压弯构件的强度

承受静力荷载的实腹式拉弯和压弯构件,在轴力和弯矩的共同作用下,受力最不利截面出现塑性铰即达到构件的强度极限状态。

在轴力 N 和弯矩 M 的作用下,矩形截面的应力发展过程如图 5-27 所示。当构件截面出现塑性铰时〔图 5-27(e)〕,根据力的平衡条件有:

$$N = \int_A \sigma dA = \mu b h f_y$$

$$M = \int_A \sigma y dA = b\left(\frac{h-\mu h}{2}\right)\left(\mu h + \frac{h-\mu h}{2}\right)f_y = \frac{bh^2}{4}(1-\mu^2)f_y$$

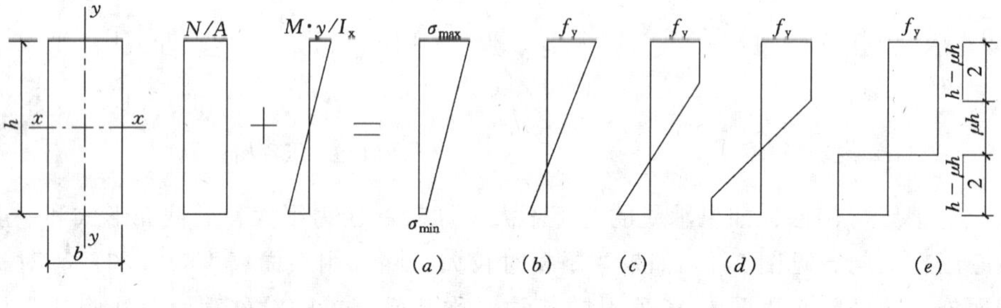

图 5-27 压弯构件截面应力的发展过程

在上面两式中,注意到 $A = bh$,$W_P = bh^2/4$,消去 μ,得到 N 和 M 的相关关系为:

$$\left(\frac{N}{Af_y}\right)^2 + \frac{M}{W_p f_y} = 1 \tag{5-57}$$

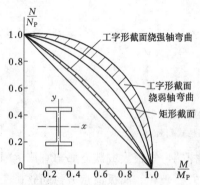

图 5-28 压弯构件强度计算相关曲线

对于工字形截面,也可以用同样方法求得它们的 N 和 M 的相关关系。由于工字形截面翼缘和腹板的相对尺寸不同,相关曲线会在一定范围内变化。图 5-28 中的阴影区给出了常用的工字形截面绕强轴和弱轴弯曲相关曲线的变化范围。在制定规范时,采用了图中的直线作为强度计算的依据,这样做计算简便且偏于安全:

$$\frac{N}{Af_y} + \frac{M}{W_p f_y} = 1 \tag{5-58}$$

设计时以 A_n 代替式(5-58)中的 A。考虑到破坏时仅允许截面出现部分塑性,以 $\gamma_x W_{nx}$ 和 $\gamma_y W_{ny}$ 代替式(5-58)中的 W_p,引入抗力分项系数后,实腹式拉弯和压弯构件的强度计算公式为

单向受弯

$$\frac{N}{A_n} + \frac{M_x}{\gamma_x W_{nx}} \leq f \qquad (5-59)$$

双向受弯

$$\frac{N}{A_n} + \frac{M_x}{\gamma_x W_{nx}} + \frac{M_y}{\gamma_y W_{ny}} \leq f \qquad (5-60)$$

式中 γ_x、γ_y——截面塑性发展系数,见表 5-4;

A_n、W_n——构件的净截面面积和净截面模量。

当压弯构件受压翼缘自由外伸宽度与厚度之比大于 $13\sqrt{235/f_y}$ 而小于 $15\sqrt{235/f_y}$ 时,$\gamma_x = 1.0$。

对直接承受动力荷载的构件,不宜考虑截面的塑性发展,取 $\gamma_x = \gamma_y = 1.0$。

【例题 5-6】 某拉弯构件的受力情况和截面尺寸见图 5-29,承受的静力荷载设计值为 $N = 1000\text{kN}$,钢材为 Q235A,构件截面无削弱。求它所能承受的最大横向荷载 F。

【解】 截面特性为 $A = 131.2\text{cm}^2$,$W_x = 3513.3\text{cm}^3$。

构件的最大弯矩为 $M_x = 6F$ (kN·m)。由式 (5-59) 得

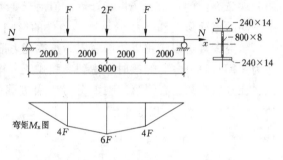

图 5-29 例题 5-6 图

$$M_x \leq \left(f - \frac{N}{A_n}\right) \cdot \gamma_x \cdot W_{nx} = \left(215 - \frac{1000}{131.2} \times 10\right) \times 1.05 \times 3513.3 \times 10^{-3} = 512.0\text{kN·m}$$

$$F = M_x/6 \leq 85.3\text{kN}$$

即横向荷载 F 的最大值为 85.3kN。

三、压弯构件的整体稳定计算

压弯构件的承载力通常由整体稳定控制,包括平面内弯曲失稳和平面外的弯扭失稳,计算时要考虑这两方面的稳定性。

(一) 弯矩作用平面内的稳定计算

1. 以边缘纤维屈服为准则的平面内稳定承载力

对于绕虚轴弯曲的格构式压弯构件和冷弯薄壁型钢构件,截面边缘纤维屈服就基本上达到了承载能力的极限状态。对于这类构件,平面内的稳定可由式 (4-38) 进行计算,考虑到抗力分项系数后,设计公式为:

$$\frac{N}{\varphi_x A} + \frac{\beta_{mx} M_x}{W_{1x}(1-\varphi_x N/N'_{Ex})} \leq f \qquad (5-61)$$

式中　N——轴线压力设计值；

　　　M_x——计算构件段内的最大弯矩设计值；

　　　φ_x——轴心受压构件弯矩作用平面内的整体稳定系数，对于格构式构件绕虚轴失稳由换算长细比求得；

　　　N'_{Ex}——参数，$N'_{Ex} = \pi^2 EA/(1.1\lambda_{0x}^2)$，1.1 为材料抗力分项系数的近似值。

对于冷弯薄壁型钢构件，上式中的 A 和 W_x 用有效截面面积 A_{eff} 和有效截面截面模量 W_{effx} 代替，计算稳定系数时用毛截面特性。

2. 实腹式压弯构件弯矩作用平面内稳定的实用计算公式

对于实腹式压弯构件，当边缘最大受压纤维屈服时尚有较大的承载力，可以用第四章介绍的数值方法进行计算。但由于要考虑残余应力和初弯曲等缺陷，加上不同的截面形式和尺寸以及边界条件的影响，数值方法不能直接用于构件设计。研究发现可以借用以边缘屈服为承载能力准则的相关公式（4-38）略加修改作为实用计算公式。修改时考虑到实腹式压弯构件平面内失稳时截面存在的塑性区，在式（4-38）右侧第二项的分母中引进截面塑性发展系数 γ_x，同时将第二项中的稳定系数 φ_x 用 0.8 代替，N_{Ex} 用 $N'_{Ex} = \pi^2 EA/(1.1\lambda_x^2)$ 代替。这样实用计算公式为：

$$\frac{N}{\varphi_x A} + \frac{\beta_{mx} M_x}{\gamma_x W_{1x}(1-0.8N/N'_{Ex})} \leq f \qquad (5-62)$$

式中　W_{1x}——弯矩作用平面内对较大受压纤维的毛截面模量；

　　　β_{mx}——弯矩作用平面内的等效弯矩系数，见表 4-2。规范按下列情况取用：

（1）框架柱和两端支承构件。

无横向荷载作用时，$\beta_{mx} = 0.65 + 0.35 M_2/M_1$，$M_1$ 和 M_2 为端弯矩，使构件产生同向曲率（无反弯点）时取同号，产生反向曲率（有反弯点）时取异号，且 $|M_1| \geq |M_2|$。

构件兼受横向荷载和端弯矩作用时：使构件产生同向曲率，$\beta_{mx} = 1.0$，产生反向曲率时取 $\beta_{mx} = 0.85$。

无端弯矩但有横向荷载作用时：$\beta_{mx} = 1.0$。

（2）悬臂构件和分析内力未考虑二阶效应的无支撑纯框架和弱支撑框架柱：$\beta_{mx} = 1.0$。

对于表 5-4 中 3、4 项的单轴对称截面压弯构件，当弯矩作用于对称轴平面内且使较大的翼缘受压时，构件破坏时截面的塑性区可能仅出现在受拉翼缘，由于受拉塑性区的发展而导致构件失稳。对于这类构件，除按公式（5-62）进行平面内的稳定计算外，还应按下式计算：

$$\left| \frac{N}{A} - \frac{\beta_{mx} M_x}{\gamma_x W_{2x}(1 - 1.25 N/N'_{Ex})} \right| \leq f \qquad (5\text{-}63)$$

式中 W_{2x}——对无翼缘端的毛截面模量；

γ_x——与 W_{2x} 相应的截面塑性发展系数。

（二）弯矩作用平面外的稳定计算

在第四章压弯构件弯矩作用平面外的弯扭屈曲分析时得到的承载力的相关公式为：

$$\frac{N}{N_{Ey}} + \frac{M_x}{M_{cr}} = 1 \qquad (5\text{-}64)$$

将 $N_{Ey} = \varphi_y A f_y$ 和 $M_{cr} = \varphi_b W_{1x} f_y$ 代入上式并考虑材料的分项系数后可得：

$$\frac{N}{\varphi_y A} + \frac{M_x}{\varphi_b W_{1x}} \leq f \qquad (5\text{-}65)$$

对于非均匀弯曲的情况，引进压弯构件的平面外等效弯矩系数 β_{tx}，同时引进截面形状调整系数 η，弯矩作用平面外的稳定性计算公式为：

$$\frac{N}{\varphi_y A} + \eta \frac{\beta_{tx} M_x}{\varphi_b W_{1x}} \leq f \qquad (5\text{-}66)$$

式中 η——截面影响系数，闭口截面 $\eta = 0.7$，其他截面 $\eta = 1.0$；

φ_y——弯矩作用平面外的轴心受压构件的稳定系数；

φ_b——均匀弯曲的受弯构件的整体稳定系数，对闭口截面 $\varphi_b = 1.0$；

M_x——所计算构件段范围内的最大弯矩。

对于等效弯矩系数 β_{tx}，经过计算比较可知，此系数与非均匀受弯的受弯构件的等效弯矩系数 β_b 的倒数 $1/\beta_b$ 非常接近。通过分析规范取值为：

1. 在弯矩作用平面外有支承的构件，应根据两相邻支承点间构件段内的荷载和内力情况确定。

（1）所考虑构件段无横向荷载作用时，$\beta_{tx} = 0.65 + 0.35 M_2/M_1$，$M_2$ 和 M_1 是在弯矩作用平面内的端弯矩，使构件产生同向曲率时取同号，产生反向曲率时取异号，且 $|M_1| \geq |M_2|$；

（2）所考虑构件段有端弯矩和横向荷载同时作用时，使构件产生同向曲率时，$\beta_{tx} = 1.0$；使构件产生反向曲率时，$\beta_{tx} = 0.85$；

（3）所考虑构件段内无端弯矩但有横向荷载作用时，$\beta_{tx} = 1.0$。

2. 弯矩作用平面外为悬臂的构件，$\beta_{tx} = 1.0$。

四、压弯构件的局部稳定计算

（一）腹板的稳定

1. 工形截面和 H 形截面压弯构件腹板的稳定

工形截面和 H 形截面压弯构件的腹板在剪应力和非均匀压应力的作用下，其弹性屈曲条件为式 (4-111)，即

$$\left[1-\left(\frac{\alpha_0}{2}\right)^5\right]\frac{\sigma_1}{\sigma_{crl}}+\left(\frac{\alpha_0}{2}\right)^5\left(\frac{\sigma_1}{\sigma_{crl}}\right)^2+\left(\frac{\tau}{\tau_{cr}}\right)^2\leqslant 1 \qquad (5\text{-}67)$$

以不同的 τ 代入式 (5-67)，可以得到剪应力和非均匀压应力联合作用下的腹板的弹性屈曲应力 σ_{cre}。

对于弯矩作用平面内失稳的压弯构件，失稳时截面一般都发展了部分塑性，计算时假定腹板塑性区的深度为其高度的 1/4，可以求得弹塑性状态腹板的屈曲应力 σ_{crp}，令 $\sigma_{crp}=f_y$，就可以得到腹板高厚比 h_0/t_w 与应力梯度 α_0 之间的关系，简化后可得：

当 $0\leqslant\alpha_0\leqslant 1.6$ 时，$h_0/t_w=16\alpha_0+50$

当 $1.6<\alpha_0\leqslant 2.0$ 时，$h_0/t_w=48\alpha_0-1$

实际上，对于长细比较小的压弯构件，在弯曲平面内失稳时，截面的塑性深度超过了 $h_0/4$，而对于长细比较大的压弯构件，塑性深度则不到 $h_0/4$，甚至可能会处于弹性状态。因此，h_0/t_w 应与长细比联系起来，规范规定：

当 $0\leqslant\alpha_0\leqslant 1.6$ 时，

$$h_0/t_w\leqslant(16\alpha_0+0.5\lambda+25)\sqrt{235/f_y} \qquad (5\text{-}68)$$

当 $1.6<\alpha_0\leqslant 2.0$ 时，

$$h_0/t_w\leqslant(48\alpha_0+0.5\lambda-26.2)\sqrt{235/f_y} \qquad (5\text{-}69)$$

式中 α_0——应力梯度，$\alpha_0=(\sigma_{max}-\sigma_{min})/\sigma_{max}$；

σ_{max}——腹板计算高度边缘的最大压应力，计算时不考虑构件的稳定系数和截面塑性发展系数；

σ_{min}——腹板计算高度另一边缘相应的应力，压应力为正值，拉应力为负值；

λ——构件在弯矩作用平面内的长细比：当 $\lambda<30$ 时，取 $\lambda=30$；当 $\lambda>100$ 时，取 $\lambda=100$。

2. 箱形截面压弯构件腹板的稳定

对于箱形截面压弯构件，因翼缘和腹板的连接焊缝只能是单侧角焊缝，且两腹板受力可能不一样，规范规定，腹板高厚比限值取工形截面腹板高厚比限值的 0.8 倍，当此值小于 $40\sqrt{235/f_y}$，应采用 $40\sqrt{235/f_y}$。

3. T 形截面压弯构件腹板的稳定

(1) 弯矩使腹板自由边受拉的压弯构件，对于热轧剖分 T 形钢，$h_0/t_w\leqslant(15+0.2\lambda)\sqrt{235/f_y}$；对于焊接 T 形钢，$h_0/t_w\leqslant(13+0.17\lambda)\sqrt{235/f_y}$。

(2) 弯矩使腹板自由边受压的压弯构件，当 $\alpha_0\leqslant 1.0$（弯矩较小）时，腹板

中不均匀分布的压应力的有利影响不大，取与翼缘板相同，$h_0/t_w \leqslant 15\sqrt{235/f_y}$；当 $\alpha_0 > 1.0$（弯矩较大）时，腹板中不均匀分布的压应力的有利影响较大，将腹板高厚比限值提高 20%，即 $h_0/t_w \leqslant 18\sqrt{235/f_y}$。

（二）翼缘宽厚比

压弯构件的受压翼缘板与梁的受压翼缘板受力情况基本相同，因此，其翼缘宽厚比限值与梁也相同，见式（5-43）、（5-44）和（5-45）。

五、压弯构件的计算长度

压弯构件的计算长度和轴心受压构件一样是根据构件端部的约束条件按弹性稳定理论得到。对于端部约束条件比较简单的情况，可根据第四章表 4-1 直接查得。对于框架柱，情况比较复杂。下面分别从框架平面内和平面外两方面介绍其计算长度的取用方法。

（一）等截面柱在框架平面内计算长度

在框架平面内框架的失稳分为有侧移和无侧移两种（图 5-30），在相同的截面尺寸和连接条件下，有侧移框架的承载力比无侧移的要小得多。因此，确定框架柱的计算长度时首先要区分框架失稳时有无侧移。柱的计算长度可表示为 $H_0 = \mu H_c$，计算长度系数 μ 与柱端梁的约束有关，以梁柱线刚度比值 $K = \Sigma(I_b/l_b)/\Sigma(I_c/H_c)$ 为参数，根据弹性理论求得。

规范在确定等截面框架柱的计算长度系数 μ 时，将框架分为无支撑纯框架和有支撑框架，其中有支撑框架根据抗侧移刚度大小又分为强支撑框架和弱支撑框架。

1. 无支撑纯框架

1）当采用一阶弹性分析方法计算内力时，框架柱的计算长度系数 μ 根据框架柱上、下端的梁柱线刚度比值 K_1 和 K_2 由附表 8-2 查得；

2）当采用二阶弹性分析且在每层柱顶附加假想水平荷载时，框架柱的计算长度系数 $\mu = 1.0$。假想水平荷载参考规范有关条文。

2. 有支撑框架

1）当支撑结构的侧移刚度（产生单位侧倾角的水平力）S_b 满足下式要求时，为强支撑框架，框架柱的计算长度系数 μ 根据框架柱上、下端的梁柱线刚度比值 K_1 和 K_2 由附表 8-1 确定。

$$S_b \geqslant 3(1.2\Sigma N_{bi} - \Sigma N_{0i}) \tag{5-70}$$

式中　ΣN_{bi}、ΣN_{0i}——第 i 层层间所有框架柱用无侧移框架和有侧移框架计算长度系数算得的轴压杆稳定承载力之和。

2）当支撑结构的侧移刚度 S_b 不满足式（5-70）要求时，为弱支撑框架，框

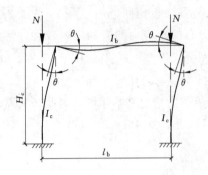
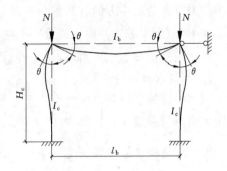

图 5-30 单层单跨框架的平面内失稳形式
(a) 有侧移框架；(b) 无侧移框架

架柱的轴压杆稳定系数 φ 按下式确定：

$$\varphi = \varphi_0 + (\varphi_1 - \varphi_0)\frac{S_b}{3(1.2\Sigma N_{bi} - \Sigma N_{0i})} \tag{5-71}$$

式中 φ_1、φ_0——分别为框架柱用附录八无侧移框架柱计算长度系数和有侧移框架柱计算长度系数算得的轴心压杆稳定系数。

厂房变截面阶形柱的计算长度系数，可参考规范的有关规定，这里不再赘述。

(二) 柱在框架平面外计算长度

柱在框架平面外的计算长度取决于支撑构件的布置。支撑结构给柱在框架平面外提供了支承点。当框架柱在平面外失稳时，支承点可以看作是变形曲线的反弯点，因此柱在框架平面外的计算长度等于相邻侧向支承点之间的距离。

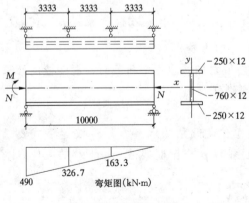

图 5-31 例题 5-7 图

【例题 5-7】 图 5-31 所示 Q235 钢焊接工形截面压弯构件，翼缘为火焰切割边，承受的轴线压力设计值为 $N = 900$kN，构件一端承受 $M = 490$ kN·m 的弯矩设计值，另一端弯矩为零。构件两端铰接，并在三分点处各有一侧向支承点。验算此构件是否满足要求。

【解】 1. 截面几何特性：

$A = 151.2\text{cm}^2$, $I_x = 133295.2\text{cm}^4$, $W_x = 3400.4\text{cm}^3$, $i_x = 29.69\text{cm}$, $I_y = 3125.0\text{cm}^4$, $i_y = 4.55\text{cm}$。

2. 强度验算

$$\frac{N}{A_n} + \frac{M_x}{\gamma_x W_{nx}} = \frac{900}{151.2} \times 10 + \frac{490}{1.05 \times 3400.4} \times 10^3$$
$$= 59.5 + 137.2 = 196.7 < f = 215 \text{N/mm}^2$$

3. 弯矩作用平面内稳定验算

$\lambda_x = l_x/i_x = 1000/29.69 = 33.7$，按 b 类截面查附表 7-2 得 $\varphi_x = 0.924$

$$N'_{Ex} = \frac{\pi^2 EA}{1.1\lambda_x^2} = \frac{\pi^2 \times 206000 \times 15120}{1.1 \times 33.7^2} \times 10^{-3} = 24607.4 \text{kN}, \beta_{mx} = 0.65$$

$$\frac{N}{\varphi_x A} + \frac{\beta_{mx} M_x}{\gamma_x W_{1x}(1 - 0.8N/N'_{Ex})} = \frac{900}{0.924 \times 151.2} \times 10$$
$$+ \frac{0.65 \times 490 \times 10^3}{1.05 \times 3400.4 \times (1 - 0.8 \times 900/24607.4)}$$
$$= 64.4 + 92.0 = 156.4 < f = 215 \text{N/mm}^2$$

4. 弯矩作用平面外稳定验算

$\lambda_y = l_y/i_y = 333.3/4.55 = 73.3 < [\lambda] = 150$，按 b 类截面查附表 7-2 得 $\varphi_y = 0.730$

因最大弯矩在左端，而左边第一段 β_{tx} 又最大，故只需验算该段。

$$\beta_{tx} = 0.65 + 0.35 \times 326.7/490 = 0.883$$

因 $\lambda_y = 73.3 < 120\sqrt{235/f_y} = 120$，故

$$\varphi_b = 1.07 - \lambda_y^2/44000 = 1.07 - 73.3^2/44000 = 0.948$$

$$\frac{N}{\varphi_y A} + \eta \frac{\beta_{tx} M_x}{\varphi_b W_{1x}} = \frac{900}{0.730 \times 151.2} \times 10 + 1.0 \times \frac{0.883 \times 490}{0.948 \times 3400.4} \times 10^3$$
$$= 215.8 \approx f = 215 \text{N/mm}^2$$

5. 局部稳定验算

翼缘板局部稳定：$b/t = (250/2 - 6)/12 = 9.9 < 13$，满足要求，且 γ_x 可取 1.05。

腹板局部稳定：

$$\sigma_{max} = \frac{N}{A} + \frac{M_x}{W_{1x}} = \frac{900}{151.2} \times 10 + \frac{490}{3400.4} \times 1000 = 59.5 + 144.1 = 203.6$$

$$\sigma_{min} = \frac{N}{A} - \frac{M_x}{W_{1x}} = \frac{900}{151.2} \times 10 - \frac{490}{3400.4} \times 1000 = 59.5 - 144.1 = -84.6$$

$$\alpha_0 = \frac{\sigma_{max} - \sigma_{min}}{\sigma_{max}} = \frac{203.6 - (-84.6)}{203.6} = 1.416 < 1.6, 故$$

$h_0/t_w = 760/12 = 63.3 < 16\alpha_0 + 0.5\lambda + 25 = 16 \times 1.416 + 0.5 \times 33.7 + 25 = 64.5$

故该压弯构件的强度、整体稳定和局部稳定均满足要求。

六、格构式压弯构件计算

格构式压弯构件广泛地用于厂房的框架柱和高大的独立柱。由于截面高度较大而又有较大的外剪力，构件肢件间经常用缀条连接，缀板连接的则比较少。根据具体使用条件，截面可设计成双轴对称或单轴对称形式。

（一）弯矩作用平面内格构式压弯构件的计算

1. 若弯矩绕实轴作用，如图 5-32（b），构件产生绕实轴的弯曲失稳，其受力性能和实腹式压弯构件完全相同，按式（5-62）进行平面内稳定验算。

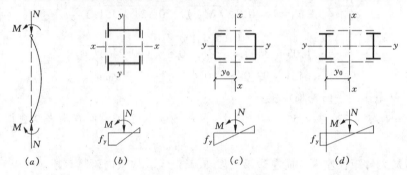

图 5-32　格构式压弯构件截面

2. 当弯矩作用在与缀材面平行的主平面时（图 5-32c、d），构件将绕虚轴产生弯曲失稳。设计时采用以截面边缘纤维屈服为准则的设计公式（式 5-61）。

$$\frac{N}{\varphi_x A} + \frac{\beta_{mx} M_x}{W_{1x}(1 - \varphi_x N/N'_{Ex})} \leqslant f$$

式中，$W_{1x} = I_x/y_0$。y_0 的取值需区别对待：当 x 轴受压肢最远的纤维属于肢件的腹板时，如图 5-32（c）所示，y_0 为由 x 轴到压力较大分肢腹板边缘的距离；当 x 轴受压肢最远的纤维属于肢件翼缘的外伸部分时，如图 5-32（d）所示，y_0 为由 x 轴到压力较大分肢轴线的距离。φ_x 为按构件绕虚轴换算长细比 λ_{0x} 确定的轴心压杆的稳定系数，按 b 类截面计算。

（二）弯矩作用平面外格构式压弯构件的计算

1. 若弯矩绕实轴作用，其弯矩作用平面外的稳定性和实腹式箱形截面一样，按式（5-66）计算，式中的长细比为构件绕虚轴换算长细比，$\varphi_b = 1.0$。

2. 当弯矩绕虚轴作用时，只需计算组成压弯构件的肢件在弯矩作用平面外的单肢的稳定，不必再计算整个构件在平面外的稳定性。

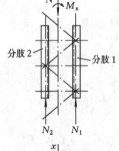

图 5-33　单肢计算简图

进行单肢计算时，把构件看成一个平行弦桁架，对单肢象对桁架的弦杆一样验算其稳定性。分肢的轴线压力按图 5-33 所示计算简图确定。

分肢 1： $\qquad N_1 = M_x/a + N \times z_2/a$

分肢 2： $\qquad N_2 = N - N_1$

缀条式压弯构件的单肢按轴心受压构件计算，单肢的计算长度在缀材平面内取缀条体系的节间长度，平面外取侧向支承点之间的距离。

（三）缀材计算

格构式压弯构件的缀材应按构件的实际剪力和式（5-17）所得的剪力的较大值计算，计算方法和格构式轴心受压构件的缀材相同。

思 考 题

5-1 设计轴心受拉构件要考虑哪些因素？轴心受压构件需要验算哪些项目？

5-2 格构式轴心受压构件绕虚轴失稳时为何要用换算长细比？

5-3 梁为何要进行刚度验算，为何要用荷载标准值？

5-4 压弯构件需要验算哪些项目？

习 题

5-1 某屋架下弦拉杆用 2L100×10 双角钢组成的 T 形截面制成，肢尖向上放置，缀板厚度为 10mm，两端铰接，杆件长 10m。钢材为 Q235 钢。承受的轴心拉力设计值为 830kN，验算是否满足要求。

5-2 某两端铰接工作平台柱，柱高 3.3m，采用 I22a 热轧工字钢做成。钢材为 Q235 钢，计算其承载力。如果钢材改用 Q345 钢，其承载力是否有显著提高？

5-3 两端铰接的焊接工字形截面轴心受压柱，柱高 10m，钢材为 Q235A，采用图 5-34 （a）与（b）所示的两种截面尺寸，翼缘火焰切割后又经过刨边。计算柱所能承受的压力。截面的局部稳定是否满足要求？

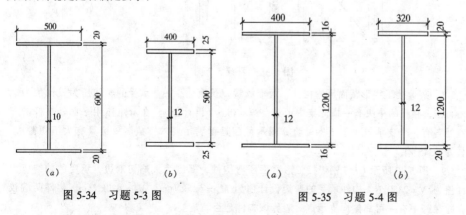

图 5-34 习题 5-3 图　　图 5-35 习题 5-4 图

5-4 图 5-35 的二简支梁截面，其截面面积相同，跨度均为 12m，跨间无侧向支承点，承受相同的均布荷载,均作用在梁的上翼缘,钢材为Q235钢,试按式(5-36)计算梁的整体稳定系数 φ_b 值,说明哪个截面稳定性更好。

5-5 图5-36(a)所示的简支梁,截面尺寸如图(b),钢材为Q235B·F,梁的两端及中间均有可靠的侧向支承。受集中荷载 F 作用。试按梁的整体稳定性条件确定 F 的最大设计值?

5-6 某两端铰接的拉弯构件,作用的力如图5-37所示,构件截面为 HN500×200×10×16 窄翼缘H型钢,截面无削弱,钢材为Q235。试确定构件所能承受的最大拉力。

5-7 验算图5-38所示双轴对称的焊接工字形截面柱是否满足要求。柱的上端作用着轴线压力设计值 $N = 1700\text{kN}$ 和水平力设计值 $H = 130\text{kN}$。在弯矩作用平面内,柱的下端与基础刚性固定,上端可自由移动。在侧向有图示的支撑体系。钢材为Q235B,截面尺寸如图所示,翼缘具有火焰切割边。

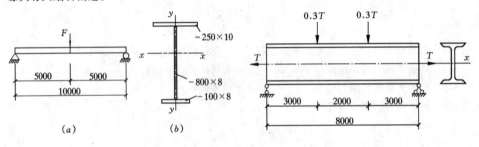

图5-36 习题5-5图　　　　图5-37 习题5-6图

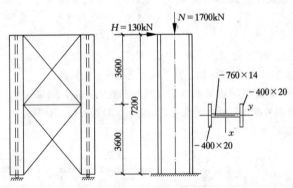

图5-38 习题5-7图

5-8 某焊接工字形截面压弯构件,两端铰接,长度为15m,承受的轴线压力设计值为 $N = 1500\text{kN}$,在杆的中央有一横向集中荷载 $P = 420\text{kN}$(设计值),在弯矩作用平面外在杆的三分点处各有一个支承点见图5-39。验算图示截面是否满足要求,截面翼缘具有火焰切割边,钢材为Q345钢。

5-9 图5-40所示Q345钢焊接工形截面压弯构件,翼缘为火焰切割边,承受的轴线压力设计值为 $N = 2380\text{kN}$,构件承受的弯矩设计值为 $M_1 = 525\text{kN·m}$, $M_2 = 420\text{kN·m}$。构件两端铰接,并在跨中有一可靠侧向支承点。验算该构件是否满足要求。

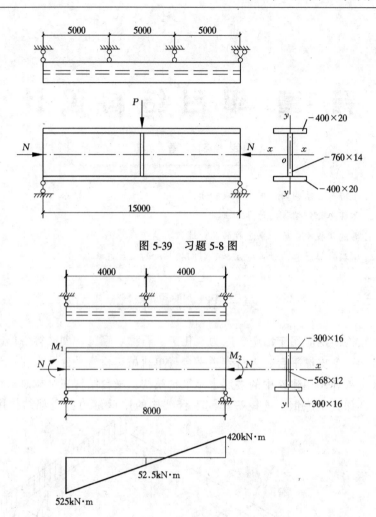

图 5-39 习题 5-8 图

图 5-40 习题 5-9 图

第六章 平台结构设计

学习要点

1. 了解平台结构的应用、组成和分类。
2. 掌握平台钢铺板的计算方法。
3. 熟练掌握平台梁、平台柱的设计过程。
4. 掌握铰接柱脚的设计方法,了解刚接柱脚的设计过程。

第一节 概　　述

平台结构广泛应用于冶金、电力、化工、石油、轻工、食品等各部门的工业厂房中,如设备支撑平台、人行走道平台、单轨吊车检修平台及操作平台等。此外,立体车库和民用建筑中的楼层也是平台结构。平台结构在结构总工程量中占相当比重,如大型炼钢、连铸等车间平台结构的用钢量约占全部结构用钢量的

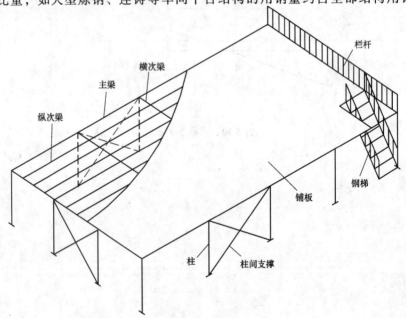

图 6-1　平台结构布置

20%~30%。

平台结构通常由梁、柱、柱间支撑等钢构件以及铺板（楼板）组成（图6-1）。

工业厂房中的平台结构可分为一般平台（轻型平台）、普通操作平台和重型操作平台三类，对应的活荷载分别为 $2.0kN/m^2$、$4.0~8.0kN/m^2$ 和 $10.0kN/m^2$ 以上。其中人行走道平台、单轨吊车检修平台属于轻型平台，一般的工艺或设备检修平台及小型设备的操作平台属于第二类平台；炼钢操作平台、铸造平台属于重型操作平台。

按支座处理方式的不同，平台结构可分为直接支承于厂房柱的牛腿上的平台，如图6-2（a）所示；一侧支承于厂房柱或建筑物墙体，另一侧设独立柱的平台，如图6-2（b）所示；支承于大型设备上的平台，如图6-2（c）所示；全部为独立柱的平台，如图6-2（d）所示。

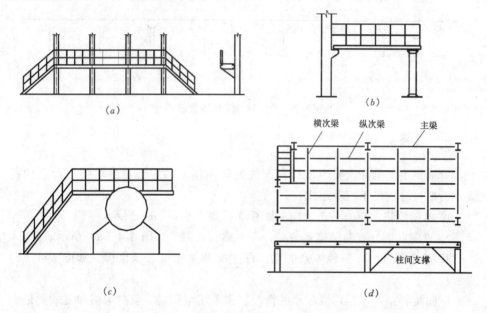

图6-2 平台结构类型

第二节 平台结构布置

一、平台结构布置的基本要求

平台布置应满足使用功能和生产工艺要求，保证操作和通行所需净空；结构体系要简单，稳定可靠，梁格布置合理，尽量使平台所受较大荷载直接作用于梁、柱上，使传力明确；保证较少的构件种类，使制作安装方便；尽量将平台结构直接支承于厂房结构或设备、构筑物上,并保证平台的侧向稳定,但对受有较大动力荷载或有重量很大设备的平台,宜设独立柱,与厂房结构分开布置,并设置完整的支撑体系。

柱间支撑宜布置在柱列中部,当受到工艺生产条件限制不允许布置在中部时,也可布置在柱列端部。柱间支撑通常采用交叉形(图 6-3a),也可用门形(图 6-3b),或采用连续的隅撑(图 6-3c)。在必要时也可设计为梁柱刚接的刚架体系(图 6-3d)。

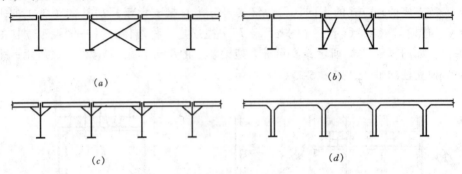

图 6-3 平台柱间支撑布置形式

二、梁格布置

梁格是由主梁和次梁纵横排列而成的平面体系,用于直接承受平台上的荷载。梁格可分成以下三种形式:

1. 单向梁格,仅有一个方向的铺板梁,如图 6-4(a)所示。
2. 双向梁格,有两种体系的梁,即主梁和次梁,如图 6-4(b)所示。
3. 复式梁格,有三种体系的梁,即主梁和横次梁、纵次梁,如图 6-4(c)所示。

单向梁格适用于梁跨度较小的情况,多采用型钢梁。双向梁格和复式梁格由于在主梁上还设置次梁,使铺板的支承长度能控制在合理范围,适用于梁跨度较大的情况,次梁多采用型钢梁,主梁一般为组合截面梁。

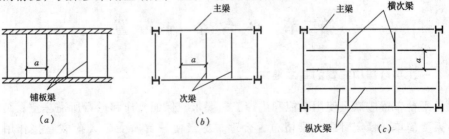

图 6-4 平台梁格布置形式

三、柱网布置

柱网布置从结构方面考虑,最为合理的布置应为等柱距布置。从经济方面考虑,柱网愈密,柱距愈小,则柱个数愈多,柱和基础所用材料愈多,但梁因跨度小,则梁用钢量减少。反之,放大柱距,则柱个数减少,柱和基础所用材料减少,而梁因跨度增大,则使梁的用钢量增加。因此,最经济的柱网布置必须通过几种方案比较后才能做出选择。另外,柱网的布置还要考虑满足平台的使用要求,在平台下面若布置有设备,则应加大柱网间距或进行抽柱。

第三节　平台钢铺板设计

一、平台铺板形式及构造

平台铺板按工艺生产要求可分为固定的及可拆卸的,按材料可分为钢筋混凝土板及钢铺板,钢铺板按构造不同分为花纹钢板(图6-5a)、压型钢板(图6-5b)、平钢板、平钢板加工冲泡(图6-5c)或电焊花纹、蓖条式铺板(图6-5d)及钢网格板(图6-5e)。

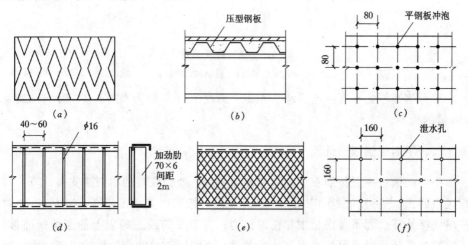

图6-5　平台铺板构造

对人行通道和经常操作的平台,宜采用花纹钢板和采用了防滑措施的冲泡或电焊花纹平钢板。室外平台以及考虑减少积灰和便于观察设备的平台可采用蓖条式铺板和钢网格板。室外平台当采用平钢板时,应在板面上设泄水孔(图6-5f)。重型操作平台常采用普通平钢板上加防护层,有条件时宜采用现浇钢筋混凝土板和钢梁构成组合结构以节约钢材,并具有良好的使用性能。

花纹平钢板和普通平钢板的平台铺板,可分为无肋铺板(图 6-6a)和有肋铺板(图 6-6b)两种。有肋铺板的加劲肋可采用扁钢或角钢,用断续焊缝与铺板相连,铺板与梁的连接亦采用断续焊缝,当铺板计入加劲肋或梁的计算截面时,断续焊缝的净距≤15t;其他情况下净距≤30t(t 为较薄焊件厚度)。扁钢加劲肋的截面高度一般为跨度的 1/12~1/15,且不宜小于 60mm,厚度不小于宽度的 1/15,且不小于 5mm;角钢加劲肋宜采用不等边角钢,长肢与板面垂直放置,肢尖与板焊接,角钢截面一般不小于 L50×4 或 L56×36×4。加劲肋间距一般为板厚的 100~150 倍。无肋铺板也需配置加劲肋,其间距按构造确定,一般为铺板短跨度的 2~2.5 倍,以保证铺板有一定的刚度。

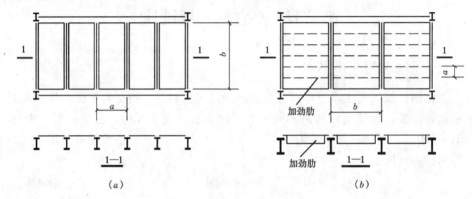

图 6-6 平台铺板类型
(a)无肋铺板;(b)有肋铺板

平台钢铺板的厚度一般不小于 6mm,跨度 l_0(一般为净跨)不宜大于 120~150 倍的板厚。

二、平钢板铺板的计算

平台钢铺板一般按照在支座(梁和加劲肋)处为铰接的单跨简支板计算,当板区格的长、短边(图 6-6)之比 $b/a ≤ 2$ 时,按四边支承板计算;当 $b/a > 2$ 时按单向板计算,而不考虑板中存在的拉力;对于三跨或三跨以上的连续钢铺板,当按单向板计算时,可按简支连续板考虑;当利用加劲肋作为板的支座,钢铺板按四边支承板计算时,加劲肋的容许挠度值不应大于 $l/250$(l 为加劲肋的跨度),否则仍应按单向板计算。

1. 钢铺板按四边支承板计算时

最大弯矩 $$M_{max} = \alpha q a^2 \tag{6-1}$$

强度 $$\sigma = \frac{M_{max}}{W} = \frac{6 M_{max}}{t^2} \leq f \tag{6-2}$$

挠度 $$v = \beta \frac{q_k a^4}{E t^3} \leqslant [v] \tag{6-3}$$

式中 q——板单位宽度板条上均布荷载的设计值；

q_k——板单位宽度板条上均布荷载的标准值；

a——铺板短边的边长；

α、β——系数，根据长边 b 与短边 a 的比值 b/a 按表 6-1 查得；

t——钢板的厚度；

$[v]$——铺板的容许挠度，一般取 $[v] = l_0/150$，l_0 为铺板净跨度。

四边支承板的 α、β 值　　　　　　表 6-1

b/a	1.0	1.1	1.2	1.3	1.4	1.5	1.6	1.7	1.8	1.9	2.0	>2.0
α	0.048	0.055	0.063	0.069	0.075	0.081	0.086	0.091	0.095	0.099	0.102	0.125
β	0.043	0.053	0.062	0.070	0.077	0.084	0.091	0.096	0.102	0.106	0.111	0.142

2. 钢铺板按单向板、双跨连续板、三跨或以上的连续板计算时仍采用公式（6-1）～（6-3）进行计算，但系数 α、β 值取为：

单向板或双跨连续板：　　　$\alpha = 0.125$，$\beta = 0.140$；

三跨或以上的连续板：　　　$\alpha = 0.100$，$\beta = 0.110$。

3. 有肋铺板的加劲肋计算

加劲肋应按折算荷载下的单跨简支梁计算强度和挠度。其折算荷载 $\overline{q}$ 为：

$$\overline{q} = q \cdot a \tag{6-4}$$

式中 q——铺板单位宽度上均布荷载的设计值（包括自重）；

a——加劲肋间距。

加劲肋计算截面，对扁钢加劲肋采用 T 形截面（图 6-7a），对角钢加劲肋采用丁字形截面（图 6-7b）。截面中应包括加劲肋两侧各 $15t$（t 为铺板厚度）的铺板面积在内。计算时可考虑塑性发展系数 γ_x：对 T 形截面，上边缘 $\gamma_x = 1.05$，下边缘 $\gamma_x = 1.2$；对丁字形截面，上、下边缘均为 $\gamma_x = 1.05$。

强度 $$\frac{M}{\gamma_x W_{nx}} \leqslant f \tag{6-5}$$

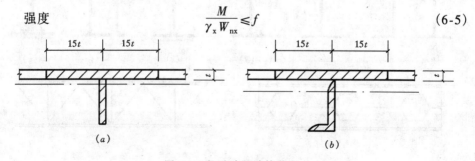

图 6-7　加劲肋的计算截面

挠度 $$v = \frac{5}{384}\frac{q_k l^4}{EI_x} \leq [v] \qquad (6\text{-}6)$$

式中 l——加劲肋的计算长度（一般为净跨长），对支承加劲肋近似取为铺板净跨加 5 倍铺板厚度，即 $l = l_0 + 5t$。

$[v]$——加劲肋的容许挠度，一般取 $[v] = l/250$。

第四节 平台梁设计

一、平台梁的截面形式

平台梁按制作方法的不同大致分为型钢梁和组合梁两大类，如图 6-8 所示。热轧型钢梁常用普通工字钢、槽钢和 H 型钢（图 6-8a、b、c），由于型钢梁加工方便、成本低廉，设计中应该优先采用。

当荷载和跨度较大时，型钢梁受到尺寸和规格的限制，常常不能满足承载能力和刚度的要求，此时应考虑采用组合梁。组合梁中最常用到的是焊接工字形截面（图 6-8d），它构造比较简单，制造也方便，必要时也可考虑采用双层翼缘板组成的截面（图 6-8e）。对于荷载较大而高度受到限制或抗扭刚度和侧向抗弯刚度要求较高的梁，可采用箱形截面（图 6-8f），在特殊情况下，不能采用焊接梁时，也可设计成高强度螺栓连接的栓接梁（图 6-8g），当综合技术经济指标合理时也可以采用蜂窝梁（图 6-8h）。对大荷载多层厂房平台，在使用功能允许的条件下，也可采用层间桁架（图 6-8i），截面为工字形的上、下弦杆分别兼作上、下层平台梁。

二、型钢梁设计

平台结构中的次梁一般采用型钢梁。型钢梁的设计应考虑满足强度、刚度、

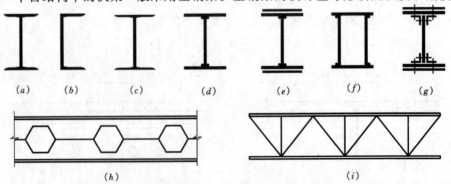

图 6-8 平台梁的截面形式

整体稳定性三方面的要求，型钢梁腹板和翼缘都较厚，局部稳定通常可得到保证，不需进行验算。

型钢梁设计步骤如下：

1. 初选截面

根据梁的荷载设计值计算梁最大弯矩 M_x 和最大剪力 V。再按抗弯强度要求计算所需净截面模量 W_{nx}，γ_x 可取 1.05。

$$W_{nx} = \frac{M_x}{\gamma_x f} \tag{6-7}$$

根据所算 W_{nx} 值查型钢表（附录三）选取合适的型钢，并给出所选型钢的截面特性。

2. 截面验算

(1) 强度计算

抗弯强度
$$\sigma = \frac{M_x}{\gamma_x W_{nx}} \leqslant f \tag{5-24}$$

抗剪强度
$$\tau = \frac{VS}{I t_w} \leqslant f_v \tag{5-26}$$

M_x 和 V 应包括梁自重产生的部分。

局部承压强度

当梁在固定集中荷载处和支座处无加劲肋时，应按下式计算局部承压强度：

$$\sigma_c = \frac{\psi F}{t_w l_z} \leqslant f \tag{5-27}$$

(2) 刚度计算

$$v \leqslant [v] \tag{5-29}$$

等截面简支梁常用挠度计算公式见表 5-6；规范规定的挠度容许值 $[v]$ 见表 5-5。

(3) 整体稳定计算

当按构造不能保证梁的整体稳定时，应按下式进行验算：

$$\frac{M_x}{\varphi_b W_x} \leqslant f \tag{5-34}$$

【例题 6-1】 一工作平台的梁格布置如图 6-9（a）所示。承受的静力荷载标准值为：恒载（平台铺板和面层）3.2kN/m²，活载 10kN/m²。次梁为热轧工字型钢，简支于主梁顶面，钢材为 Q235。试按下面两种情况选择次梁截面：(1) 平台铺板与次梁上翼缘焊牢；(2) 平台铺板未与次梁上翼缘焊牢。

【解】 次梁的计算简图如图 6-9（b）所示。

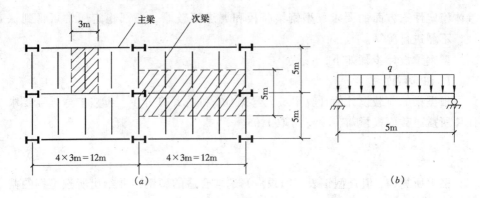

图 6-9 例题 6-1 图
(a) 某工作平台主次梁布置;(b) 次梁计算简图

(1) 平台铺板与次梁上翼缘焊牢,可保证次梁的整体稳定,只需计算次梁的强度和刚度。

根据《建筑结构荷载规范》(GB50009)的规定,当最不利组合为活载起控制作用时,恒载分项系数 $\gamma_G = 1.2$,活载分项系数 $\gamma_Q = 1.3$。

次梁上的线荷载标准值为:$q_k = 3 \times (3.2 + 10) = 39.6 \text{kN/m}$
线荷载设计值为:$q = 3 \times (1.2 \times 3.2 + 1.3 \times 10) = 50.52 \text{kN/m}$
跨中最大弯矩为:$M_{max} = q \times l^2 / 8 = 50.52 \times 5^2 / 8 = 157.88 \text{kN} \cdot \text{m}$
支座处的最大剪力为:$V = q \times l / 2 = 50.52 \times 5 / 2 = 126.3 \text{kN}$
根据抗弯强度要求,梁所需净截面模量为:

$$W_{nx} = M_{max} / (\gamma_x f) = 157.88 / (1.05 \times 215) \times 10^3 = 699.36 \text{cm}^3$$

查附表 3-1,选用 I32b,单位长度的质量为 57.7kg/m,则梁的自重为 $57.7 \times 9.8 = 565 \text{N/m}$,$I_x = 11626 \text{cm}^4$,$W_x = 727 \text{cm}^3$,$I_x / S_x = 27.3 \text{cm}$,$t_w = 11.5 \text{mm}$。

次梁自重产生的弯矩为 $M_g = 1.2 \times 565 \times 5^2 / 8 \times 10^{-3} = 2.12 \text{kN} \cdot \text{m}$
次梁自重产生的剪力为 $V_g = 1.2 \times 565 \times 5 / 2 \times 10^{-3} = 1.70 \text{kN}$
则弯曲正应力为:

$$\sigma = \frac{M_x}{\gamma_x W_{nx}} = \frac{157.88 + 2.12}{1.05 \times 727} \times 10^3 = 209.6 \text{N/mm}^2 < f = 215 \text{N/mm}^2 \quad 安全。$$

支座处最大剪应力为:

$$\tau = \frac{VS_x}{It_w} = \frac{126.3 + 1.70}{27.3 \times 1.15} \times 10 = 40.8 \text{N/mm}^2 < f_v = 125 \text{N/mm}^2$$

可见,型钢梁由于其腹板较厚,剪应力一般不起控制作用。

跨中最大挠度为(按荷载标准值计算):

全部荷载作用下

$$v_\mathrm{T} = \frac{5}{384} \cdot \frac{q_\mathrm{T} l^4}{EI} = \frac{5}{384} \cdot \frac{(39.6 + 0.565) \times 5000^4}{2.06 \times 10^5 \times 11626 \times 10^4}$$

$$= 13.6\mathrm{mm} < [v_\mathrm{T}] = \frac{l}{250} = 20\mathrm{mm}$$

可变荷载作用下

$$v_\mathrm{Q} = \frac{5}{384} \cdot \frac{q_l l^4}{EI} = \frac{5}{384} \cdot \frac{(10 \times 3) \times 5000^4}{2.06 \times 10^5 \times 11626 \times 10^4}$$

$$= 10.2\mathrm{mm} < [v_\mathrm{Q}] = \frac{l}{350} = 14.3\mathrm{mm}$$

型钢截面的局部稳定无须验算。因此，所选截面满足要求。

(2) 平台铺板未与次梁上翼缘焊牢，则需根据次梁的整体稳定性要求选择截面。现假定工字钢型号在 I22～I40 之间，按跨中无侧向支承点梁，均布荷载作用在上翼缘，梁自由长度为 5m，查附表 6，得 $\varphi_\mathrm{b} = 0.73 > 0.6$，由式（5-37）$\varphi'_\mathrm{b} = 1.07 - 0.282/\varphi_\mathrm{b} = 0.684$。

梁所需净截面截面模量为：

$$W_\mathrm{nx} = M_\mathrm{x}/(\varphi'_\mathrm{b} f) = 157.88/(0.684 \times 215) \times 10^3 = 1074\mathrm{cm}^3$$

查附表 3-1，选用 I40b，单位长度的质量为 73.8kg/m，则梁的自重为 73.8 × 9.8 = 723N/m，$I_\mathrm{x} = 22781\mathrm{cm}^4$，$W_\mathrm{x} = 1139\mathrm{cm}^3$。

验算：

加上自重后，次梁的最大弯矩设计值为 $M_\mathrm{x} = 157.88 + 1.2 \times 723 \times 5^2/8 \times 10^{-3}$ = 160.6kN·m。

$$\frac{M_\mathrm{x}}{\varphi_\mathrm{b} W_\mathrm{x}} = \frac{160.6}{0.684 \times 1139} \times 10^3$$

$$= 206.1\mathrm{N/mm}^2 < f = 215\mathrm{N/mm}^2，安全。$$

三、焊接组合梁设计

平台结构中主梁常用焊接组合梁，由三块钢板焊接成双轴对称工字形截面形式（图 6-10）。选择截面时，首先要初步估算梁的截面高度、腹板厚度和翼缘尺寸。

(一) 截面选择

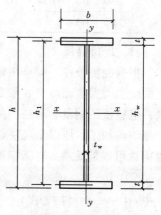

图 6-10 焊接梁截面

1. 梁截面高度 h

梁截面高度是焊接梁截面的一个最重要的尺寸。确定梁截面高度应考虑建筑高度、刚度条件和经济条件三方面因素。

(1) 容许最大高度 $h_{\max}$

建筑高度指梁底面到铺板顶面间的高度，一般由生产工艺及使用所需净空决定，给定了建筑高度就决定了容许最大高度 $h_{\max}$。

(2) 容许最小高度 $h_{\min}$

容许最小高度由刚度条件决定。对于梁来说，刚度条件就是梁在全部荷载标准值作用下的挠度 v 应不大于规范容许值 $[v_T]$。梁的挠度大小与截面高度有关，以承受均布荷载或多个集中力作用的简支梁为例，其最大挠度为：

$$v = \frac{5q_k l^4}{384 EI} = \frac{5l^2}{48 EW \cdot (h/2)} \cdot \frac{q_k l^2}{8} = \frac{10 l^2}{48 Eh} \cdot \frac{M_k}{W} = \frac{10 l^2}{48 Eh} \cdot \sigma_k \leqslant [v_T]$$

当梁的强度充分发挥作用时，可取 $\sigma_k = f/\gamma_s$，γ_s 为荷载分项系数，可近似取 1.3，接近于永久荷载和可变荷载分项系数的平均值。梁的最小高跨比为：

$$\frac{h_{\min}}{l} = \frac{10 f}{48 \times 1.3 E} \cdot \frac{l}{[v_T]} = \frac{f}{1.285 \times 10^6} \cdot \frac{l}{[v_T]} \tag{6-8}$$

依不同的 $[v_T] = l/n$ 值，可算得平台梁的容许最小高跨比 $h_{\min}/l$，如表 6-2 所示。

均布荷载作用下简支梁的容许最小高跨比 $h_{\min}/l$ 表 6-2

$[v_T]$		$\frac{l}{1000}$	$\frac{l}{800}$	$\frac{l}{600}$	$\frac{l}{500}$	$\frac{l}{400}$	$\frac{l}{350}$	$\frac{l}{300}$	$\frac{l}{250}$	$\frac{l}{200}$	$\frac{l}{150}$
$\frac{h_{\min}}{l}$	Q235	1/6	1/7.5	1/10	1/12	1/15	1/17	1/20	1/24	1/30	1/40
	Q345	1/4	1/5.2	1/6.8	1/8.2	1/10.2	1/11.8	1/13.6	1/16.3	1/20.4	1/27.2
	Q390	1/3.7	1/4.6	1/6.1	1/7.3	1/9.2	1/10.5	1/12.2	1/14.7	1/18.4	1/24.5
	Q420	1/3.4	1/4.2	1/5.6	1/6.8	1/8.5	1/9.7	1/11.3	1/13.5	1/16.9	1/22.6

(3) 经济高度 h_e

根据经济条件，即总用钢量最小原则决定经济高度 h_e。为满足梁强度和稳定的要求，梁截面应有足够的截面模量，若选用较大的梁高，可减少翼缘用钢量，但腹板用钢量会增加，反之，选用较小梁高，腹板用钢量减少了，但翼缘用钢量却增加了。所以最经济的截面是在满足承载力和使用条件的情况下使翼缘和腹板总用钢量最小。对工字形等截面梁，单位长度用钢量为：

$$G = \rho(2A_1 + 1.2 t_w h_w) \tag{6-9}$$

式中 ρ——钢材的密度；

A_1——一个翼缘的截面面积；

1.2——构造系数,考虑腹板有加劲肋。

由

$$I_x = \frac{1}{12}t_w h_w^3 + 2A_1\left(\frac{h_1}{2}\right)^2 \tag{6-10}$$

则

$$W_x = \frac{2I_x}{h} = \frac{1}{6}\frac{t_w h_w^3}{h} + A_1\frac{h_1^2}{h} \tag{6-11}$$

式中 h_1——翼缘板中心间距离。

初选截面时可取 $h \approx h_1 \approx h_w$,代入式 (6-11),则翼缘的截面面积为:

$$A_1 = \frac{W_x}{h_w} - \frac{1}{6}t_w h_w \tag{6-12}$$

将式 (6-12) 代入式 (6-9) 得

$$G = \rho\left[\frac{2W_x}{h_w} + \left(1.2 - \frac{1}{3}\right)t_w h_w\right] = \rho\left(\frac{2W_x}{h_w} + 0.867 t_w h_w\right) \tag{6-13}$$

腹板厚度与其高度有关,可根据经验取:

$$t_w = \frac{\sqrt{h_w}}{3.5}\text{mm} \tag{6-14}$$

代入式 (6-13),得

$$G = \rho\left(\frac{2W_x}{h_w} + 0.25 h_w^{1.5}\right) \tag{6-15}$$

由 $\frac{dG}{dh_w} = 0$,得经济高度为:

$$h_w \approx 2W_x^{0.4} \tag{6-16}$$

也可参照下列经济高度的经验公式计算:

$$h_e = 7\sqrt[3]{W_x} - 300\text{mm} \tag{6-17}$$

根据上述三个条件,实际所用梁高应在 $h_{\min} \sim h_{\max}$ 之间取用,且使 $h \approx h_e$。

2. 腹板高度 h_w

一般来说,梁翼缘板厚度较梁高度小很多,因此可取梁腹板高度 h_w 稍小于梁高 h,并尽可能考虑钢板规格尺寸,将腹板高度 h_w 取为 50mm 的倍数。

3. 腹板厚度 t_w

梁的腹板主要承受剪力作用,考虑抗剪强度要求,可近似采用下式计算:

$$t_w = \frac{\alpha V}{h_w f_v} \tag{6-18}$$

式中,系数 α 根据截面削弱情况可取 1.2~1.5。

由上式计算的 t_w 往往较小,考虑局部稳定和构造要求,腹板厚度 t_w 亦可用经验公式 (6-14) 估算。腹板厚度最好控制在 8~22mm 的范围内,且不宜小于 6mm。选用时应注意钢板规格,一般为 2mm 的倍数。

4. 翼缘宽度 b 和厚度 t

腹板尺寸确定后,可根据式(6-12)求出所需的翼缘面积,然后选择翼缘宽度和厚度中的任一值,即可求得另一值。

一般取翼缘宽度 $b =$ (1/3~1/5)h,翼缘宽度不能太小,否则不利梁的整体稳定,也不能太大,太大会导致翼缘中应力分布不均匀性增大且可能使翼缘产生局部屈曲。为保证受压翼缘局部稳定,其自由外伸宽度与厚度之比不应超过 $15\sqrt{235/f_y}$,若能限制在 $13\sqrt{235/f_y}$ 以内,则可以利用截面的部分塑性性能。

翼缘宽度 b 宜取 10mm 的倍数,厚度 t 取 2mm 的倍数。

(二)截面验算

根据初选截面计算出截面的几何性质,然后按照与型钢梁截面验算基本相同的方法进行验算。注意,验算时应考虑梁自重产生的内力。

1. 强度

弯曲正应力:按公式(5-24)验算。

最大剪应力:按公式(5-26)验算。

局部压应力:按公式(5-27)验算。

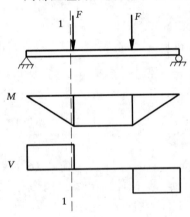

图 6-11 折算应力验算位置

折算应力:在弯曲正应力和剪应力均较大处,有时还有局部压应力作用,规范规定应验算梁腹板折算应力。这种情况发生在弯矩和剪力均较大的截面,如图 6-11 所示的简支梁的 1-1 截面处,或在梁翼缘截面改变处以及连续梁的中间支座处,应按复杂应力状态用下式验算折算应力:

$$\sqrt{\sigma^2 + \sigma_c^2 - \sigma\sigma_c + 3\tau^2} \leq \beta_1 f \quad (5-28)$$

2. 刚度

按式(5-29)验算,注意容许挠度对应的荷载标准值。

3. 整体稳定验算

当需要时,按式(5-34)验算。

4. 局部稳定

对翼缘和腹板应分别考虑局部稳定。

(1)为保证受压翼缘局部稳定,规范采用限制板件宽厚比的方法,防止翼缘板的屈曲。对于工字形截面梁,受压翼缘自由外伸宽度 b 与厚度 t 之比应符合 $b/t \leq 15\sqrt{235/f_y}$ 的要求,当梁截面允许出现部分塑性时,规范规定宽厚比应满足 $b/t \leq 13\sqrt{235/f_y}$ 的要求,对于箱形截面梁的受压翼缘在两腹板之间的宽度 b_0(图 5-17)与厚度 t 之比应符合 $b_0/t \leq 40\sqrt{235/f_y}$ 的要求。

(2) 腹板的局部稳定分两种情况考虑,对承受静力荷载和间接承受动力荷载的组合梁宜考虑腹板屈曲后强度,按式(6-19)计算其抗弯和抗剪承载力;对于直接承受动力荷载的组合梁不考虑腹板屈曲后强度,可通过增加腹板厚度和设置合适加劲肋来保证。通常增加腹板厚度是很不经济的,因此常采用配置加劲肋的方法来保证腹板的局部稳定。腹板在放置加劲肋后,被划分为尺寸较小的区格,可提高临界应力。加劲肋主要可以分为横向、纵向、短加劲肋和支承加劲肋等几种,设计中按照不同情况采用。

1) 考虑腹板屈曲后强度的工字形截面焊接组合梁,应按下式验算抗弯和抗剪承载能力:

$$\left(\frac{V}{0.5V_u} - 1\right)^2 + \frac{M - M_f}{M_{eu} - M_f} \leq 1 \tag{6-19}$$

$$M_f = \left(A_{f1}\frac{h_1^2}{h_2} + A_{f2}h_2\right)f \tag{6-20}$$

式中 M、V——梁同一截面上同时产生的弯矩和剪力设计值;计算时,当 $V < 0.5V_u$ 时,取 $V = 0.5V_u$;当 $M < M_f$ 时,取 $M = M_f$;

M_f——梁两翼缘所承担的弯矩设计值;

A_{f1}、h_1——较大翼缘的截面积及其形心至梁中和轴的距离;

A_{f2}、h_2——较小翼缘的截面积及其形心至梁中和轴的距离;

M_{eu}——腹板屈曲后梁有效截面抗弯承载力设计值;

V_u——梁抗剪承载力设计值。

① M_{eu} 应按下列公式计算:

$$M_{eu} = \gamma_x \alpha_e W_x f \tag{6-21}$$

$$\alpha_e = 1 - \frac{(1-\rho)h_c^3 t_w}{2I_x} \tag{6-22}$$

式中 α_e——梁截面模量考虑腹板有效高度的折减系数;

I_x——按梁截面全部有效算得的绕 x 轴的惯性矩;

h_c——按梁截面全部有效算得的腹板受压区高度;

γ_x——梁截面塑性发展系数;

ρ——腹板受压区有效高度系数:

$$当 \lambda_b \leq 0.85 时, \rho = 1.0 \tag{6-23a}$$

$$当 0.85 < \lambda_b \leq 1.25 时, \rho = 1 - 0.82(\lambda_b - 0.85) \tag{6-23b}$$

$$当 \lambda_b > 1.25 时, \rho = \frac{1}{\lambda_b}\left(1 - \frac{0.2}{\lambda_b}\right) \tag{6-23c}$$

式中 λ_b——用于腹板受弯计算时的通用高厚比，按式（5-47d）、（5-47e）计算。

② V_u 应按下列公式计算：

$$当 \lambda_s \leqslant 0.8 时, V_u = h_w t_w f_v \qquad (6-24a)$$

$$当 0.8 < \lambda_s \leqslant 1.2 时, V_u = h_w t_w f_v [1 - 0.5(\lambda_s - 0.8)] \qquad (6-24b)$$

$$当 \lambda_s > 1.2 时, V_u = h_w t_w f_v / \lambda_s^{1.2} \qquad (6-24c)$$

式中 λ_s——用于腹板受剪计算时的通用高厚比，按式（5-48d）、（5-48e）计算，当组合梁仅配置支座加劲肋时，取式（5-48e）中的 $h_0/a = 0$。

考虑腹板屈曲后强度的梁，可按构造需要设置中间横向加劲肋。

2）当仅配支承加劲肋不能满足梁的抗弯、抗剪承载能力时（式 6-19），应配置中间横向加劲肋，其计算按第五章第二节有关内容进行。

加劲肋应满足下列构造要求：

组合梁的加劲肋常在腹板两侧成对配置，也可单侧配置（如图 6-12），但支承加劲肋和重级工作制吊车梁的加劲肋不应单侧布置。加劲肋可采用钢板或型钢，焊接梁多采用钢板。

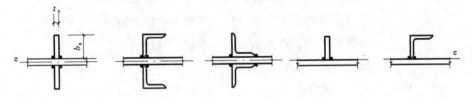

图 6-12 加劲肋形式

加劲肋应有足够刚度，方可保证腹板局部稳定，双侧布置的钢板横向加劲肋，其截面尺寸按下列经验公式确定：

$$外伸宽度 \qquad b_s \geqslant \frac{h_0}{30} + 40\text{mm} \qquad (6-25)$$

$$厚度 \qquad t_s \geqslant \frac{b_s}{15} \qquad (6-26)$$

在腹板一侧布置的钢板横向加劲肋，其外伸宽度应大于按式（6-25）算得的1.2倍，厚度应不小于其外伸宽度的1/15。

对考虑腹板屈曲后强度的梁，中间横向加劲肋和上端受有集中压力的中间支承加劲肋，其截面尺寸尚应按轴心受压构件计算其在腹板平面外的稳定性，轴心压力为：

$$N_s = V_u - \tau_{cr} h_w t_w + F \tag{6-27}$$

式中 V_u——按公式（6-24）计算；

τ_{cr}——按公式（5-48）计算；

F——作用于中间支承加劲肋上端的集中压力。

在同时用横向加劲肋和纵向加劲肋加强的腹板中，横向加劲肋的截面尺寸除了符合上述规定外，其绕 z 轴（见图6-12）的惯性矩还应满足：

$$I_z \geqslant 3 h_0 t_w^3 \tag{6-28}$$

纵向加劲肋截面绕 y 轴（见图6-13）的惯性矩应满足：

当 $\dfrac{a}{h_0} \leqslant 0.85$ 时： $\quad I_y \geqslant 1.5 h_0 t_w^3 \tag{6-29a}$

当 $\dfrac{a}{h_0} > 0.85$ 时： $\quad I_y \geqslant \left(2.5 - 0.45\dfrac{a}{h_0}\right)\left(\dfrac{a}{h_0}\right)^2 h_0 t_w^3 \tag{6-29b}$

当配置有短加劲肋时，其外伸宽度应取为横向加劲肋外伸宽度的 0.7~1.0 倍，厚度不应小于短加劲肋外伸宽度的 1/15。

型钢加劲肋的截面惯性矩不得小于上述对钢板加劲肋惯性矩的要求。

为了减少焊接残余应力，避免焊缝过分集中，横向加劲肋的端部应切去宽约 $b_s/3$（但不大于40mm）、高约 $b_s/2$（但不大于60mm）的斜角，以使梁翼缘焊缝连续通过。在横向加劲肋和纵向加劲肋相交处，应将纵向加劲肋断开，且将纵向加劲肋两端切去相应的斜角，使横向加劲肋与腹板连接的焊缝连续通过（见图6-13）。

横向加劲肋的间距 a 应在 $0.5 h_0$ ~ $2 h_0$ 之间（对于无局部压应力的梁，当 $h_0/t_w \leqslant 100\sqrt{\dfrac{235}{f_y}}$ 时可采用 $2.5 h_0$）。纵向加劲肋至腹板计算高度受压边缘的距离 h_1 应在 $h_c/2.5$ ~ $h_c/2$（h_c 为腹板受压区高度）范围内。短加劲肋的最小间距为

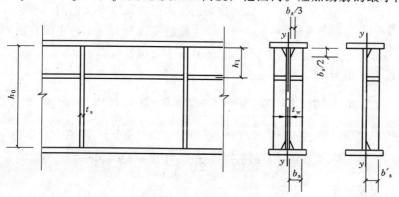

图6-13 加劲肋构造

$0.75h_1$。

对于支承加劲肋,可按第五章有关内容进行稳定、端面承压强度和连接焊缝的计算。当腹板在支座旁的区格利用屈曲后强度亦即 $\lambda_s > 0.8$ 时,支座加劲肋除承受梁的支座反力外,尚应承受拉力场的水平分力 H,按压弯构件计算强度和在腹板平面外的稳定, H 的作用点在距腹板计算高度上边缘 $h_0/4$ 处。

$$H = (V_u - \tau_{cr}h_w t_w)\sqrt{1 + (a/h_0)^2} \qquad (6-30)$$

(三)焊接组合梁翼缘焊缝的设计

连接焊缝主要承受梁翼缘和腹板间的剪力作用(图 5-22)。对于双层翼缘板的梁,当计算外层翼缘板与内层翼缘板之间的连接焊缝时, S_1 为外层翼缘板对梁中和轴的面积矩;当计算内层翼缘板与腹板之间的连接焊缝时, S_1 为内外两层翼缘板面积对梁中和轴的面积矩之和。

设计时可先根据构造要求选定焊脚尺寸 h_f,按式(5-55)或(5-56)验算。

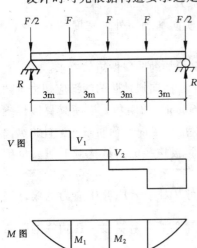

图 6-14 主梁的计算简图

【例题 6-2】 按照例题 6-1 中(1)的条件和结果,设计工作平台的主梁(图 6-9a)。主梁为两端简支梁,跨度 12m,采用焊接工字形截面组合梁,梁在净空方面无限制。钢材为 Q235-B,焊条为 E43 型,手工焊。

【解】

1. 初选截面

主梁的计算简图如图 6-14 所示。两侧的次梁对主梁产生的压力标准值为:

$$F_k = (39.6 + 0.565) \times 5 = 200.8\text{kN}$$

设计值为:

$$F = (50.52 + 0.565 \times 1.2) \times 5 = 256.0\text{kN}$$

梁端的次梁压力取中间次梁的一半。

主梁的支座反力(不计主梁自重)为:

$$R = 2 \times 256.0 = 512.0\text{kN}$$

梁跨中最大弯矩为:

$$M = (512.0 - 128.0) \times 6 - 256.0 \times 3 = 1536.0\text{kN} \cdot \text{m}$$

梁所需净截面模量(按翼缘厚度 ≤16mm,取 $f = 215\text{N/mm}^2$)为:

$$W_{nx} = \frac{M}{\gamma_x f} = \frac{1536.0}{1.05 \times 215} \times 10^3 = 6804.0\text{cm}^3$$

(1)腹板高度

梁的高度在净空方面无要求。依刚度条件选取。在全部荷载标准值作用下,

梁的容许挠度为 $[v_T] = l/400$，由式（6-8）得：

$$h_{min} = \frac{f}{1.285 \times 10^6} \times \frac{l}{[v_T]} \times l = \frac{215}{1.285 \times 10^6} \times 400 \times 12000 = 803.1\text{mm}$$

经济高度 h_e，按式（6-16）有：

$$h_e = 2(W_x)^{0.4} = 2 \times (6804.0 \times 10^3)^{0.4} = 1081.8\text{mm}$$

参照以上数据，考虑到梁截面高度大一些，更有利于增加刚度，故取梁腹板高度 $h_w = 1200\text{mm}$。

（2）腹板厚度

根据梁端支座处最大剪力需要：

$$t_w = 1.2 \times \frac{V_{max}}{h_w f_v} = 1.2 \times \frac{512.0}{1200 \times 125} \times 10^3 = 4.1\text{mm}$$

可见依抗剪条件得到的腹板厚度很小，应根据经验公式（6-14）选用：

$$t_w = \sqrt{h_w}/3.5 = \sqrt{1200}/3.5 = 9.9\text{mm}，取 t_w = 10\text{mm}$$

（3）翼缘板尺寸的确定

由式（6-12），$A_1 = b \times t = \dfrac{W_x}{h_x} - \dfrac{h_w t_w}{6} = \dfrac{6804.0}{120} - \dfrac{120 \times 1}{6} = 36.7\text{cm}^2$

试取翼缘板宽度 $b = 300\text{mm}$，则所需厚度：

$$t = A_1/b = 36.7 \times 10^2/300 = 12.2\text{mm}，取 t = 14\text{mm}。$$

主梁的截面如图 6-15 所示。此时 $b_1/t = 145/14 = 10.36 < 13$，满足局部稳定要求，且可以考虑截面部分塑性发展。

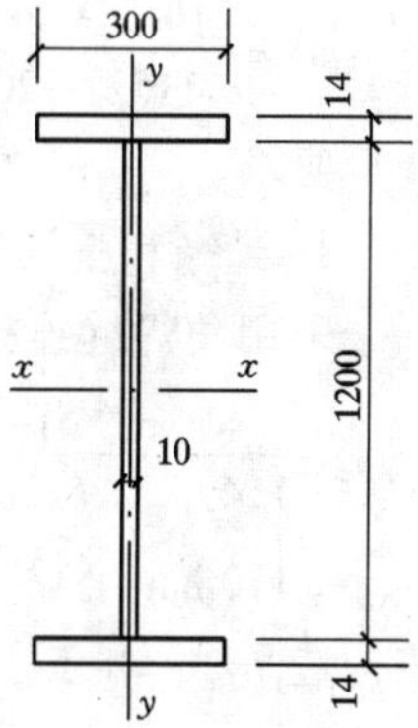

2. 截面验算

（1）计算截面特性

$$A = 2 \times 30 \times 1.4 + 120 \times 1 = 204\text{cm}^2$$

$$I_x = \frac{1 \times 120^3}{12} + 2 \times 30 \times 1.4 \times \left(\frac{120 + 1.4}{2}\right)^2 = 453497\text{cm}^4$$

$$W_{nx} = \frac{453497}{61.4} = 7386\text{cm}^3$$

$$S_x = 30 \times 1.4 \times 60.7 + 1 \times 60 \times 30 = 4349\text{cm}^3$$

主梁自重标准值为：

$204 \times 10^2 \times 7850 \times 10^{-6} = 160.14\text{kg/m} = 1.569\text{kN/m}$

图 6-15 主梁的截面

考虑主梁自重后的弯矩设计值为：

$$M_x = 1536.0 + 1.2 \times 1.569 \times 12^2/8 = 1569.9\text{kN} \cdot \text{m}$$

考虑主梁自重后的支座反力设计值为：

$$R = 512.0 + 1.2 \times 1.569 \times 12/2 = 523.3\text{kN}$$

（2）强度校核

$$\sigma = \frac{M_x}{\gamma_x W_{nx}} = \frac{1569.9 \times 10^6}{1.05 \times 7386 \times 10^3} = 202.4\text{N/mm}^2 < f = 215\text{N/mm}^2$$

$$\tau = \frac{RS_x}{I_x t_w} = \frac{523.3 \times 10^3 \times 4349 \times 10^3}{453497 \times 10^4 \times 10} = 50.2\text{N/mm}^2 < f_v = 125\text{N/mm}^2$$

满足要求。

(3) 局部压应力和折算应力

在次梁连接处设支承加劲肋，无局部压应力。同时由于剪应力较小，其他截面折算应力无须验算。

(4) 整体稳定

次梁上有刚性铺板，次梁稳定得到了保证，故次梁可以作为主梁的侧向支承点。此时由于主梁受压翼缘自由长度与宽度之比 $l_1/b_1 = 3000/300 = 10 < 16$，整体稳定可以得到保证，无须计算。

(5) 刚度验算

每根次梁传来的全部荷载标准值 $F_T = 200.8\text{kN}$，故

$$v_T = \frac{5 \times 1.569 \times 12^4 \times 10^{12}}{384 \times 206000 \times 453497 \times 10^4} + \frac{19 \times 3 \times 200.8 \times 10^3 \times 12^3 \times 10^9}{1152 \times 206000 \times 453497 \times 10^4}$$

$$= 18.8\text{mm} < [v_T] = l/400 = 30\text{mm}$$

每根次梁传来的可变荷载标准值 $F_Q = 3 \times 10 \times 5 = 150\text{kN}$，故

$$v_Q = \frac{19 \times 3 \times 150 \times 10^3 \times 12^3 \times 10^9}{1152 \times 206000 \times 453497 \times 10^4} = 13.7\text{mm} < [v_Q] = l/500 = 24\text{mm}$$

满足要求。

3. 翼缘和腹板连接焊缝的计算

采用角焊缝连接

$$h_f \geq \frac{1}{1.4 f_f^w} \cdot \frac{VS_1}{I_x} = \frac{1}{1.4 \times 160} \cdot \frac{(523.3 - 128.0) \times 10^3 \times 30 \times 1.4 \times 60.7 \times 10^3}{453497 \times 10^4}$$

$$= 1.0\text{mm}$$

按构造 $h_{f\min} = 1.5\sqrt{t_{\max}} = 1.5\sqrt{14} = 5.6\text{mm}$

$$h_{f\max} = 1.2 t_{\min} = 1.2 \times 10 = 12\text{mm}$$

取 $h_f = 6\text{mm}$ 可满足要求。

4. 腹板局部稳定

因主梁上有集中荷载，故首先应在有集中荷载处腹板上配置支承加劲肋，则加劲肋间距为 3000mm，如图 6-16。若考虑腹板的屈曲后强度，则

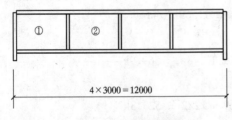

图 6-16 加劲肋布置

因梁受压翼缘扭转受到约束，故

$$\lambda_b = \frac{2h_c/t_w}{177}\sqrt{\frac{f_y}{235}} = \frac{2\times(1200/2)/10}{177} = 0.68 < 0.85，由式（6-23a）知，\rho = 1.0$$

$$\alpha_e = 1 - \frac{(1-\rho)h_c^3 t_w}{2I_x} = 1.0$$

$$M_{eu} = \gamma_x \alpha_e W_x f = 1.05 \times 1 \times 7386 \times 10^3 \times 215 \times 10^{-6} = 1667.4 \text{kN}\cdot\text{m}$$

因为 $a/h_0 = 3000/1200 = 2.5 > 1.0$，故

$$\lambda_s = \frac{h_0/t_w}{41\sqrt{5.34+4(h_0/a)^2}}\sqrt{\frac{f_y}{235}} = \frac{1200/10}{41\sqrt{5.34+4(1200/3000)^2}} = 1.2$$

$$V_u = h_w t_w f_v [1 - 0.5(\lambda_s - 0.8)]$$

$$= 1200 \times 10 \times 125 \times [1 - 0.5(1.2 - 0.8)] \times 10^{-3} = 1200 \text{kN}$$

验算抗弯和抗剪承载能力

对于区格 1： $M_1 = (523.3 - 128.0) \times 3 - 1.2 \times 1.569 \times 3^2/2 = 1176.5 \text{kN}\cdot\text{m}$

$V_1 = 523.3 - 128.0 - 1.2 \times 1.569 \times 3 = 389.7 \text{kN} < 0.5V_u = 600 \text{kN}$，取 $V = 0.5V_u$

$$M_f = \left(A_{f1}\frac{h_1^2}{h_2} + A_{f2}h_2\right)f = 300 \times 14 \times 607 \times 2 \times 215 \times 10^{-6}$$

$$= 1096.2 \text{kN}\cdot\text{m}$$

$$\left(\frac{V}{0.5V_u} - 1\right)^2 + \frac{M - M_f}{M_{eu} - M_f} = \left(\frac{0.5V_u}{0.5V_u} - 1\right)^2 + \frac{1176.5 - 1096.2}{1667.4 - 1096.2} = 0.14 < 1.0$$

对于区格 2：

$$M_2 = (523.3 - 128.0) \times 6 - 256.0 \times 3 - 1.2 \times 1.569 \times 12^2/8 = 1569.9 \text{kN}\cdot\text{m}$$

$$V_2 = 523.3 - 128.0 - 256.0 - 1.2 \times 1.569 \times 6$$

$$= 128.0 \text{kN} < 0.5V_u = 600，取 V = 0.5V_u$$

$$\left(\frac{V}{0.5V_u} - 1\right)^2 + \frac{M - M_f}{M_{eu} - M_f} = \left(\frac{0.5V_u}{0.5V_u} - 1\right)^2 + \frac{1569.9 - 1096.2}{1667.4 - 1096.2} = 0.83 < 1.0$$

满足要求。

四、梁的拼接

梁的拼接分为工厂拼接和工地拼接两种。前者由于钢材规格和现有截面尺寸的限制，梁的翼缘板和腹板需要加长、加宽，这类拼接通常在钢结构制造厂进行，故称为工厂拼接。后者则由于运输、安装条件的限制，钢梁在加工厂分段制作，运到工地后现场拼接，故称工地拼接。

翼缘和腹板的工厂拼接位置最好错开，并与加劲肋和连接次梁的位置错开，以避免焊缝过分集中，如图6-17所示。拼接焊缝一般采用对接正焊缝，如图6-17（a），在施焊时加引弧板，当焊缝质量等级为一、二级时不用验算，当焊缝强度不足时，可以采用斜焊缝，如图6-17（b）；当焊缝与拼接板的边缘成 $\mathrm{tg}\theta \leqslant 1.5$ 时，可不计算焊缝强度。

工地拼接一般应使翼缘和腹板在同一截面或接近同一截面处断开，便于运输，如图6-18（a）。为了便于焊接，将上下翼缘板均切割成向上的V形坡口。为了使焊缝有一定的伸缩余量，减小残余应力，应将腹板和翼缘的连接焊缝预留约500mm的长度在工厂不焊，按图6-18（a）所示序号最后施焊。也可以将梁上下翼缘板和腹板的拼接位置适当错开，如图6-18（b）所示，但运输时必须注意防止碰坏。

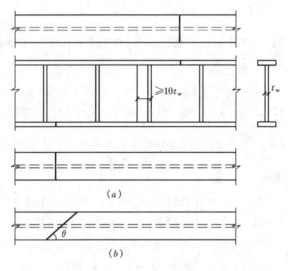

图6-17 工厂焊接拼接

对于承受动力荷载的大型梁，工地拼接常采用高强度螺栓连接（图6-19）。翼缘板的拼接，通常按照等强度原则进行，即拼接板的净截面面积不小于翼缘板的净截面面积。高强度螺栓的数量按翼缘板净截面面积 A_n 所能承受的轴力 $N = A_n f + 0.5 n_1 N_v^b$ 考虑，其中的第二项为第一排螺栓的孔前传力。腹板拼接板及每侧的高强度螺栓，承受拼接截面的全部剪力和按毛截面惯性矩分配到腹板上的弯矩 M_w。

$$M_w = M \times I_w / I \qquad (6\text{-}31)$$

式中　M——拼接截面处的弯矩；

I_w——腹板的毛截面惯性矩；

I——梁的毛截面惯性矩。

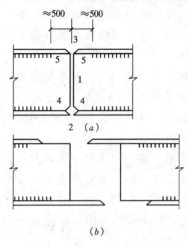

图 6-18 工地焊接拼接

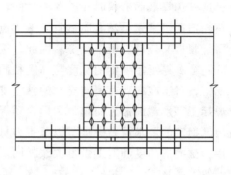

图 6-19 工地高强螺栓拼接

第五节 平台柱设计

一、平台柱的截面形式

平台柱按构造分为实腹柱和格构柱。平台柱宜采用等截面实腹柱，其常用截面有热轧型钢截面、冷弯薄壁型钢截面以及焊接组合截面，如图 5-1（a）、（b）、（c）；对于高度较大的平台柱用格构柱，常用截面如图 5-1（d）。

平台柱根据受力的不同分为轴心受压构件和压弯构件。作用在平台结构上的水平荷载（主要为风荷载）比较小，可主要考虑竖向荷载的作用，因此平台柱一般多按轴心受压构件设计。

二、轴心受压平台柱设计

在选择平台柱截面时，应考虑以下几个原则：1）强度所需的截面积；2）便于和其它构件相连；3）构造简单，制作方便；4）截面尽量壁薄开展以增加稳定性能，但此时应注意板件的局部屈曲问题，板件局部屈曲会对构件承载力有所影响；5）两个主轴方向的长细比应尽可能接近，以充分利用材料。

（一）实腹式轴心受压柱设计

首先选择截面形式，再根据对构件整体稳定和局部稳定要求确定截面尺寸。

1. 截面选择

一般要选择壁薄而宽敞的截面，具有较大的回转半径，使构件具有较高的承载力。另外，还要使构件在两个方向的稳定系数接近相同。当构件在两个方向的长细比相同时，虽然有可能在表 5-3 中属于不同的类别使得它们的稳定系数不一定相同，但其差别一般不大。所以，可用长细比 λ_x 和 λ_y 相等作为考虑等稳定的方法，这样选择截面形状时还要和构件的计算长度 l_x 和 l_y 联系起来。

热轧普通工字钢虽然有制造省工的优点，但两个主轴方向的回转半径差别较大，而且腹板又较厚，很不经济。因此，很少用于单根压杆。

轧制宽翼缘工字型钢的宽度与高度相同时对强轴的回转半径约为弱轴回转半径的二倍，对于在中点有侧向支撑的独立支柱最为适宜。

焊接工字形截面最为简单，利用自动焊可以作成一系列定型尺寸的截面，腹板按局部稳定的要求可做得很薄以节省钢材，应用十分广泛。为使翼缘与腹板便于焊接，截面的高度和宽度做得大致相同。工字形截面的回转半径与截面轮廓尺寸的近似关系是 $i_x = 0.43h$、$i_y = 0.24b$。所以，只有两个主轴方向的计算长度相差一倍时，才有可能达到等稳定的要求。

十字形截面在两个主轴方向的回转半径是相同的，对于重型中心受压柱，当两个方向的计算长度相同时，这种截面较为有利。

圆管截面轴心压杆的承载力较高，但是轧制钢管取材不易，应用不多。焊接圆管压杆用于海洋平台结构，因其腐蚀面小又可做成封闭构件，比较经济合理。

方管或由钢板焊成的箱形截面，因其承载能力和刚度都较大，虽然连接构造困难，但可用作高大的承重支柱。

平台柱常采用双轴对称截面形式。

2. 计算步骤

在确定了钢材标号、轴心压力设计值、计算长度以及截面形式以后，可按照下列步骤设计截面尺寸，然后进行强度、整体稳定、局部稳定和刚度等的验算。

(1) 先假定杆的长细比 λ，一般可假定 $\lambda = 50 \sim 100$，荷载较大时取较小值，反之，荷载较小时取较大值。再根据截面形式和加工条件由表 5-3 得到截面分类，而后从附表 7-1~7-4 查出相应的稳定系数 φ，则需要的截面面积为：

$$A = N/(\varphi f) \tag{6-32}$$

相应于假定长细比的回转半径为：

$$i_x = l_{0x}/\lambda, \quad i_y = l_{0y}/\lambda \tag{6-33}$$

(2) 利用附表 4 中截面回转半径和其轮廓尺寸的近似关系，$i_x = \alpha_1 h$ 和 $i_y = \alpha_2 b$ 确定截面的高度 $h = i_x/\alpha_1$ 和宽度 $b = i_y/\alpha_2$，并根据等稳条件，便于加工和板件局部稳定的要求确定截面各部分的尺寸。

截面各部分的尺寸也可以参考已有的设计资料确定，不一定从假定杆的长细比开始。

(3) 计算截面特性,按式 (5-3) 验算杆的整体稳定。如有不合适的地方,对截面尺寸加以调整并重新计算截面特性并验算整体稳定性。

(4) 当截面有较大削弱时,还应根据式 (5-1) 验算净截面的强度。

(5) 验算构件的刚度,即所选截面的长细比应满足表 5-2 容许长细比的要求。

对于压力较小的构件,可直接用容许长细比来确定截面尺寸,保证构件具有足够大的回转半径以满足刚度要求。

3. 轴心压杆板件的连接焊缝和构造设计

组成轴心压杆截面的板件之间的连接焊缝应力都不大,例如工字形截面的翼缘和腹板的连接焊缝,如果是理想的挺直杆,则在杆弯曲失稳时焊缝才受力。有初弯曲的杆,在承受压力后焊缝就受剪,但剪力值很小,因此,连接焊缝的焊脚尺寸应按构造要求采用 4~8mm。

当实腹柱的腹板高厚比 $h_0/t_w > 80\sqrt{235/f_y}$ 时,为防止腹板在运输安装过程中发生变形,应设置横向加劲肋,其间距应不大于 $3h_0$,双侧设置,外伸宽度 b_s 应不小于 $(h_0/30+40)$ mm,厚度 t_s 应不小于外伸宽度 b_s 的 1/15。

【例题 6-3】 设计图 6-20 (a) 所示轴心受压平台柱,柱两端铰接,柱高 6m,承受的轴心压力设计值为 5000kN,截面采用焊接工字形,翼缘为焰切边,钢材为 Q235B,焊条为 E43 型,手工焊。

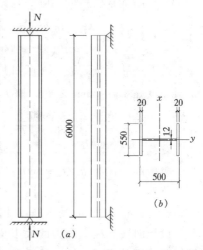

图 6-20 例题 6-3 图

【解】 已知 $l_{0x} = l_{0y} = 6m$,$f = 215\ N/mm^2$。

(1) 假定长细比 $\lambda = 50$,由表 5-3 知截面对 x 轴、对 y 轴均为 b 类,查附表 7-2 知,$\varphi_x = \varphi_y = 0.856$,柱子所需截面面积为:

$$A = \frac{N}{\varphi f} = \frac{5000}{0.856 \times 215} \times 10 = 271.7 cm^2$$

截面所需的回转半径 $i_x = i_y = l_0/\lambda = 600/50 = 12.0 cm$。

(2) 确定截面尺寸

利用附表 4 的近似关系可知 $\alpha_1 = 0.43$,$\alpha_2 = 0.24$,则

$$h = i_x/\alpha_1 = 12/0.43 = 27.9 cm$$

$$b = i_y/\alpha_2 = 12/0.24 = 50.0 cm$$

先确定翼缘的宽度为 550mm,采用两块 $-20mm \times 550mm$ 钢板,其截面面积为 220cm^2。腹板所需面积为 $A - 220 = 271.7 - 220 = 51.7 cm^2$,腹板高度按照构造

要求选得与工字形截面宽度大致相同取为 460mm,则腹板厚度为 51.7/46 = 1.12cm,取 t_w = 12mm。

(3) 计算截面特性

$$A = 2 \times 55 \times 2.0 + 46 \times 1.2 = 275.2 \text{cm}^2,$$

$$I_x = 2 \times 55 \times 2.0 \times 24.0^2 + 1.2 \times 46^3/12 = 136453.6 \text{cm}^4,$$

$$I_y = 2 \times 2.0 \times 55^3/12 = 55458.3 \text{cm}^4,$$

$$i_x = \sqrt{I_x/A} = 22.3 \text{cm}, i_y = \sqrt{I_y/A} = 14.2 \text{cm}$$

(4) 验算整体稳定、刚度和局部稳定性

$$\lambda_x = l_{0x}/i_x = 600/22.3 = 26.9 < [\lambda] = 150,$$

$$\lambda_y = l_{0y}/i_y = 600/14.2 = 42.3 < [\lambda] = 150,$$

按 b 类截面查附表 7-2 可知,φ_x = 0.946,φ_y = 0.890,取 $\varphi = \varphi_y$ = 0.890,又钢板厚度在 16~40mm 之间,取 f = 205N/mm²,则

$$\sigma = \frac{N}{\varphi A} = \frac{5000}{0.890 \times 275.2} \times 10 = 204.1 \text{N/mm}^2 < f = 205 \text{N/mm}^2$$

翼缘宽厚比为 b_1/t = (275 - 6)/20 = 13.5 < 10 + 0.1 × 42.3 = 14.2

腹板高厚比为 h_0/t_w = 460/12 = 38.3 < 25 + 0.5 × 42.3 = 46.2

所选截面的整体稳定、刚度和局部稳定都满足要求。

(二) 格构式轴心受压柱设计

设计时应先根据受力的大小及材料供应情况,选择构件的组成形式并确定选用缀条式还是缀板式柱,然后按下面步骤设计。

1. 截面选择:常用截面形式如图 5-6 所示。

对于双肢柱,根据对实轴(y 轴)的整体稳定性要求,选择分肢截面,具体计算与实腹式构件计算方法一样。

2. 根据实轴和虚轴的等稳条件确定肢件之间的距离。

将 $\lambda_{0x} = \lambda_y$ 代入式 (5-15) 或 (5-16),可以得到对虚轴的长细比为

$$\lambda_x = \sqrt{\lambda_{0x}^2 - 27A/A_{1x}} = \sqrt{\lambda_y^2 - 27A/A_{1x}} \tag{6-34}$$

或

$$\lambda_x = \sqrt{\lambda_{0x}^2 - \lambda_1^2} = \sqrt{\lambda_y^2 - \lambda_1^2} \tag{6-35}$$

得到 λ_x 和 $i_x = l_{0x}/\lambda_x$ 后,可以利用附表 4 中截面轮廓尺寸和回转半径之间的近似关系确定肢件之间的距离。

对于缀条式柱,按式 (6-34) 计算时要先假定缀条截面尺寸,其面积可按主肢截面积的 10% 预选,即 $A_{1x} = 0.1A$。对于缀板式柱,按式 (6-35) 计算时要先给定单肢长细比 λ_1,λ_1 可按 0.5λ_y 且不大于 40 预选。

3. 根据已确定的截面,验算柱的刚度、整体稳定及分肢稳定。

刚度:按式 (5-2) 验算;

整体稳定：按式（5-3）验算；

为防止单肢先于整体失稳，对于缀条式柱，单肢长细比不应超过杆件最大长细比的 0.7 倍；对于缀板式柱，单肢的长细比不应大于 40，且不大于杆件最大长细比的 0.5 倍（$\lambda_{max} < 50$ 时取 $\lambda_{max} = 50$）。

如果分肢是组合截面，还应保证板件的局部稳定。

缀材设计及连接计算见第五章第一节中相关内容。

（三）柱头、柱脚的构造和设计

轴心受压平台柱通过柱头连接直接承受上部梁格系统传来的荷载，同时通过柱脚将柱身的内力可靠地传给基础。柱头的构造与梁的端部构造密切相关，它只承受梁传给柱的压力。连接节点设计必须遵循传力可靠、构造简单和便于安装的原则。

1. 柱头构造

一般梁与轴心受压柱的连接是铰接连接，构造方案有两种：一是梁支承在柱顶上（图 6-21），二是连于柱侧面（图 6-22）。梁支承于柱顶时，一般要在柱顶设置顶板，使梁的支座反力通过柱顶板比较均匀地传给柱身，顶板与柱用焊缝连接。顶板厚度一般取 16~20mm。为了便于安装定位，梁与顶板用普通螺栓连接。图 6-21（a）的构造方案，将梁的反力通过支承加劲肋直接传给柱的翼缘。两相邻梁之间留一空隙，以便于安装，最后用夹板和构造螺栓连接。这种连接方式构造简单，对梁长度尺寸的制作要求不高。缺点是当柱顶两侧梁的反力不等时将使柱偏心受压。图 6-21（b）的构造方案，梁的反力通过端部加劲肋的突出部分传给柱的轴线附近，因此即使两相邻梁的反力不等，柱仍接近于轴心受压。梁端加劲肋的底面应刨平顶紧于柱顶板。由于梁的反力大部分传给柱的腹板，因而腹板不能太薄且必须用加劲肋加强。两相邻梁之间可留一些空隙，安装时嵌入合适尺寸的填板并用普通螺栓连接。对于格构柱（图 6-21c），为了保证传力均匀并托住顶板，在柱顶必须用缀板将两个分肢联系起来。

图 6-22 是梁连接于柱侧面的铰接构造。梁的反力由端加劲肋传给支托，支托可采用 T 形（图 6-22a），也可用厚钢板做成（图 6-22b），支托与柱翼缘间用角焊缝相连。用厚钢板做支托的方案适用于承受较大的压力，但制作与安装的精度要求较高。支托的端面必须刨平并与梁的端加劲肋顶紧以便直接传递压力。考虑到荷载偏心的不利影响，支托与柱的连接焊缝按梁支座反力的 1.25 倍计算。为方便安装，梁端与柱间应留空隙加填板并设置构造螺栓。当两侧梁的支座反力相差较大时，应考虑偏心对柱子的影响，按压弯构件计算。

2. 柱脚构造

柱脚的构造应使柱身的压力均匀地传给基础，并和基础有牢固的连接。柱脚的构造应尽可能地符合结构计算简图，传力应直接、简明。按柱和基础的固定方

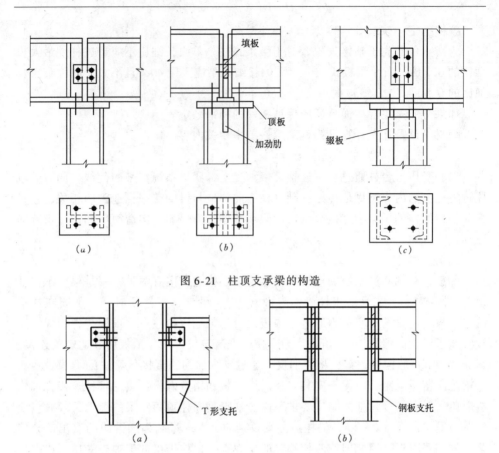

图 6-21 柱顶支承梁的构造

图 6-22 柱侧支承梁的构造

式可分为铰接柱脚（图 6-23a、b、c）和刚接柱脚（图 6-23d）。

图 6-23（a）、（b）、（c）表示了几种平板式铰接柱脚。图 6-23（a）是一种最简单的柱脚构造形式，在柱下端仅焊一块不太厚的底板，柱中压力由焊缝传至底板，再传给基础。这种柱脚只能用于小型柱。对于大型柱，可将柱端铣平后直接置于底板上，如图 6-23（b），因柱端加工困难，且底板要很厚，实际工程中较少采用。最常用的铰接柱脚如图 6-23（c）所示由靴梁和底板组成的柱脚。柱身的压力通过与靴梁的竖向焊缝传给靴梁，这样柱的压力就可以向两侧分开，再通过与底板的连接水平焊缝经底板到达基础。当底板尺寸较大时，在靴梁之间用隔板加强，以提高底板的抗弯刚度，减小底板的弯矩，并提高靴梁的稳定性。柱脚通过预埋在混凝土基础里的锚栓来固定，按构造要求可设 2 个或 4 个直径 20～25mm 的锚栓。为便于安装，底板上的栓孔可为锚栓直径的 1.5～2 倍，锚栓垫板在柱脚安装定位以后焊在底板上，从而阻止了柱脚的侧移。图 6-23（d）为一种刚接柱脚形式，通过附加槽钢使锚栓处于高位张紧的状态，并在槽钢下面焊加劲

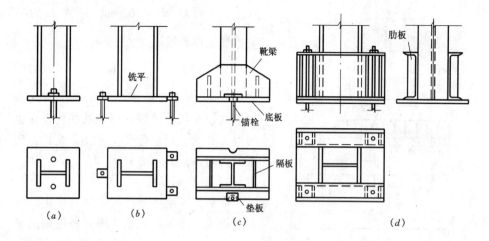

图 6-23 柱脚构造

肋以提高槽钢翼缘的抗弯能力,锚栓分布在四周使柱脚不能转动。

铰接柱脚承受的剪力通常由底板与基础表面的摩擦力传递。当此摩擦力不足以承受水平剪力时,应在柱脚底板下设置抗剪键(图 6-24),抗剪键可用方钢、短 T 形钢或 H 型钢做成。

3. 铰接轴心受压柱脚计算

柱脚的计算包括确定底板尺寸,靴梁尺寸以及它们之间连接焊缝的尺寸。

(1) 底板的计算

1) 底板的面积

底板的平面尺寸取决于基础材料的抗压能力,基础对底板的压应力可近似认为是均匀分布的,这样,所需要的底板净面积 A_n 可按下式确定:

图 6-24 柱脚抗剪键的设置

$$A_n \geqslant \frac{N}{\beta_c f_{cc}} \tag{6-36}$$

式中 f_{cc}——基础混凝土的抗压强度设计值;

β_c——基础混凝土局部承压时的强度提高系数。

f_{cc} 和 β_c 均按《混凝土结构设计规范》(GB 50010)取值。

对于图 6-25 所示有靴梁的柱脚,底板宽度 B 由柱截面的宽度或高度 b,靴梁板的厚度 t 和底板的悬伸部分 c 组成,即

$$B = b + 2t + 2c \tag{6-37}$$

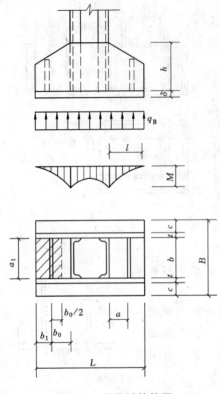

图 6-25 柱脚计算简图

式中,c 可取 $20\sim100\mathrm{mm}$,且使 B 为整数。底板的长度 L 为:

$$L = (A_n + A_0)/B \quad (6\text{-}38)$$

式中,A_0 为锚栓孔面积。根据柱脚的构造形式,B 与 L 可以取得大致相同,L 也可以比 B 大,但应保证 $L \leqslant 2B$。这样,底板的压力 $q = N/(B \times L - A_0)$。

2)底板的厚度

底板的厚度由板的抗弯强度决定。底板可视为一支承在靴梁、隔板和柱端的平板,它承受基础传来的均匀反力。靴梁、肋板、隔板和柱的端面均可视为底板的支承边,并将底板分隔成不同的区格,其中有四边支承、三边支承、两相邻边支承和悬臂板等区格。在均匀分布的基础反力作用下,各区格板单位宽度上的最大弯矩为:

①四边支承区格:

$$M = \alpha q a^2 \quad (6\text{-}39)$$

式中 a——四边支承区格的短边长度;

α——系数,根据区格长边 b 与短边 a 之比按表 6-1 查得。

②三边支承区格和两相邻边支承区格:

$$M = \beta q a_1^2 \quad (6\text{-}40)$$

式中 a_1——对三边支承区格为自由边长度;对两相邻边支承区格为对角线长度;

β——系数,根据 b_1/a_1 值由表 6-3 查得。对三边支承区格 b_1 为垂直于自由边的宽度;对两相邻边支承区格,b_1 为内角顶点至对角线的垂直距离。

弯 矩 系 数 β 表 6-3

b_1/a_1	0.3	0.4	0.5	0.6	0.7	0.8	0.9	1.0	1.2	≥1.4
β	0.026	0.042	0.058	0.072	0.085	0.092	0.104	0.111	0.120	0.125

③悬臂板

$$M = qc^2/2 \tag{6-41}$$

式中 c——悬臂长度。

底板的厚度 δ 根据各区格板中的最大弯矩 M_{max} 来确定：

$$\delta \geqslant \sqrt{6M_{max}/f} \tag{6-42}$$

设计时要注意到靴梁和隔板的布置应尽可能使各区格板中的弯矩大致接近，以免所需的底板过厚。底板的厚度通常为 20~40mm，最薄一般不宜小于 14mm，以保证底板具有必要的刚度，从而满足基础反力均布的假设。

(2) 靴梁计算

靴梁的高度由与柱连接所需要的焊缝长度决定，此连接焊缝承受柱身传来的压力 N。靴梁的厚度与柱翼缘厚度大致相同。

靴梁按支承于柱边的双悬臂梁计算，根据所承受的最大弯矩和最大剪力值，验算靴梁的抗弯和抗剪强度。

(3) 隔板计算

为了支承底板，隔板应具有一定刚度，因此隔板的厚度不得小于其宽度 b 的 1/50，一般比靴梁略薄些，高度略小些。

隔板可视为支承于靴梁上的简支梁，荷载可按承受图 6-25 中阴影面积的底板反力计算，按此荷载所产生的内力验算隔板与靴梁的连接焊缝以及隔板本身的强度。注意隔板内侧的焊缝不易施焊，计算时不能考虑受力。

【例题 6-4】 设计轴心受压格构柱的柱脚，柱的截面尺寸如图 6-26 所示。轴心压力的设计值为 1900kN（含自重），钢材为 Q235 钢，焊条 E43 型。基础混凝土强度等级为 C15。

【解】 采用图 6-23（c）的柱脚形式，具体构造和尺寸见图 6-26。

1. 底板计算

对于 C15 混凝土，考虑到局部受压承载力提高系数后取 $f_{cc} = 8.3\text{N/mm}^2$。需要的底板净面积为

$$A_n = N/f_{cc} = 1900/8.3 \times 10 = 2289.2\text{cm}^2$$

底板宽度为：

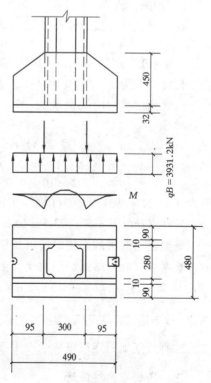

图 6-26 例题 6-4 图

$$B = b + 2t + 2c = 28 + 2 \times 1 + 2 \times 9 = 48 \text{cm}$$

所需底板长度为:
$$L = 2289.2/48 = 47.7 \text{cm}, 取 L = 49 \text{cm}$$

安装孔取 2 个，孔径 40mm，每个孔削弱面积取 $4 \times 4 = 16 \text{cm}^2$，则底板承受的均布压力为:
$$q = N/A_n = 1900 \times 10/(48 \times 49 - 2 \times 16) = 8.19 < f_{cc} = 8.3 \text{N/mm}^2$$

对于四边支承区格，$b/a = 30/28 = 1.07$，查表 6-1 得 $\alpha = 0.053$，
$$M = \alpha q a^2 = 0.053 \times 8.19 \times 280^2 = 34031 \text{N} \cdot \text{mm}$$

对于三边支承区格，$b_1/a_1 = 9.5/28 = 0.34$，查表 6-3 得 $\beta = 0.032$，
$$M = \beta q a_1^2 = 0.032 \times 8.19 \times 280^2 = 20547 \text{N} \cdot \text{mm}$$

对于悬臂部分:
$$M = qc^2/2 = 8.19 \times 90^2/2 = 33170 \text{N} \cdot \text{mm}$$

因此最大弯矩为 $M_{\max} = 34031 \text{N} \cdot \text{mm}$，取第二组钢材的抗弯强度设计值 $f = 205 \text{N/mm}^2$，则
$$\delta = \sqrt{6M_{\max}/f} = \sqrt{6 \times 34031/205} = 31.6 \text{mm}, 取 32 \text{mm}, 属于第二组。$$

2. 靴梁计算

靴梁与柱身连接焊缝尺寸用 $h_f = 10 \text{mm}$，所需焊缝计算长度 l_f 为:
$$l_f = \frac{N}{4 \times 0.7 \times h_f \times f_f^w} = \frac{1900}{4 \times 0.7 \times 10 \times 160} \times 100 = 42.4 \text{cm} < 60 h_f = 60 \text{cm}$$

所需靴梁高度为 $l_f + 2h_f = 44.4 \text{cm}$，取 45cm，厚度取 $t = 1.0 \text{cm}$。

两块靴梁承受的线荷载为 $qB = 8.19 \times 480 = 3931.2 \text{N/mm}$，承受的最大弯矩为:
$$M = qBl^2/2 = 3931.2 \times 95^2/2 \times 10^{-6} = 17.74 \text{kN} \cdot \text{m}$$
$$\sigma = \frac{M}{W} = \frac{6 \times 17.74 \times 10^6}{2 \times 10 \times 450^2} = 26.3 \text{N/mm}^2 < f = 215 \text{N/mm}^2$$

剪力 $V = qBl = 3931.2 \times 95/1000 = 373.5 \text{kN}$，则
$$\tau = 1.5V/(2ht) = 1.5 \times 373.5 \times 1000/(2 \times 450 \times 10) = 62.3 \text{N/mm}^2 < f_v = 125 \text{N/mm}^2$$

靴梁板与底板的连接焊缝以及柱身与底板的连接焊缝传递全部柱压力，焊缝的总长度为（起、落弧缺陷偏于安全地取 20mm）:
$$\Sigma l_w = 2 \times (49 - 2) + 4 \times (9.5 - 2) + 2 \times (28 - 2) = 176 \text{cm}, 所需焊脚尺寸为:$$
$$h_f = \frac{N}{0.7 \times \beta_f \times \Sigma l_w f_f^w} = \frac{1900 \times 10^3}{0.7 \times 1.22 \times 1760 \times 160} = 7.9 \text{mm}, 取 8 \text{mm}。$$

柱脚与基础的连接按构造选用直径 20mm 的锚栓 2 个。

三、压弯平台柱设计

(一) 实腹式压弯柱设计

设计时首先选择截面形式（图 5-1 和 5-26），再根据构件所承受的外力（N、M）和构件的计算长度（l_{0x}、l_{0y}）初步确定截面尺寸，然后进行强度、整体稳定（平面内稳定和平面外稳定）、局部稳定验算。

1. 截面尺寸：参考轴心受压柱的初选截面步骤或由经验和资料选定截面。
2. 验算：

（1）强度验算：

对于单向压弯柱，用下式验算强度，即

$$\frac{N}{A_n} + \frac{M_x}{\gamma_x W_{nx}} \leq f \tag{5-59}$$

（2）平面内整体稳定验算：

$$\frac{N}{\varphi_x A} + \frac{\beta_{mx} M_x}{\gamma_x W_{1x}(1 - 0.8 N/N'_{Ex})} \leq f \tag{5-62}$$

对于单轴对称截面，还需满足

$$\left| \frac{N}{A} - \frac{\beta_{mx} M_x}{\gamma_x W_{2x}(1 - 1.25 N/N'_{Ex})} \right| \leq f \tag{5-63}$$

（3）平面外整体稳定验算：

$$\frac{N}{\varphi_y A} + \eta \frac{\beta_{tx} M_x}{\varphi_b W_{1x}} \leq f \tag{5-66}$$

（4）局部稳定验算：

1）腹板

工字形截面

$$\text{当 } 0 \leq \alpha_0 \leq 1.6 \text{ 时}, h_0/t_w \leq (16\alpha_0 + 0.5\lambda + 25)\sqrt{235/f_y} \tag{5-68}$$

$$\text{当 } 1.6 < \alpha_0 \leq 2.0 \text{ 时}, h_0/t_w \leq (48\alpha_0 + 0.5\lambda - 26.2)\sqrt{235/f_y} \tag{5-69}$$

箱形截面和 T 形截面的验算见第五章第三节有关内容。

2）翼缘板

与梁的翼缘限值同，用式（5-43）、（5-44）和（5-45）进行验算。

3. 构造要求与轴心受力柱相同。

【例题 6-5】 图 6-27 为某冶炼车间操作平台横剖面，梁跨度 9m，柱距 5m，梁上密铺钢铺板，柱顶与横梁铰接，柱底与基础在框架平面内刚接，在框架平面外铰接，各列柱纵向均设有柱间支撑，支撑点位于柱的两端。钢材为 Q235-B 钢。平台承受由检修材料产生的平台均布活荷载标准值为 $14kN/m^2$，平台结构自重为 $2kN/m^2$，每片框架承受的水平活荷载标准值为 70kN，梁上跨中设有检修用的单轨吊车，其集中荷载标准值为 100kN，平台边列柱采用 H 型钢，中列柱采用工字形焊接组合截面，试设计平台柱。

【解】 1. 内力计算

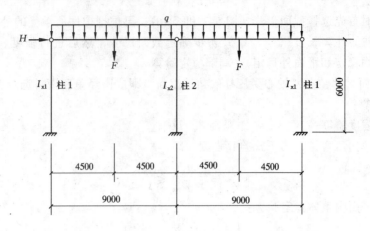

图 6-27 例题 6-5 图

荷载标准值：恒载：$2kN/m^2$

活载：$14kN/m^2$

100kN（竖直方向）

70kN（水平方向）

根据《建筑结构荷载规范》（GB50009）的规定，恒载分项系数 $\gamma_G = 1.2$，活载分项系数 $\gamma_Q = 1.3$。

梁上的线荷载设计值为 $q = 5 \times (1.2 \times 2 + 1.3 \times 14) = 103 kN/m$

单轨吊车集中荷载设计值为 $F = 1.3 \times 100 = 130 kN$

水平活荷载设计值为 $H = 1.3 \times 70 = 91 kN$

由梁传至柱 1 上的轴力为 $N_1 = 103 \times 9/2 + 130/2 = 528.5 kN$

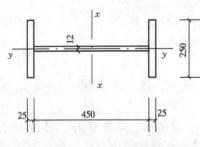

图 6-28 柱 2 截面

由梁传至柱 2 上的轴力为 $N_2 = 103 \times 9 + 130 = 1057 kN$。

根据要求柱 1 为型钢截面，查附表 3-2 初选 HM340 × 250 × 9 × 14，$A = 101.5 cm^2$，$I_x = 21700 cm^4$，$W_x = 1280 cm^3$，$i_x = 14.6 cm$，$i_y = 6.0 cm$。

柱 2 为工字形焊接组合截面，初选截面如图 6-28 所示，翼缘 2 - 250 × 25，腹板 - 450 × 12。截面几何特性计算如下：

$A = 2 \times 25 \times 2.5 + 45 \times 1.2 = 179 cm^2$

$I_x = 2 \times 25 \times 2.5 \times 23.75^2 + 1.2 \times 45^3/12$

$= 79620 cm^4$

$$I_y = 2 \times 2.5 \times 25^3/12 = 6510.4 \text{cm}^4$$

$$i_x = \sqrt{I_x/A} = 21.1 \text{cm}$$

$$i_y = \sqrt{I_y/A} = 6.0 \text{cm}$$

$$W_x = 79620/(50/2) = 3185 \text{cm}^3 。$$

腹板计算高度边缘处截面模量 $W_{1x} = 79620/(45/2) = 3539 \text{cm}^3$

对于等截面柱等高铰接框架，柱顶的剪力按柱刚度分配，故

柱 1 的柱顶剪力

$$H_1 = 91 \times 21700/(21700 \times 2 + 79620) = 16.1 \text{kN}$$

柱 2 的柱顶剪力

$$H_2 = 91 \times 79620/(21700 \times 2 + 79620) = 58.9 \text{kN}$$

则柱 1 底部弯矩为：$M_1 = 16.1 \times 6 = 96.6 \text{kN} \cdot \text{m}$

柱 2 底部弯矩为：$M_2 = 58.9 \times 6 = 353.4 \text{kN} \cdot \text{m}$

2. 验算

对柱 1：

(1) 强度验算

$$\frac{N}{A_n} + \frac{M_x}{\gamma_x W_{nx}} = \frac{528.5}{101.5} \times 10 + \frac{96.6}{1.05 \times 1280} \times 10^3 = 123.9 \text{N/mm}^2 < f = 215 \text{N/mm}^2$$

(2) 弯矩作用平面内稳定验算

$K_1 = 0$，$K_2 = 10$，查附表 8-2 知，$\mu_x = 2.03$，$l_{0x} = 2.03 \times 6 = 12.18 \text{m}$

$\lambda_x = l_{0x}/i_x = 1218/14.6 = 83.4$，由表 5-3a 知，对 x 轴为 a 类截面，查附表 7-1 得 $\varphi_x = 0.761$

$$N'_{Ex} = \frac{\pi^2 EA}{1.1 \lambda_x^2} = \frac{\pi^2 \times 206000 \times 10150}{1.1 \times 83.4^2} \times 10^{-3} = 2697.2 \text{kN}$$

有侧移框架柱，$\beta_{mx} = 1.0$

$$\frac{N}{\varphi_x A} + \frac{\beta_{mx} M_x}{\gamma_x W_{1x}(1 - 0.8 N/N'_{Ex})} = \frac{528.5}{0.761 \times 101.5} \times 10$$

$$+ \frac{1.0 \times 96.6 \times 10^3}{1.05 \times 1280 \times (1 - 0.8 \times 528.5/2697.2)}$$

$$= 153.7 < f = 215 \text{N/mm}^2$$

(3) 弯矩作用平面外稳定验算

柱上下铰接，$\mu_y = 1.0$，$l_{0y} = 6 \text{m}$

$\lambda_y = l_{0y}/i_y = 600/6.0 = 100.0$，由表 5-3a 知，对 y 轴为 b 类截面，查附表7-2 得 $\varphi_y = 0.555$

柱上仅有端弯矩作用，故 $\beta_{tx} = 0.65$。对工字形截面，$\eta = 1.0$

$$\varphi_b = 1.07 - \lambda_y^2/44000 = 1.07 - 100.0^2/44000 = 0.843$$

$$\frac{N}{\varphi_y A} + \eta \frac{\beta_{tx} M_x}{\varphi_b W_{1x}} = \frac{528.5}{0.555 \times 101.5} \times 10 + 1.0 \times \frac{0.65 \times 96.6}{0.843 \times 1280} \times 10^3$$

$$= 152.0 < f = 215 \text{N/mm}^2$$

(4) 局部稳定验算

因轧制型钢翼缘、腹板均较厚,能满足局部稳定的要求,不必验算。

故柱 1 满足要求。

对柱 2:

1) 强度验算

$$\frac{N}{A_n} + \frac{M_x}{\gamma_x W_{nx}} = \frac{1057}{179} \times 10 + \frac{353.4}{1.05 \times 3185} \times 10^3 = 164.7 \text{N/mm}^2 < f = 205 \text{N/mm}^2$$

2) 弯矩作用平面内稳定验算

$K_1 = 0$, $K_2 = 10$, 查附表 8-2 知, $\mu_x = 2.03$, $l_{0x} = 2.03 \times 6 = 12.18\text{m}$

$\lambda_x = l_{0x}/i_x = 1218/21.1 = 57.7$, 由表 5-3a 知,对 x 轴为 b 类截面,查附表 7-2 得 $\varphi_x = 0.820$

$$N'_{Ex} = \frac{\pi^2 EA}{1.1 \lambda_x^2} = \frac{\pi^2 \times 206000 \times 17900}{1.1 \times 57.7^2} \times 10^{-3} = 9937.5 \text{kN}$$

有侧移框架柱, $\beta_{mx} = 1.0$

$$\frac{N}{\varphi_x A} + \frac{\beta_{mx} M_x}{\gamma_x W_{1x}(1 - 0.8N/N'_{Ex})} = \frac{1057}{0.820 \times 179} \times 10$$

$$+ \frac{1.0 \times 353.4 \times 10^3}{1.05 \times 3185 \times (1 - 0.8 \times 1057/9937.5)}$$

$$= 187.5 < f = 205 \text{N/mm}^2$$

3) 弯矩作用平面外稳定验算

柱上下铰接, $\mu_y = 1.0$, $l_{0y} = 6\text{m}$

$\lambda_y = l_{0y}/i_y = 600/6.0 = 100.0$, 由表 5-3a 知,对 y 轴为 b 类截面,查附表 7-2 得 $\varphi_y = 0.555$

柱上仅有端弯矩作用,故 $\beta_{tx} = 0.65$。对工字形截面, $\eta = 1.0$

$$\varphi_b = 1.07 - \lambda_y^2/44000 = 1.07 - 100^2/44000 = 0.843$$

$$\frac{N}{\varphi_y A} + \eta \frac{\beta_{tx} M_x}{\varphi_b W_{1x}} = \frac{1057}{0.555 \times 179} \times 10 + 1.0 \times \frac{0.65 \times 353.4}{0.843 \times 3185} \times 10^3$$

$$= 192.0 < f = 205 \text{N/mm}^2$$

4) 局部稳定验算

翼缘板局部稳定: $b/t = (250/2 - 6)/25 = 4.76 < 13$, 满足要求, 且 γ_x 可取 1.05。

腹板局部稳定：

$$\sigma_{\max} = \frac{N}{A} + \frac{M_x}{W_{1x}} = \frac{1057}{179} \times 10 + \frac{353.4}{3539} \times 1000 = 158.9 \text{N}/\text{mm}^2$$

$$\sigma_{\min} = \frac{N}{A} - \frac{M_x}{W_{1x}} = \frac{1057}{179} \times 10 - \frac{353.4}{3539} \times 1000 = -40.8 \text{N}/\text{mm}^2$$

$$\alpha_0 = \frac{\sigma_{\max} - \sigma_{\min}}{\sigma_{\max}} = \frac{158.9 - (-40.8)}{158.9} = 1.26 < 1.6$$

$h_0/t_w = 450/12 = 37.5 < 16\alpha_0 + 0.5\lambda + 25 = 16 \times 1.26 + 0.5 \times 57.7 + 25 = 74.0$

故柱 2 满足要求。

（二）格构式压弯柱设计

格构式压弯柱常采用缀条式连接。设计步骤如下：

1. 截面选择：首先根据具体使用条件，参考已有经验和资料初选截面，截面可设计成双轴对称或单轴对称形式。

2. 验算：

强度：按式（5-59）验算。

整体稳定：分别验算弯矩作用平面内和弯矩作用平面外的稳定，具体计算过程参见第五章第三节中的有关内容。

单肢稳定：参见第五章第三节中的有关内容。

刚度验算：由长细比控制，注意对虚轴取换算长细比。

3. 缀材设计：

与轴心受压格构柱相同。

第六节　连　接　构　造

一、平台铺板与梁的连接

铺板应尽可能在工厂与梁焊为整体后，运至工地再行安装，若条件不许可必需现场安装平台板时，应预先将板裁切拼焊成符合梁格的若干分块部件后再进行安装。

平台铺板与梁一般采用焊接，连接构造如图 6-29 所示。当铺板简支于梁上时（图 6-29a），其在梁上的支承搭接长度不应小于 5t（t 为平台板厚度）。板和梁的现场焊接一般只用俯焊，当考虑板中拉力而俯焊缝的强度不足时，则应除俯焊外尚应有仰焊，仰焊可为断续焊缝。

当铺板为连续板跨越搭置于梁上时（图 6-29b），板与梁的现场连接可采用仰焊或塞焊，塞焊孔径应不小于 20mm，间距不宜大于 150mm。

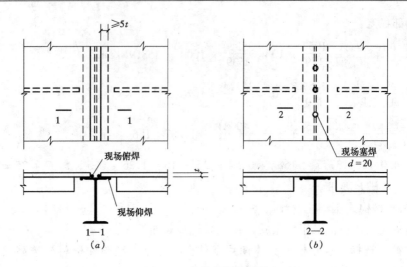

图 6-29 铺板与梁的连接

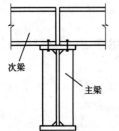

图 6-30 简支次梁的叠接连接

二、主次梁的连接

主梁和次梁的连接构造和计算简图有关。根据传力要求，次梁可以设计为简支梁，也可以设计为连续梁。根据主、次梁的相互位置，可以分为叠接和平接。

（一）次梁为简支梁

若为叠接连接，则次梁直接放置在主梁上，用螺栓或焊缝连接（图 6-30），只需固定其相互位置，不必计算。为防止主梁腹板承受过大的局部压力，在主梁的相应位置应设置支承加劲肋。这种连接方法构造简单，施工方便，但所占净空较大，很多情况下不宜采用。若为平接连接，则次梁连于主梁侧面，可以直接连在主梁加劲肋上（图 6-31a、b）或连于短角钢上（图 6-31c），构造简单，安装方便，但有时需将次梁的上翼缘和下翼缘的一侧切除。连接需要的焊缝或螺栓应能承受次梁的反力。考虑到连接有一定的约束作用，计算时需将次梁的反力加大 20%~30%。

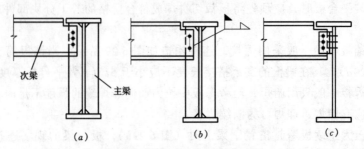

图 6-31 简支次梁的平接连接

(二) 次梁为连续梁

次梁为连续梁时的叠接连接与次梁为简支梁的叠接连接相同,只是次梁连续通过,不在主梁上断开,连接处的螺栓或焊缝只需固定它们的相互位置即可。当次梁与主梁为平接连接时,次梁必须断开,故须在上下翼缘设置拼接板(图6-32)。次梁的支座反力由承托传至主梁,弯矩则由上下翼缘的连接板承受。此弯矩可以用力偶 $N = M/h$(h 为次梁高度)来代替,次梁上下翼缘与连接板的连接螺栓或焊缝应能传递该力。上连接板与主梁上翼缘采用构造焊缝。为便于施焊;上连接板应比次梁上翼缘稍窄,而下连接板则比次梁下翼缘稍宽。

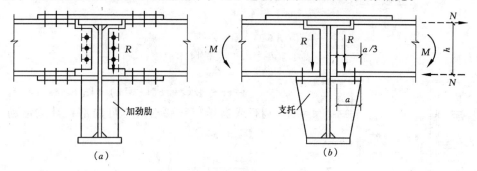

图 6-32 连续次梁的平接连接

钢结构设计中的连接构造问题灵活性较大,主要是弄清楚力的传递过程及每个零件在连接中所起的作用及受力情况,进行分析比较,找出合理的构造方案和计算方法。

第七节 栏杆和钢梯

一、栏杆

栏杆设置在平台周边、斜梯侧边及工艺要求不得通行地区的边界以作防护、隔离之用。工业平台栏杆的高度一般为1050mm,对高空及生产危险地带(如高炉炉顶平台)的栏杆高度宜采用1200mm。栏杆由立柱、扶手、横杆及踢脚板组成,图6-33为两个典型的栏杆构造实例。

立柱和扶手宜用 L50×4mm 的角钢或外径为 ϕ33.5~42.25 的钢管截面,立柱间距不大于1m。横杆用不小于 -30×4mm 的扁钢或 ϕ16 的圆钢制成,横杆与上下杆件之间的间距不大于380mm。踢脚板用不小于 -100×3mm 的扁钢制成。室外栏杆的踢脚板与平台面之间留有10mm间隙,室内栏杆一般不留间隙。栏杆各部件之间的连接宜采用焊接。可由工厂分段制作后现场安装,也可在现场制作安

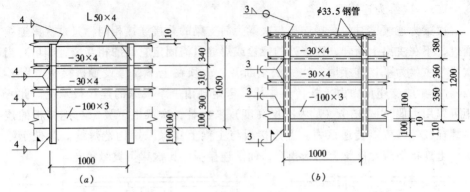

图 6-33 固定栏杆
(a) 室内栏杆；(b) 室外栏杆

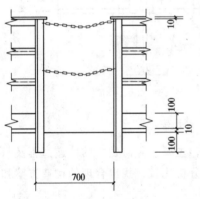

图 6-34 活动栏杆

装。

栏杆一般设计成固定的（图 6-33），在有通行或操作特殊要求时，可局部设计成活动的（图 6-34）。

二、钢梯

常用钢梯有直梯、斜梯、转梯等几种。

1. 直梯（图 6-35）

一般用于不经常上下的平台及因场地限制不能设置斜梯的平台。直梯净宽度一般为 500mm，攀登高度一般不大于 8m，当大于 8m 时，必须设梯间平台分段设梯，梯间平台应设防护栏杆以保证安全。当直梯高度

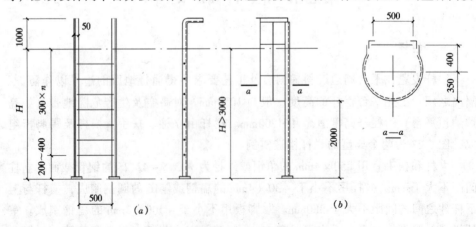

图 6-35 直梯的构造
(a) 一段直梯；(b) 带护笼的直梯

（由梯脚到平台间距离）大于 3m 时，应从 2m 高度处设置护笼，护笼直径为 700mm，护笼的水平圈采用 -50×4mm 的扁钢焊在梯梁外侧，其间距不大于 1000mm，在水平圈内侧均布焊上 3 根 -30×4mm 的扁钢垂直条。

直梯竖向荷载按集中力为 1.5kN 考虑。

直梯的梯梁截面应不小于 L50×5mm 的角钢或 -60×8mm 的扁钢。梯棍采用不小于 $\phi 18$ 的圆钢，间距 300mm。一段直梯至少有两对短角钢的支撑焊牢在毗邻的建筑物、钢构件或设备上，且该支撑的截面不小于 L70×6mm，直梯与建筑物间的距离为 150~250mm，最下端一对支撑距基准面的距离不大于 300mm。

2. 斜梯（图 6-36）

用于经常通行、操作的平台，宽度一般为 700mm，斜梯与水平面的夹角可为 30°~75°，有条件时宜选用 45°。梯段高度一般不大于 4m，否则须设梯间平台，分段设梯。

斜梯的梯梁一般按水平投影面上承受 $q_k = 3.5 kN/m^2$ 的竖向活荷载考虑，必要时可按实际情况考虑。斜梯踏步板按 1kN 的集中荷载计算。

斜梯的梯梁截面应不小于 -160×6mm 的扁钢或 [16。钢梯踏步一般采用板式，用厚度不小于 4mm 的花纹钢板或经过防滑处理的平钢板制成，踏板宽 226mm，踏板竖向间距

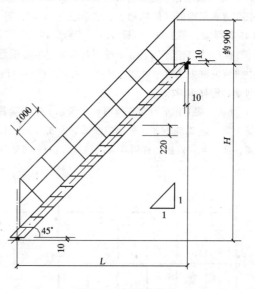

图 6-36 斜梯的构造

200mm。斜梯的梯脚与基础的连接可采用 $d = 16mm$ 的锚栓或焊于基础的预埋件上，与平台的连接可焊接也可采用螺栓连接。

3. 转梯

转梯构造制作均较复杂，仅用作围绕圆筒形构筑物的通行梯。

思 考 题

6-1 平台结构包括哪几个部分？

6-2 简述平台结构的分类。

6-3 平台梁格有哪几种布置形式？各有何特点？

6-4 焊接组合梁的加劲肋的构造要求是什么？

6-5 平台梁拼接有哪些方式？各有何特点？

6-6 平台结构中主次梁连接有哪几种形式？各有何特点？

6-7 平台结构中梁柱连接有哪几种形式？各有何特点？

6-8 平台结构中常见的柱脚有哪些？请绘出其中的一种。

6-9 对设有靴梁和肋板的柱脚，柱身轴力是如何传给基础的？

习　　题

6-1 某工作平台简支梁，跨度为 4.5m，承受线荷载标准值 28kN/m（其中永久荷载和可变荷载各占一半，不包括自重），跨中无侧向支承点，钢材为 Q235 钢，静载，采用普通轧制工字形钢截面，试选择截面型号。

6-2 某工作平台梁格布置如图 6-37 所示，铺板为预制钢筋混凝土板，焊于次梁上。平台永久荷载标准值（包括铺板自重）为 $6kN/m^2$，可变荷载标准值为 $3kN/m^2$。钢材为 Q235-B，E43 型焊条，手工焊。试设计这一平台梁格。

6-3 某工作平台柱，承受平台传来的轴心压力设计值为 1700kN，柱高 6m，两端铰接，柱中央绕弱轴方向有一可靠支承点。试分别选择一热轧工字形钢和热轧 H 型钢截面，并比较用钢量。钢材为 Q235 钢。

6-4 某工作平台布置如图 6-38 所示。平台梁柱采用 H 型钢，平台面采用 100mm 厚现浇混凝土板，重 $2.5kN/m^2$，平台层面活载为 $5kN/m^2$，结构自重按恒载乘以 1.1 考虑，梁 1 与柱刚接，梁 2 与柱铰接，柱脚均采用铰接。钢材 Q235-B。试设计该平台梁柱。

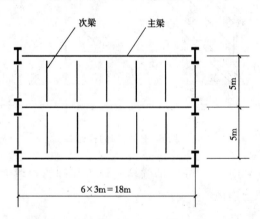

图 6-37　习题 6-2 图

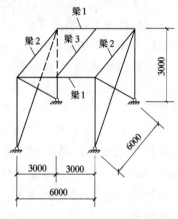

图 6-38　习题 6-4 图

第七章 轻型门式刚架结构设计

学 习 要 点

1. 了解门式刚架结构的选型布置，掌握各组成构件的基本特点与作用。
2. 熟练掌握门式刚架结构的荷载计算和内力组合，以及刚架梁、柱、檩条和墙梁的计算方法。
3. 熟练掌握门式刚架结构的节点形式及计算方法。

第一节　结构选型与布置

在工业发达国家，轻型门式刚架房屋钢结构历经数十年的发展，目前已非常广泛地应用于各种房屋结构中。随着钢材产量、钢结构制作安装技术的提高，轻型门式刚架房屋结构近年来在我国得到了迅速的发展。

门式刚架结构以焊接或轧制 H 型钢作为主要承重结构，以冷弯薄壁型钢檩条、墙梁、压型金属板作为维护结构，造型简洁美观，柱网布置灵活，具有质量轻、施工周期短、综合经济效益好的特点，广泛用于厂房、仓库、交易市场、大型超市、展览馆、体育馆、活动房屋及加层等建筑中。

一、结构形式

门式刚架按跨度可分为单跨（图 7-1a）、双跨（图 7-1b、f）、多跨刚架（图 7-1c）以及带挑檐的（图 7-1d）和带毗屋的（图 7-1e）刚架等形式。多跨刚架中间柱与刚架斜梁的连接可采用铰接。多跨刚架宜采用双坡或单坡屋盖（图 7-1f），必要时也可采用由多个双坡屋盖组成的多跨刚架形式。

根据跨度、高度及荷载不同，门式刚架的梁、柱可采用变截面或等截面的实腹焊接工字形截面或轧制 H 形截面。设有桥式吊车时，柱宜采用等截面形式。变截面形式通常改变腹板的高度，做成楔形，必要时也可改变腹板厚度。结构构件在运输单元内一般不改变翼缘截面，必要时可改变翼缘厚度，邻接的运输单元可采用不同的翼缘截面，两单元相邻截面高度宜相等。

柱脚可采用刚接或铰接形式，前者可节约钢材，但基础费用有所提高，加工、安装也较为复杂。当设有 5t 以上桥式吊车时，为提高厂房的抗侧移刚度，

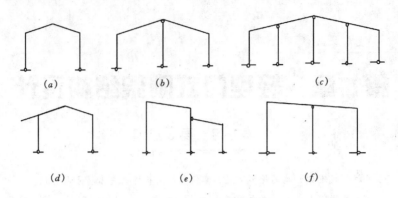

图 7-1 门式刚架形式示例

柱脚宜采用刚接形式。铰接柱脚通常为平板形式,设一对或两对地脚锚栓。

维护结构宜采用压型钢板和冷弯薄壁型钢檩条组成,外墙也可采用砌体或底部砌体、上部轻质材料的形式。

门式刚架可由多个梁、柱单元构件组成,柱一般为单独的单元构件,斜梁可根据运输条件划分为若干个单元。单元构件本身采用焊接,单元之间可通过端板用高强度螺栓连接。

门式刚架轻型房屋屋面坡度宜取 1/8～1/20,在雨水较多的地区宜取其中的较大值。单层门式刚架轻型房屋可采用隔热卷材做屋盖隔热和保温层,也可采用带隔热层的板材作屋面。

二、建筑尺寸

门式刚架的跨度,应取横向刚架柱轴线间的距离。门式刚架的高度,应取地坪至柱轴线与斜梁轴线交点的高度,应根据使用要求的室内净高确定,有吊车的厂房应根据轨顶标高和吊车净空要求确定。

柱的轴线可取通过柱下端(较小端)中心的竖向轴线;工业建筑边柱的定位轴线宜取柱外皮;斜梁的轴线可取通过变截面梁段最小端中心与斜梁上表面平行的轴线。房屋的檐口高度应取地坪至房屋外侧檩条上缘的高度,最大高度应取地坪至屋盖顶部檩条上缘的高度,宽度应取房屋侧墙墙梁外皮之间的距离,长度应取两端山墙墙梁外皮之间的距离。

门式刚架的跨度宜为 9～36m。边柱的宽度不相等时,其外侧应对齐。门式刚架的高度宜为 4.5～9.0m,必要时可适当加大。门式刚架的间距,即柱网轴线在纵向的距离宜为 6～9m。

挑檐的长度可根据使用要求确定,宜为 0.5～1.2m,其上翼缘坡度宜与横梁坡度相同。

三、结构平面布置

门式刚架轻型房屋钢结构的纵向温度区段长度不宜大于300m，横向温度区段长度不宜大于150m。当需要设置伸缩缝时，可在搭接檩条的螺栓连接处采用长圆孔，并使该处屋面板在构造上允许胀缩，或设置双柱。

吊车梁与柱的连接宜采用长圆孔。

多跨刚架局部抽掉中柱或边柱处，可布置托梁或托架。

四、檩条和墙梁布置

屋面檩条一般应等间距布置（图7-2）。但在屋脊处，应沿屋脊两侧各布置一道檩条，使得屋面板的外伸宽度不要太长（一般不大于200mm）；在天沟附近应布置一道檩条，以便与天沟固定。确定檩条间距时，应综合考虑天窗、通风屋脊、采光带、屋面材料、檩条规格等因素按计算确定。

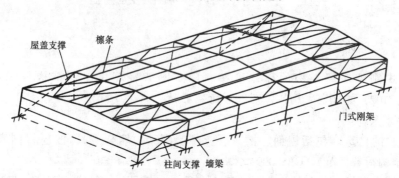

图7-2 单层轻型房屋结构布置

门式刚架轻型房屋钢结构的侧墙，在采用压型钢板作围护面时，墙梁宜布置在刚架柱的外侧，其间距由墙板板型及规格确定，且不应大于计算要求的值。外墙除可以采用轻型钢板墙外，在抗震设防烈度不高于6度时，还可采用砌体；当为7度、8度时，还可采用非嵌砌砌体；9度时还可采用与柱柔性连接的轻质墙板。

五、支撑布置

在每个温度区段或者分期建设的区段中，应分别设置能独立构成空间稳定结构的支撑体系（图7-2）。在设置柱间支撑的开间应同时设置屋盖横向支撑以组成几何不变体系。

柱间支撑的间距应根据房屋纵向柱距、受力情况及安装条件确定。当无吊车时宜设在温度区段端部，间距可取30~45m；当有吊车时宜设在温度区段的中部，或当温度区段较长时设置在三分点处，间距不大于 60m。当房屋高度较大时，柱间支撑应分层设置。

屋盖支撑宜设在温度区段端部的第一个或第二个开间。当设在第二个开间时，在第一开间的相应位置宜设置刚性系杆。在刚架转折处（如柱顶和屋脊）应沿房屋全长设置刚性系杆。

由支撑斜杆等组成的水平桁架，其直腹杆宜按刚性系杆考虑，可由檩条兼作，此时应满足对压弯构件刚度和承载力的要求。当不满足时，可在刚架斜梁间加设钢管、H 型钢或其他截面的杆件。

门式刚架轻型房屋钢结构的支撑，宜采用带张紧装置的十字交叉圆钢组成，圆钢与构件的夹角宜接近 45°，在 30°~60°范围。当设有不小于 5t 的桥式吊车时，柱间支撑宜采用型钢形式。当房屋中不允许设置柱间支撑时，应设置纵向刚架。

第二节 荷载计算和内力组合

一、荷载计算

门式刚架房屋结构的荷载应按《门式刚架轻型房屋钢结构技术规程》（CECS：102）的规定采用，包括以下荷载工况：

1. 永久荷载

结构的自重（包括屋面、檩条、支撑、刚架、墙架等），按现行国家标准《建筑结构荷载规范》（GB50009）采用；

悬挂在结构上的非结构构件的重力荷载（包括吊顶、管线、天窗、门窗等），按实际情况考虑。

2. 可变荷载

(1) 屋面活荷载，当采用压型钢板轻型屋面时，屋面竖向均布活荷载的标准值（按水平投影面积计算）应取 $0.5kN/m^2$；对受荷水平投影面积超过 $60m^2$ 的刚架，屋面均布活荷载标准值可取不小于 $0.3kN/m^2$。

(2) 设计屋面板和檩条时应考虑施工和检修集中荷载（人和小工具的重力）按《建筑结构荷载规范》规定取用，标准值为 1.0kN，并在最不利位置进行验算。

(3) 屋面雪荷载和积灰荷载，按《建筑结构荷载规范》规定采用。

(4) 风荷载，垂直于建筑物表面的风荷载，可按下式计算：

$$w_k = \mu_s \cdot \mu_z \cdot w_0 \tag{7-1}$$

式中 w_k——风荷载标准值（kN/m^2）；

w_0——基本风压，按《建筑结构荷载规范》的规定值乘以 1.05 采用；

μ_z——风荷载高度变化系数,按《建筑结构荷载规范》的规定采用;当高度小于10m时,应按10m高度处的数值采用;

μ_s——风荷载体型系数,考虑内、外风压最大值的组合,且含阵风系数。

对于门式刚架轻型房屋,当其屋面坡度不大于10°、屋面平均高度不大于18m、房屋高宽比不大于1、檐口高度不大于房屋的最小水平尺寸时,风荷载体型系数 μ_s,应按《门式刚架轻型房屋钢结构技术规程》计算,分别考虑刚架上的风荷载体型系数(表7-1及图7-3)、檩条和墙梁的风荷载体型系数、屋面板和墙板的风荷载体型系数、山墙墙架构件的风荷载体型系数以及屋面挑檐的风荷载体型系数等。

(5)吊车荷载,应按《建筑结构荷载规范》计算。

(6)地震作用,应按《建筑抗震设计规范》(GB50011)计算。

计算刚架地震作用时,一般可采用底部剪力法,对无吊车且高度不大的刚架可采用单质点简图(图7-4a),此时,可假定柱的上半部及其以上的各构件质量均集中于质点 m_1。当有吊车荷载时,可采用3质点简图(图7-4b),此时,m_1 质点集中屋盖质量及上阶柱上半区段内的构件质量,m_2 质点集中吊车桥架、吊车梁及上阶柱下区段与下阶柱上半段(包括墙体)的相应质量。

刚架的风荷载体型系数 表7-1

建筑类型	分 区										
	端 区						中 间 区				
	1E	2E	3E	4E	5E	6E	1	2	3	4	5	6
封闭式	+0.50	-1.40	-0.80	-0.70	+0.90	-0.30	+0.25	-1.00	-0.65	-0.55	+0.65	-0.15
部分封闭式	+0.10	-1.80	-1.20	-1.10	+1.00	-0.20	-0.15	-1.40	-1.05	-0.95	+0.75	-0.05

注:1. 表中正号(压力)表示风力由外朝向表面,负号(吸力)表示风力自表面向外离开;
  2. 屋面以上的周边伸出部分,对1区和5区可取+1.3,对4区和6区可取-1.3,这些系数包括了迎风面和背风面的影响;
  3. 当端部柱距不小于端区宽度时,端区风荷载超过中间区的部分,宜直接由端刚架承受;
  4. 单坡房屋的风荷载体型系数,可按双坡房屋的两个半边处理(图7-3b)。

二、荷载效应组合

荷载效应组合应符合以下原则:

(1)屋面均布活荷载不与雪荷载同时考虑,应取两者中的较大值;

(2)积灰荷载应与雪荷载或屋面均布活荷载中的较大值同时考虑;

(3)施工或检修集中荷载不与屋面材料或檩条自重以外的其他荷载同时考虑;

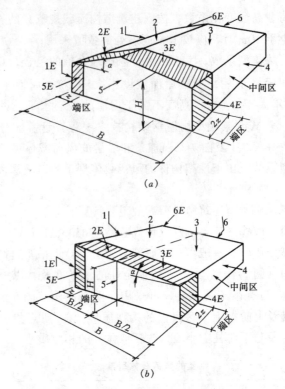

图 7-3 刚架的风荷载体型系数分区
(a) 双坡刚架;(b) 单坡刚架

注:α——屋面与水平面的夹角;

B——建筑宽度;

H——屋顶至地面的平均高度,可近似取檐口高度;

z——计算维护结构构件时的房屋边缘带宽度,取建筑最小水平尺寸的10%或$0.4H$中之较小值,但不得小于建筑最小水平尺寸的4%或1m;计算刚架时的房屋端区宽度取z(横向)和$2z$(纵向)。

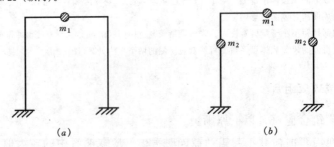

图 7-4 刚架质点的质量集中
(a) 单质点简图;(b) 三质点简图

(4) 多台吊车的组合应符合现行国家标准《建筑结构荷载规范》的规定；
(5) 风荷载不与地震作用同时考虑。

三、内力计算

变截面门式刚架应采用弹性分析方法确定各种工况下的内力，仅构件全部为等截面时才允许采用塑性分析方法按现行国家标准《钢结构设计规范》（GB50017）的规定进行设计。但后一种情况在实际工程中已很少采用。进行内力分析时，通常取单榀刚架按平面结构分析内力，一般不考虑应力蒙皮效应，而把它当作安全储备。计算内力时可采用有限元法（直接刚度法）。计算时宜将变截面刚架梁、柱构件划分为若干段，每段可视为等截面，也可采用楔形单元。当需要手算校核时，可采用一般结构力学的方法（如力法、位移法、弯矩分配法等）或利用静力计算的公式、图表进行。

刚架的最不利内力组合应按梁、柱控制截面分别进行，一般可选柱底、柱顶、柱牛腿以及梁端、梁跨中截面等处进行组合并进行截面验算。

计算刚架控制截面的内力组合时一般应计算以下四种组合：
1) N_{max}、M_{max}（即正弯矩最大）及相应 V；
2) N_{max}、M_{min}（即负弯矩最大）及相应 V；
3) N_{min}、M_{max} 及相应 V；
4) N_{min}、M_{min} 及相应 V。

四、变形计算

门式刚架结构的侧移应采用弹性分析方法确定，计算时荷载取标准值，不考虑荷载分项系数。侧移可以用有限元法计算，也可以按《门式刚架轻型房屋钢结构技术规程》的简化计算公式进行。在风荷载标准值作用下的刚架柱顶位移不应超过下列限值：

不设吊车：采用轻型钢板墙时为 $h/60$，采用砌体墙时为 $h/100$，h 为柱高；

设有桥式吊车：吊车有驾驶室时为 $h/400$，吊车由地面操作时为 $h/180$。

门式刚架斜梁的竖向挠度，当仅支承压型钢板屋面和冷弯型钢檩条（承受活荷载或雪荷载）时为 $L/180$，尚有吊顶时为 $L/240$，有悬挂起重机时为 $L/400$。L 为构件跨度，对悬臂梁，按悬伸长度的 2 倍计算。

目前国内外已经开发了多套门式刚架结构设计商业软件，如 STAAD、STS、3D3S 等，这些软件可完成结构的计算设计工作，并可绘制部分施工图以供参考。

第三节 刚架柱、梁设计

一、板件宽厚比限值和腹板屈曲后强度的利用

1. 梁、柱板件的宽厚比限值（图7-5）

工字形截面构件受压翼缘板

$$\frac{b}{t} \leqslant 15\sqrt{\frac{235}{f_y}} \tag{7-2}$$

工字形截面构件受压腹板

$$\frac{h_w}{t_w} \leqslant 250\sqrt{\frac{235}{f_y}} \tag{7-3}$$

式中 b、t——受压翼缘板自由外伸宽度与厚度；

h_w、t_w——腹板的计算高度与厚度。

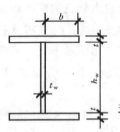

图7-5 截面尺寸

2. 腹板屈曲后强度的利用

设计刚架梁、柱的截面时，为了节省钢材，允许腹板发生局部屈曲并利用其屈曲后强度。工字形截面构件腹板的受剪板幅，当腹板高度变化不超过60mm/m时可考虑屈曲后强度（拉力场），其抗剪承载力设计值应按下列公式计算：

$$V_d = h_w t_w f'_v \tag{7-4}$$

当 $\lambda_w \leqslant 0.8$ 时　　　　　$f'_v = f_v$ （7-5a）

当 $0.8 < \lambda_w < 1.4$ 时　　$f'_v = [1 - 0.64(\lambda_w - 0.8)]f_v$ （7-5b）

当 $\lambda_w \geqslant 1.4$ 时　　　　　$f'_v = (1 - 0.275\lambda_w)f_v$ （7-5c）

式中 f'_v——腹板屈曲后抗剪强度设计值；

　　　f_v——钢材抗剪强度设计值；

　　　h_w——腹板高度，对楔形腹板取板幅平均高度；

　　　λ_w——与板件受剪有关的参数，按公式（7-6）计算。

$$\lambda_w = \frac{h_w/t_w}{37\sqrt{k_\tau} \cdot \sqrt{235/f_y}} \tag{7-6}$$

当 $a/h_w < 1$ 时　　　　　$k_\tau = 4 + 5.34/(a/h_w)^2$ （7-7a）

当 $a/h_w \geqslant 1$ 时　　　　　$k_\tau = 5.34 + 4/(a/h_w)^2$ （7-7b）

式中 a——腹板横向加劲肋的间距；

　　　k_τ——受剪腹板的凸屈系数，当不设横向加劲肋时取 $k_\tau = 5.34$。

3. 腹板的有效宽度

(1) 腹板的有效宽度

当工字形截面构件腹板受弯及受压板幅利用屈曲后强度时，应按有效宽度计算截面特性。有效宽度取为

当截面全部受压时
$$h_e = \rho h_w \tag{7-8a}$$

当截面部分受拉时，受拉区全部有效，受压区有效宽度为
$$h_e = \rho h_c \tag{7-8b}$$

式中 h_c——腹板受压区宽度；

ρ——有效宽度系数，按下列公式计算：

当 $\lambda_p \leqslant 0.8$ 时
$$\rho = 1 \tag{7-9a}$$

当 $0.8 < \lambda_p \leqslant 1.2$ 时
$$\rho = 1 - 0.9(\lambda_p - 0.8) \tag{7-9b}$$

当 $\lambda_p > 1.2$ 时
$$\rho = 0.64 - 0.24(\lambda_p - 1.2) \tag{7-9c}$$

式中 λ_p——与板件受弯、受压有关的参数，按下式计算：

$$\lambda_p = \frac{h_w/t_w}{28.1\sqrt{k_\sigma} \cdot \sqrt{235/f_y}} \tag{7-10}$$

$$k_\sigma = \frac{16}{\sqrt{(1+\beta)^2 + 0.112(1-\beta)^2} + (1+\beta)} \tag{7-11}$$

$$\beta = \sigma_2/\sigma_1 \tag{7-12}$$

式中 β——腹板边缘正应力比值（图7-6），以压为正，拉为负，$1 \geqslant \beta \geqslant -1$；

k_σ——板件在正应力作用下的凸屈系数，按公式（7-11）计算。

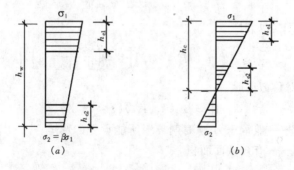

图 7-6 有效宽度的分布

当腹板边缘最大应力 $\sigma_1 < f$ 时，计算 λ_p 时可用 $\gamma_R \sigma_1$ 代替式（7-10）中的 f_y，γ_R 为抗力分项系数，对 Q235 和 Q345 钢，$\gamma_R = 1.1$。

(2) 腹板有效宽度的分布

当截面全部受压，即 $\beta > 0$ 时（图7-6a）

$$h_{e1} = 2h_e/(5 - \beta) \tag{7-13a}$$

$$h_{e2} = h_e - h_{e1} \tag{7-13b}$$

当截面部分受拉，即 $\beta < 0$ 时（图 7-6b）

$$h_{e1} = 0.4h_e \qquad (7\text{-}14a)$$

$$h_{e2} = 0.6h_e \qquad (7\text{-}14b)$$

二、刚架构件的强度计算

1. 工字形截面受弯构件在剪力 V 和弯矩 M 共同作用下的强度

当 $V \leqslant 0.5V_d$ 时

$$M \leqslant M_e \qquad (7\text{-}15a)$$

当 $0.5V_d < V \leqslant V_d$ 时

$$M \leqslant M_f + (M_e - M_f) \cdot \left[1 - \left(\frac{V}{0.5V_d} - 1\right)^2\right] \qquad (7\text{-}15b)$$

当为双轴对称截面时

$$M_f = A_f(h_w + t)f \qquad (7\text{-}16)$$

式中　M_f——两翼缘所承担的弯矩；

W_e——构件有效截面最大受压纤维的截面模量；

M_e——构件有效截面所承担的弯矩，$M_e = W_e f$；

A_f——构件翼缘的截面面积；

V_d——腹板抗剪承载力设计值，按式（7-4）计算。

2. 工字形截面压弯构件在剪力 V、弯矩 M 和轴压力 N 共同作用下的强度

当 $V \leqslant 0.5V_d$ 时

$$M \leqslant M_e^N = M_e - N \cdot W_e/A_e \qquad (7\text{-}17a)$$

当 $0.5V_d < V \leqslant V_d$ 时

$$M \leqslant M_f^N + (M_e^N - M_f^N)\left[1 - \left(\frac{V}{0.5V_d} - 1\right)^2\right] \qquad (7\text{-}17b)$$

当为双轴对称截面时

$$M_f^N = A_f(h_w + t)(f - N/A) \qquad (7\text{-}18)$$

式中　M_f^N——兼承压力 N 时两翼缘所能承受的弯矩；

A_e——有效截面面积。

三、刚架柱整体稳定计算

刚架柱是压弯构件，除应按式（7-2）、（7-3）和（7-17）验算局部稳定和强度外，还应验算其平面内、外的整体稳定性。

1. 变截面柱在刚架平面内的稳定应按下式计算：

$$\frac{N_0}{\varphi_{x\gamma} A_{e0}} + \frac{\beta_{mx} M_1}{\left(1 - \dfrac{N_0}{N'_{Ex0}} \varphi_{x\gamma}\right) W_{e1}} \leqslant f \qquad (7\text{-}19)$$

式中 N_0——小头的轴向压力设计值；

M_1——大头的弯矩设计值；

A_{e0}——小头的有效截面面积；

W_{e1}——大头有效截面最大受压纤维的截面模量；

$\varphi_{x\gamma}$——轴心受压构件稳定系数，按楔形柱确定其计算长度，取小头截面的回转半径，由现行国家标准《钢结构设计规范》查得；

β_{mx}——等效弯矩系数，对有侧移刚架柱，取 $\beta_{mx} = 1.0$；

N'_{Ex0}——参数，按（7-20）计算，计算 λ 时回转半径 i_0 以小头为准

$$N'_{Ex0} = \pi^2 EA_{e0}/1.1\lambda^2 \tag{7-20}$$

当柱的最大弯矩不出现在大头时，M_1 和 W_{e1} 分别取最大弯矩和该弯矩所在截面的有效截面模量。

对于变截面柱，变化截面高度的目的是为了适应弯矩变化，合理的截面变化方式应使两端截面的纤维同时达到最大应力。但实际上往往是大头截面用足，其应力大于小头截面，柱脚铰接的刚架柱就是一个典型情况。因此，式（7-19）左端第二项的弯矩 M_1 和有效截面模量 W_{e1} 应以大头为准。

2. 变截面柱在刚架平面内的计算长度

截面高度呈线性变化的柱，在刚架平面内的计算长度应取为 $h_0 = \mu_\gamma h$。其中 h 为柱高，μ_γ 为计算长度系数。μ_γ 可由下列三种方法之一确定：

第一种：查表法——适合手算，用于柱脚铰接的刚架；

第二种：一阶分析法——适合上机计算，用于柱脚铰接和刚接的刚架；

第三种：二阶分析法——适合上机计算，用于柱脚铰接和刚接的刚架。

(1) 查表法

1) 柱脚铰接单跨刚架

柱脚铰接单跨刚架楔形柱的 μ_γ，可由表 7-2 查得。

柱脚铰接楔形柱的计算长度系数 μ_γ 表 7-2

	K_2/K_1	0.1	0.2	0.3	0.5	0.75	1.0	2.0	≥10.0
$\dfrac{I_{e0}}{I_{e1}}$	0.01	0.428	0.368	0.349	0.331	0.320	0.318	0.315	0.310
	0.02	0.600	0.502	0.470	0.440	0.428	0.420	0.411	0.404
	0.03	0.729	0.599	0.558	0.520	0.501	0.492	0.483	0.473
	0.05	0.931	0.756	0.694	0.644	0.618	0.606	0.589	0.580
	0.07	1.075	0.873	0.801	0.742	0.711	0.697	0.672	0.650
	0.10	1.252	1.027	0.935	0.857	0.817	0.801	0.790	0.739
	0.15	1.518	1.235	1.109	1.021	0.965	0.938	0.895	0.872
	0.20	1.745	1.395	1.254	1.140	1.080	1.045	1.000	0.969

柱的线刚度 K_1 和梁的线刚度 K_2，应分别按下列公式计算：

$$K_1 = I_{e1}/h \tag{7-21}$$

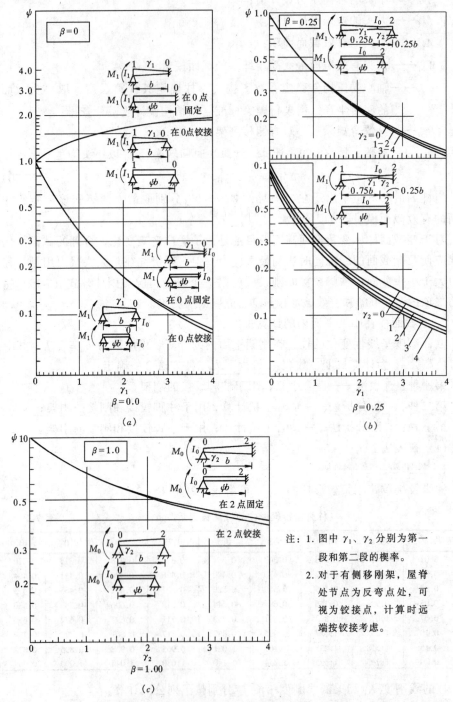

图 7-7 楔形梁在刚架平面内的换算长度系数（一）

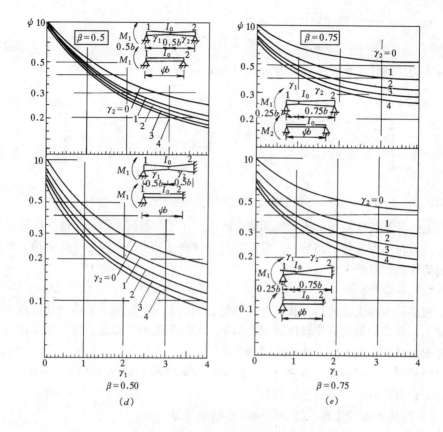

图 7-7 楔形梁在刚架平面内的换算长度系数（二）

$$K_2 = I_{b0}/(2 \cdot \psi \cdot s) \tag{7-22}$$

表中和式中　I_{c0}、I_{c1}——分别为柱小头和大头的截面惯性矩；

　　　　　　I_{b0}——梁最小截面惯性矩；

　　　　　　s——半跨斜梁长度；

　　　　　　ψ——斜梁换算长度系数，由图 7-7（a）~（e）的曲线查得。当梁为等截面时，取 $\psi = 1.0$。

当考虑有侧移失稳时，刚架脊点可视为斜梁铰接支点。

2）多跨刚架中间柱为摇摆柱时，边柱的计算长度为

$$h_0 = \eta \cdot \mu_\gamma \cdot h \tag{7-23}$$

式中　μ_γ——柱计算长度系数，由表 7-2 查得，但公式（7-22）中的 s 取与边柱相连的一跨横梁的坡面长度 l_b，如图 7-8 所示；

　　　η——放大系数，由式（7-24）计算；

　　　P_{li}、P_{fi}——摇摆柱和边柱承受的荷载；

h_{li}、h_{fi}——摇摆柱和边柱的高度。

$$\eta = \sqrt{1 + \Sigma(P_{li}/h_{li})/\Sigma(P_{fi}/h_{fi})} \qquad (7-24)$$

摇摆柱的计算长度系数取为 $\mu_\gamma = 1.0$。

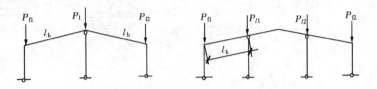

图 7-8 计算边柱时的斜梁长度

上述计算长度系数适用于屋面坡度不大于 1:5 的情况，超过此值时应考虑横梁轴向力对柱刚度的不利影响，按刚架的整体弹性稳定分析通过电算来确定变截面刚架柱的计算长度。

(2) 一阶分析法

刚架有侧移失稳的临界状态和它的侧移刚度有关。刚架上的荷载使此刚度逐渐退化，荷载增加到一定程度时刚度为零，刚架不能保持稳定。因此刚架柱的临界荷载或计算长度可以由侧移刚度得出。

当利用一阶分析计算程序得出柱顶水平荷载作用下的侧移刚度 $K = H/u$ 时，柱计算长度系数可由下列公式计算

1) 对柱脚为铰接和刚接的单跨对称刚架（图 7-9a）

当柱脚铰接时 $\qquad \mu_\gamma = 4.14\sqrt{EI_{c0}/Kh^3} \qquad (7-25a)$

当柱脚刚接时 $\qquad \mu_\gamma = 5.85\sqrt{EI_{c0}/Kh^3} \qquad (7-25b)$

公式 (7-25a) 和 (7-25b) 也可用于图 7-8 所示有摇摆柱的多跨对称刚架的边柱，但算得的系数 μ_γ，还应乘以放大系数 $\eta' = \sqrt{1 + \Sigma(P_{li}/h_{li})/[1.2\Sigma(P_{fi}/h_{fi})]}$。摇摆柱的计算长度系数仍取 $\mu_\gamma = 1.0$。

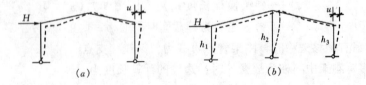

图 7-9 一阶分析时的柱顶侧移

2) 对中间柱为非摇摆柱的多跨刚架（图 7-9b）

当柱脚铰接时 $\qquad \mu_\gamma = 0.85\sqrt{\dfrac{1.2}{K}\dfrac{P_{E0i}}{P_i}\Sigma\dfrac{P_i}{h_i}} \qquad (7-26a)$

当柱脚刚接时
$$\mu_\gamma = 1.2\sqrt{\frac{1.2}{K}\frac{P_{E0i}}{P_i}\Sigma\frac{P_i}{h_i}} \quad (7\text{-}26b)$$

式中 h_i、P_i、P_{E0i}——分别为第 i 根柱的高度、轴压力和以小头为准的欧拉临界力,P_{E0i} 按式(7-27)计算:

$$P_{E0i} = \frac{\pi^2 EI_{0i}}{h_i^2} \quad (7\text{-}27)$$

公式(7-26a)和(7-26b)也可用于单跨非对称刚架柱的计算。

(3) 二阶分析法

当采用计入竖向荷载—侧移效应(即 $P-u$ 效应)的二阶分析程算内力时,计算长度系数 μ_γ 可由下列公式计算

$$\mu_\gamma = 1 - 0.375\gamma + 0.08\gamma^2(1 - 0.0775\gamma) \quad (7\text{-}28)$$

式中 γ——构件的楔率,按式(7-29)计算,且不大于 $0.268h/d_0$ 及 6.0。

$$\gamma = (d_1/d_0) - 1 \quad (7\text{-}29)$$

式中 d_0、d_1——分别为楔形截面构件小头和大头的截面高度(图 7-10)。

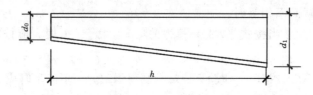

图 7-10 变截面构件

3. 变截面柱在刚架平面外的稳定计算

变截面柱的平面外稳定应分段按下式计算

$$\frac{N_0}{\varphi_y A_{e0}} + \frac{\beta_t M_1}{\varphi_{b\gamma} W_{e1}} \leq f \quad (7\text{-}30)$$

式中 φ_y——轴心受压构件弯矩作用平面外的稳定系数,以小头为准,按现行国家标准《钢结构设计规范》的规定采用,计算长度取侧向支承点间的距离。若各段线刚度差别较大,确定计算长度时可考虑各段间的相互约束;

$\varphi_{b\gamma}$——均匀弯曲楔形受弯构件的整体稳定系数,双轴对称的工字形截面杆件按公式(7-33)计算;

β_t——等效弯矩系数,按下式确定:

对一端弯矩为零的区段

$$\beta_t = 1 - N_0/N'_{Ex0} + 0.75(N_0/N'_{Ex0})^2 \quad (7\text{-}31)$$

对两端弯曲应力基本相等的区段

$$\beta_t = 1.0 \tag{7-32}$$

$$\varphi_{b\gamma} = \frac{4320}{\lambda_{y0}^2} \cdot \frac{A_0 h_0}{W_{x0}} \sqrt{\left(\frac{\mu_s}{\mu_w}\right)^4 + \left(\frac{\lambda_{y0} t_0}{4.4 h_0}\right)^2} \cdot \left(\frac{235}{f_y}\right) \tag{7-33}$$

$$\lambda_{y0} = \mu_s l / i_{y0} \tag{7-34}$$

$$\mu_s = 1 + 0.023\gamma \sqrt{l h_0 / A_f} \tag{7-35}$$

$$\mu_w = 1 + 0.00385\gamma \sqrt{l / i'_{y0}} \tag{7-36}$$

式中 A_0、h_0、W_{x0}、t_0——分别为构件小头的截面面积、截面高度、截面模量、受压翼缘厚度；

A_f——受压翼缘截面面积；

i'_{y0}——受压翼缘与受压区腹板 1/3 高度组成的截面绕 y 轴的回转半径；

l——楔形构件计算区段的平面外计算长度，取侧向支撑点间的距离。

当两翼缘截面不相等时，应参照式（5-36）在公式（7-33）中加上截面不对称影响系数 η_b 项。当按式（7-33）算得的 $\varphi_{b\gamma}$ 值大于 0.6 时，应按式（5-37）的 φ'_b 代替 $\varphi_{b\gamma}$ 值。

变截面柱下端铰接时，应验算柱端的受剪承载力。不满足时应对该处腹板加强。

等截面刚架按弹性设计时，其计算可按前述变截面构件的方法进行。

四、刚架梁计算

1. 刚架梁截面计算要求

（1）实腹式刚架斜梁在平面内可按压弯构件计算强度，在平面外应按压弯构件计算稳定。

（2）实腹式刚架斜梁的出平面计算长度，应取侧向支承点间的距离；当斜梁两翼缘侧向支承点间的距离不等时，应取最大受压翼缘侧向支承点间的距离。

（3）当实腹式刚架斜梁的下翼缘受压时，必须在受压翼缘两侧布置隅撑（端部仅布置一侧）作为斜梁的侧向支承，隅撑的另一侧连在檩条上。

（4）隅撑按轴心受压构件设计。轴心力按下式计算：

$$N = \frac{Af}{85\cos\theta} \sqrt{\frac{f_y}{235}} \tag{7-37}$$

式中 A——实腹斜梁被支撑翼缘的截面面积；

f——实腹斜梁钢材的强度设计值；

f_y——实腹斜梁钢材的屈服强度;

θ——隅撑与檩条轴线的夹角。

当隅撑成对布置时,每根隅撑的计算轴压力可取式(7-37)计算值之半。

(5) 当斜梁上翼缘承受集中荷载处不设加劲肋时,除应按现行国家标准《钢结构设计规范》的规定验算腹板上边缘正应力、剪应力和局部压应力共同作用的折算应力外,还应满足下式要求:

$$F \leqslant 15\alpha_m t_w^2 f \sqrt{\frac{t_f}{t_w} \frac{235}{f_y}} \qquad (7\text{-}38)$$

$$\alpha_m = 1.5 - M/(W_e f) \qquad (7\text{-}39)$$

式中　F——上翼缘所受集中力;

t_f、t_w——分别为斜梁翼缘和腹板的厚度;

α_m——参数,$\alpha_m \leqslant 1.0$,在斜梁负弯矩区取零;

M——集中荷载处的弯矩;

W_e——有效截面最大受压纤维的截面模量。

(6) 斜梁不需要计算整体稳定性的侧向支撑点间的最大距离,可取斜梁受压翼缘宽度的 $16\sqrt{235/f_y}$ 倍。

2. 梁腹板加劲肋设计

(1) 加劲肋的配置

梁腹板应在与中柱连接处、较大集中荷载作用处和翼缘转折处设置横向加劲肋。中间加劲肋的设置应满足屈曲后强度计算要求。

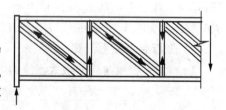

图 7-11　腹板及加劲肋屈曲后受力模型

梁腹板利用屈曲后强度时,其中间加劲肋除承受集中荷载和翼缘转折产生的压力外还应承受拉力场产生的压力(图7-11)。该压力应按下列公式计算:

$$N_s = V - 0.9 h_w t_w \tau_{cr} \qquad (7\text{-}40)$$

当 $0.8 < \lambda_w \leqslant 1.25$ 时　$\tau_{cr} = [1 - 0.8(\lambda_w - 0.8)] f_v \qquad (7\text{-}41a)$

当 $\lambda_w > 1.25$ 时　　　$\tau_{cr} = f_v/\lambda_w^2 \qquad (7\text{-}41b)$

式中　N_s——拉力场产生的压力;

τ_{cr}——利用拉力场时腹板的屈曲剪应力;

λ_w——参数,按式(7-6)计算。

(2) 加劲肋的稳定性

当验算加劲肋稳定性时,其截面应包括每侧 $15t_w \sqrt{235/f_y}$ 宽度范围内的腹板面积，计算长度取腹板高度 h_w，按两端铰接的轴心受压构件计算。

【例题 7-1】 某单跨门式刚架几何尺寸如图 7-12（a）所示，柱脚铰接。柱为楔形柱，梁为等截面梁，梁截面和柱大头截面如图 7-12（b）所示，柱小头截面如图 7-12（c）所示，钢材为 Q235B，焊条为 E43 型，手工焊，翼缘为剪切边。柱大头截面的内力为：$M_1 = 75 \text{kN} \cdot \text{m}$，$N_1 = 60 \text{kN}$，$V_1 = 30 \text{kN}$；柱小头截面内力：$N_0 = 90 \text{kN}$，$V_0 = 45 \text{kN}$。验算刚架柱的强度及整体稳定是否满足要求。

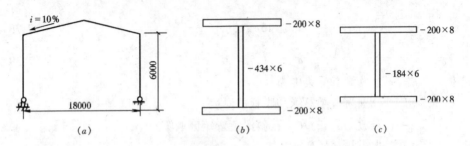

图 7-12 例题 7-1 图

【解】 1. 楔形柱截面几何参数

$A_1 = 58.04 \text{cm}^2$，$I_{x1} = 17916.4 \text{cm}^4$，$I_{y1} = 1066.7 \text{cm}^4$，$W_{x1} = 873.6 \text{cm}^3$，$i_{x1} = 18.43 \text{cm}$，$i_{y1} = 4.29 \text{cm}$；$A_0 = 43.04 \text{cm}^2$，$I_{x0} = 3262.3 \text{cm}^4$，$I_{y0} = 1067.0 \text{cm}^4$，$W_{x0} = 326.23 \text{cm}^3$，$W_{y0} = 106.7 \text{cm}^3$，$i_{x0} = 8.71 \text{cm}$，$i_{y0} = 4.98 \text{cm}$。

2. 腹板有效截面计算

（1）大头腹板边缘的最大正应力

$$\sigma_1 = \frac{M \cdot y}{I_{x1}} + \frac{N}{A_1} = \frac{75.0 \times 10^6 \times 217}{17916.4 \times 10^4} + \frac{60.0 \times 10^3}{5804}$$

$$= 90.8 + 10.3 = 101.1 \text{N/mm}^2$$

$$\sigma_2 = -90.8 + 10.3 = -80.5 \text{N/mm}^2$$

腹板边缘的正应力比值

$$\beta = \sigma_2/\sigma_1 = -80.5/101.1 = -0.797 < 0 \quad \text{腹板部分受压}$$

腹板有效截面计算参数

$$k_\sigma = \frac{16}{\sqrt{(1+\beta)^2 + 0.112(1-\beta)^2} + (1+\beta)}$$

$$= \frac{16}{\sqrt{(1-0.797)^2 + 0.112(1+0.797)^2} + (1-0.797)}$$

$$= 19.1$$

$$\lambda_p = \frac{h_w/t_w}{28.1\sqrt{k_\sigma} \cdot \sqrt{235/(\gamma_R \sigma_1)}} = \frac{72.3}{28.1\sqrt{19.1 \times 235/(1.1 \times 101.1)}}$$

$$= 0.405 < 0.8$$

故 $\rho = 1$，楔形刚架柱大头全截面有效。

(2) 小头腹板边缘的压应力，因柱小头无弯矩作用，故

$$\sigma_0 = \frac{90 \times 10^3}{4304} = 20.9, \quad \beta = 1, \quad k_\sigma = \frac{16}{\sqrt{2^2+2}} = 4$$

$$\lambda_\rho = \frac{h_w/t_w}{28.1\sqrt{k_\sigma} \cdot \sqrt{235/(\gamma_R \sigma_0)}} = \frac{30.67}{28.1\sqrt{4 \times 235/(1.1 \times 20.9)}} = 0.171 < 0.8$$

故 $\rho = 1$，楔形刚架柱小头全截面有效。

3. 楔形柱的计算长度

(1) 刚架平面内柱的计算长度

柱的线刚度　　$K_1 = I_{c1}/h = 17916.4 \times 10^4/6000 = 29860.7$

梁的线刚度（梁为等截面时，取 $\psi = 1.0$）

$$K_2 = I_{b0}/2\psi S = 17916.4 \times 10^4/(2 \times 1.0 \times 9044.9) = 9904.1$$

梁柱刚度比为　　$K_2/K_1 = 9904.1/29860.7 = 0.33$

$$I_{c0}/I_{c1} = 3262.3/17916.4 = 0.18$$

查表 7-2 得刚架平面内柱的计算长度系数　$\mu_\gamma = 1.181$

刚架平面内柱的计算长度为 $l_{0x} = \mu_\gamma h = 1.181 \times 6000 = 7084$ mm

(2) 刚架平面外柱的计算长度按设置单层柱间支撑考虑，取 $l_{0y} = 6000$ mm。

4. 刚架柱的验算

(1) 抗剪承载力

楔形柱截面最大剪力为　　$V_{\max} = 45.0$ kN

考虑柱腹板上不设加劲肋，故屈曲系数取 $k_\tau = 5.34$

由公式 (7-6) 得

$$\lambda_w = \frac{h_w/t_w}{37\sqrt{k_\tau} \cdot \sqrt{235/f_y}} = \frac{(434+184)/2/6}{37\sqrt{5.34}} = 0.60 < 0.8$$

由公式 (7-5a)

$$f'_v = f_v = 125 \text{N/mm}^2$$

由公式 (7-4) 得

$$V_d = h_w t_w f'_v = \frac{(434+184)}{2} \times 6 \times 125 \times 10^{-3} = 231.4 \text{kN}$$

$V_{\max} < V_d$ 满足抗剪要求。

(2) 抗弯承载力（弯、剪、压共同作用）

大头柱截面内力为：$N_1 = -60.0$ kN，$V_1 = 30.0$ kN，$M_1 = 75.0$ kN·m

因为 $V_1 < 0.5 V_d$ 由公式 (7-17a) 得

$$M_e^N = M_e - NW_e/A_e$$

$$= 876.3 \times 215 \times 10^{-3} - (60.0 \times 876.3)/5804$$
$$= 188.4 - 9.1 = 179.3 \text{kN} \cdot \text{m}$$

$M_1 < M_e^N = 179.3\text{kN} \cdot \text{m}$,满足抗弯要求。

5. 楔形柱的整体稳定性验算

取楔形柱最大内力进行验算:$N_0 = -90.0\text{kN}$;$M_1 = 75\text{kN} \cdot \text{m}$

(1) 刚架平面内的整体稳定性

$\lambda_x = l_{0x}/i_{x0} = 7084/87.1 = 81.3$ 及 b 类截面查《钢结构设计规范》得 $\varphi_{x\gamma} = 0.679$

参数
$$N'_{\text{Ex0}} = \frac{\pi^2 E A_{e0}}{1.1 \lambda_x^2} = \frac{\pi^2 \times 206 \times 10^3 \times 4304}{1.1 \times 81.3^2} \times 10^{-3} = 1203.6\text{kN}$$

对有侧移刚架 $\beta_{\text{mx}} = 1.0$,由式(7-19)得

$$\frac{N_0}{\varphi_{x\gamma} \cdot A_{e0}} + \frac{\beta_{\text{mx}} \cdot M_1}{W_{\text{el}}\left(1 - \varphi_{x\gamma} \dfrac{N_0}{N'_{\text{Ex0}}}\right)} = \frac{90.0 \times 10^3}{0.679 \times 4304} + \frac{1 \times 75.0 \times 10^6}{876.3 \times 10^3 \times \left(1 - 0.679 \times \dfrac{90.0}{1203.6}\right)}$$

$$= 30.8 + 90.2 = 121.0\text{N/mm}^2 < f = 215\text{N/mm}^2$$

故满足要求。

(2) 刚架平面外的整体稳定性

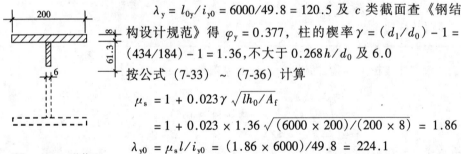

图 7-13 T形截面

$\lambda_y = l_{0y}/i_{y0} = 6000/49.8 = 120.5$ 及 c 类截面查《钢结构设计规范》得 $\varphi_y = 0.377$,柱的楔率 $\gamma = (d_1/d_0) - 1 = (434/184) - 1 = 1.36$,不大于 $0.268h/d_0$ 及 6.0

按公式(7-33)~(7-36)计算

$$\mu_s = 1 + 0.023\gamma \sqrt{lh_0/A_f}$$
$$= 1 + 0.023 \times 1.36 \sqrt{(6000 \times 200)/(200 \times 8)} = 1.86$$
$$\lambda_{y0} = \mu_s l/i_{y0} = (1.86 \times 6000)/49.8 = 224.1$$

由于柱小头全截面均匀受压,故计算 i'_{y0} 时的 T 形截面如图 7-13 所示:

$A'_{y0} = 19.68\text{cm}^2$,$I'_{y0} = 533.4\text{cm}^4$,$i'_{y0} = 5.21\text{cm}$

$$\mu_w = 1 + 0.00385\gamma \sqrt{l/i'_{y0}}$$
$$= 1 + 0.00385 \times 1.36 \sqrt{6000/52.1} = 1.06$$

$$\varphi_{b\gamma} = \frac{4320}{\lambda_{y0}^2} \cdot \frac{A_0 h_0}{W_{x0}} \sqrt{\left(\frac{\mu_s}{\mu_w}\right)^4 + \left(\frac{\lambda_{y0} t_0}{4.4 h_0}\right)^2} \cdot \left(\frac{235}{f_y}\right)$$

$$= \frac{4320}{224.1^2} \cdot \frac{4304 \times 200}{326.23 \times 10^3} \sqrt{\left(\frac{1.86}{1.06}\right)^4 + \left(\frac{224.1 \times 8}{4.4 \times 200}\right)^2}$$
$$= 0.838 > 0.6$$

$$\varphi'_b = 1.07 - \frac{0.282}{0.838} = 0.733$$

等效弯矩系数

$$\beta_t = 1 - \frac{N_0}{N'_{Ex0}} + 0.75\left(\frac{N_0}{N'_{Ex0}}\right)^2 = 1 - \frac{90.0}{1203.6} + 0.75\left(\frac{90.0}{1203.6}\right)^2 = 0.929$$

$$\frac{N_0}{\varphi_y \cdot A_{e0}} + \frac{\beta_t \cdot M_1}{\varphi'_b \cdot W_{x1}} = \frac{90.0 \times 10^3}{0.377 \times 4304} + \frac{0.929 \times 75.0 \times 10^6}{0.733 \times 876.3 \times 10^3}$$
$$= 55.5 + 108.5 = 164.0 \text{N/mm}^2 < f$$
$$= 215 \text{N/mm}^2$$

故满足要求。

第四节 檩条和墙梁设计

一、檩条设计

1. 檩条的截面形式、特点及适用范围

檩条一般用于轻型屋面工程中,其截面形式有实腹式、空腹式和格构式。

轻型门式刚架结构房屋的檩条宜采用实腹式冷弯薄壁型钢制作,壁厚不宜小于1.5mm。檩条常用截面形式有Z形和C形两种,如图7-14所示。

卷边Z形檩条适用于屋面坡度 $i > 1/3$ 的情况,这时屋面荷载作用线接近于其截面的弯心(扭心),并可通过叠合形成连续构件。Z形檩条的主平面 x 轴的刚度大,挠度小,用钢量省,制造和安装方便,在现场可叠层堆放,占地少,是目前较合理和普遍采用的一种檩条形式。

卷边C形檩条适用于屋面坡度 $i \leqslant 1/3$ 的情况,其截面在使用中互换性大,用钢量省。

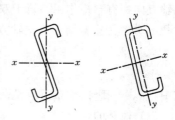

图7-14 薄壁型钢檩条

当屋面荷载较大或檩条跨度大于9m时,宜采用格构式檩条(图7-15)。格构式檩条可采用平面桁架式、空间桁架式或下撑式檩条。格构式檩条的构造和制作相对复杂,侧向刚度较小,但用钢量较少。

本节仅介绍实腹式冷弯薄壁型钢檩条的设计方法,其它形式檩条的设计可参考有关设计手册。

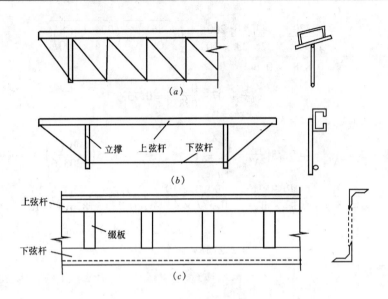

图 7-15 格构式檩条
(a) 平面桁架式檩条；(b) 下撑式檩条；(c) 空腹式檩条

2. 檩条的荷载及内力计算

(1) 檩条的荷载

檩条主要承受来自屋面的荷载，包括屋面材料的自重（如屋面板、保温棉的自重）、屋面均布活荷载、风荷载、雪荷载、积灰荷载等，另外还有檩条自重、施工检修荷载和悬挂荷载等。计算时需将上述荷载换算为单位长度的线荷载。

设置在刚架斜梁上的檩条在垂直于地面的均布荷载作用下，沿截面两个形心主轴方向都有弯矩作用，属于双向受弯构件。在进行受力分析时，首先要把均布荷载 q 分解为沿截面形心主轴方向的荷载分量 q_x、q_y，如图 7-16 所示

$$q_x = q \cdot \sin\alpha_0 \quad (7\text{-}42a)$$

$$q_y = q \cdot \cos\alpha_0 \quad (7\text{-}42b)$$

式中 α_0——竖向均布荷载设计值 q 和形心主轴 y 轴的夹角。

(2) 檩条的弯矩

1) 对 x 轴，由 q_y 引起的弯矩，按单跨简支梁计算。跨中最大弯矩为

$$M_x = q_y l^2/8 \quad (7\text{-}43)$$

式中 l——檩条的跨度。

2) 对 y 轴，由 q_x 引起的弯矩，考虑拉条作为侧向支撑点按多跨连续梁计算

无拉条时（图 7-17a）

$$M_y = q_x l^2/8 \quad (7\text{-}44)$$

一根拉条位于檩条跨中时（图 7-17b）

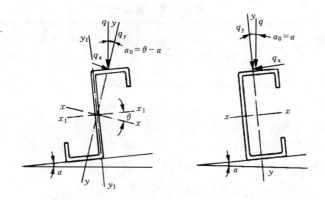

图 7-16 实腹式檩条截面的主轴和荷载

跨中负弯矩 $\quad M_y = q_x l^2/32 \quad (7\text{-}45a)$

拉条与支座间正弯矩 $\quad M_y = q_x l^2/64 \quad (7\text{-}45b)$

两根拉条位于檩条三分点时（图 7-17c）

三分点处负弯矩 $\quad M_y = q_x l^2/90 \quad (7\text{-}46a)$

跨中正弯矩 $\quad M_y = q_x l^2/360 \quad (7\text{-}46b)$

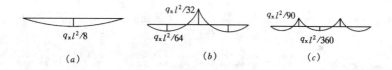

图 7-17 弯矩 M_y 计算简图

对于多跨连续梁，在计算 M_y 时，不考虑活荷载的不利组合，跨中和支座处弯矩都近似取 $0.1 q_x l^2$。

3. 檩条的截面设计

(1) 确定有效截面的截面特性

由卷边 C 形和 Z 形薄壁型钢制成的檩条为双向受弯构件，翼缘的正应力非均匀分布，其有效截面按《冷弯薄壁型钢结构技术规范》进行计算。但对于屋面板有牢固连接的檩条，当竖向荷载组合起控制作用时，根据卷边 C 形和 Z 形薄壁型钢的简化相关公式及卷边宽度要求（表 7-3）得出截面全部有效的范围如下：

当 $h/b \leqslant 3.0$ 时 $\quad b/t \leqslant 31 \sqrt{205/f} \quad (7\text{-}47a)$

当 $3.0 < h/b \leqslant 3.3$ 时 $\quad b/t \leqslant 28.5 \sqrt{205/f} \quad (7\text{-}47b)$

式中 h、b、t——截面高度、翼缘宽度和板件厚度。

卷边的最小高厚比　　　　　　表 7-3

b/t	15	20	25	30	35	40	45	50	55	60
a/t	5.4	6.3	7.2	8.0	8.5	9.0	9.5	10.0	10.5	11.0

注：a 为卷边的高度。

超出公式（7-47）范围以外的截面，应按有效截面计算。

(2) 承载力计算

1) 当屋面能阻止檩条失稳和扭转时，可仅按式（7-48）计算檩条在风压力效应参与组合时的强度，而整体稳定性可不作计算。

$$\frac{M_x}{W_{enx}} + \frac{M_y}{W_{eny}} \leqslant f \tag{7-48}$$

式中　　M_x、M_y——对截面 x 轴和 y 轴的弯矩；

W_{enx}、W_{eny}——对主轴 x 和主轴 y 的有效净截面模量。

2) 当屋面不能阻止檩条侧向失稳和扭转时，应按下式计算檩条的稳定性：

$$\frac{M_x}{\varphi_{bx} W_{ex}} + \frac{M_y}{W_{ey}} \leqslant f \tag{7-49}$$

式中　　W_{ex}、W_{ey}——对主轴 x 和主轴 y 的有效截面模量（对热轧型钢为毛截面模量）；

φ_{bx}——梁的整体稳定系数，按《冷弯薄壁型钢结构技术规范》规定计算（若为热轧型钢，则按《钢结构设计规范》规定计算）。

3) 在风吸力作用下，当屋面能阻止上翼缘侧向失稳和扭转时，受压下翼缘的稳定性应按《门式刚架轻型房屋钢结构技术规程》计算；当屋面不能阻止上翼缘侧向失稳和扭转时，受压下翼缘的稳定性应按式（7-49）计算；当采取可靠构造措施能防止檩条截面扭转时，可仅计算其强度。

4) 计算檩条时，不应考虑隅撑作为檩条的支承点。

(2) 变形计算

单跨简支实腹式檩条应按下式验算垂直于屋面坡度的挠度

C 形薄壁型钢檩条　　　　$$v = \frac{5 q_{ky} l^4}{384 E I_x} \leqslant [v] \tag{7-50a}$$

式中　　q_{ky}——沿 y 轴方向上的线荷载分量标准值；

I_x——对 x 轴的毛截面惯性矩。

Z形薄壁型钢檩条 $\quad v = \dfrac{5q_k \cos\alpha l^4}{384EI_{x1}} \leqslant [v] \qquad (7\text{-}50b)$

式中 α——屋面坡度；

$\quad I_{x1}$——Z形截面对平行于屋面的形心轴的惯性矩；

$\quad [v]$——檩条挠度容许值，仅支承压型钢板的屋面（承受活荷载或雪荷载）时，$[v] = l/150$；尚有吊顶时，$[v] = l/240$。

4．檩条的构造要求

(1) 檩条体系的布置

檩条一般为单跨简支构件，Z形实腹式檩条也可作连续构件。当檩条跨度大于4m时，宜在檩条间跨中位置设置拉条或撑杆。跨度大于6m时，应在檩条跨度三分点处各设一道拉条或撑杆。在屋脊或檐口处还应设置斜拉条和撑杆（图7-18）。

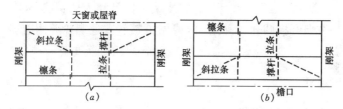

图 7-18 檩条间拉条的设置
（a）檩条向檐口倾覆时；（b）檩条向屋脊倾覆时

(2) 檩条与刚架的连接（图7-19）

檩条与刚架的连接宜用檩托，以防止檩条在支座处的扭转变形和倾覆，檩条端部与檩托的连接螺栓不应少于2个，沿檩条高度方向设置；螺栓直径可根据檩条截面大小，取 M12～M16 为宜。

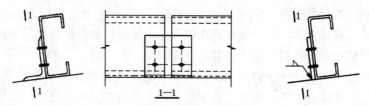

图 7-19 檩条与刚架的连接

(3) 檩条与拉条、撑杆的连接（图7-20）

拉条通常采用圆钢，圆钢直径不宜小于10mm，按轴心拉杆计算。圆钢拉条可设在距檩条上翼缘1/3腹板高度的范围内。当有风吸力作用使檩条的下翼缘受

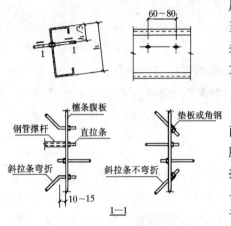

压时,拉条宜在檩条上、下翼缘附近适当交叉布置。撑杆主要是限制檐口处檩条的侧向弯曲,按压杆控制其长细比不大于200,采用圆管、方管或角钢做成。

(4) 檩条与屋面的连接

屋面应与檩条牢固连接,从而使屋面板能阻止檩条的侧向失稳和扭转。实腹式檩条与钢丝网水泥波瓦常以瓦钩连接;与石棉瓦则常以瓦钩或瓦钉连接;与压型钢板连接时,如压型钢板波高小于40mm,可用自攻钉固定,如波高较大,可采用镀锌钢支架固定在檩条上,支架钢板尺寸为$50\times(3.5\sim4.0)$mm,支架顶部顺板长方向开椭圆孔,采用 M8 或 M10 镀锌普通螺栓并附有帽式镀锌钢垫圈和橡胶垫。

图 7-20 檩条与拉条、撑杆的连接

二、墙梁设计

1. 墙梁的截面形式与布置

轻型墙体结构的墙梁宜采用卷边槽形或 Z 形的冷弯薄壁型钢。通常墙梁的最大刚度平面在水平方向,以承担水平风荷载。槽口的朝向应视具体情况而定:槽口向上,便于连接,但容易积灰积水,钢材易锈蚀;槽口向下,不易积灰积水,但连接不便。

墙梁主要承受墙体材料的重量及风荷载。墙梁的两端通常支承于建筑物的承重柱或墙架柱上,墙体荷载通过墙梁传给柱。当墙梁有一定竖向承载力且墙板落地及与墙板间有可靠连接时,可不设中间柱,并可不考虑自重引起的弯矩和剪力。当有条形窗或房屋较高且墙梁跨度较大时,墙架柱的数量应由计算确定;当墙梁需承受墙板及自重时,应考虑双向弯曲。

墙梁跨度可为一个柱距的简支梁或二个柱距的连续梁,从墙梁的受力性能、材料的充分利用来看,后者更合理。但考虑到节点构造、材料供应、运输和安装等方面的因素,通常墙梁都设计成单跨简支梁。

墙梁应尽量等间距布置,在墙面的上沿、下沿及窗框的上沿、下沿均应设置一道墙梁。墙梁的间距还应考虑墙板的材料强度、尺寸、所受荷载的大小等,如作为墙板的压型钢板较长、强度较高时,墙梁间距可达 3m 以上;如作为墙板的瓦楞铁、石棉瓦及塑料板或因规格尺寸限制,或因材料强度所限,墙梁的间距一般不超过 2.5m。

为了减小墙梁在竖向荷载作用下的计算跨度，减小墙梁的竖向挠度，提高墙梁稳定性，常在墙梁上设置拉条。当墙梁跨度为 4~6m 时，宜在跨中设置一道拉条；当跨度大于 6m 时，可在跨间三分点处各设一道拉条。在最上层墙梁处宜设斜拉条将拉力传至承重柱或墙架柱，当斜拉条所悬挂的墙梁数超过 5 个时，宜在中间加设一道斜拉条，这样可将拉力分段传给柱。当墙板的荷载有可靠途径传至地面或托梁时，可不设拉条。

为了减少墙板自重对墙梁的偏心影响，单侧挂墙板时，拉条应连接在墙梁挂墙板的一侧 1/3 处；两侧均挂有墙板时，拉条宜连接在墙梁重心点处。

墙板材料可视工程情况选用彩色镀锌或镀铝锌压型钢板、夹心压型复合板和玻璃纤维增强水泥外墙板（GRC 板）等轻质材料墙板，其厚度不宜小于 0.4mm。墙板宜落地并与基础相连，使墙板的重力直接传给基础。板与板之间也应有可靠连接。

2. 墙梁的计算

（1）荷载计算

作用在墙梁上的荷载主要有竖向重力荷载和水平方向风荷载。竖向重力荷载有墙板和墙梁自重。墙板自重及水平向的风荷载可根据《建筑结构荷载规范》查取，墙梁自重根据实际截面确定，选取截面时可近似地取 0.05kN/m。

（2）内力分析

墙梁系同时承受竖向荷载及水平风荷载作用的双向受弯构件（图 7-21），当荷载未通过截面弯心时，尚应考虑双力矩 B 的影响。

1）弯矩计算

根据拉条布置方案，M_x、M_y 的计算同檩条部分。

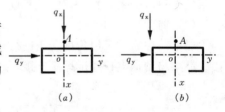

图 7-21 墙梁荷载示意图
(a) 双侧挂板；(b) 单侧挂板

2）双力矩的计算

当墙梁两侧均挂有墙板（图 7-21a），且墙板与墙梁牢固连接时，可认为墙梁受荷时不会发生扭转，此时双力矩 $B=0$；当墙梁单侧挂有墙板时，由于竖向荷载 q_x 和水平风载 q_y 均不通过墙梁截面弯心 A（图 7-21b），而单侧挂墙板不能有效阻止墙梁的扭转，此时墙梁内将产生双力矩 B，按《冷弯薄壁型钢结构技术规范》的规定计算。

（3）截面验算

1）确定有效截面特性

根据墙梁跨度、荷载和拉条设置情况，按各组成板件边缘应力及板件支承情况等确定有效截面尺寸，求出墙梁的有效截面特性。

2) 强度计算

根据墙梁上所受的弯矩（M_x、M_y）、剪力（V_x、V_y）和双力矩 B，应验算截面的最大（拉、压）正应力、剪应力。

3) 整体稳定性计算

当墙梁二侧挂有墙板，或单侧挂有墙板承担迎风水平荷载，由于受压竖向板件与墙板有牢固连接，一般认为能保证墙梁的整体稳定性，不需计算；对于单侧挂有墙板的墙作用着背风的水平荷载时，由于墙梁的主要受压竖向板件未与墙板牢固连接，在构造上不能保证墙梁的整体稳定性，尚需按现行《门式刚架轻型房屋钢结构技术规程》的规定进行计算。

4) 刚度计算

计算方法与檩条相同。

3. 墙梁的连接构造

(1) 墙板与墙梁的连接

压型钢板作墙板时可通过两种方式与墙梁固定：一是在压型钢板波峰处用直径为 6mm 的勾头螺栓与墙梁固定。每块墙板在同一水平处应有 3 个螺栓与墙梁固定，相邻墙梁处的勾头螺栓位置应错开。二是采用直径为 6mm 的自攻螺钉在压型钢板的波谷处与墙梁固定。每块墙板在同一水平处应有 3 个螺钉固定，相邻墙梁的螺钉应交错设置，在两块墙板搭接处另加设直径 5mm 的拉铆钉予以固定。

(2) 墙梁与柱的连接

墙梁与柱通常采用角钢支托进行连接（图 7-22），角钢支托与柱采用焊接连接，墙梁与角钢支托通过螺栓连接。

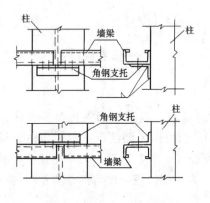

图 7-22 墙梁与柱的连接

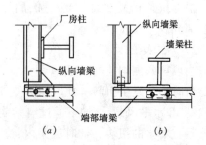

图 7-23 端部墙梁在墙角处的连接

端部墙梁在墙角处的连接，当端部墙板突出不大时，通常在墙角处不设墙架柱，可将端部墙梁支承于纵向墙梁上（图 7-23a），当端部墙板突出较大时，端部墙梁应支承在加设的墙架柱上（图 7-23b）。

【例题 7-2】 某轻型门式刚架的封闭式建筑，屋面材料为压型钢板，屋面坡度 1/10（$\alpha = 5.71°$）。采用卷边 C 形冷弯薄壁型钢檩条（图 7-24），截面尺寸为 C180×70×20×2.5，钢材为 Q235。檩条跨度 $l = 6\text{m}$，跨中设置一道拉条；檩距（水平投影）为 1.50m。檐口距地面高度 6m，屋脊距地面高度 7.2m。

已知荷载标准值（水平投影面）为：

(1) 永久荷载

压型钢板（两层含保温）自重　　0.30

檩条（包括拉条）自重　　　　　0.08

　　　　　　　　　　　　　　 0.38 kN/m^2

(2) 可变荷载

屋面均布活荷载　　　　0.50 kN/m^2

雪荷载标准值　　　　　0.35 kN/m^2

基本风压　　　　　　　0.55 kN/m^2

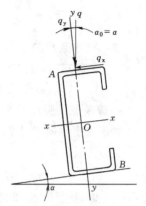

图 7-24　例题 7-2 图

【解】 1. 内力计算

(1) 永久荷载与屋面活荷载组合

檩条线荷载标准值　$q_k = (0.38 + 0.50) \times 1.5 = 1.32\text{kN/m}$

设计值　$q = (1.2 \times 0.38 + 1.4 \times 0.50) \times 1.5 = 1.734\text{kN/m}$

故荷载分量为　$q_x = q(\sin 5.71°) = 0.173\text{kN/m}$

$q_y = q(\cos 5.71°) = 1.725\text{kN/m}$

跨中弯矩设计值　$M_x = q_y l^2/8 = 1.725 \times 6^2/8 = 7.76\text{kN·m}$

$M_y = q_x l^2/32 = 0.173 \times 6^2/32 = 0.20\text{kN·m}$（负弯矩）

(2) 永久荷载与风吸力组合

垂直屋面的风荷载标准值（《门式刚架轻型房屋钢结构技术规程》附录 A）

$w_k = \mu_s \mu_z w_0 = -1.4 \times 1.0 \times 0.55 \times 1.05 = -0.81\text{kN/m}^2$

檩条的线荷载分量为：

$q_{kx} = 0.38 \times 1.5 \times \sin 5.71° = 0.057\text{kN/m}$

$q_{ky} = 0.81 \times 1.5 - 0.38 \times 1.5 \times \cos 5.71° = 0.65\text{kN/m}$

$q_x = 0.057\text{kN/m}$

$q_y = 1.4 \times 0.81 \times 1.5 - 1.0 \times 0.38 \times 1.5 \times \cos 5.71° = 1.13\text{kN/m}$

跨中弯矩设计值　$M_x = q_y l^2/8 = 1.13 \times 6^2/8 = 5.09\text{kN·m}$

$M_y = q_x l^2/32 = 0.057 \times 6^2/32 = 0.064\text{kN·m}$

2. 檩条截面特性

(1) C180×70×20×2.5 的毛截面特性：

$A = 8.48 \text{cm}^2$, $i_x = 7.04 \text{cm}$, $i_y = 2.53 \text{cm}$, $W_x = 46.69 \text{cm}^3$, $W_{ymax} = 25.82 \text{cm}^3$, $W_{ymin} = 11.12 \text{cm}^3$, $I_x = 420.20 \text{cm}^4$, $I_y = 54.42 \text{cm}^4$, $I_t = 0.1767 \text{cm}^4$, $x_0 = 2.110 \text{cm}$,

$I_\omega = 3492.15 \text{cm}^6$, $e_0 = 5.10 \text{cm}$, $e_a = -e_0 + x_0 - b/2 = -5.99 \text{cm}$。

(2) 有效截面的计算

$h/b = 180/70 = 2.57 < 3.0$, $b/t = 70/2.5 = 28 < 31$, $a/t = 20/2.5 = 8 > 7.68$, 由式（7-47）知檩条全截面有效。

3. 檩条截面强度计算

檩条属于双向受弯构件，应按式（7-48）验算檩条在第一种组合下跨中 A、B 两点的强度：

$$\sigma_A = \frac{M_x}{W_{enx}} + \frac{M_y}{W_{enymax}}$$

$$= \frac{7.76 \times 10^6}{46.69 \times 10^3} + \frac{0.20 \times 10^6}{25.82 \times 10^3} = 166.2 + 7.7$$

$$= 173.9 < f = 205 \text{N/mm}^2 (压)$$

$$\sigma_B = \frac{M_x}{W_{enx}} + \frac{M_y}{W_{enymin}}$$

$$= \frac{7.76 \times 10^6}{46.69 \times 10^3} + \frac{0.20 \times 10^6}{11.12 \times 10^3} = 166.2 + 18.0$$

$$= 184.2 < f = 205 \text{N/mm}^2 (拉)$$

4. 檩条的稳定性计算

屋面能阻止檩条侧向失稳和扭转，故第一种组合的稳定性能够得到保证，仅须验算在风吸力作用下（第二种组合）的稳定，按《冷弯薄壁型钢结构技术规范》的规定进行验算，需要计算檩条的有效截面特性，从略。

5. 挠度计算

按公式（7-50a）计算挠度（采用标准荷载值）

$$v = \frac{5q_{ky}l^4}{384EI_x} = \frac{5 \times 1.32 \times \cos 5.71° \times 6000^4}{384 \times 206 \times 10^3 \times 420.20 \times 10^4}$$

$$= 25.6 \text{mm} < [v] = l/150 = 40 \text{mm}$$

因此该檩条满足强度、整体稳定和刚度要求。

第五节 节点设计

轻型门式刚架结构的节点包括梁与柱连接节点、梁与梁拼接节点和柱脚节点，其设计计算应符合《门式刚架轻型房屋钢结构技术规程》的要求。

一、刚架梁、柱连接节点及梁拼接节点设计

实腹式门式刚架结构一般在梁柱交接处、跨中屋脊处和单根构件超过运输长度时设置安装拼接节点。这些部位的弯矩、剪力较大，设计时要认真考虑，力求节点构造与结构的计算简图一致，并有足够的强度、刚度，同时还要考虑制造、安装和运输方便。

门式刚架斜梁与柱的连接，可采用端板竖放（图7-25a）、端板平放（图7-25b）和端板斜放（图7-25c）三种形式。斜梁拼接时宜使端板与构件外边缘垂直（图7-25d）。

1. 端板连接应按所受最大内力设计。当内力较小时，应按能够承受不小于较小被连接截面承载力的一半设计。

2. 主刚架构件的连接应采用高强度螺栓，吊车梁与制动梁的连接可采用高强度螺栓摩擦型连接或焊接。吊车梁与刚架的连接处宜设长圆孔。高强度螺栓直径可根据需要选用，通常为M16~M24。

3. 端板连接的螺栓应成对地对称布置。在斜梁的拼接处，应采用将端板伸出截面高度范围以外的外伸式连接（图7-25d）。在斜梁与柱连接处的受拉区，宜采用端板外伸式连接（图7-25a~c）。当采用端板外伸式连接时，宜使翼缘内外的螺栓群中心与翼缘的中心重合或接近。

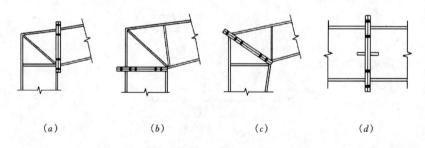

(a) (b) (c) (d)

图7-25 刚架梁与柱及梁与梁的连接

4. 螺栓中心至翼缘板表面的距离，应满足拧紧螺栓时的施工要求，不宜小于35mm。螺栓端距不应小于2倍的螺栓孔径。

5. 在门式刚架中，受压翼缘的螺栓不宜少于两排。当受拉翼缘两侧各设一

排螺栓尚不能满足承载力要求时，可在翼缘内侧增设螺栓，其间距可取75mm，且不小于3倍的螺栓孔径。

6. 与斜梁端板连接的柱翼缘部分应与端板等厚度。当端板上两对螺栓间的最大距离大于400mm时，应在端板的中部增设一对螺栓。

7. 同时受拉和受剪的螺栓，应验算螺栓在拉、剪共同作用下的强度。

8. 端板的厚度 t 应根据支承条件（图7-26）按下列公式计算，但不应小于16mm。

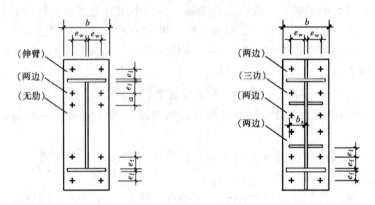

图 7-26 端板的支承条件

(图中符号见公式(7-51)说明)

(1) 伸臂类端板。

$$t \geqslant \sqrt{\frac{6e_f N_t}{bf}} \tag{7-51a}$$

(2) 无加劲肋类端板。

$$t \geqslant \sqrt{\frac{3e_w N_t}{(0.05a + e_w)f}} \tag{7-51b}$$

(3) 两边支承类端板。

当端板外伸时

$$t \geqslant \sqrt{\frac{6e_f e_w N_t}{[e_w b + 2e_f(e_f + e_w)]f}} \tag{7-51c}$$

当端板平齐时

$$t \geqslant \sqrt{\frac{12e_f e_w N_t}{[e_w b + 4e_f(e_f + e_w)]f}} \tag{7-51d}$$

(4) 三边支承类端板。

$$t \geqslant \sqrt{\frac{6e_f e_w N_t}{[e_w(b+2b_s)+4e_f^2]f}} \qquad (7\text{-}51e)$$

式中 N_t——一个高强度螺栓的受拉承载力设计值；

e_w、e_f——螺栓中心至腹板和翼缘板表面的距离；

b、b_s——端板和加劲肋板的宽度；

a——螺栓的间距；

f——端板钢材的抗拉强度设计值。

9. 在门式刚架斜梁与柱相交的节点域，应按下式验算剪应力：

$$\tau = \frac{M}{d_b d_c t_c} \leqslant f_v \qquad (7\text{-}52)$$

式中 d_c、t_c——节点域柱腹板的宽度和厚度；

d_b——斜梁端部高度或节点域高度；

M——节点承受的弯矩，对多跨刚架中间柱应取两侧斜梁端弯矩的代数和或柱端弯矩；

f_v——节点域柱腹板钢材的抗剪强度设计值。

当不满足公式（7-52）的要求时，应加厚腹板或设置斜加劲肋。

10. 刚架构件的翼缘和腹板与端板的连接，应采用全熔透对接焊缝；腹板与端板的连接，应采用角对接组合焊缝或与腹板等强的角焊缝。坡口形式应符合现行国家标准《气焊、手工电弧焊及气体保护焊焊缝坡口形式与尺寸》（GB/T 985）的规定。在端板设置螺栓处应按下列公式验算构件腹板的强度

当 $N_{t2} \leqslant 0.4P$ 时 $\quad \dfrac{0.4P}{e_w t_w} \leqslant f \qquad (7\text{-}53a)$

当 $N_{t2} > 0.4P$ 时 $\quad \dfrac{N_{t2}}{e_w t_w} \leqslant f \qquad (7\text{-}53b)$

式中 N_{t2}——翼缘内第二排一个螺栓的拉力设计值；

P——高强度螺栓的预拉力；

e_w——螺栓中心至腹板表面的距离；

t_w——腹板厚度；

f——腹板钢材的抗拉强度设计值。

当不满足式（7-53）的要求时，可设置腹板加劲肋或局部加厚腹板。

二、柱脚设计

1. 柱脚的构造形式

轻型门式刚架结构中的柱脚按其受力特点的不同，分为铰接柱脚（图 7-27a、b）和刚接柱脚（图 7-27c、d）。一般情况宜采用平板式铰接柱脚。

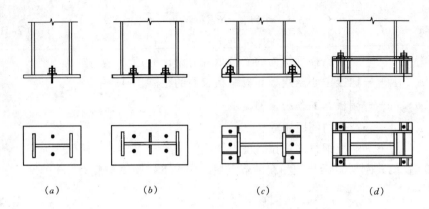

图 7-27 门式刚架柱脚形式

柱脚为刚接的刚架,其柱顶横向水平变位较小,可以节约材料;但由于柱脚与基础的连接处需要承受较大的弯矩,柱脚构造较复杂,基础较大。与此相反,柱脚为铰接的刚架,其柱顶横向水平变位较大,所用刚架材料较多,但柱脚与基础的连接处弯矩很小,柱脚构造简单,所需基础较小。具体采用何种柱脚形式要视具体情况而定,当结构高宽比和风荷载较大,以及有吊车荷载作用时多采用刚接柱脚。

2. 柱脚锚栓的构造要求

柱脚锚栓应采用 Q235 或 Q345 钢材制作。锚栓的锚固长度应符合现行国家标准《建筑地基基础设计规范》(GB 50007) 的规定,锚栓端部应设置弯钩或锚板。锚栓的直径不宜小于 24mm,且应采用双螺帽。

计算有柱间支撑的柱脚锚栓在风荷载作用下的上拔力时,应计入柱间支撑产生的竖向最大分力,且不考虑活荷载(或雪荷载)、积灰荷载和附加荷载的影响,恒载分项系数应取 1.0。

柱脚底板的锚栓孔径,宜取锚栓直径加 5~10mm;锚栓垫板的锚栓孔径,取锚栓直径加 2mm;锚栓垫板的厚度通常取与底板厚度相同。

锚栓的数目常采用 2 个或 4 个,同时尚应与钢柱的截面形式、截面的大小以及安装要求相协调。

在埋设锚栓时,一般宜采用锚栓固定架,以保证锚栓位置的准确。在柱子安装校正完毕后,应将锚栓垫板与柱底板焊牢,焊脚尺寸不宜小于 10mm。

3. 柱脚的抗剪承载力

锚栓不宜用于承受柱脚底部的水平剪力。该水平剪力应由柱脚底板与其下部的混凝土基础间的摩擦力来抵抗。摩擦力 V_{fb}(抗剪承载力)按下式计算:

$$V_{fb} = 0.4N \geqslant V \tag{7-54}$$

当不能满足上式要求时,可设置抗剪连接件(图 7-28)。

第五节 节点设计

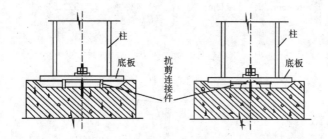

图 7-28 柱脚抗剪连接件的设置

思 考 题

7-1 简述门式刚架结构的组成。

7-2 门式刚架梁和柱刚性连接有哪几种形式？试画图说明。

7-3 什么是腹板屈曲后的强度？对受弯、受剪板幅如何利用屈曲后的强度？

7-4 简述檩条的布置及作用。为什么檩条上要设拉条？

7-5 简述墙梁的布置及作用。

7-6 简述门式刚架梁、柱的设计方法及内容。

习 题

7-1 某单跨双坡门式刚架，梁柱节点为刚接，柱与基础为铰接。梁柱均为等截面构件，厂房跨度24m，柱高7m，柱距7.5m，屋面坡度1/10。钢材采用Q235-B钢，焊条E43型。刚架形式及几何尺寸见图7-29。已知刚架柱顶内力 $M_1 = 110$kN·m，$N_1 = 50$kN，$V_1 = 30$kN，刚架柱底内力 $N_0 = 50$kN，$V_0 = 40$kN。试验算刚架柱截面。

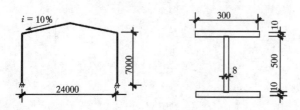

图 7-29 习题 7-1 图
(a) 刚架几何尺寸；(b) 梁和柱的截面尺寸

7-2 某轻钢封闭式建筑，屋面材料为压型钢板，屋面坡度1/3 ($\alpha = 18.43°$)。采用卷边Z形冷弯薄壁型钢檩条（图7-30），钢材为Q235-A。檩条跨度6m，跨中处设置一道拉条，檩条水平投影距离为1.50m，截面为Z160×70×20×3.0，作用在檩条上的线荷载标准值 $q_k = 1.425$kN/m，设计值为 $q = 1.860$kN/m。试验算该檩条是否满足要求。檩条的截面特性为：$\theta = 23.57°$；对 $x-y$ 坐标系，$W_{x1} = 61.33$cm³，$W_{x2} = 45.01$cm³，$W_{y1} = 12.39$cm³，$W_{y2} = 12.58$cm³，

$I_{x1} = 437.72 \text{cm}^4$,$i_x = 6.8 \text{cm}$,$i_y = 1.98 \text{cm}$;对 $x_1 - y_1$ 坐标系,$I_x = 373.64 \text{cm}^4$,$i_x = 6.29 \text{cm}$,$i_y = 3.27 \text{cm}$。

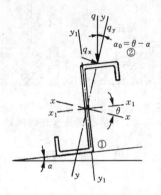

图 7-30 习题 7-2

第八章 网架结构

学习要点

1. 了解空间结构的特点与分类。
2. 掌握网架结构各种型式的构成、特点和适用范围,能根据工程情况正确选择网架形式、网架高度和网格尺寸。
3. 了解静力荷载、温度变化作用下网架内力计算的空间桁架位移法,能利用现有程序对网架进行内力计算。掌握地震作用下网架内力计算简化方法。
4. 掌握网架杆件、节点设计方法,正确地选择节点型式。能进行网架杆件、螺栓球节点和焊接空心球节点、支座节点的设计。
5. 理解网架的制作和安装,正确选择安装方法。

第一节 空间结构的特点与分类

一、空间结构及其发展

网架结构属于空间结构的范畴,空间结构是指结构的形体成三维空间状,在荷载作用下具有三维受力特性并呈立体工作状态的结构。空间结构不仅仅依赖材料的性能,更多的是依赖自己合理的形体,充分利用不同材料的特性,以适应不同建筑造型和功能的需要,跨越更大空间。

空间结构的出现是受自然界的启迪,如有良好受力特性的贝壳、肥皂泡、蜂窝、蜘蛛网等都是以空间结构形式出现的一些实例。

远古时代人类为了生存的需要开凿洞穴,以兽皮覆盖成帐篷,以稻草覆盖成穹窿,都是利用天然材料以简易的手段构成空间结构的雏型。

空间结构的发展同所采用的建筑材料发展密切相关。最早,用石头来建造穹顶,后来逐渐被重量轻些的砖结构代替;中世纪人们使用木材来建造穹顶,19世纪初钢材的大量生产,空间钢结构得到应用;20世纪初,钢筋混凝土的应用使薄壳穹顶得到了极大重视。自从20世纪中后期钢材、钢索、增强纤维布等轻质、高强材料在建筑中的大量使用,构件生产的工业化,以及电子计算机技术解决了结构的形体和受力分析困难,为空间结构插上了飞速发展的翅膀。

空间结构是随社会的发展而不断发展，随着科学技术的发展、社会生活的丰富、工业的现代化，人们对建筑结构的跨度、覆盖的空间要求越来越大，如大型的集会场所、体育馆、飞机库等，而我们所熟知的平面结构刚架、桁架、拱、梁等，由于其结构形式及性能的限制，经济效果很差，难以跨越很大的空间，促成了空间结构的广泛应用和发展。

二、空间结构的分类

空间结构发展迅速，各种新型结构不断涌现，它们的组合杂交更是花样翻新。但按它们的刚性差异、受力特点以及组合构成可分为刚性空间结构、柔性空间结构和杂交空间结构三类。

（一）刚性空间结构

刚性空间结构的特点是结构构件具有很好的刚度，结构的形体由构件的刚度形成，主要有：

1. 薄壁空间结构

薄壁空间结构是指结构的两个方向尺度远远大于第三方向尺度的曲面或折平面结构，前者为薄壳结构，后者为折板结构，一般由钢筋混凝土浇筑而成。薄壁空间结构的壳体都很薄，壳体的厚度与中曲面曲率半径之比小于 1:20，当外荷载作用时，由于其曲面特征，壳体的主要内力——薄膜力沿中曲面作用，而弯曲内力和扭转内力都较小，受力性能较好。可充分发挥钢筋混凝土的材料潜力，达到较好的经济效益。但由于结构自重大、施工费时，且大量消耗模板，目前应用较少。

最早的真正意义的钢筋混凝土薄壳结构是由德国瓦尔特·鲍尔斯费尔德（Walter Bauerfeld）博士于 1922 年建造的 Carl Zeiss 公司的天文馆，这是一个净跨为 25m、壳体厚 60.3mm 的四支柱圆柱面壳体屋顶。我国最早的薄壳为 1948 年在常州建造的圆柱面壳仓库。

2. 网架结构

网架结构是指由许多杆件按照一定规律布置，通过节点连接而成的外形呈平板状的一种空间杆系结构。杆件主要承受轴力，截面尺寸相对较小；各杆件互为支撑，使受力杆件与支撑系统有机地结合起来，结构刚度大，整体性好；由于结构组合有规律，大量杆件和节点的形状、尺寸相同，便于工厂化生产和工地安装；网架结构一般是高次超静定结构，具有较高的安全储备，能较好地承受集中荷载、动力荷载和非对称荷载，抗震性能卓越；网架结构能够适应不同跨度、不同支承条件、不同建筑平面的要求。

第一个网架是 1940 年在德国建造的。我国从 1964 年的上海师范学院球类房屋盖网架工程（平面尺寸为 31.5m×40.5m）开始的，特别在近 20 年来，网架结构得到了快速发展。如 1973 年建成的上海体育馆屋盖为净跨 110m、悬挑 7.5m、厚 6m 的圆形三向网架（图 8-1），焊接空心球节点，耗钢量 47kg/m²。1991 年建成的长春第一汽车制造厂高尔夫轿车总装厂房网架结构近 8 万 m²，柱网 12m×21m，焊接空心球节点，耗钢量 31kg/m²，是目前世界上面积最大的网架。1990 年北京亚运会 13 个体育馆中有一半采用了网架结构。

3. 网壳结构

网壳结构是指由许多杆件按照一定规律布置，通过节点连接而成的外形呈曲面状的一种空间杆系结构。网架结构和网壳结构统称网格结构，前者为平板型，后者为曲面形。网壳结构除具有网架结构的一些特点外，主要以其合理的形体来抵抗外荷载的作用。因此，在大跨度的情况下，网壳一般要比网架节约许多钢材。网壳结构按弦杆层数可分为单层网壳和双层网壳；按曲面形状可分为球面网壳（也称网状穹顶）、柱面网壳（也称网状筒壳）、双曲抛物面网壳、扭网壳等。对每一种网壳根据其网格划分又可形成各种不同型式的网壳。

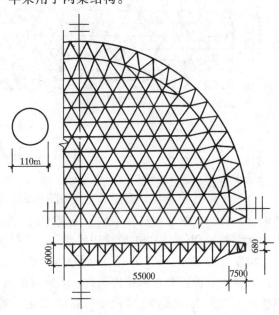

图 8-1　上海体育馆三向网架

日本名古屋穹顶是当前世界上跨度最大的单层网壳，直径 187.2m、支承于框架柱顶上的三向网格型屋盖。图 8-2 为上海石化总厂附中体育馆柱面网壳，它是在单层网壳中局部为双层的拱支单层柱面网壳结构。

（二）柔性空间结构

柔性空间结构的特点是大多数结构构件为柔性杆件，如钢索、薄膜等，结构的形体必须由结构内部的预应力形成，主要有：

1. 悬索结构

悬索结构是由悬挂在支承结构上的一系列受拉高强索按一定规律组成的空间受力结构，高强索常为高强度钢丝组成的钢绞线、钢丝绳或钢丝束等。悬索结构可以最充分地利用钢索的抗拉强度，大大减轻了结构自重，因而能经济地跨越很大的跨度，同时安装时不需要大型起重设备，便于表现建筑造型，适应不同的建筑平面。但其支承结构往往需要耗费较多的材料。悬索结构分为单层悬索结构、

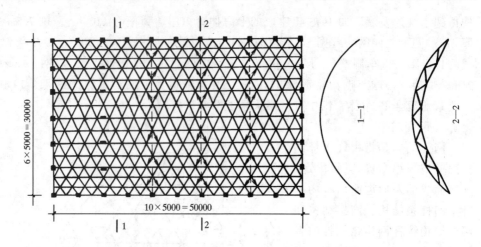

图 8-2 上海石化总厂附中体育馆柱面网壳

双层悬索结构和索网结构。

世界上第一个现代悬索屋盖是美国于 1953 年建成的 Raleigh 体育馆,采用以两个斜放的抛物线拱为边缘的鞍形正交索网。我国现代悬索结构始于 20 世纪 50 年代后期和 60 年代,1961 年建成的北京工人体育馆直径 94m 圆形车辐式双层悬索结构屋盖(图 8-3)和 1967 年建成的浙江人民体育馆长轴 80m、短轴 60m 的椭圆形双曲抛物面正交索网结构屋盖,是当时的两个代表作。但此后停顿了较长一段时间,直到 20 世纪 80 年代重新得到快速发展,且形式多样。如 1986 年吉林滑冰馆双层单向空间索系等。

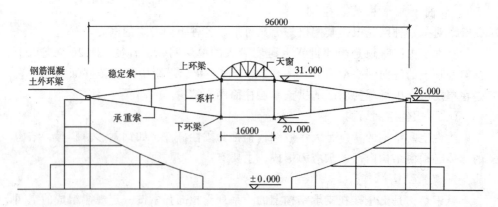

图 8-3 北京工人体育馆圆形车辐式双层悬索结构

2. 薄膜结构

薄膜结构是指通过某种方式使高强薄膜材料内部产生一定的预张应力,从而形成具有一定刚度、能够覆盖大空间的一种结构形式。常用膜材为聚酯纤维覆聚氯乙烯（PVC）和玻璃纤维覆聚四氟乙烯（Teflon）。薄膜结构按预张应力形成的方式分为：充气膜结构和张拉膜结构。

充气膜结构一般又可分为气承式和气肋式两类，气承式膜结构是在薄膜覆盖的空间内充气，利用内外空气压力差来稳定薄膜以承受外荷载，如直径达204m的日本东京后乐园棒球场。而气肋式膜结构是在自封闭的膜材内充气，形成具有一定刚度的结构或构件，进而合围形成建筑空间，如1970年大阪万国博览会上由日本川口卫设计的富士馆。

张力膜结构是利用钢索或刚性支承结构使膜内预施张力，前者为悬挂膜结构，后者为骨架支承膜结构。我国1997年建成的上海体育场看台雨篷的伞状薄膜结构由4根 $\phi 25.4$ 上层钢索、4根 $\phi 38.1$ 下层钢索及当中支撑于劲性钢网架上的钢管支柱张拉形成（图8-4）。

图8-4 上海体育场看台雨篷

3. 张拉整体

张拉整体（Tensegrity）结构是由一组不连续的受压构件与一组连续的受拉钢索相互联系，实现自平衡、自支承的网状杆系结构；是由美国建筑师R.B.Fuller根据自然界拉压共存的原理提出的。张拉整体结构具有构造合理、自重小、跨越空间能力强的特点。然而，严格意义上的张拉整体结构还未能在工程中实现，但1988年汉城奥运会的体操馆、击剑馆，以及平面为240m×193m椭圆形的1996年美国亚特兰大奥运会主体育馆（图8-5）都属于张拉整体结构。

（三）杂交空间结构

杂交空间结构是将不同类型的结构进行组合而得到的一种新的结构体系，这

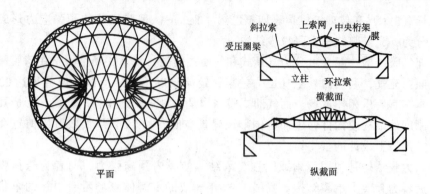

图 8-5 美国亚特兰大奥运会主体育馆的张拉整体结构

种组合不是两个或多个单一类型空间结构的简单拼凑，而是充分利用一种类型结构的长处来抵消另一种与之组合的结构的短处，使得每一种单一类型的空间结构形式及其材料均能发挥最大的潜力，从而改善整个空间结构体系的受力性能，可以更经济、更合理地跨越更大的空间。

杂交空间结构可以是刚性结构体系之间的组合，如拱与网格结构组合形成的拱支网格结构（图 8-6）等；柔性结构体系之间的组合，如悬索与薄膜组合而成的索膜结构等；柔性结构体系与刚性结构体系之间的组合，如索与桁架结构组合

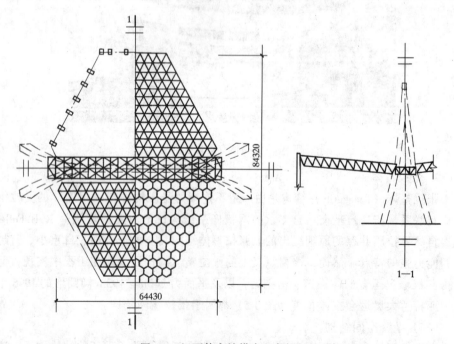

图 8-6 江西体育馆拱支三角锥网架

而成的横向加劲单曲悬索结构（图8-7）、索与网格结构组合形成的斜拉网格结构（图8-8）和拉索预应力网格结构（图8-9）等。

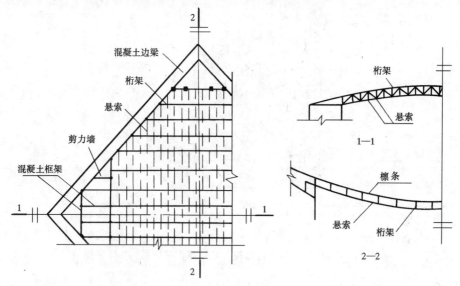

图8-7 广东潮州体育馆索-桁结构

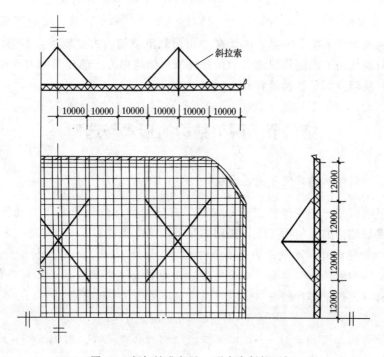

图8-8 新加坡港务局A形仓库斜拉网架

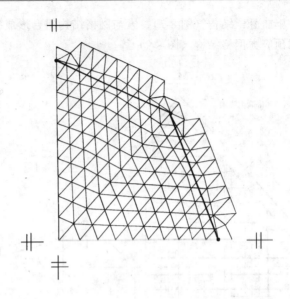

图 8-9 攀枝花市体育馆预应力双层球面网壳结构 1/4 平面

三、空间结构的特点

空间结构能充分利用其合理的受力形态，发挥材料的性能优势，所有构件（杆件）都是整体结构的一部分，按照空间几何特性承受荷载，没有平面结构体系中构件间的"主次"关系，因而在均布荷载下结构内力呈较均匀的连续变化，在集中荷载作用下也能较快地分散传递开来，结构内力大部分为面力或构件轴力的形式。从而发挥了材料的特性，减轻结构自重。

第二节 网架结构的形式与选型

一、网架结构的几何不变性分析

网架结构是一个空间铰接杆系结构，在任何荷载作用下必须是几何不变体系。要保证结构的几何不变性，必须满足下列两个条件：

1. 网架结构几何不变性的必要条件

网架结构的任一节点有三个自由度，对于具有 j 个节点，m 根杆件的网架，支承于有 r 根约束链杆的支座上时，其几何不变性的必要条件是：

$$m + r - 3j \geq 0 \quad 或 \quad m \geq 3j - r$$

由此可知，当 $m = 3j - r$ 时，为静定结构的必要条件；当 $m > 3j - r$ 时，为超静定结构的必要条件；当 $m < 3j - r$ 时，为几何可变体系。

如将网架作为刚体考虑,则最少的支座的约束链杆数为6,故应有 $r \geq 6$。

2. 网架结构几何不变性的充分条件

仅满足几何不变必要条件的网架结构并不能保证其几何不变性,还应满足几何不变性的充分条件。

众所周知,三角形是几何不变的。由三角形组成的结构基本单元也将是几何不变的,如图 8-10 (a)、(c)、(f)。由这些几何不变的单元构成的网架结构也一定是几何不变的。有些基本单元有四边形(图 8-10b、e、g)或六边形,它们是几何可变的,但可通过适当加设支承链杆(图 8-10d、h)使其成为几何不变体系。

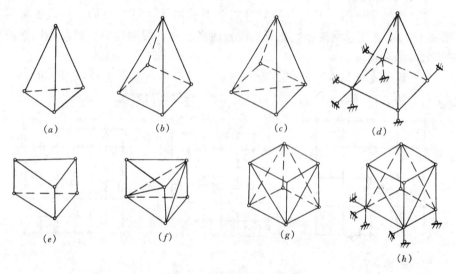

图 8-10 网架结构的基本单元
(b)、(e)、(g) 几何可变体系;(a)、(c)、(d)、(f)、(h) 几何不变体系

以一个几何不变的单元为基础,连续不断地通过三根不共面的杆件交出一个新节点所构成的网架也为几何不变的。

网架结构几何不变性的分析也可通过对结构的总刚度矩阵进行检查来实现,对考虑了边界约束条件的结构总刚度矩阵 $[K]$,如其行列式 $|K| \neq 0$,则 $[K]$ 为非奇异矩阵,该网架结构为几何不变体系。如 $|K| = 0$,则为几何可变体系。

二、网架结构的形式

网架结构的形式很多。

按结构组成可分为:

(1) 双层网架结构 由上弦杆、下弦杆及弦杆间的腹杆组成。一般网架结构多采用双层。

(2) 三层网架结构　由上弦杆、下弦杆、中弦杆及弦杆之间的腹杆组成。用于大跨度网架时可降低用钢量。

(3) 组合网架结构　用钢筋混凝土板取代网架结构的上弦杆，从而形成了由钢筋混凝土板和钢腹杆、钢下弦杆组成的组合网架。组合网架的刚度大，适宜于建造荷载较大的大跨度结构。

按支承情况可分为：

(1) 周边支承网架　网架结构的所有边界节点都搁置在柱或梁上（图 8-11a）。此时网架受力均匀，传力直接，是目前采用较多的一种形式。

(2) 点支承网架　点支承网架有四点支承网架（图 8-11b），多点支承网架（图 8-11c）。点支承网架，宜在周边设置适当悬挑（图 8-11b），以减小网架跨中杆件的内力和挠度。

(3) 周边支承与点支承相结合的网架　有边、点混合支承（图 8-12a）；三边支承一边开口（图 8-12b），及两边支承两边开口等情况。

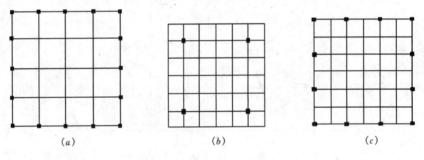

图 8-11　网架的支承种类

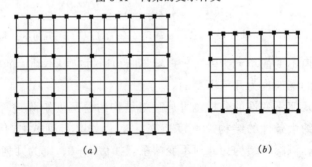

图 8-12　周边支承与点支承相结合的网架

一般网架结构按网格形式来分类。对于双层网架分为三大类 13 种。

1. 平面桁架体系网架

这类网架由平面桁架相互交叉组成，其上、下弦杆长度相等，杆件类型少，且上、下弦杆和腹杆在同一平面内。一般应使斜腹杆受拉，竖杆受压。斜腹杆与弦杆间的夹角宜在 40°~60°之间。

(1) 两向正交正放网架

由两组分别与边界平行的平面桁架互成 90°交叉组成（图 8-13）。同一方向的各平面桁架长度一致。网架本身属几何可变体系，应适当设置上弦或下弦水平支撑，以有效地传递水平荷载。

对于周边支承，正方形平面的网架，两个方向的杆件内力差别不大，受力较均匀。随边长比加大，单向传力特征渐趋明显。对点支承网架，支承附近的杆件及主桁架跨中弦杆内力较大，其他部位杆件内力较小。在周边设置悬挑可取得较好的经济效果。

两向正交正放网架适用于建筑平面为正方形或接近正方形且跨度较小的情况。如上海体育学院篮球房（35m×35m，周边支承）、广州白云机场机库（80m×78m，三边支承，一边自由等。

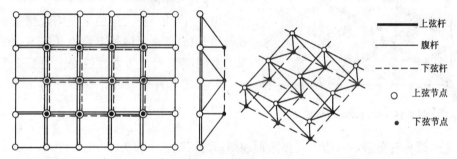

图 8-13 两向正交正放网架

(2) 两向正交斜放网架

由两组与边界成 45°角的平面桁架互成 90°交叉而成，也可理解为两向正交正放网架在建筑平面内转动 45°角（图 8-14）。网架本身也属几何可变体系。

网架中各榀桁架长度不同，靠角部的短桁架刚度较大，对与其垂直的长桁架起弹性支承作用，可使长桁架中部的正弯矩减小，同时在长桁架的两端产生负弯矩，长桁架可通过角柱（图 8-14a）或不通过角柱（图 8-14b），前者将使四角部支座产生较大拉力。网架周边支承时，比正交正放网架空间刚度大，受力均匀，用钢量省，跨度大时优越性更显著。

这类网架适用于建筑平面为矩形的情况。首都体育馆（平面尺寸 99m×112.2m，周边支承）杭州艮山港客运站候船度（28m×36m，周边支承）等采用了这种网架结构。

(3) 两向斜交斜放网架

这类网架由两组与边界成一斜角的平面桁架斜向相交而成（图 8-15）。其构造复杂，受力性能不好，因而很少采用，适用于两个方向网格尺寸不同，而要求

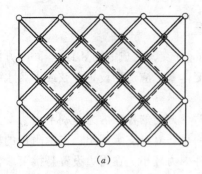
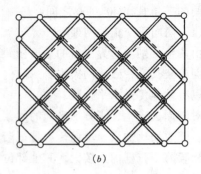

图 8-14 两向正交斜放网架

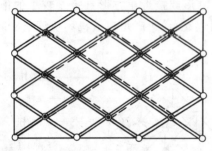

图 8-15 两向斜交斜放网架

弦杆长度相等的情况。如安徽芜湖市委礼堂（不等边六边形，30.6m×77.618m）。

(4) 三向网架

由三组互成 60°交角的平面桁架相交而成（图 8-16）。这类网架本身为几何不变体系，空间刚度大，受力性能好。但汇交于一个节点的杆件数量多，最多可达 13 根，节点构造比较复杂。

三向网架适用于大跨度（$L>60\mathrm{m}$）且建筑平面为三角形、六边形、多边形和圆形的情况。上海游泳馆（六边形 90m×93m，周边支承）、江苏体育馆（76.8m×88.681m 八边形，周边支承）等采用了这类网架体系。

2. 四角锥体系网架

这类网架由倒置四角锥按一定规律组成，倒置四角锥体的底边为上弦杆，锥棱为腹杆，锥顶间的连杆为下弦杆，其上、下弦均呈正方形（或接近正方形的矩形）网格，下弦网格的交点对准上弦网格的形心。

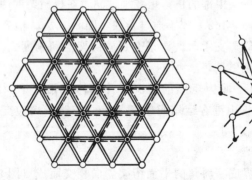

图 8-16 三向网架

(1) 正放四角锥网架

将各个倒置四角锥体的底边相连,并与边界平行或垂直,用与上弦杆平行的杆件将各锥顶连接起来即形成正放四角锥网架(图 8-17)。这种网架各弦杆等长,当腹杆与上、下弦平面夹角成 45°时,则所有杆件的长度均相等。

这类网架杆件受力较均匀,空间刚度比其他类型的四角锥网架及两向网架好。同时,屋面板规格单一,便于起拱。但杆件数量较多,用钢量略高些。

正放四角锥网架适用于建筑平面接近正方形的周边支承情况,也适用于屋面荷载较大,大柱距点支承及设有悬挂吊车工业厂房的情况。上海静安区体育馆(40m×40m)、杭州歌剧院(31.5m×36m)等采用了这种网架。

(2) 正放抽空四角锥网架

是在正放四角锥网架的基础上,除周边网格锥体不动外,跳格地抽掉一些四角锥单元中的腹杆和下弦杆,使下弦网格尺寸扩大一倍,也可看作为两向正交正放立体桁架组成的网架(图 8-18)。其杆件数目较少,构造简单,经济效果较好。但下弦杆内力增大,且均匀性较差、刚度有所下降。

正放抽空四角锥网架适用于中、小跨度或屋面荷载较轻的周边支承、点支承以及周边支承与点支承结合的网架。石家庄铁路枢纽南站货棚(132m×132m,柱网 24m×24m,多点支承)、唐山齿轮厂联合厂房(84m×156.9m,柱网 12m×12m,周边支承与多点支承相结合)等采用了这种网架。

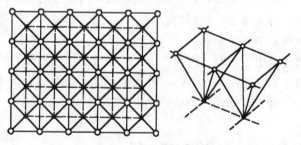

图 8-17 正放四角锥网架

(3) 单向折线形网架

是在正放四角锥网架基础上,除周边一圈四角锥不变,取消中间所有纵向上、下弦杆形成的,也可看作由一系列平面桁架斜交成 V 形而成(图 8-19)。这种网架呈单向受力状态,比单纯的平面桁架刚度大,所有杆件均为受力杆件。

单向折线形网架适用于狭长矩形平面周边支承的建筑。山西大同矿务局机电修配厂下料车间(21m×78m)、石家庄体委水上游乐中心(30m×120m)等采用了这种网架。

(4) 斜放四角锥网架

将各个倒置四角锥体底面的角与角相连,上弦杆与边界成 45°角,下弦杆正交正放，腹杆与下弦杆在同一垂直平面内即形成斜放四锥网架（图 8-20）。这种网架的上弦杆长度为下弦杆长度的 $\sqrt{2}/2$ 倍，当网架高度为下弦杆长度一半即腹杆与上、下弦平面夹角成 45°时，上弦杆与斜腹杆等长。节点处汇交的杆件较少（上弦节点 6 根，下弦节点 8 根），用钢量较省。

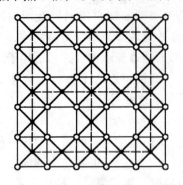 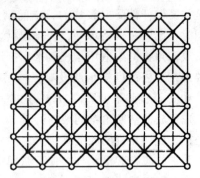

图 8-18　正放抽空四角锥网架　　　　　图 8-19　单向折线型网架

在周边支承的情况下，一般为上弦杆短而受压，下弦杆长且受拉，受力合理。当平面长宽比为 1~2.25 时，长跨跨中的下弦内力大于短跨跨中的下弦内力；当平面长宽比大于 2.25 时，则相反。

周边支承，当周边无刚性联系杆时，会出现四角锥体绕竖轴旋转的不稳定情况。因此，必须在网架周边布置刚性边梁。当为点支承时，可在周边布置封闭的边桁架，以保证网架的几何不变。

这种网架适用于中、小跨度周边支承，或周边支承与点支承相结合的矩形平面情况，是国内工程中应用相当多的一种网架形式。上海体育馆练习馆（35m×35m，周边支承），北京某机库（48m×54m，三边支承一边开口）等采用这类网架。

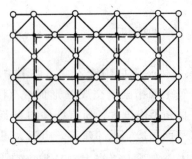 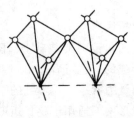

图 8-20　斜放四角锥网架

(5) 棋盘形四角锥网架

这种网架是在正放四角锥网架的基础上，除周边四角锥不变，中间四角锥间格抽空，上弦杆呈正交正放，下弦杆呈正交斜放，与边界成45°角而形成的。也可看作在斜放四角锥网架的基础上，将整个网架水平转动45°，并加设平行于边界的周边下弦而成的（图8-21）。这种网架具有斜放四角锥网架的全部优点，且空间刚度比斜放四角锥网架好，屋面构造简单。

棋盘形四角锥网架适用于中、小跨度周边支承方形或接近方形平面的网架。大同云岗矿井食堂（24m×18m）等采用了这种网架。

(6) 星形四角锥网架

图8-21 棋盘形四角锥网架

是由两个倒置的三角形小桁架相互正交单元组成（图8-22）。两个小桁架底边构成网架上弦，它们与边界成45°，上弦为正交斜放。各单元顶点相连即为下弦杆，下弦为正交正放，在两个小桁架交汇处设有竖杆，斜腹杆与上弦杆在同一竖向平面内。当网架高度等于上弦杆长度即腹杆与上、下弦平面夹角成45°时，上弦杆与竖杆等长，斜腹杆与下弦杆等长。

这种网架也具有上弦杆短、下弦杆长的特点，杆件受力合理，刚度稍差于正放四角锥网架。但在角部上弦杆可能受拉，该处支座可能出现拉力。

星形四角锥网架适用于中、小跨度周边支承方形或接近方形平面的网架。如杭州起重机械厂食堂（28m×36m），中国计量学院风雨操场（27m×36m）等。

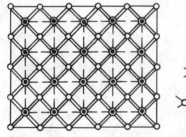
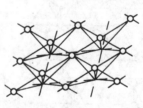

图8-22 星形四角锥网架

3. 三角锥体系网架

这类网架是由倒置的三角锥体底面的角与角相连形成。锥底正三角形的三边为网架的上弦杆，其棱为网架的腹杆，锥顶间的连杆为下弦杆。

(1) 三角锥网架

这种网架的上、下弦平面均为三角形网格，下弦三角形网格的顶点对着上弦三角形网格的形心（图8-23）。三角锥网架杆件受力均匀，本身为几何不变体，整体抗扭、抗弯刚度好。但上、下弦节点汇交杆件数均为9根，构造较复杂，如网架高度为网格尺寸的$\sqrt{2/3}$时,所有杆件等长。

三角锥网架一般适用于大中跨度及重屋盖建筑物,当建筑平面为三角形、六边形和圆形时最为适宜。如上海银河宾馆(等边外凸三角形,边长 48m)等。

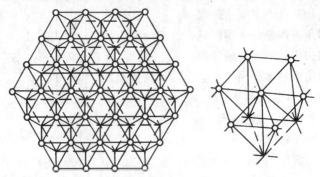

图 8-23 三角锥网架

(2) 抽空三角锥网架

是在三角锥网架的基础上,有规律地抽去部分三角锥单元的腹杆和下弦杆形成的。这种网架上弦网格为三角形,有两种抽空方式,当沿网架周边一圈的网格不抽,内部从第二圈开始沿三个方向间隔抽锥,下弦就由三角形和六边形网格组成(图 8-24a);当从周边网格就开始抽锥,沿三个方向间隔两个抽锥一个,则下弦全为六边形网格(图 8-24b)。图中阴影部分表示抽掉锥体的网格。

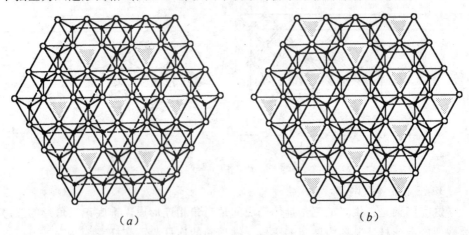

图 8-24 抽空三角锥网架

这种网架下弦杆内力较大,用钢量省,但空间刚度较三角锥网架小。

抽空三角锥网架适用于中、小跨度的三角形、六边形和圆形等平面的建筑。天津塘沽车站候车室($D = 47.18$m,周边支承)采用了这种网架。

(3) 蜂窝形三角锥网架

这种网架的三角锥排列时,形成上弦为正三角形和正六边形网格,下弦为正六边形网格(图8-25),腹杆与下弦杆在同一垂直平面内,网架本身几何可变。其上弦杆短,下弦杆长,受力合理。每个节点只汇交6根杆件,是常用网架中杆件数和节点数最少的一种。但上弦平面的六边形网格增加了屋面板布置与屋面找坡的困难。

蜂窝形三角锥网架适用于中、小跨度周边支承的情况,可用于六边形、圆形或矩形平面。天津石化住宅区影剧院(44.4m×38.45m),开滦林西矿会议室(14.4m×20.79m)等采用了这种网架。

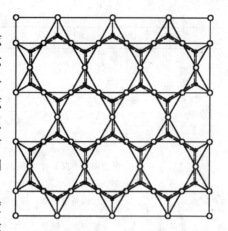

图8-25 蜂窝形三角锥网架

三、网架结构的选型

网架结构的选型应根据建筑平面形状和跨度大小,网架的支承方式、荷载大小、屋面构造和材料、制作安装方法,以及材料供应等因素综合考虑。

从用钢量来看,当平面接近正方形时,斜放四角锥网架最经济,其次是正放四角锥网架和两向正交系网架(正放或斜放),最费的是三向交叉梁系网架。但当跨度及荷载都较大时,三向交叉梁系网架就显得经济合理些,且刚度也较大。当平面为矩形时,则以两向正交斜放网架和斜放四角锥网架较为经济。

从网架制作和施工来说,交叉平面桁架体系较角锥体系简便,两向比三向简便。而对安装来说,特别是采用分条或分块吊装的方法施工时,选用正放类网架比斜放类网架有利。

设计网架时可按表8-1选择网架形式。

常用网架选型表　　　　　　　表8-1

支承方式	平面形状	跨度	网架形式
周边支承	矩形	$L_1/L_2 \leqslant 1.5$	≤60m	斜放四角锥网架、两向正交正放网架、两向正交斜放网架、正放四角锥网架、棋盘形四角锥网架、正放抽空四角锥网架、蜂窝形三角锥网架、星形四角锥网架
		>60m	两向正交正放网架、两向正交斜放网架、正放四角锥网架、斜放四角锥网架
		$1.5 < L_1/L_2 \leqslant 2$	两向正交正放网架、正放四角锥网架、正放抽空四角锥网架、斜放四角锥网架

续表

支承方式	平面形状		跨度	网架形式
周边支承	矩形	$L_1/L_2 > 2$		两向正交正放网架、正放四角锥网架、正放抽空四角锥网架、单向折线形网架
	圆形、多边形		≤60m	三向网架、三角锥网架、抽空三角锥网架、蜂窝形三角锥网架
			>60m	三向网架、三角锥网架
三边支承	矩形			参照上述周边支承矩形平面网架进行选型,但其开口边可采取增加网架层数或适当增加整个网架高度等办法,网架开口边必须形成竖直的或倾斜的边桁架
四点支承及多点支承				正放四角锥网架、正放抽空四角锥网架、两向正交正放网架
周边支承与点支承结合				正放四角锥网架、正放抽空四角锥网架、两向正交正放网架、两向正交斜放网架或斜放四角锥网架

注:1. 当网架跨度 L_1、L_2 两个方向的支承距离不等时,可选用两向斜交斜放网架。
2. L_1 为网架长向跨度;L_2 为网架短向跨度。

第三节 网架结构尺寸与整体构造

网架结构形式决定后,就要确定网架的高度和网格尺寸(指上弦网格尺寸)。

一、网架高度

确定网架高度时主要应考虑以下几个因素:

1. 建筑要求,刚度要求

当屋面荷载较大时,网架高度应高些,反之可矮些。当网架中穿行通风管道时,网架高度应满足此要求。但当跨度较大时,网架高度主要由刚度要求来决定,一般情况下,跨度较大时,网架跨高比可选用得大些。

2. 网架的平面形状和支承条件

当平面形状为圆形、正方形或接近正方形的矩形时,网架高度可取小些。当矩形平面网架越狭长时,单向作用就越明显,此时网架高度应取大些。周边支承时,网架高度可取小些;点支承时,网架高度应取大些。

3. 节点构造形式

采用螺栓球节点时,网架高度可取大些,使上、下弦杆内力相对小些,以便统一杆件和螺栓球的规格;采用焊接空心球节点时,网架高度可取小些。

对于周边支承的各类网架,可按表8-2高跨比确定网架高度。

二、网格尺寸

确定网格尺寸时应考虑下列因素:

1. 当屋面采用无檩体系（钢筋混凝土板，钢丝网水泥板）时，网格尺寸一般为 2～4m，若网格尺寸过大，屋面板重量大，不但增加了网架所受的荷载，还使屋面板的吊装发生困难。当采用钢檩条屋面体系时，檩条长度不宜超过 6m。

2. 网格尺寸通常应使斜腹杆与弦杆的夹角为 45°～60°，这样节点构造不致发生困难。

3. 采用钢管做网架杆件时，网格尺寸可以大些；采用角钢杆件或只有较小规格钢材时，网格尺寸应小些。

对于周边支承的各类网架，可按表 8-2 沿短跨方向的网格数确定网格尺寸。

三、屋面材料及屋面构造

在网架结构设计中，应尽量采用轻质、高强，具有良好保温、隔热、防水性能的轻型屋面材料，以提高网架结构的经济性。

根据所选用屋面材料性能的不同，网架结构的屋面分为有檩体系屋面和无檩体系屋面。

周边支承网架的上弦网格数和跨高比　　　表 8-2

网架形式	钢筋混凝土屋面体系		钢檩条屋面体系	
	网格数	跨高比	网格数	跨高比
两向正交正放网架、正放四角锥网架、正放抽空四角锥网架	$(2～4)+0.2L_2$	10～14	$(6～8)+0.07L_2$	$(13～17)-0.03L_2$
两向正交斜放网架、棋盘形四角锥网架、斜放四角锥网架、星形四角锥网架	$(6～8)+0.08L_2$			

注：1. L_2——网架短向跨度，单位：m；
　　2. 当跨度在 18m 以下时，网格数可适当减少。

1. 有檩体系屋面

过去多在檩条上架设木椽和木望板（可加保温层），再铺油毡及镀锌薄钢板或石棉瓦。近年来多在 3m 以上的大檩距上直接铺设压型钢板，当有保温或隔热要求时，可采用中间夹隔热材料的夹芯钢板。檩条通常采用冷弯薄壁槽钢、Z 形钢、轻型槽钢、角钢及桁架式檩条等，这种屋面的全部荷载标准值一般不超过 $1.0kN/m^2$。

2. 无檩体系屋面

是将屋面板直接搁置在网架上弦节点的支托上，一般应保证与之有三点焊牢。常见的屋面板有带肋钢丝网水泥板、预应力混凝土屋面板、太空板和 GRC 板等。屋面板的尺寸通常与网架上弦网格尺寸相同。

无檩体系屋面的优点是施工、安装速度快,零配件少。但屋面重量大,这种屋面的全部荷载标准值一般为 $1.5 \sim 2.5 \mathrm{kN/m^2}$。

四、网架的屋面找坡

为了排水,网架结构的屋面一般做成 1%~4% 坡度,多雨地区宜选用较大值。屋面坡度的形成有如下几种:

(1) 上弦节点上加小立柱

在网架上弦节点上加设不同高度的小立柱形成所需坡度(图 8-26a)。此法构造比较简单,是目前采用较多的一种找坡方法。当网架跨度较大时,小立柱较高,应注意其自身的稳定性和抗震性能。

(2) 网架变高度

网架高度随屋面坡度变化使上弦杆形成所需坡度(图 8-26b)。该法可降低上、下弦杆的内力,但会造成杆件和节点的种类多,施工麻烦。

(3) 整个网架起拱

网架高度不变,将网架上弦平面及下弦平面与屋面坡度一致(图 8-26c)。网架起拱后,杆件、节点的规格增多,起拱过高时会使网架杆件内力变化较大。

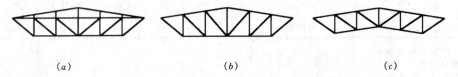

图 8-26 屋面排水坡度的形成

五、网架结构起拱度和容许挠度

为了消除使用阶段的挠度使人们在视觉或心理上对网架具有下垂的感觉,可对网架起拱。需要起拱时,起拱高度可取不大于 $L_2/300$。L_2 为网架的短向跨度。

网架结构的容许挠度:用作屋盖为 $L_2/250$,用作楼盖为 $L_2/300$。

第四节 网架结构的内力计算

一、荷载

1. 永久荷载

作用在网架结构上的永久荷载包括网架结构、楼面或屋面结构、保温层、防水层、吊顶、设备管道等材料自重。

网架结构杆件一般采用钢材，它的自重可通过计算机自动形成。双层网架自重可按下式估算：

$$g_{ok} = \xi \sqrt{q_w} L_2 / 200 \tag{8-1}$$

式中 g_{ok}——网架自重（kN/m²）；

   q_w——除网架自重外的屋面荷载或楼面荷载的标准值（kN/m²）；

   L_2——网架的短向跨度（m）；

   ξ——系数，网架杆件采用钢管时取 $\xi = 1.0$；采用型钢时取 $\xi = 1.2$。

其他材料自重根据实际使用材料按现行《建筑结构荷载规范》取用。

2. 可变荷载

作用在网架结构上的可变荷载包括屋面或楼面活荷载、雪荷载、积灰荷载、风荷载及吊车荷载，其中雪荷载与屋面活荷载不同时考虑，取两者的较大值。

对于周边支承，且支座节点在上弦的网架风荷载由四周墙面承受，计算时可不考虑风荷载，其他支承情况，应根据实际工程情况考虑水平风荷载作用。工业厂房中采用网架时，应根据厂房性质考虑积灰荷载，其值可由工艺提出，也可参考现行《建筑结构荷载规范》有关规定采用。

3. 荷载组合

作用在网架上的荷载类型很多，应根据使用过程和施工过程中可能出现的最不利荷载进行组合。对非抗震设计，应按现行《建筑结构荷载规范》进行荷载效应组合；对抗震设计，应按现行《建筑抗震设计规范》进行荷载效应组合。

当无吊车荷载和风荷载、地震作用时，网架应考虑以下几种荷载组合：

(1) 永久荷载 + 可变荷载；

(2) 永久荷载 + 半跨可变荷载；

(3) 网架自重 + 半跨屋面板重 + 施工荷载。

后两种荷载组合主要考虑斜腹杆的变号。当采用轻屋面（如压型钢板）或屋面板对称铺设时，可不计算。

当网架有多台吊车作用，在吊车竖向荷载组合时，对一层吊车的单跨厂房的网架，参与组合的吊车台数不应多于两台，对一层吊车的多跨厂房的网架，不应多于 4 台；在吊车水平荷载组合时，参与组合的吊车台数不应多于两台。

二、网架结构的静力计算——空间桁架位移法

网架结构是由很多杆件按一定规律组成的，属高次超静定结构，其计算方法有：空间桁架位移法、交叉梁系梁元法、交叉梁系力法、交叉梁系差分法、混合法、假想弯矩法、下弦内力法、拟板法、拟夹层板法等。

空间桁架位移法也称矩阵位移法，是一种空间杆系有限元分析方法，适用于

分析不同类型、任意平面和空间形状、具有不同边界条件和支承方式、承受任意荷载的网架，还可以考虑网架与下部支承结构的共同工作。不仅可用于网架结构的静力分析，还可用于网架结构的地震作用分析、温度应力计算和安装阶段的验算。是目前网架分析中运用最广、最精确的方法。

1. 基本假定

空间桁架位移法以网架结构的杆件作为基本单元，以节点位移作为基本未知量。计算网架结构的内力和变形时，作如下基本假定以简化计算：

（1）网架节点为铰接，每个节点有三个自由度，忽略节点刚度的影响；

（2）荷载作用在网架节点上，杆件只承受轴向力；

（3）材料在弹性阶段工作，符合虎克定律；

（4）网架变形很小，由此产生的影响予以忽略。

2. 空间桁架位移法计算步骤

（1）建立杆件单元刚度矩阵

对网架中任一杆件 ij（图 8-27），取其局部坐标正方向与节点 i 至节点 j 方向一致，则根据虎克定律得单元刚度方程：

$$\{\overline{F}\} = [\overline{K}]\{\overline{\delta}\} \tag{8-2}$$

式中 $\{\overline{F}\}$ ——ij 杆在局部坐标系下的杆端力列矩阵，$\{\overline{F}\} = \begin{bmatrix} F_{ij} & F_{ji} \end{bmatrix}^T$；

$\{\overline{\delta}\}$ ——ij 杆在局部坐标系下的杆端位移列矩阵，$\{\overline{\delta}\} = \begin{bmatrix} \Delta_i & \Delta_j \end{bmatrix}^T$；

$[\overline{K}]$ ——杆件 ij 在局部坐标系下的单元刚度矩阵，$[\overline{K}] = \dfrac{EA_{ij}}{l_{ij}}\begin{bmatrix} 1 & -1 \\ -1 & 1 \end{bmatrix}$；

其中：l_{ij} —杆件的长度；E —材料的弹性模量；A_{ij} —杆件的截面积。

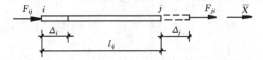

图 8-27　ij 杆的内力和位移

在网架结构整体坐标系 XYZ 下，ij 杆件的单元刚度方程为：

$$\{F\}_{ij} = [K]_{ij}\{\delta\}_{ij} \tag{8-3}$$

式中 $\{F\}_{ij}$ ——ij 杆在整体坐标系下的杆端力列矩阵

$$\{F\}_{ij} = \begin{bmatrix} F_{ix} & F_{iy} & F_{iz} & F_{jx} & F_{jy} & F_{jz} \end{bmatrix}^T, \{F\}_{ij} = [T]\{\overline{F}\}$$

$\{\delta\}_{ij}$ ——ij 杆在整体坐标系下的杆端位移列矩阵

$$\{\delta\}_{ij} = \begin{bmatrix} u_i & v_i & w_i & u_j & v_j & w_j \end{bmatrix}^T, \{\delta\}_{ij} = [T]\{\overline{\delta}\}$$

$[K]_{ij}$——杆件 ij 在整体坐标系下的单元刚度矩阵

$$[K]_{ij} = \frac{EA_{ij}}{l_{ij}} \begin{bmatrix} l^2 & & & & & \\ lm & m^2 & & & \text{对} & \\ ln & mn & n^2 & & & \text{称} \\ -l^2 & -lm & -ln & l^2 & & \\ -lm & -m^2 & -mn & lm & m^2 & \\ -ln & -mn & -n^2 & ln & mn & n^2 \end{bmatrix} \quad (8\text{-}4)$$

其中 $[T]$ 为坐标转换矩阵,$[T] = \begin{bmatrix} l & m & n & 0 & 0 & 0 \\ 0 & 0 & 0 & l & m & n \end{bmatrix}^T$,$[T]^{-1} = [T]^T$

$$l = \cos\alpha = \frac{x_j - x_i}{l_{ij}}, \quad m = \cos\beta = \frac{y_j - y_i}{l_{ij}}, \quad n = \cos\gamma = \frac{z_j - z_i}{l_{ij}}$$

l_{ij} 为杆件 ij 长度 $\quad l_{ij} = \sqrt{(x_j - x_i)^2 + (y_j - y_i)^2 + (z_j - z_i)^2}$

(2) 根据各节点的变形协调条件和静力平衡条件建立结构上的节点荷载和节点位移之间的关系,形成结构的总刚度方程

$$[K]\{\delta\} = \{P\} \quad (8\text{-}5)$$

式中 $[K]$——结构总刚度矩阵,由各杆件单元刚度矩阵按节点对号入座叠加而成,若网架的节点数为 n,它是 $3n \times 3n$ 方阵;

$\{\delta\}$——节点位移列矩阵

$$\{\delta\} = [u_1 \ v_1 \ w_1 \ \cdots \ u_i \ v_i \ w_i \ \cdots \ u_n \ v_n \ w_n]^T$$

$\{P\}$——节点荷载列矩阵

$$\{P\} = [P_{1x} \ P_{1y} \ P_{1z} \ \cdots \ P_{ix} \ P_{iy} \ P_{iz} \ \cdots \ P_{nx} \ P_{ny} \ P_{nz}]^T$$

(3) 边界条件处理

结构总刚度矩阵 $[K]$ 是奇异的,需引入边界条件以消除刚体位移,使总刚度矩阵为正定矩阵。

网架的边界约束根据网架的支承情况、支承刚度和支座节点的实际构造决定,有自由、弹性、固定及强迫位移等。某方向自由表示在该方向位移无约束;某方向弹性边界表示在该方向位移受弹簧刚度约束;某方向固定表示在该方向位移为零;某方向为强迫位移边界表示在该方向位移为一固定值。

不同的支座节点构造形成不同的边界约束条件,双面弧形压力支座节点有时可使该节点在边界法向产生水平移动,形成法向自由的边界条件;板式橡胶支座节点在边界法向可形成弹性边界条件。详见本章第六节支座节点部分。

搁置在柱顶或梁上的网架节点,一般认为梁和柱的竖向刚度很大,忽略梁的竖向变形和柱子的轴向变形,因此,这些支座节点竖向位移为零,竖向固定。在水平方向,当支承的侧向刚度较差时,应考虑下部结构的共同工作。考虑的方法

有两种，一是将网架及其支承结构作为一个整体来分析，这种方法使总刚度矩阵的阶数增高。一般把网架与支承结构分开处理，将下部结构作为网架结构的弹性约束，柱子水平位移方向的等效弹簧刚度系数 K_z 为：

$$K_z = \frac{3E_z I_z}{H_z^3} \tag{8-6}$$

式中 E_z、I_z、H_z——支承柱的材料弹性模量、截面惯性矩和柱子长度。

1) 对支座某方向固定，即支座沿某方向位移为零，可采用下列 4 种处理方法：

① 式 (8-5) 中的 $\{P\}$ 包括支座反力 R，R 为未知数，而与之对应的位移为零，利用此条件，把已知外荷载的方程放在前，未知反力的方程放在后，从而把总刚度方程分成两个方程组。

② 在式 (8-5) 中直接将位移为零的有关行、列划去。

③ 对角线项充大数法。即在式 (8-5) 中将位移为零相对应的主对角线元素充大数 $B = 10^8 \sim 10^{12}$。

④ 在式 (8-5) 中将对应于零位移分量的那些行的主对角元素改为 1，其余元素连同右端项中的相应元素都改为零。

前两种方法可使总刚度矩阵阶数减少，第一种方法还可得到支座反力的方程，但会带来总刚度矩阵元素地址的变动；而后两种方法的总刚度矩阵阶数和元素地址均不变，有利于编程。

2) 对支座某方向弹性约束则只要在总刚度矩阵中对应于该弹性约束方向的主对角元素叠加上等效弹簧刚度系数 K_z 即可。

3) 某方向给定位移时可采用消行修正法或对角线项充大数法。对角线项充大数法是在总刚度方程中，对应于给定位移分量的主元充大数 B，并将该行右端项改为 $B\Delta$ 即可，该法简单而有效。

(4) 求解引入给定边界条件后的总刚度方程，得出各节点的位移值。

求解的方法一般分为两类：直接法和迭代法。计算机计算常用直接法，计算量小，不存在收敛性问题。直接法主要有高斯消去法、直接分解法（LU 分解法）、平方根法（Cholesky 分解法）和改进平方根法。

(5) 由单元杆件内力与节点位移之间的关系 (8-2) 就可求出杆件内力，

$$N_{ij} = F_{ji} = \frac{EA_{ij}}{l_{ij}}[(u_j - u_i)\cos\alpha + (v_j - v_i)\cos\beta + (w_j - w_i)\cos\gamma] \tag{8-7}$$

以上计算过程可以自编程序，由计算机完成。国内已有不少通用软件可使用。

3. 对称性利用

当网架结构及其所受的荷载、边界约束均对称时，可以取整个网架的 $1/2n$

(n 为对称面数）作为内力分析的计算单元，以减少计算工作量。此时，对称面上的变形情况必须与整体结构的变形一致，并保持其几何不变性。

根据对称性原理，对称结构在对称荷载作用下其对称面上的各个节点的反对称位移为零。所以当沿着对称面截取计算单元时，这些位于对称面内节点应当作为约束节点，按上述对称面内节点变形原则来处理。

1. 对称面与结构整体坐标轴（x 轴或 y 轴）平行，且通过节点

这时，计算单元中位于平行于 x 轴的对称面内的节点沿 y 方向的位移为零，应沿 y 方向加以约束，类似地位于平行于 y 轴的对称面内的节点沿 x 方向的位移为零，应沿 x 方向加以约束。同时位于对称面内的杆件截面面积应取原截面面积的 1/2；位于 n 个对称面内的杆件截面面积应取原截面面积的 $1/2n$。位于对称面内各节点的荷载应取原荷载值的 1/2；位于 n 个对称面内节点的荷载应取原荷载值的 $1/2n$。

如图 8-28 所示结构有两个对称面，故可取 1/4 个结构作为计算单元，节点 2、4 处 $u_2 = u_4 = 0$，应沿 x 方向加以约束，节点 5、7、9 处 $v_5 = v_7 = v_9 = 0$，应沿 y 方向加以约束，节点 3 位于两个对称面的交点，故有 $u_3 = v_3 = 0$，应沿 x、y 两个方向加以约束，对称面上的其他节点，如 2′、3′、5′、7′等也应作相应处理。同时杆件 33′ 的截面面积应取原截面面积的 1/4；其他 A-A、B-B 剖面图上的杆件，如 23、57、23′等，截面面积为原截面面积的 1/2。节点 3、3′ 的荷载应取原荷载 1/4，其他图中标有编号的节点，如 2、5′等，荷载为原节点荷载的 1/2。

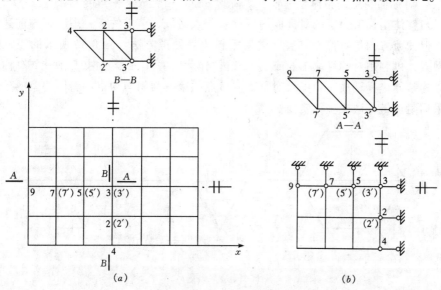

图 8-28　对称面内杆件和节点处理
（a）结构平面；（b）计算单元

2. 对称面与结构整体坐标轴（x 轴或 y 轴）平行，并切断杆件

当对称面切断杆件时，杆件与对称面相交的交点作为一个新的节点，这些新节点除按前述原则给予约束外，为保证被截取的计算单元不发生几何可变，尚需对新节点的其他方向给予必要的约束。

如图 8-29 所示的两向正交正放网架有两个对称面。平行于 x、y 轴的对称面与杆件相交，其交点作为新的节点，除分别沿 y、x 轴方向予以约束外，尚需对上下弦杆上的新节点在 x 或 y 及 z 方向分别予以约束，如 $u_{1'} = v_{1'} = w_{1'} = 0$，$u_{2'} = v_{2'} = w_{2'} = 0$。对交叉腹杆上的新节点分别在 x、y 方向予以约束，如 $u'_3 = v'_3 = 0$。应当指出，这是结构分析的一种处理方法，并非结构的实际变形，但计算表明，在小挠度范围内，所得结果与网架整体分析的结果是吻合的。

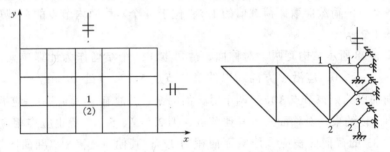

图 8-29 杆件被对称面切断处理

3. 对称面与结构整体坐标轴（x 轴或 y 轴）相交成某一角度

与整体坐标系斜交的对称面内杆件、节点荷载、节点约束处理原则与前述相同，但约束方向与对称面垂直，需采用斜边界处理方法。图 8-30 所示的正六边形网架，可利用对称性取 1/6 或 1/12 结构作为计算单元，这时就有一个对称面与结构整体坐标轴成一角度，对称面内节点约束就为斜向约束，斜向约束的处理可采用附加链杆法或坐标转换法。

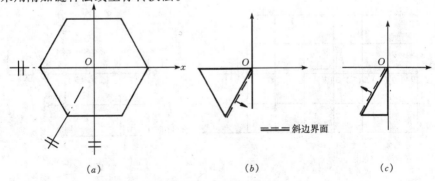

图 8-30 正六角形网架的对称面处理
(a) 结构平面；(b) 1/6 结构平面；(c) 1/12 结构平面

三、网架在温度作用下的内力计算

网架是超静定结构,网架施工安装完毕时的气温与网架使用阶段的最高或最低环境温度的差别,会引起杆件的伸长或缩短,如果这种温度变形受到约束,网架将产生温度应力。

1. 网架不考虑温度作用下内力的条件

当温度变化时,网架杆件中支承平面弦杆的温度内力为最大,并随着支座法向约束的减弱而减少。当支座法向约束减弱到一定程度时,网架的温度内力很小,可不考虑其影响。《网架结构设计与施工规程》(JGJ7)根据网架因温差引起的温度应力不超过钢材强度设计值5%规定,当网架结构符合下列条件之一时,可不考虑由于温度变化引起的内力:

(1) 支座节点的构造允许网架侧移时,其侧移值应等于或大于公式(8-8)的计算值;

(2) 对周边支承的网架,当网架验算方向跨度小于40m时,支承结构应为独立柱或砖壁柱;

(3) 在单位力作用下,柱顶位移值应等于或大于下式的计算值:

$$u = \frac{L}{2\xi EA_m}\left(\frac{E\alpha\Delta_t}{0.038f} - 1\right) \tag{8-8}$$

式中 L——网架在验算方向的跨度;

E——网架材料的弹性模量;

f——钢材的强度设计值;

A_m——支承平面弦杆截面积的算术平均值,如图8-31(a)中的下弦杆截面积的算术平均值,图8-31(b)中的上弦杆截面积的算术平均值;

α——网架材料的线膨胀系数;$\alpha = 1.2 \times 10^{-5}/℃$;

Δ_t——温度差;

ξ——系数,支承平面弦杆为正交正放时 $\xi = 1$,正交斜放时 $\xi = \sqrt{2}$,三向时 $\xi = 2$。

2. 网架温度作用下的内力计算

计算温度变化引起的网架内力,可采用空间桁架位移法的精确计算方法。其基本原理是:首先将网架各节点加以约束,求出因温度变化而引起的杆件固端内力和各节点的不平衡力。然后取消约束,将节点不平衡力反向作用在节点上。用空间桁

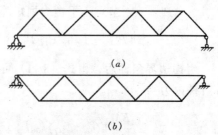

图8-31 网架支承平面

(a)上弦平面支承;(b)下弦平面支承

架位移法可求出由节点不平衡力引起的杆件内力。最后将杆件固端内力和由节点不平衡力引起的杆件内力叠加，即得网架杆件的温度内力和应力。该方法适用于计算各种网架形式、各种支承条件和各种温度变化的网架温度应力。

当网架所有节点均被约束时，因温度变化而引起 ij 杆的固端内力（拉为正，压为负）为：

$$N_{ij}^1 = - E\Delta_t \alpha A_{ij} \tag{8-9}$$

式中　Δ_t——温差（℃），以升温为正；

　　　A_{ij}——ij 杆的截面面积。

同时，杆件对节点产生的节点力，大小与杆件的固端内力相同，方向与它相反。设与 i 节点相连的杆件有 m 根，则 i 节点不平衡力为：

$$P_{ix} = \sum_{k=1}^{m} - E\Delta_t \alpha A_{ik} \cos\alpha_{ik} \tag{8-10a}$$

$$P_{iy} = \sum_{k=1}^{m} - E\Delta_t \alpha A_{ik} \cos\beta_{ik} \tag{8-10b}$$

$$P_{iz} = \sum_{k=1}^{m} - E\Delta_t \alpha A_{ik} \cos\gamma_{ik} \tag{8-10c}$$

式中　$\cos\alpha_{ij}$、$\cos\beta_{ij}$、$\cos\gamma_{ij}$——ij 杆（自 i 端到 j 端方向）与整体坐标系 x、y、z 轴的夹角的余弦，即式（8-4）中的 l、m、n。

同理，可求出网架其他节点的不平衡力。把各节点上的节点不平衡力反向作用在网架各节点上，即可建立由节点不平衡力引起的结构总刚度方程。

$$[K]\{\delta\} = - \{P^t\} \tag{8-11}$$

式中　$[K]$——结构总刚度矩阵；

　　　$[\delta]$——由节点不平衡力引起的节点位移列矩阵

$$\{\delta\} = [u_1\ v_1\ w_1\ \cdots\ u_i\ v_i\ w_i\ \cdots\ u_n\ v_n\ w_n]^T$$

　　　$\{P^t\}$——节点不平衡力列矩阵

$$\{P^t\} = [P_{1x}\ P_{1y}\ P_{1z}\ \cdots\ P_{ix}\ P_{iy}\ P_{iz}\ \cdots\ P_{nx}\ P_{ny}\ P_{nz}]^T$$

考虑边界条件后，由式（8-11）可求出节点位移，则由节点不平衡力引起的 ij 杆件内力为：

$$N_{ij}^2 = \frac{EA_{ij}}{l_{ij}}[(u_j - u_i)\cos\alpha_{ij} + (v_j - v_i)\cos\beta_{ij} + (w_j - w_i)\cos\gamma_{ij}] \tag{8-12}$$

网架杆件的温度内力为：

$$N_{ij}^{t} = N_{ij}^{1} + N_{ij}^{2} \tag{8-13}$$

四、网架在地震作用下的内力计算

地震发生时,由于强烈的地面运动而迫使网架产生振动,由振动引起的惯性作用使网架结构产生很大的地震内力和位移,从而有可能造成网架的破坏和倒塌,或失去承载能力。因此,在地震设防区必须对网架结构进行抗震计算。

1. 网架不需要抗震验算的条件

《网架结构设计与施工规程》规定:

(1) 在抗震设防烈度为 6 度或 7 度的地区,网架屋盖结构可不进行竖向抗震验算;

(2) 抗震设防烈度为 8 度或 9 度的地区,网架屋盖结构应进行竖向抗震验算;

(3) 在抗震设防烈度为 7 度的地区,可不进行网架结构水平抗震验算;

(4) 在抗震设防烈度为 8 度的地区,对于周边支承的中小跨度网架可不进行水平抗震验算;

(5) 在抗震设防烈度为 9 度的地区,对各种网架结构均应进行水平抗震验算。

2. 地震作用下的内力计算

网架结构在地震作用下的内力分析可采用振型分解反应谱法或时程法进行,但对一些平面不复杂、支承简单、跨度不很大的网架可采用简化计算方法。振型分解反应谱法和时程法可参阅有关资料,这里仅介绍规程推荐的简化计算方法。

1. 竖向地震作用

对于周边支承网架屋盖以及多点支承和周边支承相结合的网架屋盖,竖向地震作用标准值可按下式确定:

$$F_{Evki} = \pm \psi_v G_i \tag{8-14}$$

式中　F_{Evki}——作用在网架 i 节点上竖向地震作用标准值;

　　　G_i——网架第 i 节点的重力荷载代表值,其中恒载取 100%,雪荷载及屋面积灰荷载取 50%;不考虑屋面活荷载;

　　　ψ_v——竖向地震作用系数,按表 8-3 取值。

场地类别按现行《建筑抗震设计规范》确定。

对于悬挑长度较大的网架屋盖结构以及用于楼层的网架结构,当设防烈度为 8 度或 9 度时,其竖向地震作用标准值可分别取该重力荷载代表值的 10% 或 20%。设计基本地震加速度为 $0.3g$ 时,可取该重力荷载代表值的 15%。计算重力荷载代表值时,对一般民用建筑,楼面活荷载取 50%。

按以上方法求得竖向地震作用标准值后，将其视为等效的荷载作用于网架，按空间桁架位移法即可计算出各杆件的地震作用内力。

对于周边简支、平面形式为矩形的正放类和斜放类（指上弦杆平面）网架，其竖向地震作用所产生的杆件轴向力标准值可按下列公式计算：

竖向地震作用系数　表 8-3

设防烈度	场 地 类 别		
	Ⅰ	Ⅱ	Ⅲ、Ⅳ
8	— (0.01)	0.08 (0.12)	0.10 (0.15)
9	0.15	0.15	0.20

注：括号中的数值用于设计基本地震加速度为 $0.3g$ 的地区。

$$N_{Evi} = \pm \xi_i | N_{Gi} | \quad (8-15)$$

$$\xi_i = \lambda \xi_y \left(1 - \frac{r_i}{r}\eta\right) \quad (8-16)$$

式中　N_{Evi}——竖向地震作用引起第 i 杆的轴向力标准值；

　　　N_{Gi}——重力荷载代表值作用下第 i 杆的轴向力标准值，可由空间桁架位移法求得；

　　　ξ_i——第 i 杆的竖向地震轴向力系数；

　　　λ——设防烈度系数，当烈度 8 度时 $\lambda=1$，烈度 9 度时 $\lambda=2$；

　　　ξ_y——竖向地震作用轴向力系数，可根据网架的基本频率 f_1 按图 8-32 取用；

　　　α、f_0——系数，按表 8-4 取值；

　　　r_i——网架平面的中心 O 至第 i 杆中点 B 的距离（图 8-33）；

　　　r——OA 的长度，A 点为 OB 线段与圆（或椭圆）锥底面圆周的交点；

　　　η——修正系数，按表 8-5 取值。

网架的基本频率可近似按下式计算：

$$f_1 = \frac{1}{2}\sqrt{\Sigma G_j w_j / \Sigma G_j w_j^2} \quad (8-17)$$

式中　G_j——网架第 j 节点重力荷载代表值；

　　　w_j——重力荷载代表值作用下第 j 节点竖向位移。

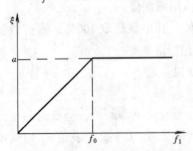

图 8-32　竖向地震作用轴向力系数

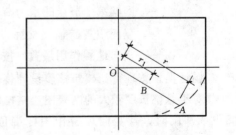

图 8-33　计算修正系数的长度

确定竖向地震轴向力系数的 α、f_0 值　　表 8-4

场地类别	α		f_0 (Hz)
	正放类	斜放类	
Ⅰ	0.095	0.135	5.0
Ⅱ	0.092	0.130	3.3
Ⅲ	0.080	0.110	2.5
Ⅳ	0.080	0.110	1.5

修正系数 η 值　　表 8-5

网架上弦杆布置形式	平面形式	η
正放类	正方形	0.19
	矩形	0.13
斜放类	正方形	0.44
	矩形	0.20

2. 水平地震作用

确定水平地震荷载时，通常把网架结构当作一块刚性平板而简化为单质点体系，按下列公式计算。

结构的总水平地震作用标准值

$$F_{EK} = \alpha_1 G_E \tag{8-18}$$

作用于网架节点 i 上的水平地震作用标准值

$$F_i = \frac{G_i}{\Sigma G_i} F_{EK} \tag{8-19}$$

式中　G_i、G_E——作用于网架节点 i 上的节点重力荷载代表值和作用于屋盖上的全部重力荷载代表值（包括网架结构自重）；

　　　α_1——相应于结构基本自振周期的水平地震影响系数，按现行《建筑抗震设计规范》确定。

整个网架按照各节点承受 F_i 水平力的体系用空间桁架位移法进行内力计算。

第五节　网架结构的杆件设计

一、杆件材料

网架结构的杆件一般采用 Q235 钢和 Q345 钢，当荷载较大或跨度较大时，宜采用 Q345 钢，以减轻网架结构的自重，节约钢材。

二、截面型式

网架杆件截面形式一般有圆钢管和角钢两种。圆钢管因其相对回转半径大和其截面特性无方向性，对受压和受扭有利，故一般情况下，钢管截面比其他型钢截面可节约20%的用钢量，应优先采用。钢管有高频电焊钢管和无缝钢管，尽量采用前者以节约造价。

杆件截面形式与网架的网格形式有关。对交叉平面桁架体系，可选用角钢或钢管杆件；对于空间桁架体系（四角锥体系、三角锥体系）则应选用钢管杆件。

杆件截面形式的选择还与网架的节点形式有关。若采用钢板节点，宜选用角钢杆件；若采用焊接球节点、螺栓球节点，则应选用钢管杆件。

三、杆件的计算长度及容许长细比

杆件的计算长度与汇交于节点的杆件的受力状况及节点构造有关。与平面桁架相比，网架节点处汇集杆件较多（6~12根），且常有不少应力较低的杆件，对受力较大杆件起着提高稳定性的作用。焊接空心球节点比螺栓球节点对杆件的嵌固作用大。网架杆件的计算长度 l_0 应按表8-6采用。表中 l 为杆件几何长度，即节点中心间的距离。

网架杆件计算长度 l_0 表8-6

杆　　件	节　点　型　式		
	螺栓球	焊接空心球	板节点
弦杆及支座腹杆	l	$0.9l$	l
其它腹杆	l	$0.8l$	$0.8l$

网架结构是空间结构，杆件的容许长细比可比平面桁架放宽一些。规范规定：

(1) 受压杆件：$[\lambda]=180$；

(2) 受拉杆件：一般杆件 $[\lambda]=400$，支座附近处杆件 $[\lambda]=300$，直接承受动力荷载杆件 $[\lambda]=250$。

四、杆件截面确定

网架杆件的截面应根据现行《钢结构设计规范》计算或验算确定；宜优先选用壁薄截面，以增大截面回转半径；每个网架所选截面规格不宜过多，较小跨度时以2~3种为宜，较大跨度时不宜超过6~7种；网架杆件的截面尺寸对角钢不宜小于L50×3，圆钢管不宜小于 $\phi48\times2$。薄壁型钢的壁厚不应小于2mm。

第六节　网架结构的节点设计

一、节点形式及选择

节点是网架结构的重要组成部分。节点设计是否合理，将直接影响网架的工作性能、安装质量、用钢量及工程造价等。

合理的节点必须受力合理，传力明确，杆件轴线应交汇于节点中心，避免在杆件中出现偏心力矩。同时，应尽量使节点构造与计算假定相符，特别要注意支座节点的构造必须与计算假定的边界条件相符，否则将造成相当大的计算误差，甚至影响结构的安全。合理的节点还应构造简单，便于制造、安装，用钢量小。

网架节点按其构造可分为：板节点、半球节点、球节点、钢管圆筒节点、钢管鼓节点等。我国最常用的是螺栓球节点、焊接空心球节点、钢板节点。

网架节点形式的选择应考虑网架类型、受力性质、杆件截面形状、制造工艺、安装方法等条件。一般对型钢杆件，多采用钢板节点；对圆钢管杆件，若杆件内力不是非常大（一般 $\leqslant 750 kN$），可采用螺栓球节点，若杆件内力非常大，一般应采用焊接空心球节点。

二、螺栓球节点

1. 螺栓球节点的组成、材料和特点

螺栓球节点是在设有螺纹孔的钢球体上，通过高强度螺栓将汇交于节点处的钢管杆件连接起来的节点。螺栓球节点由钢球、高强度螺栓、紧固螺钉（或销子）、套筒、锥头或封板等零件组成（图 8-34）。钢球宜采用 45 号钢；高强度螺栓、销子或紧固螺钉宜用 40Cr、40B、20MnTiB 钢；套筒宜采用 Q235、Q345 钢；锥头、封板宜选用杆件所用材料。

螺栓球节点施工时先将置有高强度螺栓的锥头或封板焊在钢管杆件的两端，在伸出锥头或封板的螺杆上套上六角套筒，并用销子或紧固螺钉将螺栓与套筒连在一起。拼装时，拧转套筒，通过销子或紧固螺钉带动高强度螺栓转动，使螺栓旋入钢球体。当螺栓拧紧至

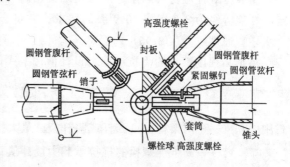

图 8-34　螺栓球节点

设计位置时，将螺钉旋入深槽固定，就完成了拼装过程（图8-34）。

螺栓球节点的优点是节点小、重量轻，节点用钢量约占网架用钢量的10%。可用于任何形式的网架，特别适用于四角锥或三角锥体系的网架。这种节点安装极为方便，可拆卸，安装质量易得到保证，适用于散装、分条拼装和整体拼装等安装方法。其缺点是，球体加工复杂，零部件多，加工精度高，价格贵，所需钢号不一，工序复杂。

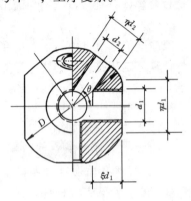

图8-35 钢球

2. 螺栓球节点的设计

(1) 钢球体的设计

钢球大小由构造确定，首先应保证相邻两螺栓在球体内不相碰，根据几何关系（图8-35），钢球直径 D 应满足下式：

$$D \geqslant \sqrt{\left(\frac{d_2}{\sin\theta} + d_1 \mathrm{ctg}\theta + 2\xi d_1\right)^2 + \eta^2 d_1^2} \quad (8-20)$$

为保证相邻两杆件的套筒不相碰，由几何关系（图8-35），钢球直径 D 还应满足：

$$D \geqslant \sqrt{\left(\frac{\eta d_2}{\sin\theta} + \eta d_1 \mathrm{ctg}\theta\right)^2 + \eta^2 d_1^2} \quad (8-21)$$

式中 d_1、d_2——高强度螺栓直径，$d_1 > d_2$；

θ——两高强度螺栓轴线之间的最小夹角，rad；

ξ——高强度螺栓伸进钢球长度与高强度螺栓直径的比值，一般 $\xi = 1.1$；

η——套筒外接圆直径与高强度螺栓直径的比值，一般 $\eta = 1.8$。

(2) 高强度螺栓的设计

高强度螺栓应符合国家标准《钢结构用高强度大六角头螺栓》(GB1228)规定的性能等级为8.8级或10.9级的要求，并符合国家标准《普通螺栓基本尺寸—粗牙普通螺纹》(GB196)的规定。

每个高强度螺栓的受拉承载力设计值按下式计算：

$$N_{\max} \leqslant N_t^b = \psi A_{\mathrm{eff}} f_t^b \quad \text{或} \quad A_{\mathrm{eff}} \geqslant \frac{N_{\max}}{\psi f_t^b} \quad (8-22)$$

式中 $N_{\max}$——网架杆件（弦杆或腹杆）的最大拉力设计值；

N_t^b——高强度螺栓的抗拉承载力设计值；

ψ——螺栓直径对承载力的影响系数，当螺栓直径 $< 30\mathrm{mm}$ 时，$\psi = 1.0$；

当螺栓直径 $\geqslant 30\mathrm{mm}$ 时，$\psi = 0.93$；

f_t^b——高强度螺栓经热处理后的抗拉强度设计值:对 45 号钢为 365N/mm², 对 40Cr 钢、40B 钢、20MnTiB 钢为 430N/mm²;

A_{eff}——高强度螺栓的有效截面积,当螺栓上开有滑槽时,A_{eff}应取螺纹处和滑槽处的有效截面面积中的较小值。

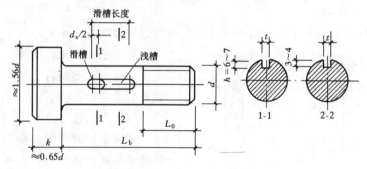

图 8-36 高强度螺栓外形

滑槽处的有效截面面积(图 8-36 中 1-1 剖面):

$$A_{eff} = \frac{\pi d^2}{4} - th \qquad (8-23)$$

式中 t、h——高强度螺栓无螺纹段处滑槽中深槽部位的槽宽度和槽深度。

高强度螺栓的栓杆长度 L_b 由构造确定(图 8-37):

$$L_b = \xi d + L_n + \delta \qquad (8-24)$$

式中 ξd——高强度螺栓伸入钢球的长度,$\xi = 1.1$,d 为螺栓直径;

L_n——套筒长度;

δ——锥头底板或封板厚度。

对受压杆件,主要通过套筒传递压力,高强度螺栓只起连接作用,因此可将按其内力设力值求得的螺栓直径适当减小。

(3) 套筒设计

套筒的作用是拧紧高强度螺栓,承受杆件传来的压力。套筒的外形尺寸应符合搬手开口尺寸系列,内孔径一般比高强度螺栓直径大 1mm。

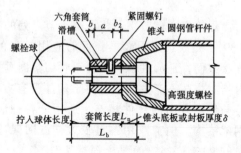

图 8-37 高强度螺栓与螺栓球和钢管的连接

套筒端部到紧固螺钉孔边缘的距离应使该处有效截面抗剪承载力不低于紧固螺钉抗剪承载力进行计算确定,且不应小于紧固螺钉孔径的 1.5 倍和 6mm。

套筒的长度 L_n（图8-37）按下式计算：

$$L_n = a + b_1 + b_2 \tag{8-25}$$

式中 a——高强度螺栓杆上的滑槽长度；

b_1——套筒左端部至高强度螺栓杆上的滑槽左边缘的距离，可取 b_1 = 4mm；

b_2——套筒右端部至滑槽右边缘的距离，通常取 b_2 = 6mm。

对于承受杆件传来轴心压力的套筒，应验算紧固螺钉孔处和端部有效截面的承载力。

(4) 紧固螺钉的设计

紧固螺钉的作用是搬手拧转套筒时带动高强度螺栓旋转，在拧紧高强度螺栓时，紧固螺钉承受剪力。紧固螺钉直径一般可取高强度螺栓直径的 0.16~0.18 倍，且不宜小于 M3，也不宜大于 M10。

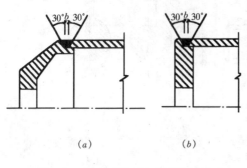

图 8-38 锥头或封板与钢管的连接

(5) 锥头和封板的设计

当圆钢管杆件直径≥76mm 时，宜采用锥头。锥头的任何截面均应与杆件截面等强度；当圆钢管杆件直径 < 76mm 时，可采用封板，封板厚度应按实际受力大小计算决定，并不宜小于杆件外径的1/5。

锥头或封板台阶外径与钢管内径相配，并采用图 8-38 所示 V 形对接二级焊缝，以使焊缝与管材等强，焊缝宽度 b 可根据钢管壁厚取 2~5mm。

三、焊接空心球节点

焊接空心球节点是将汇交于节点处的各钢管杆件直接焊于焊接空心球上（图8-39），是我国采用最早、目前应用较广的一种节点。它传力明确，构造简单，连接方便，适应性强。只要钢管切割面垂直于杆件轴线，杆件就能在空心球体上自然对中而不产生偏心。由于球体没有方向性，可与任意方向的杆件相连。适用于各种形式的网架结构。但节点用钢量较大，占网架总用钢量的 20%~25%；现场焊接工作量大，仰焊、立焊占很大比重；杆件下料长度要求准确；会因焊接变形而引起尺寸偏差，应预留焊接变形余量。

1. 焊接空心球的构造要求

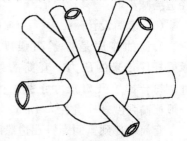

图 8-39 焊接空心球节点

焊接空心球是用两块圆钢板（Q235钢或Q345钢）经热压或冷压成两个半球后对焊而成的。分加肋与不加肋两种（图8-40），肋板可用平台或凸台，当采用凸台时，其高度应≤1mm。

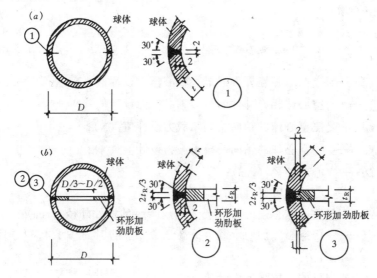

图 8-40 空心球剖面图
（a）无肋空心球；（b）有肋空心球

焊接空心球的外径应使连接于同一球面上的两相邻杆件之间的净距 a 不宜小于10mm，空心球的最小外径可按下式计算（图8-41）：

$$D = (d_1 + 2a + d_2)/\theta \tag{8-26}$$

式中 θ——汇集于球节点任意两圆钢管杆件之间的夹角（rad）；

d_1、d_2——组成 θ 角的两圆钢管杆件的外径（mm）。

空心球外径 D 与球壁厚 t 的比值一般取 $D/t = 25 \sim 45$，壁厚 t 与连接于空心球的钢管最大壁厚的比值一般取 $1.2 \sim 2.0$，宜 $t \geq 4mm$。

同一网架中，宜采用一种或两种规格的球，最多不超过4种，以避免设计、制造、安装时过于复杂。

当空心球的外径 $D \geq 300mm$，且连接于空心球的圆钢管杆件的内力较大需要提高其承载能力时，球内加设环形肋板（图8-40b），肋板一般与空心球的球壁等厚。内力较大的杆件应在肋板平面内。

2. 焊接空心球的承载力

当空心球直径为 120～500mm 时，其受压、受拉承载力设计值可分别按下列公式计算：

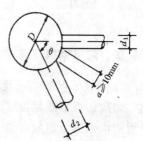

图 8-41 钢管间净距要求

受拉空心球：

$$N_{\max}^t \leqslant N_t = 0.55\eta_t t d\pi f \qquad (8\text{-}27)$$

受压空心球：

$$N_{\max}^c \leqslant N_c = \eta_c\left(400td - 13.3\frac{t^2 d^2}{D}\right) \qquad (8\text{-}28)$$

式中 $N_{\max}^c$ ——与空心球相连杆件的最大轴心压力设计值（N）；

$N_{\max}^t$ ——与空心球相连杆件的最大轴心拉力设计值（N）；

N_c ——受压空心球的轴向受压承载力设计值（N）；

N_t ——受拉空心球的轴向受拉承载力设计值（N）；

D ——空心球外径（mm）；

t ——空心球的壁厚（mm）；

d ——与空心球相连的对应于 $N_{\max}^c$ 或 $N_{\max}^t$ 的杆件外径（mm）；

η_c ——受压空心球加肋承载力提高系数，加肋时 $\eta_c = 1.4$，不加肋时 $\eta_c = 1.0$；

f ——钢材的抗拉强度设计值（N/mm²）；

η_t ——受拉空心球加肋承载力提高系数，加肋时 $\eta_t = 1.1$，不加肋时 $\eta_t = 1.0$。

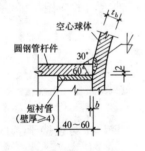

图 8-42 加短衬管的对接

3. 焊接空心球与杆件的连接

钢管与空心球焊接连接时，钢管端部应开坡口，钢管与空心球之间应留有缝隙（宽度 $b = 2 \sim 6$mm）予以焊透，以实现焊缝与钢管截面等强，否则应按角焊缝计算。为保证焊缝质量，钢管内可加设短衬管与空心球焊接（图 8-42）。

角焊缝连接时的焊脚尺寸 h_f 应符合以下要求：(1) 当 $t \leqslant 4$mm 时，$h_f \leqslant 1.5t$，且不宜小于 4mm；(2) 当 $t > 4$mm 时，$h_f \leqslant 1.2t$，且不宜小于 6mm。t 为与空心球相连的钢管壁厚。

四、焊接钢板节点

1. 钢板节点的组成及特点

焊接钢板节点是由空间正交的十字节点板和根据需要而在节点板顶部或底部设置的水平盖板组成（图 8-43）。十字形节点板宜用二块带企口的钢板对插焊接而成（图 8-43a），也可以用一块贯通钢板加两块肋板焊接而成（图 8-43b）。这种节点主要适用于角钢杆件的两向交叉网架,也可用于由四角锥组成的网架。小跨度网架的受拉节点,可不设盖板。

焊接钢板节点的主要特点是,刚度较大,造价较低,构造尚简单,制作时不需大量机械加工。但现场焊接工作量较大。

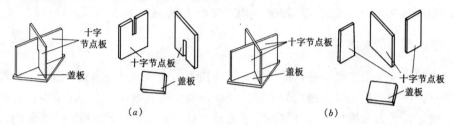

图 8-43 焊接十字形钢板节点

2. 焊接钢板节点的构造及设计要点

(1) 焊接钢板节点中的节点板及盖板所用钢材应与网架杆件钢材一致。

(2) 杆件重心线在节点处宜交于一点,否则应考虑其偏心影响。

(3) 杆件与节点连接焊缝的分布,应使焊缝截面的重心与杆件重心重合,否则应考虑其偏心影响。

(4) 网架弦杆应与盖板和十字节点板共同连接,当网架跨度较小时,弦杆也可只与十字节点板连接。

(5) 节点板厚度的选择与平面桁架的方法相同,应根据网架最大杆件内力确定。节点板厚度应比连接杆件的厚度大 2mm,且不得小于 6mm。节点板的平面尺寸应适当考虑制作和装配的误差。

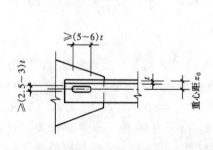

图 8-44 角焊缝与槽焊缝

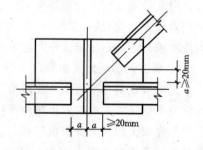

图 8-45 十字节点板与杆件的连接构造

(6) 当网架杆件与节点板间采用高强度螺栓或角焊缝连接时,连接计算应根据连接杆件内力确定,且宜减少节点类型。当角焊缝强度不足时,在施工质量确有保证的情况下,可增设槽焊,槽孔应设置在角钢杆件的重心线上(图 8-44),

槽焊强度应由试验确定。

(7) 十字形节点板的竖向焊缝为双向的复杂受力状态，为确保焊缝有足够的承载力，宜采用 V 形或 K 形坡口的对接焊缝。

(8) 焊接钢板节点上，为确保施焊方便，弦杆与腹杆，腹杆与腹杆之间以及弦杆端部与节点中心线之间的间隙 a 均不宜小于 20mm（图 8-45）。

五、网架的支座节点

空间网架一般支承在柱、圈梁等支承结构上，支座节点是指支承结构上的网架节点，一般都采用铰支座。为了能安全准确地传递支承反力，支座节点应力求构造简单，传力明确，安全可靠，且尽量符合计算假定，以避免网架的实际内力和变形与计算值存在较大的差异而危及结构的安全。

设计网架支座节点时，应根据网架的类型、跨度、荷载、杆件截面形状以及加工制造方法和施工安装方法等，选用适当型式的支座节点。

1. 平板压力支座节点（图 8-46）

平板压力支座节点与平面桁架的支座节点相似。由十字节点板及一块底板组成，节点构造简单，加工方便，用钢量

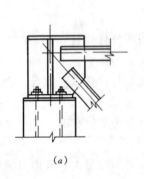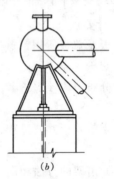

图 8-46 平板压力或拉力支座
(a) 角钢杆件；(b) 钢管杆件

省。但底板下压应力分布不均匀，支座不能完全转动和移动，与计算中铰接的假定相差较大，故只适用较小跨度（$L_2 \leqslant 40m$）的网架。平板压力支座设计计算和构造要求与平面钢桁架支座节点的相似。

2. 单面弧形压力支座节点（图 8-47）

这种节点是在平板压力支座节点的基础上，在支座底板和支承底板间设置用铸钢或厚钢板加工成的弧形垫块而成。从而使支座可产生微量转动和微量移动，且支承底板下的压力分布也较均匀。为保证支座的转动，通常设 2 个锚栓，且设置在弧形支座中心线上（图 8-47a）；当支座反力较大，支座节点体量较大，需设 4 个锚栓时，为使锚栓锚固后不影响支座的转动，可在锚栓上部加放弹簧（图 8-47b）。为保证支座能有微量移动，支座底板上的锚栓孔应做成椭圆孔或大圆孔。单面弧形支座节点与计算简图比较接近，适用于周边支承的中、小跨度网架。

弧形垫块尺寸（图 8-48）应满足下列要求：

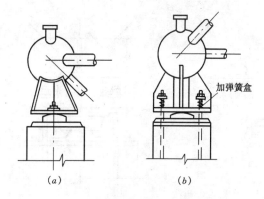 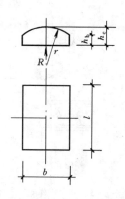

图 8-47 单面弧形压力支座
(a) 二个锚栓连接；(b) 四个锚栓连接

图 8-48 弧形垫块

(1) 弧形板中央截面高度 h_c　　$h_c \geqslant \sqrt{3Rb/4lf}$　　　　　(8-29)

(2) 弧形板圆弧面半径 r　　$r \geqslant \dfrac{RE}{80lf^2}$　　　　　(8-30)

(3) 弧形板的边端高度 h_b 通常宜不小于 15mm。

式中　R——支座垂直反力设计值；

　　　b——弧形板横截面（垂直于圆弧面）的底部宽度；

　　　l——弧形表面与支承底板的接触长度；

　　　f——弧形板所用钢材的抗弯强度设计值；

　　　E——钢材的弹性模量。

3．双面弧形压力支座节点（图 8-49）

这种支座节点在支座底板与支承底板之间，设置一个上、下均为圆弧曲面的铸钢件，在铸钢件两侧，设有从支座底板与支承底板上分别焊两块带椭圆孔的梯形厚钢板，用螺栓（直径不宜小于 30mm）将三者联结为整体。

双面弧形压力支座节点可沿铸钢件的上、下两个圆弧曲面作一定的转动和移动，比较符合不动圆柱铰支承的假定。但其构造较复杂，加工麻烦，造价较高，对下部结构抗震不利。适用于跨度大、支承网架的柱或墙体的刚度较大，周边支承约束较强，温度应力影响也较显著的网架。

4．球铰压力支座节点（图 8-50）

这种支座节点是由一个置于支承底板上的凸出的实心半球，与一个连于支座底板上凹形半球相互嵌合，用四个锚栓连接而成，并在螺帽下设置压力弹簧。

球铰压力支座节点在两个方向都能自由转动，不产生线位移，比较符合不动球铰支承的约束条件，但构造复杂，适用于四点或多点支承的大跨度网架。

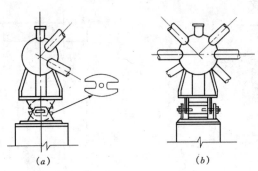
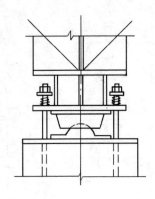

图 8-49　双面弧形压力支座　　　　图 8-50　球铰压力支座

5. 板式橡胶支座节点（图 8-51）

板式橡胶支座是在支座底板和支承面间设置一块由多层橡胶与薄钢板粘合、压制而成的橡胶垫块，并用锚栓连成一体。这种支座不仅可以沿切向及法向产生一定位移，还可绕两个方向转动，其构造简单、造价较低、安装方便，但存在橡胶老化问题。适用于大、中跨度的网架，应用较广。

(1) 橡胶垫板的平面尺寸

橡胶垫板的底面积由承压条件按下式计算：

$$A \geqslant \frac{R_{\max}}{[\sigma]} \tag{8-31}$$

式中　A——橡胶支座承压面积，$A = a \times b$；

a、b——橡胶垫板短边长度及长边长度，宜取 $a/b = 1:1 \sim 1:1.5$；

$R_{\max}$——网架全部荷载标准值在支座引起的最大反力；

$[\sigma]$——橡胶垫板的允许抗压强度，按表 8-7 采用。

橡胶垫板的力学性能　　　　表 8-7

允许抗压强度 $[\sigma]$ (MPa)	极限破坏强度 (MPa)	抗压弹性模量 E (MPa)	抗剪弹性模量 G (MPa)	摩擦系数 μ
7.84 ~ 9.80	>58.82	由形状系数 β 按表 8-8 查得	0.98 ~ 1.47	（与钢）0.2（与混凝土）0.3

$E - \beta$ 关系　　　　表 8-8

β	4	5	6	7	8	9	10	11	12	13	14	15	16	17	18	19	20
E (MPa)	196	265	333	412	490	579	657	745	843	932	1040	1157	1285	1422	1559	1706	1863

注：支座形状系数 $\beta = \dfrac{ab}{2(a+b)d_i}$。

(2) 橡胶垫板厚度

橡胶垫板的厚度应由温度变化或地震作用使网架支座沿跨度方向产生的最大

水平位移 u 不超过板式橡胶支座容许剪切变位确定（图 8-52）。

$$u \leqslant d_0[\text{tg}\alpha] \tag{8-32}$$

式中 d_0——橡胶层总厚度，$d_0 = 2d_t + nd_i$；

d_t、d_i——上（下）表层及中间各层橡胶片厚度，d_t 宜取 2.5mm，d_i 可取垫板短边尺寸 a 的 1/25~1/30，常用 5mm、8mm 或 11mm；

n——中间橡胶片的层数；

$[\text{tg}\alpha]$——板式橡胶支座容许剪切角正切值，一般取值为 0.7。

橡胶层总厚度太大，易引起失稳。因此橡胶层的总厚度由下式控制：

$$1.43u \leqslant d_0 \leqslant 0.2a \tag{8-33}$$

橡胶层总厚度 d_0 确定后，加上各胶片之间钢板厚度（d_s）之和，即可得橡胶垫板总厚度 d，一般可取短边长度 a 的 1/10~3/10，且不宜小于 40mm。钢板可采用 Q235 钢或 Q345 钢，厚度为 2~3 mm。

(3) 橡胶垫板的压缩变形验算

因橡胶垫板的弹性模量较低，因此应控制其变形值不宜过大，同时支座节点转动不能太大以避免橡胶垫板与支座底板局部脱空。因此：

$$0.05 d_0 \geqslant w_m \geqslant \frac{1}{2}\theta a \tag{8-34}$$

式中 w_m——橡胶垫板平均压缩变形，$w_m = \dfrac{\sigma_m d_0}{E}$；

σ_m——平均压应力，$\sigma_m = R_{max}/A$；

E——橡胶垫板的抗压弹性模量，按表 8-7 采用；

θ——结构在支座处的最大转角（rad）。

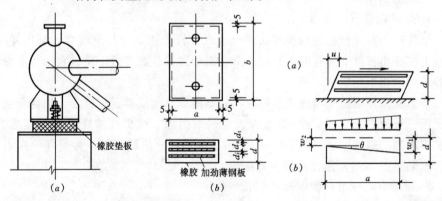

图 8-51　板式橡胶支座　　　　　图 8-52　橡胶垫板的变形

(4) 橡胶垫板的抗滑移验算

为保证橡胶支座在水平力作用下不产生滑移，应按下式进行抗滑移验算：

$$\mu R_{\mathrm{g}} \geqslant GA \frac{u}{d_0} \qquad (8\text{-}35)$$

式中 μ——橡胶垫板与接触面间的摩擦系数,按表 8-7 采用;

R_{g}——乘以荷载分项系数 0.9 的永久荷载标准值引起的支座反力;

G——橡胶垫板的抗剪弹性模量,按表 8-7 采用。

6. 平板拉力支座节点

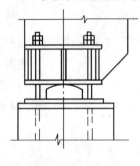

图 8-53 单面弧形拉力支座

平板拉力支座节点的构造连接形式与平板压力支座相同(图 8-46)。支座处的垂直拉力,由锚栓承受,锚栓的直径,应按计算确定,一般不宜小于 20mm。锚栓的位置应尽可能靠近节点的中心线。适用较小跨度的网架。

7. 单面弧形拉力支座节点 (图 8-53)

单面弧形拉力支座与单面弧形压力支座相似。为更好地传递支座处的拉力,应在锚栓附近节点板上加肋,设置锚栓承力架,增强支座节点的刚度。适用于中小跨度的网架。

第七节 网架结构的制作与安装

一、网架的制作

网架的制作包括节点制作和杆件制作,均在工厂进行。

1. 焊接钢板节点的制作

制作时,首先根据图纸要求在硬纸板或镀锌薄钢板上足尺放样,制成样板,样板上应标出杆件、螺孔等中心线。节点钢板即可按此样板下料,宜采用剪板机或砂轮切割机下料。

节点板按图纸要求角度先点焊定位,然后以角尺或样板为标准,用锤轻击逐渐矫正,最后进行全面焊接。焊接时,应采取措施,减少焊接变形和焊接应力,如选用适当的焊接顺序(图 8-54)、采用小电流和分层焊接等,为使焊缝左右均匀,宜采用图 8-55 所示的船形位置施焊。

2. 焊接空心球节点的制作

焊接空心球节点是由两个热轧半球经加工后焊接而成,制作过程如图 8-56 所示。对加肋空心球,应在两半球对焊前先将肋板放入一个半球内并焊好。半球钢板下料直径约为 $\sqrt{2}D$(D 为球的外径),加热温度一般控制在 850~900℃,剖口宜用机床。

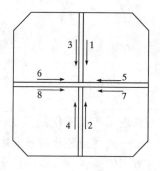
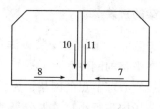

图 8-54 焊接顺序图

3. 螺栓球节点的制作

制作时,首先将坯料加热后模锻成球坯,然后正火处理,最后进行金加工。加工前应先加工一个高精度的分度夹具,球在车床上加工时,先加工平面螺孔,再用分度夹具加工斜孔。

4. 杆件制作

钢管应用机床下料,角钢宜用剪床、砂轮切割机或气割下料。下料长度应考虑焊接收缩量。焊接收缩量与许多因素有关,如焊逢厚度、焊接时电流强度、气温、焊接方法等。可根据经验结合网架结构的具体情况确定,当缺乏经验时应通过试验确定。

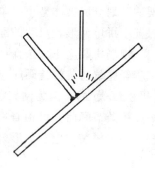

图 8-55 船形位置施焊

螺栓球节点网架的杆件还包括封板、锥头、套筒和高强螺栓。封板经钢板下料、锥头经钢材下料和胎模锻造毛坯后进行正火处理和机械加工,再与钢管焊接,焊接时应将高强螺栓放在钢管内;套筒制作需经钢材下料、胎模锻造毛坯、正火处理、机械加工和防腐处理;高强螺栓由螺栓制造厂供应。

网架的所有部件都必须进行加工质量和几何尺寸检查,按《网架结构工程质

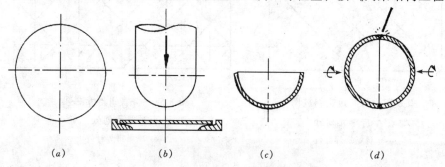

图 8-56 焊接空心球节点制作过程
(a)下料、加热;(b)冲压;(c)切边、剖口;(d)对装、焊接

量检验评定标准》(JGJ 7)进行检验。

二、网架的拼装

网架的拼装应根据施工安装方法不同,采用分条拼装、分块拼装或整体拼装。拼装应在平整的刚性平台上进行。

对于焊接空心球节点的网架,为尽量减少现场焊接工作量,多数采用先在工厂或预制拼装场内进行小拼。划分小拼单元时,应尽量使小拼单元本身为一几何不变体,一般可根据网架结构的类型及施工方案等条件划分为平面桁架型和锥体型两种。平面桁架系网架适于划分成平面桁架型小拼单元,如图8-57;锥体系网架适于划分成锥体型小拼单元,如图8-58。小拼应在专门的拼装模架上进行,以保证小拼单元形状尺寸的准确性。

现场拼装应正确选择拼装次序,以减少焊接变形和焊接应力,根据国内多数工程经验,拼装焊接顺序应从中间向两边或四周发展,最好是由中间向两边发展(图8-59a、b)。因为网架在向前拼接时,两端及前边均可自由收缩;而且,在焊完一条节间后,可检查一次尺寸和几何形状,以便在下一条定位焊时给予调整。网架拼装中应避免形成封闭圈,在封闭圈中施焊(图8-59c),焊接应力将很大。

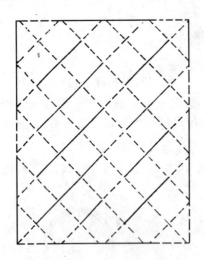

图 8-57 两向正交斜放网
架小拼单元划分
--- 现场拼焊杆件

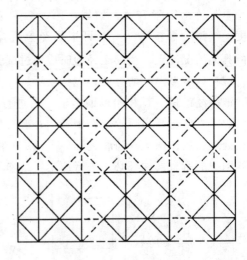

图 8-58 斜放四角锥网架
小拼单元划分
--- 现场拼焊杆件

网架拼装时,一般先焊下弦,使下弦因收缩而向上拱起,然后焊腹杆及上弦杆。如果先焊上弦,由于上弦的收缩而使网架下挠,再焊下弦时由于重力的作用

下弦收缩时就难以再上拱而消除上弦的下挠。

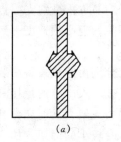 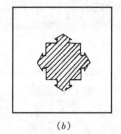 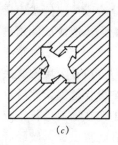

图 8-59 网架总拼顺序

(a) 从中间向两边拼接；(b) 从中间向四周拼接；(c) 从四周向中间拼接（形成封闭圈）

螺栓球节点的网架拼装时，一般也是下弦先拼，将下弦的标高和轴线校正后，全部拧紧螺栓，起定位作用。开始连接腹杆时，螺栓不宜拧紧，但必须使其与下弦节点连接的螺栓吃上劲，以避免周围螺栓都拧紧后，这个螺栓因可能偏歪而无法拧紧。连接上弦时，开始不能拧紧，待安装几行后再拧紧前面的螺栓，如此循环进行。在整个网架拼装完成后，必须进行一次全面检查，看螺栓是否拧紧。

三、网架的安装

网架的安装是指拼装好的网架用各种施工方法将网架搁置在设计位置上。主要安装方法有：高空散装法、分条或分块安装法、高空滑移法、整体吊装法、整体提升法及整体顶升法。网架的安装方法，应根据网架受力和构造特点，在满足质量、安全、进度和经济效果的要求下，结合施工技术条件综合确定。

1. 高空散装法

高空散装法是小拼单元或散件（单根杆件及单个节点）直接在设计位置进行总拼的方法。这种施工方法不需大型起重设备，在高空一次拼装完毕，但现场及高空作业量大，且需搭设大规模的拼装支架，耗用大量材料。适用于各类螺栓球节点网架，我国应用较多。

高空散装法有全支架（即满堂脚手架）法和悬挑法两种，全支架法多用于散件拼装，而悬挑法则多用于小拼单元在高空总拼，可以少搭支架。

搭设的支架应满足强度、刚度和单肢及整体稳定性要求，对重要的或大型工程还应进行试压，以确保安全可靠。支架上支撑点的位置应设在下弦节点处，支架支座下应采取措施，防止支座下沉，可采用木楔或千斤顶进行调整。

拼装可从脊线开始，或从中间向两边发展，以减少积累误差和便于控制标高。拼装过程中应随时检查基准轴线位置、标高及垂直偏差，并应根据偏差限值及时纠正。

网架拼装完成后，支架拆除顺序宜根据各支撑点的网架自重挠度值，采用分区分阶段按比例或用每步不大于10mm的等步下降法降落，以防止个别支撑点集中受力，造成拆除困难。对小型网架，可采用一次同时拆除，但必须速度一致。

2. 分条或分块安装法

分条或分块安装法是指将网架分成条状或块状单元，分别由起重设备吊装至高空设计位置，然后再拼装成整体的安装方法。这种施工方法大部分的焊接和拼装工作在地面进行，有利于工程质量，并可省去大部分拼装支架，又能充分利用现有起重设备，较经济。适用于分割后刚度和受力状况改变较小的网架，如两向正交正放网架，以及正放四角锥、正放抽空四角锥等网架。北京首都机场航空货运楼正放抽空四角锥螺栓球节点网架采用分条安装；天津汽车齿轮厂联合厂房正放四角锥螺栓球节点网架采用分块安装。

所谓分条是指将网架沿长跨方向分割为若干个区段，每个区段的宽度为一个至三个网格，其长度则为短跨的跨度。所谓分块是指将网架沿纵横方向分割成矩形或正方形单元。分条或分块的划分应根据网架结构的特点，以每个单元的重量与现有起重设备相适应而定。图8-60为网架条状或块状单元的几种划分方法。图8-60（a）网架单元相互靠紧，单元间下弦节点用剖分式安装节点连接，适用于正放四角锥等网架；图8-60（b）网架单元相互靠紧，单元间上弦节点用剖分式安装节点连接，适用于斜放四角锥等网架；图8-60（c）单元间空一个网格，适用于两向正交正放等网架。图8-61为斜放四角锥网架块状单元划分示例。

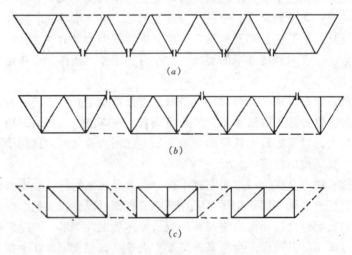

图 8-60 网架条状或块状单元的划分方法
--- 高空拼接杆件； ‖ 剖分式安装节点

分割后的条状或块状单元应具有足够的刚度并保证自身的几何不变性，否则应采取临时加固措施。图8-61显示了块状单元沿周边临时加固。

条状单元在吊装就位过程中的受力状态与网架实际情况不同,其在总拼前的挠度值必然比设计值大,故须在适当部位设置支撑,在支撑下端或上端设千斤顶,调整标高时将千斤顶顶高即可。

3. 高空滑移法

高空滑移法是指分条的网架单元在事先设置的滑轨上滑移到设计位置拼接成整体的安装方法。此条状单元可以在地面拼成后用起重机吊至支架上,也可用小拼单元甚至散件在高空拼装平台上拼成条状单元。这种施工方法网架的安装可与下部其他施工平行立体作业,缩短施工工期,对起重、牵引设备要求不高,可用小型起重机或卷扬机起吊安装,成本低。适用于正放四角锥、正放抽空四角锥、两向正交正放等网架,尤其适用于采用上述网架而场地狭小、跨越其他结构或设备,或需要进行立体交叉施工等情况。

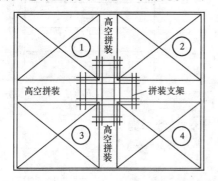
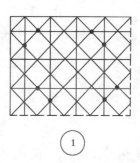

图 8-61 斜放四角锥网架块状单元划分示例
--- 临时加固杆件;● 吊点;①~④ 块状单元

高空滑移法按滑移方式可分为两种情况:

(1) 单条滑移法(图 8-62a)。将条状单元一条一条地分别从一端滑移到另一端就位安装,各条之间分别在高空进行连接,即逐条滑移,逐条连成整体。此法摩阻力小,如再加上滚轮,小跨度时用人力撬起即可撬动前进。杭州剧院正放四角锥钢板节点网架采用了此方法安装。

(2) 逐条积累滑移法(图 8-62b)。先将条状单元滑移一段距离(能拼装上第二单元的宽度即可),连接好第二条单元后,将两条一起滑移一段距离(宽度同上),再连接第三条,又三条一起滑移一段距离,如此循环操作直至接上最后一条单元为止,此法牵引力要逐渐加大。镇江体育馆斜放四角锥网架即采用此方法。

网架滑移可分为滚动式及滑动式两类。滚动式滑移即在网架装上滚轮,通过滚轮与滑轨的滚动摩擦方式进行滑移。滑动式滑移即网架支座直接搁置在滑轨上,通过支座底板与滑轨的滑动摩擦方式进行滑移。

滑移网架可用牵引法或顶推法。牵引法即将钢丝绳钩扎于网架前方，用卷扬机或手扳葫芦拉动钢丝绳，牵引网架前进。顶推法即用千斤顶顶推网架后方，使网架前进。

当单条滑移时，一定要控制跨中挠度不超过整体安装完毕后设计挠度，否则应采取措施。网架滑移应尽量同步进行，两端不同步值不应大于50mm。牵引速度控制在1.0m/min左右较好。

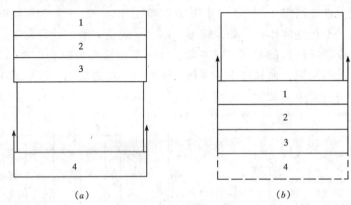

图 8-62　高空滑移法分类
（a）单条滑移法；（b）逐条积累滑移法

4. 整体吊装法

网架整体吊装法是指网架在地面总拼后，采用单根或多根拔杆、一台或多台起重机进行吊装就位的安装方法。这种施工方法易于保证焊接质量和几何尺寸的准确性，但需要较大的起重设备能力，适用于各种类型的网架。上海体育馆三向焊接空心球节点网架采用9根拔杆、长沙火车站中央大厅42m×42m两向正交斜放网架采用一根54m高脚拔杆起吊。

（1）网架拼装

网架在地面总拼时可以就地与柱错位或在场外进行。当就地与柱错位总拼时，网架起升后在空中需要平移和转动后再下降就位。由于柱是穿在网架网格中的，因此凡与柱相连接的梁均应断开，待网架吊装完毕后才能进行梁的吊装。拼装时，网架的任何部位与支承柱或拔杆的净距不应小于100mm，并应防止网架在起吊过程中被凸出物（如牛腿等）卡住，当个别杆件因错位需要暂不组装时应取得设计单位同意。

（2）网架空中移位

采用多根拔杆吊装网架时，可利用每根拔杆两侧起重机滑轮组中产生水平分力不等原理推动网架在空中移位或转动进行就位。网架提升时，如图8-63（a）

所示，每根拔杆两侧滑轮组夹角相等，上升速度一致，两滑轮组受力相等（$F_{t1} = F_{t2}$），其水平分力也将相等（$H_1 = H_2$），网架只是垂直上升，不会水平移动。

网架在空中移位时，如图 8-63（b）所示，每根拔杆的同一侧滑轮组钢丝绳徐徐放松，而另一侧滑轮组不动。此时放松一侧的钢丝绳因松弛而使拉力 F_{t2} 变小，另一侧拉力 F_{t1} 则由于网架重力而增大，因此两边的水平分力就不等（即 $H_1 > H_2$）而推动网架移动。

网架就位时，如图 8-63（c）所示，即当网架移动至设计位置上空时，一侧滑轮组停止放松钢丝绳而重新处于拉紧状态，则 $H_1 = H_2$，网架恢复平衡。

网架在空中移位的方向与拔杆及其起重滑轮组布置有很大关系。图 8-64 所示是采用 4 根拔杆对称布置，且拔杆的起重平面（起重滑轮组与拔杆所构成的平面）方向一致，利用调整同一侧滑轮组钢丝绳，使网架产生平移。如拔杆布置在同一圆周上，且拔杆的起重平面垂直于圆的半径（图 8-65），这时使网架产生运动的水平分力 H 与拔杆的起重平面相切，从而使网架转动一个角度。

当采用单根拔杆时，对矩形网架可通过调整缆风绳使拔杆吊着网架平移就位；对正多边形或圆形网架可通过旋转拔杆使网架转动就位。

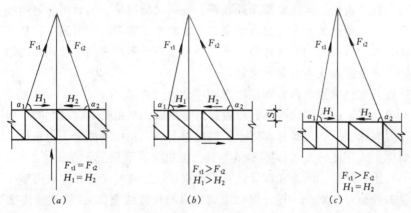

图 8-63 网架空中移位示意图
(a) 提升阶段；(b) 移位阶段；(c) 就位阶段

(3) 同步控制与折减系数

采用多根拔杆或多台起重机进行吊装网架时，应保持各吊点升降同步性，以减少起重设备及网架不均匀受力，避免网架与柱或拔杆相碰，规程 JGJ7 规定提升高差值（相邻两拔杆间或相邻两吊点组的合力点间的相对高差）应不大于吊点间距离的 1/400，且不宜大于 100mm，或通过验算确定。同时，宜将额定起重量乘以折减系数 0.75，当采用四台起重机将吊点连通成两组或用三根拔杆吊装时，折减系数可适当放宽。

5. 整体提升法

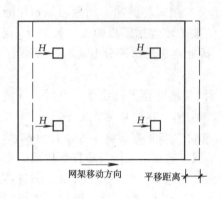

图 8-64 网架空中平移

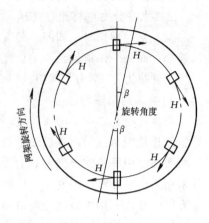

图 8-65 网架空中转动

整体提升法是指网架在设计位置就地总拼后，利用安装在结构柱上的提升设备提升网架或在提升网架的同时进行柱子滑模的安装方法。这种安装方法利用小型设备群（如升板机、液压滑模千斤顶等）安装大型网架，同时可将屋面板、防水层、天棚、采暖通风及电气设备等全部在地面或最有利的高度施工，从而降低施工成本。但整体提升法只能在设计坐标垂直上升，不能将网架移动或转动。适用于周边支承及多点支承各类网架。

整体提升法根据吊装内容和施工方法可分为三类：

（1）单提网架法。网架在设计位置就地总拼后，利用安装在柱上的小型提升设备，将其整体提升到设计标高以上，然后再下降、就位和固定。山东体育馆斜放四角锥网架采用此法安装，图8-66为其升板机提升示意图。

（2）升梁抬网法。网架在设计位置就地总拼后，同时安装好支承网架的装配式梁（提升前梁与柱断开，提升网架完成后再与柱连成整体），网架支座搁置于此梁上，在提升梁的同时抬着网架升至设计标高。南京航天航空大学体育馆网架采用此安装方法。

（3）升网滑模法。网架在设计位置就地总拼，柱用滑模施工，网架的提升是利用安装在柱内钢筋上的滑模用液压千斤顶或劲性配筋上的升板机，一面提升网架，一面滑升模板浇筑柱混凝土。石家庄火车站货棚正放抽空四角锥网架采用此法安装。

提升设备的布置应使：1）网架提升时的受力情况与网架使用时的受力情况接近，2）每个提升设备所受荷载尽可能接近。提升设备的使用负荷能力应将额定负荷能力乘以折减系数，网架结构设计与施工规程（JGJ 7）规定穿心式液压千斤顶折减系数可取 0.5~0.6；电动螺杆升板机可取 0.7~0.8，其他设备通过试

第七节 网架结构的制作与安装　301

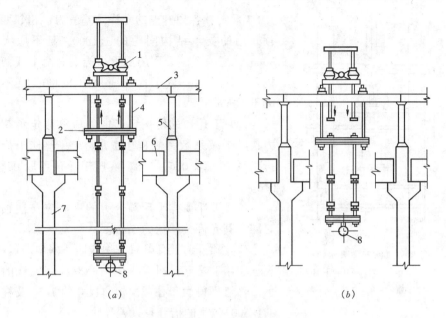

图 8-66　升板机提升示意图
(a) 提升；(b) 临时搁置
1—升板机；2—临时搁置用钢梁；3—钢梁；4—螺杆；5—钢柱；6—梁；7—柱；8—网架球支座

验确定。

网架提升时应保证做到同步，规程 JGJ 7 允许的升差值见表 8-9。

网架提升时，应使下部支承柱已形成稳定的框架体系，否则应对独立柱进行稳定性验算，如稳定性不够，则应采取措施加固。

6．整体顶升法

整体顶升法是指网架在设计位置就地拼装成整体后，利用网架支承柱作为顶升支架，也可在原有支点处或其附近设置临时顶升支架，用千斤顶将网架整体顶升到设计标高的安装方法。顶升法与前述的提升法具有相同的特点，只是顶升法的顶升设备安置在网架的下面，适用于支点较少的多点支承网架。图 8-67 为山西太原市煤管局仓库正放抽空四角锥网架顶升示意图。

允许升差值　表 8-9

提升设备类型	相邻两个提升点升差值	最高提升点与最低提升点升差值
升板机	$\leqslant l/400$ 且 $\leqslant 15mm$	35mm
穿心式液压千斤顶	$\leqslant l/250$ 且 $\leqslant 25mm$	50mm

注：l——相邻两个提升点间距离

用整体顶升法顶升网架时，应注意下列问题：

(1) 顶升时，各千斤顶的行程和升起速度必须一致，保持同步顶升。规程

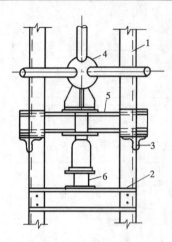

图 8-67 网架顶升示意图
1—柱；2—下缀板；3—上缀板；
4—球支座；5—十字梁；6—横梁

JGJ 7 规定：各顶升点的允许升差值为：相邻两个顶升用的支承结构间距的 1/1000，且不应大于 30mm；当一个顶升用的支承结构上有两个或两个以上千斤顶时，取千斤顶间距的 1/200，且不应大于 10mm。

(2) 千斤顶的使用负荷能力应将额定负荷能力乘以折减系数，规程 JGJ 7 规定：丝杠千斤顶折减系数可取 0.6～0.8；液压千斤顶可取 0.4～0.6。

(3) 千斤顶或千斤顶合力的中心应与柱轴线对准，其允许偏移值为 5mm。

(4) 顶升前及顶升过程中应防止网架的偏移，规程 JGJ 7 规定：网架支座中心对柱基轴线的水平偏移值不得大于柱截面短边尺寸的 1/50 及柱高的 1/500。防止的措施是设置导轨。

(5) 顶升用的支承结构应进行稳定性验算，验算时除应考虑网架和支承结构自重以及与网架同时顶升的其他静载和施工荷载外，还应考虑上述荷载偏心和风荷载所产生的影响。如稳定性不足，则应采取措施，如及时连接上柱间支撑、框架联系梁和格构柱的缀件等。

思 考 题

8-1 空间结构的特点是什么？分为哪几类？各有什么特点？

8-2 网架结构按网格形式可分为哪几类？叙述各种网架的组成和特点。

8-3 网架结构的支承形式哪些？各有何特点？

8-4 如何合理地选择网架结构形式？

8-5 当网架结构的挠度超过了容许挠度时，改变网架哪个尺寸能最有效地解决此问题？

8-6 网架的网格尺寸和高度如何确定？

8-7 简述空间桁架位移法计算网架内力的基本假定、基本原理及计算步骤。

8-8 对网格数为 4×5 的正放四角锥和斜放四角锥网架结构，试说明当取其 1/4 结构作为计算单元时对称面上的约束。

8-9 对网格数为 4×4 的正交正放网架、正交斜放网架（图 8-14b）和网格数为 5×5 的正放抽空四角锥网架（图 8-18），试说明当取其 1/8 结构作为计算单元时对称面上的约束。

8-10 试说明图 8-23 所示三角锥网架当分别取其 1/6 和 1/12 结构作为计算单元时对称面上的约束。

8-11 何种情况下网架结构可不考虑温度作用产生的内力？

8-12 简述温度作用下网架内力计算的空间桁架位移法。

8-13 何种情况下网架结构需进行水平抗震验算或竖向抗震验算？

8-14 竖向地震作用下网架结构内力简化计算方法有哪些？各适用于何种网架？

8-15 网架结构的杆件一般采用什么截面形式？

8-16 对下列网架结构杆件设计时应分别计算哪些内容：（1）轴心受拉杆件；（2）轴心受压杆件。

8-17 网架节点形式有哪几类？如何选用？

8-18 简述螺栓球节点的组成和特点。

8-19 如何确定螺栓球节点中高强度螺栓的直径？

8-20 简述焊接空心球节点的特点和构造要求。

8-21 简述钢板节点的组成、构造和设计要点。

8-22 网架结构的压力支座主要有哪些类型？简述每种类型的组成及适用范围。

8-23 试为你家乡所在地设计一网架结构，已知其平面尺寸为 $30m \times 36m$，周边支承，有檩体系屋面，屋面板为夹芯彩钢板，檩条为热轧轻型槽钢 Q[10，屋面活荷载为 $0.3kN/m^2$，马道等设备按 $0.15kN/m^2$ 计。

8-24 网架结构施工主要有哪些方法？分别适用于何种网架？

8-25 网架采用高空滑移法施工时应考虑哪些问题？

8-26 网架整体吊装法、整体提升法及整体顶升法施工时三者有何异同？

第九章 钢结构的防腐和防火

学习要点

1. 认识钢结构防腐的重要意义。
2. 了解钢结构防腐措施、除锈方法及等级、涂料种类和涂刷方法。
3. 认识钢结构防火的重要意义。
4. 了解钢结构的防火方法。

第一节 钢结构防腐

钢材表面与环境中的腐蚀介质接触时会发生化学或电化学反应而锈蚀，使钢材的性能发生退化，甚至破坏。实际工程中有很多钢构件的破坏就是由腐蚀引起。《钢结构设计规范》（GB 50017）规定不能因钢材的锈蚀而人为加大板件厚度。因此，在设计钢结构工程时，除在结构选型、截面组成以及钢材材质上予以注意外，尚应根据结构构件的重要性和所处环境采用相应的防腐措施。

钢结构的防腐方法一般有两种：一是改变钢材的组织结构，在钢材冶炼过程中加入铜、镍、铬、锡等元素，提高钢材的抗腐蚀能力；二是在钢材表面覆盖各种保护层，把钢材与腐蚀介质隔离。第一种方法造价较高，使用范围较小，例如不锈钢；第二种方法造价较低，效果较好，应用范围广。

覆盖的保护层分为金属保护层和非金属保护层两种，可通过化学方法、电化学方法和物理方法实现。要求保护层致密无孔，不透过介质，同时与基体钢材结合强度高，附着粘结力强，硬度高、耐磨性好，且能均匀分布。对于金属保护层，可采用电镀、热浸、扩散、喷镀和复合金属等方法实现，如常用的镀锌檩条、彩色压型钢板等。对于非金属覆盖层，又可分为有机和无机两种，工程中常用有机涂料进行涂装。其施工过程分为表面除锈和涂料施工两道工序。涂料、除锈等级以及防腐蚀构造要求应符合现行国家标准《工业建筑防腐蚀设计规范》（GB50046）和《涂装前钢材表面锈蚀和除锈等级》（GB8923）的规定。

一、除锈方法

钢材的除锈好坏，是关系到涂料能否获得良好防护效果的关键因素之一，但这点往往被施工单位忽略。如果除锈不彻底，将严重影响涂料的附着力，并使漆膜下的金属继续生锈扩展，使涂层破坏失效。因此，必须彻底清除金属表面的铁锈、油污和灰尘等，使金属表面露出灰白色，以增强漆膜与构件的粘结力。目前除锈的方法主要有四种：

1. 手工除锈

手工除锈工效低，除锈不彻底，影响油漆的附着力，使结构容易透锈。这种除锈方法仅在条件有限时采用，要求认真细致，直到露出金属表面为止。人工除锈应满足表9-1的质量标准。

人工除锈质量分级　　　　　　　　　　　　　　　　表 9-1

级别	钢材除锈表面状态
st2	彻底用铲刀铲刮，用钢丝刷擦，用机械刷子刷擦和砂轮研磨等。除去疏松的氧化皮、锈和污物，最后用清洁干燥的压缩空气或干净的刷子清理表面，表面应具有淡淡的金属光泽
st3	非常彻底用铲刀铲刮，用钢丝刷擦或用机械刷子擦和砂轮研磨等。表面除锈要求与st2相同，但更为彻底，除去灰尘后，该表面应具有明显的金属光泽

2. 喷砂、喷丸除锈

将钢材或构件通过喷砂机将其表面的铁锈清除干净，露出金属本色。这种除锈方法比较彻底、效率较高，目前已经普遍采用。喷砂除锈应满足表9-2的质量标准。

喷砂除锈质量分级　　　　　　　　　　　　　　　　表 9-2

级 别	钢材除锈表面状态
sa1	轻度喷射除锈，应除去疏松的氧化皮、锈和污物
sa2	彻底地喷射除锈，应除去几乎所有的氧化皮、锈和污物，最后用清洁干燥的压缩空气或干净的刷子清理表面，表面应稍呈灰色
$sa2\frac{1}{2}$	非常彻底地喷射除锈，达到氧化皮、锈和污物仅剩轻微点状或条状痕迹的程度，除去灰尘后，该表面应具有明显的金属光泽，最后用清洁干燥的压缩空气或干净的刷子清理表面
sa3	喷射除锈到出白，应完全除去氧化皮、锈和污物，最后表面用清洁干燥的压缩空气或干净的刷子清理，该表面应具有均匀的金属光泽

3. 酸洗除锈

将构件放入酸洗槽内，除去油污和铁锈，使其表面全部呈铁灰色。酸洗后必须清洗干净，保证钢材表面无残余酸液存在。为防止构件酸洗后再度生锈，可采用压缩空气吹干后立即涂一层硼钡底漆。

4. 酸洗磷化处理

构件酸洗后，再用2%左右的磷酸作磷化处理。处理后的钢材表面有一层磷化膜，可防止钢材表面过早返锈，同时能与防腐涂料结合紧密，提高涂料的附着力，从而提高其防腐性能。其工艺过程为：去油——酸洗——清洗——中和——清洗——磷化——热水清洗——涂油漆。

综合来看，除锈效果以酸洗磷化处理效果最好，喷砂除锈、酸洗除锈次之，人工除锈最差。

二、防锈涂料的选取

涂料（俗称油漆）是一种含油或不含油的胶体溶液，涂在构件表面上后，可以结成一层薄膜来保护钢结构。防腐涂料一般由底漆和面漆组成，底漆主要起防锈作用，故称防锈底漆，它的漆膜粗糙，与钢材表面附着力强，并与面漆结合良好。面漆主要是保护下面的底漆，对大气和湿气有抗气候性和不透水性，它的漆膜光泽，既增加建筑物的美观，又有一定的防锈性能，并增强对紫外线的防护。

涂料的选择以货源广、成本低为前提，选取时应注意以下问题：

1. 根据结构所处的环境，选择合适的涂料。即根据室内外的温度和湿度、侵蚀介质的种类和浓度，选用涂料的品种。对于酸性介质，可采用耐酸性好的酚醛树脂漆；对于碱性介质，则应选用耐碱性好的环氧树脂漆。

2. 注意涂料的正确配套，使低漆和面漆之间有良好的粘结力。

3. 根据结构构件的重要性（是主要承重构件或次要构件）分别选用不同品种的涂料，或用相同品种的涂料调整涂覆层数。

4. 考虑施工条件的可能性，采用刷涂或喷涂方法。

5. 选择涂料时，除考虑结构使用性能、经济性和耐久性外，尚应考虑施工过程中的稳定性、毒性以及需要的温度条件等。此外，对涂料的色泽也应予以注意。

建筑钢结构常用的底漆和面漆分别见表9-3和表9-4。

三、涂料施工方法及涂层厚度

涂料施工气温应在15～35℃之间，且宜在天气晴朗、通风良好、干净的室内进行。钢结构的底漆一般在工厂里进行，待安装结束后再进行面漆施工。

涂料施工一般可以分为涂刷法和喷涂法两种。

1. 涂刷法

涂刷法是用漆刷将涂料均匀地涂刷在结构表面，涂刷时应达到漆膜均匀、色泽一致、无皱皮、流坠、分色线清楚整齐的要求。这是最常用的施工方法之一。

2. 喷涂法

喷涂法是将涂料灌入高压空气喷枪内，利用喷枪将涂料喷涂在构件的表面上,这种方法效率高、速度快、施工方便。

涂装的厚度按结构使用要求取用,无特殊要求时可按表9-5选用。

常用的防锈漆 表9-3

名称	型号	性能	使用范围	配套要求
红丹油性防锈漆	Y53-1	防锈能力强,漆膜坚韧,施工性能好,但干燥较慢	室内外钢结构防锈打底用,但不能用于有色金属铝、锌等表面,它们有电化学作用	与油性瓷漆、酚醛瓷漆或醇酸瓷漆配套使用,不能与过氯乙烯漆配套
铁红油性防锈漆	Y53-2	附着力强,防锈性能仅次于红丹油性防锈漆,耐磨性差	适用于防锈要求不高的钢结构表面防锈打底	与酯胶瓷漆、酚醛瓷漆配套使用
红丹酚醛防锈漆	F53-1	防锈性能好,漆膜坚固,附着力强,干燥较快	同红丹油性防锈漆	与酚醛瓷漆、醇酸瓷漆配套使用
铁红酚醛防锈漆	F53-3	附着力强,漆膜较软,耐磨性差,防锈性能不如红丹酚醛防锈漆	适用于防锈要求不高的钢结构表面防锈打底	与酚醛瓷漆配套使用
红丹醇酸防锈漆	C53-1	防锈性能好,漆膜坚固,附着力强,干燥较快	同红丹油性防锈漆	与醇酸瓷漆、酚醛瓷漆和酯胶瓷漆等配套使用
铁红醇酸底漆	C06-1	具有良好的附着力和防锈性能,在一般气候下耐久性好,但在湿热性气候和潮湿条件下耐久性差些	适用于一般钢结构表面防锈打底	与醇酸瓷漆、硝基瓷漆和过氯乙烯瓷漆等配套使用
各色硼钡酚醛防锈漆	F53-9	具有良好的抗大气腐蚀性能,干燥快,施工方便;逐步取代一部分红丹防锈漆	适用于室内外钢结构防锈打底	与酚醛瓷漆、醇酸瓷漆等配套使用
乙烯磷化底漆	X06-1	对钢材表面附着力极强,在表面形成钝化膜,延长有机涂层的寿命	适用于钢结构表面防锈打底,可省去磷化和钝化处理,不能代替底漆使用。增强涂层附着力	不能与碱性涂料配套使用
铁红过氯乙烯底漆	G06-4	有一定的防锈性及耐化学性,但附着力不太好,与乙烯磷化底漆配套使用可耐海洋性和湿热气候	适用于沿海地区和湿热条件下的钢结构表面防锈打底	与乙烯磷化底漆和过氯乙烯防腐漆配套使用
铁红环氧酯底漆	H06-2	漆膜坚韧耐久,附着力强,耐化学腐蚀,绝缘性良好。与磷化底漆配套使用,可提高漆膜的防潮、防盐雾及防锈性能	适用于沿海地区和湿热条件下的钢结构表面防锈打底	与磷化底漆和环氧瓷漆、环氧防腐漆配套使用

常 用 面 漆　　　　　　　　　表 9-4

名称	型号	性能	使用范围	配套要求
各色油性调和漆	Y03-1	耐候性较酯胶调和漆好，但干燥时间较长，漆膜较软	适用于室内一般钢结构	
各色酯胶调和漆	T03-1	干燥性能比油性调和漆好，漆膜较硬，有一定的耐水性	适用作一般钢结构的面漆	
各色酚醛瓷漆	F04-1	漆膜坚硬，有光泽，附着力较好，但耐候性较醇酸瓷漆差	适用作室内一般钢结构的面漆	与红丹防锈漆、铁红防锈漆配套使用
各色醇酸瓷漆	C04-42	具有良好的耐候性和较好的附着力；漆膜坚韧，有光泽	适用作室外钢结构面漆	先涂 1~2 道 C06-1 铁红醇酸底漆，再涂 C06-10 醇酸底漆二道，再涂该漆
各色纯醇酸酚醛漆	F04-11	漆膜坚硬，耐水性、候性及耐化学性均比 F04-1 酚醛瓷漆好	适用作防潮和干湿交替的钢结构面漆	与各种防锈漆、酚醛底漆配套使用
灰酚醛防锈漆	F53-2	耐候性较好，有一定的防水性能	适用于室内外钢结构面漆	与红丹或铁红类防锈漆配套使用

涂 装 厚 度　　　　　　　　　表 9-5

涂层等级	控制厚度（μm）
一般性涂层	80~100
装饰性涂层	100~150

四、构造要求

1. 钢结构除必须采取防锈措施外，尚应在构造上尽量避免出现难于检查、清刷和油漆之处以及能积留湿气和大量灰尘的死角或凹槽。闭口截面构件应沿全长和端部焊接封闭。

2. 设计使用年限大于或等于 25 年的建筑物，对使用期间不能重新油漆的结构部位应采取特殊的防锈措施。

3. 柱脚在地面以下的部分应采用强度等级较低的混凝土包裹（保护层厚度不应小于 50mm），并应使包裹的混凝土高出地面不小于 150mm。当柱脚底面在地面以上时，则柱脚底面应高出地面不小于 100mm。

第二节 钢结构防火

钢结构的防火要求应根据建筑物的耐火等级确定耐火极限。使钢结构失去承载能力的温度称为临界温度。耐火极限即钢结构从受火作用到达到临界温度所需要的时间,它与钢构件的吸热程度、传热速度和表面积大小等因素有关。无保护的钢结构的耐火极限为 0.5h,因此,钢结构必须进行防火处理。钢结构的防火设计应符合现行国家标准《建筑设计防火规范》GBJ16 和《高层民用建筑设计防火规范》GB50045 的要求。

钢结构的防火措施主要有两种:喷涂防火覆面材料和用防火板材围护钢结构构件以及用水喷淋系统进行防护。水喷淋系统是一种最有效的防火方法,但造价较贵,一般用于钢结构的公共建筑和人流密集、对人身安全威胁较大的场合。这里主要介绍用防火覆面材料和防火板围护的方法。

防火材料应选择绝热性好,具有一定抗冲击能力,能牢固地附着在构件表面上,又不腐蚀钢材,且经国家检测机构检测合格的钢结构防火涂料或不燃性板型材。

钢结构的防火方法主要有以下几种:

一、外包层

钢结构的防火外包层一般可用混凝土现浇成型,也可采用喷涂防火材料或围护防火板材等形式。现浇的实体混凝土外包层通常可用钢丝网或钢筋来加强,以限制收缩裂缝并保证外壳强度。也可以在钢结构表面涂抹沙浆形成保护层。防火保护层的厚度应直接采用实际构件的耐火试验数据。当构件的截面形状和尺寸与试验标准构件不同时,应按《钢结构防火涂料应用技术规程》(CECS24)的方法推算保护层厚度。当采用粘结强度小于 0.05MPa 的钢结构防火涂料时,涂层内应设置与钢构件相连的钢丝网。

二、膨胀材料

膨胀材料一般为涂层,在常温下十分稳定,受火后起泡、膨胀数十倍,并形成隔热性极佳的碳化层,其耐火极限可以达 30min 以上。施工时,要先进行除锈、涂防锈漆等防腐措施,然后涂刷防火涂料,最后涂刷外保护层。

常用的膨胀涂料有:

1. TN-LF 钢结构膨胀防火涂料。该涂料为水溶性有机与无机相结合的乳胶膨胀防火涂料,不含石棉,遇火时能迅速膨胀 5～10 倍,形成一层较结实的防火隔热层。当涂层厚度为 4mm 时,耐火时间在 1.5h 以上,可用于各类钢结构中。

2. GJ-1型钢结构薄层膨胀防火涂料。该涂料涂层薄而耐火极限高。其4mm厚的涂层就相当于厚浆型防火涂料30mm的耐火极限。主要用于大型工字钢、角钢和网架等各种主要承重构件的防火。

3. MG-10钢结构防火涂料。该涂料为水性厚浆型双组分防火涂料，遇火膨胀，以隔挡高温火焰对基材的烧蚀。外释气体及烟雾少，无毒性，适用于钢结构建筑物及钢构件的防火保护。

三、充水（水套）

空心型钢组成的钢结构内充水是防火的有效措施，这种方法能使钢结构在火灾时保持较低的温度。水在构件内循环，受热的水可经冷却后再循环，或由支管引入冷水进行循环。这种方法在国外已用在钢柱子的保护上。

思 考 题

9-1 钢结构为什么要进行防腐、防火处理？
9-2 钢结构的防腐措施有哪些？性能如何？
9-3 钢结构常用的防火措施有哪些？

附录

附录一 钢材的强度设计值

钢材的强度设计值（N/mm²）　　　　附表 1

钢材		抗拉、抗压和抗弯 f	抗剪 f_v	端面承压(刨平顶紧) f_{ce}
牌号	厚度或直径（mm）			
Q235 钢	≤16	215	125	325
	>16~40	205	120	
	>40~60	200	115	
	>60~100	190	110	
Q345 钢	≤16	310	180	400
	>16~35	295	170	
	>35~50	265	155	
	>50~100	250	145	
Q390 钢	≤16	350	205	415
	>16~35	335	190	
	>35~50	315	180	
	>50~100	295	170	
Q420 钢	≤16	380	220	440
	>16~35	360	210	
	>35~50	340	195	
	>50~100	325	185	

注：表中厚度系指计算点钢材厚度，对轴心受拉和轴心受压构件系指截面中较厚板件的厚度。

附录二 连接的强度设计值

焊缝的强度设计值（N/mm²）　　　　　　　　附表 2-1

焊接方法和焊条型号	构件钢材		对接焊缝				角焊缝
	牌号	厚度或直径 (mm)	抗压 f_c^w	焊缝质量为下列等级时，抗拉 f_t^w		抗剪 f_v^w	抗拉、抗压和抗剪 f_f^w
				一级、二级	三级		
自动焊、半自动焊和 E43 型焊条的手工焊	Q235 钢	≤16	215	215	185	125	160
		>16~40	205	205	175	120	
		>40~60	200	200	170	115	
		>60~100	190	190	160	110	
自动焊、半自动焊和 E50 型焊条的手工焊	Q345 钢	≤16	310	310	265	180	200
		>16~35	295	295	250	170	
		>35~50	265	265	225	155	
		>50~100	250	250	210	145	
自动焊、半自动焊和 E55 型焊条的手工焊	Q390 钢	≤16	350	350	300	205	220
		>16~35	335	335	285	190	
		>35~50	315	315	270	180	
		>50~100	295	295	250	170	
自动焊、半自动焊和 E55 型焊条的手工焊	Q420 钢	≤16	380	380	320	220	220
		>16~35	360	360	305	210	
		>35~50	340	340	290	195	
		>50~100	325	325	275	185	

注：1. 自动焊和半自动焊所采用的焊丝和焊剂，应保证其熔敷金属的力学性能不低于现行国家标准《碳素钢埋弧焊用焊剂》GB/T5923 和《低合金钢埋弧焊用焊剂》GB/T12470 中相关规定；

2. 焊缝质量等级应符合现行国家标准《钢结构工程施工质量验收规范》GB50205 的规定。其中厚度小于 8mm 钢材的对接焊缝，不宜用超声波探伤确定焊缝质量等级；

3. 对接焊缝抗弯受压区强度设计值取 f_c^w，抗弯受拉区强度设计值取 f_t^w；

4. 表中厚度系指计算点钢材厚度，对轴心受拉和轴心受压构件系指截面中较厚板件的厚度。

螺栓连接的强度设计值（N/mm²）　　　　附表 2-2

螺栓的性能等级，锚栓和构件的钢材牌号		普通螺栓					锚栓	高强度螺栓承压型连接		
		C 级螺栓			A、B 级螺栓					
		抗拉 f_t^b	抗剪 f_v^b	承压 f_c^b	抗拉 f_t^b	抗剪 f_v^b	承压 f_c^b	抗拉 f_t^a	抗拉 f_t^b	抗剪 f_v^b	承压 f_c^b
普通螺栓	4.6级、4.8级	170	140	—	—	—	—	—	—	—	—
	5.6级	—	—	—	210	190	—	—	—	—	—
	8.8级	—	—	—	400	320	—	—	—	—	—
锚栓	Q235 钢	—	—	—	—	—	—	140	—	—	—
	Q345 钢	—	—	—	—	—	—	180	—	—	—
高强度螺栓承压型连接	8.8级	—	—	—	—	—	—	—	400	250	—
	10.9级	—	—	—	—	—	—	—	500	310	—
构件	Q235 钢	—	—	305	—	—	405	—	—	—	470
	Q345 钢	—	—	385	—	—	510	—	—	—	590
	Q390 钢	—	—	400	—	—	530	—	—	—	615
	Q420 钢	—	—	425	—	—	560	—	—	—	655

注：1. A 级螺栓用于 $d \leqslant 24$mm 和 $l \leqslant 10d$ 或 $l \leqslant 150$mm（按较小值）的螺栓；B 级螺栓用于 $d > 24$mm 或 $l > 10d$ 或 $l > 150$mm（按较小值）的螺栓。d 为公称直径，l 为螺杆公称长度。
2. A、B 级螺栓孔的精度和孔壁表面粗糙度，C 级螺栓孔的允许偏差和孔壁表面粗糙度，均应符合现行国家标准《钢结构工程施工质量验收规范》GB50205 的要求。

附录三 型钢截面参数表

普通工字钢　　　　　　　　　　　　　　　　　　　　　　　　附表 3-1

符号：h——高度；
　　　b——宽度；
　　　t_w——腹板厚度；
　　　t——翼缘平均厚度；
　　　I——惯性矩；
　　　W——截面模量；

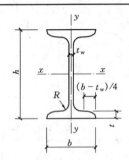

i——回转半径；
S_x——半截面的面积矩。
长度：
型号 10～18，长 5～19m；
型号 20～63，长 6～19m。

型号		尺寸 (mm)					截面积 (cm^2)	质量 (kg/m)	x—x 轴				y—y 轴		
		h	b	t_w	t	R			I_x (cm^4)	W_x (cm^3)	i_x (cm)	I_x/S_x (cm)	I_y (cm^4)	W_y (cm^3)	i_y (cm)
10		100	68	4.5	7.6	6.5	14.3	11.2	245	49	4.14	8.69	33	9.6	1.51
12.6		126	74	5.0	8.4	7.0	18.1	14.2	488	77	5.19	11.0	47	12.7	1.61
14		140	80	5.5	9.1	7.5	21.5	16.9	712	102	5.75	12.2	64	16.1	1.73
16		160	88	6.0	9.9	8.0	26.1	20.5	1127	141	6.57	13.9	93	21.1	1.89
18		180	94	6.5	10.7	8.5	30.7	24.1	1699	185	7.37	15.4	123	26.2	2.00
20	a	200	100	7.0	11.4	9.0	35.5	27.9	2369	237	8.16	17.4	158	31.6	2.11
	b		102	9.0			39.5	31.1	2502	250	7.95	17.1	169	33.1	2.07
22	a	220	110	7.5	12.3	9.5	42.1	33.0	3406	310	8.99	19.2	226	41.1	2.32
	b		112	9.5			46.5	36.5	3583	326	8.78	18.9	240	42.9	2.27
25	a	250	116	8.0	13.0	10.0	48.5	38.1	5017	401	10.2	21.7	280	48.4	2.40
	b		118	10.0			53.5	42.0	5278	422	9.93	21.4	297	50.4	2.36
28	a	280	122	8.5	13.7	10.5	55.4	43.5	7115	508	11.3	24.3	344	56.6	2.49
	b		124	10.5			61.0	47.9	7481	534	11.1	24.0	364	58.7	2.44
32	a	320	130	9.5	15.0	11.5	67.1	52.7	11080	692	12.8	27.7	459	70.6	2.62
	b		132	11.5			73.5	57.7	11626	727	12.6	27.3	484	73.3	2.57
	c		134	13.5			79.9	62.7	12173	761	12.3	26.9	510	76.1	2.53
36	a	360	136	10.0	15.8	12.0	76.4	60.0	15796	878	14.4	31.0	555	81.6	2.69
	b		138	12.0			83.6	65.6	16574	921	14.1	30.6	584	84.6	2.64
	c		140	14.0			90.8	71.3	17351	964	13.8	30.2	614	87.7	2.60
40	a	400	142	10.5	16.5	12.5	86.1	67.6	21714	1086	15.9	34.4	660	92.9	2.77
	b		144	12.5			94.1	73.8	22781	1139	15.6	33.9	693	96.2	2.71
	c		146	14.5			102	80.1	23847	1192	15.3	33.5	727	99.7	2.67

附录三 型钢截面参数表

续表

型号		尺寸 (mm)				截面积 (cm^2)	质量 (kg/m)	$x-x$ 轴				$y-y$ 轴		
		h	b	t_w	t	R			I_x (cm^4)	W_x (cm^3)	i_x (cm)	I_x/S_x (cm)	I_y (cm^4)	W_y (cm^3)	i_y (cm)
45	a	450	150	11.5	18.0	13.5	102	80.4	32241	1433	17.7	38.5	855	114	2.89
	b		152	13.5			111	87.4	33759	1500	17.4	38.1	895	118	2.84
	c		154	15.5			120	94.5	35278	1568	17.1	37.6	938	122	2.79
50	a	500	158	12.0	20.0	14.0	119	93.6	46472	1859	19.7	42.9	1122	142	3.07
	b		160	14.0			129	101	48556	1942	19.4	42.3	1171	146	3.01
	c		162	16.0			139	109	50639	2026	19.1	41.9	1224	151	2.96
56	a	560	166	12.5	21.0	14.5	135	106	65576	2342	22.0	47.9	1366	165	3.18
	b		168	14.5			147	115	68503	2447	21.6	47.3	1424	170	3.12
	c		170	16.5			158	124	71430	2551	21.3	46.8	1485	175	3.07
63	a	630	176	13.0	22.0	15.0	155	122	94004	2984	24.7	53.8	1702	194	3.32
	b		178	15.0			167	131	98171	3117	24.2	53.2	1771	199	3.25
	c		780	17.0			180	141	102339	3249	23.9	52.6	1842	205	3.20

H 型 钢   附表 3-2

符号: h——高度;
        b——宽度;
        t_1——腹板厚度;
        t_2——翼缘厚度;
        I——惯性矩;
        W——截面模量;
        i——回转半径;
        S_x——半截面的面积矩。

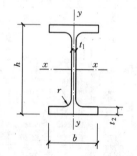

类别	H 型钢规格 ($h \times b \times t_1 \times t_2$)	截面积 A cm^2	质量 q kg/m	$x-x$ 轴			$y-y$ 轴		
				I_x (cm^4)	W_x (cm^3)	i_x (cm)	I_y (cm^4)	W_y (cm^3)	i_y (cm)
HW	100 × 100 × 6 × 8	21.90	17.2	383	76.5	4.18	134	26.7	2.47
	125 × 125 × 6.5 × 9	30.31	23.8	847	136	5.29	294	47.0	3.11
	150 × 150 × 7 × 10	40.55	31.9	1660	221	6.39	564	75.1	3.73
	175 × 175 × 7.5 × 11	51.43	40.3	2900	331	7.50	984	112	4.37
	200 × 200 × 8 × 12	64.28	50.5	4770	477	8.61	1600	160	4.99
	# 200 × 204 × 12 × 12	72.28	56.7	5030	503	8.35	1700	167	4.85
	250 × 250 × 9 × 14	92.18	72.4	10800	867	10.8	3650	292	6.29
	# 250 × 255 × 14 × 14	104.7	82.2	11500	919	10.5	3880	304	6.09

续表

类别	H型钢规格 ($h \times b \times t_1 \times t_2$)	截面积 A (cm²)	质量 q (kg/m)	$x-x$ 轴			$y-y$ 轴		
				I_x (cm⁴)	W_x (cm³)	i_x (cm)	I_y (cm⁴)	W_y (cm³)	i_y (cm)
HW	# 294 × 302 × 12 × 12	108.3	85.0	17000	1160	12.5	5520	365	7.14
	300 × 300 × 10 × 15	120.4	94.5	20500	1370	13.1	6760	450	7.49
	300 × 305 × 15 × 15	135.4	106	21600	1440	12.6	7100	466	7.24
	# 344 × 348 × 10 × 16	146.0	115	33300	1940	15.1	11200	646	8.78
	350 × 350 × 12 × 19	173.9	137	40300	2300	15.2	13600	776	8.84
	# 388 × 402 × 15 × 15	179.2	141	49200	2540	16.6	16300	809	9.52
	# 394 × 398 × 11 × 18	187.6	147	56400	2860	17.3	18900	951	10.0
	400 × 400 × 13 × 21	219.5	172	66900	3340	17.5	22400	1120	10.1
	# 400 × 408 × 21 × 21	251.5	197	71100	3560	16.8	23800	1170	9.73
	# 414 × 405 × 18 × 28	296.2	233	93000	4490	17.7	31000	1530	10.2
	# 428 × 407 × 20 × 35	361.4	284	119000	5580	18.2	39400	1930	10.4
HM	148 × 100 × 6 × 9	27.25	21.4	1040	140	6.17	151	30.2	2.35
	194 × 150 × 6 × 9	39.76	31.2	2740	283	8.30	508	67.7	3.57
	244 × 175 × 7 × 11	56.24	44.1	6120	502	10.4	985	113	4.18
	294 × 200 × 8 × 12	73.03	57.3	11400	779	12.5	1600	160	4.69
	340 × 250 × 9 × 14	101.5	79.7	21700	1280	14.6	3650	292	6.00
	390 × 300 × 10 × 16	136.7	107	38900	2000	16.9	7210	481	7.26
	440 × 300 × 11 × 18	157.4	124	56100	2550	18.9	8110	541	7.18
	482 × 300 × 11 × 15	146.4	115	60800	2520	20.4	6770	451	6.80
	488 × 300 × 11 × 18	164.4	129	71400	2930	20.8	8120	541	7.03
	582 × 300 × 12 × 17	174.5	137	103000	3530	24.3	7670	511	6.63
	588 × 300 × 12 × 20	192.5	151	118000	4020	24.8	9020	601	6.85
	# 594 × 302 × 14 × 23	222.4	175	137000	4620	24.9	10600	701	6.90
HN	100 × 50 × 5 × 7	12.16	9.54	192	38.5	3.98	14.9	5.96	1.11
	125 × 60 × 6 × 8	17.01	13.3	417	66.8	4.95	29.3	9.75	1.31
	150 × 75 × 5 × 7	18.16	14.3	679	90.6	6.12	49.6	13.2	1.65
	175 × 90 × 5 × 8	23.21	18.2	1220	140	7.26	97.6	21.7	2.05
	198 × 99 × 4.5 × 7	23.59	18.5	1610	163	8.27	114	23.0	2.20
	200 × 100 × 5.5 × 8	27.57	21.7	1880	188	8.25	134	26.8	2.21
	248 × 124 × 5 × 8	32.89	25.8	3560	287	10.4	255	41.1	2.78
	250 × 125 × 6 × 9	37.87	29.7	4080	326	10.4	294	47.0	2.79
	298 × 149 × 5.5 × 8	41.55	32.6	6460	433	12.4	443	59.4	3.26
	300 × 150 × 6.5 × 9	47.53	37.3	7350	490	12.4	508	67.7	3.27
	346 × 174 × 6 × 9	53.19	41.8	11200	649	14.5	792	91.0	3.86
	350 × 175 × 7 × 11	63.66	50.0	13700	782	14.7	985	113	3.93
	# 400 × 150 × 8 × 13	71.12	55.8	18800	942	16.3	734	97.9	3.21

续表

类别	H型钢规格 ($h \times b \times t_1 \times t_2$)	截面积 A cm^2	质量 q kg/m	$x-x$轴			$y-y$轴		
				I_x (cm^4)	W_x (cm^3)	i_x (cm)	I_y (cm^4)	W_y (cm^3)	i_y (cm)
HN	396×199×7×11	72.16	56.7	20000	1010	16.7	1450	145	4.48
	400×200×8×13	84.12	66.0	23700	1190	16.8	1740	174	4.54
	#450×150×9×14	83.41	65.5	27100	1200	18.0	793	106	3.08
	446×199×8×12	84.95	66.7	29000	1300	18.5	1580	159	4.31
	450×200×9×14	97.41	76.5	33700	1500	18.6	1870	187	4.38
	#500×150×10×16	98.23	77.1	38500	1540	19.8	907	121	3.04
	496×199×9×14	101.3	79.5	41900	1690	20.3	1840	185	4.27
	500×200×10×16	114.2	89.6	47800	1910	20.5	2140	214	4.33
	#506×201×11×19	131.3	103	56500	2230	20.8	2580	257	4.43
	596×199×10×15	121.2	95.1	69300	2330	23.9	1980	199	4.04
	600×200×11×17	135.2	106	78200	2610	24.1	2280	228	4.11
	#606×201×12×20	153.3	120	91000	3000	24.4	2720	271	4.21
	#692×300×13×20	211.5	166	172000	4980	28.6	9020	602	6.53
	700×300×13×24	235.5	185	201000	5760	29.3	10800	722	6.78

注:"#"表示的规格为非常用规格。

普 通 槽 钢   附表 3-3

符号:同普通工字钢,
但 W_y 为对应翼缘肢
尖的截面模量。

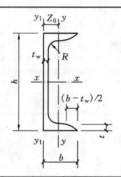

长度:型号 5~8,长 5~12m;
型号 10~18,长 5~19m;
型号 20~20,长 6~19m。

型号	尺寸				截面积 (cm^2)	质量 (kg/m)	$x-x$轴			$y-y$轴			y_1-y_1轴 I_{y1} (cm^4)	Z_0 (cm)
	h	b	t_w	t	R			I_x (cm^4)	W_x (cm^3)	i_x (cm)	I_y (cm^4)	W_y (cm^3)	i_y (cm)		
	(mm)														
5	50	37	4.5	7.0	7.0	6.92	5.44	26	10.4	1.94	8.3	3.5	1.10	20.9	1.35
6.3	63	40	4.8	7.5	7.5	8.45	6.63	51	16.3	2.46	11.9	4.6	1.19	28.3	1.39
8	80	43	5.0	8.0	8.0	10.24	8.04	101	25.3	3.14	16.6	5.8	1.27	37.4	1.42
10	100	48	5.3	8.5	8.5	12.74	10.00	198	39.7	3.94	25.6	7.8	1.42	54.9	1.52
12.6	126	53	5.5	9.0	9.0	15.69	12.31	389	61.7	4.98	38.0	10.3	1.56	77.8	1.59
14 a	140	58	6.0	9.5	9.5	18.51	14.53	564	80.5	5.52	53.2	13.0	1.70	107.2	1.71
b		60	8.0	9.5	9.5	21.31	16.73	609	87.1	5.35	61.2	14.1	1.69	120.6	1.67

附录三 型钢截面参数表

续表

| 型号 | | 尺寸 (mm) | | | | | 截面积 (cm^2) | 质量 (kg/m) | x—x 轴 | | | y—y 轴 | | | y_1—y_1 轴 | Z_0 |
		h	b	t_w	t	R			I_x (cm^4)	W_x (cm^3)	i_x (cm)	I_y (cm^4)	W_y (cm^3)	i_y (cm)	I_{y1} (cm^4)	(cm)
16	a	160	63	6.5	10.0	10.0	21.95	17.23	866	108.3	6.28	73.4	16.3	1.83	144.1	1.79
	b		65	8.5	10.0	10.0	25.15	19.75	935	116.8	6.10	83.4	17.6	1.82	160.8	1.75
18	a	180	68	7.0	10.5	10.5	25.69	20.17	1273	141.4	7.04	98.6	20.0	1.96	189.7	1.88
	b		70	9.0	10.5	10.5	29.29	22.99	1370	152.2	6.84	111.0	21.5	1.95	210.1	1.84
20	a	200	73	7.0	11.0	11.0	28.83	22.63	1780	178.0	7.86	128.0	24.2	2.11	244.0	2.01
	b		75	9.0	11.0	11.0	32.83	25.77	1914	191.4	7.64	143.6	25.9	2.09	268.4	1.95
22	a	220	77	7.0	11.5	11.5	31.84	24.99	2394	217.6	8.67	157.8	28.2	2.23	298.2	2.10
	b		79	9.0	11.5	11.5	36.24	28.45	2571	233.8	8.42	176.5	30.1	2.21	326.3	2.03
25	a	250	78	7.0	12.0	12.0	34.91	27.40	3359	268.7	9.81	175.9	30.7	2.24	324.8	2.07
	b		80	9.0	12.0	12.0	39.91	31.33	3619	289.6	9.52	196.4	32.7	2.22	355.1	1.99
	c		82	11.0	12.0	12.0	44.91	35.25	3880	310.4	9.30	215.9	34.6	2.19	388.6	1.96
28	a	280	82	7.5	12.5	12.5	40.02	31.42	4753	339.5	10.90	217.9	35.7	2.33	393.3	2.09
	b		84	9.5	12.5	12.5	45.62	35.81	5118	365.6	10.59	241.5	37.9	2.30	428.5	2.02
	c		86	11.5	12.5	12.5	51.22	40.21	5484	391.7	10.35	264.1	40.0	2.27	467.3	1.99
32	a	320	88	8.0	14.0	14.0	48.50	38.07	7511	469.4	12.44	304.7	46.4	2.51	547.5	2.24
	b		90	10.0	14.0	14.0	54.90	43.10	8057	503.5	12.11	335.6	49.1	2.47	592.9	2.16
	c		92	12.0	14.0	14.0	61.30	48.12	8603	537.7	11.85	365.0	51.6	2.44	642.7	2.13
36	a	360	96	9.0	16.0	16.0	60.89	47.80	11874	659.7	13.96	455.0	63.6	2.73	818.5	2.44
	b		98	11.0	16.0	16.0	68.09	53.45	12652	702.9	13.63	496.7	66.9	2.70	880.5	2.37
	c		100	13.0	16.0	16.0	75.29	59.10	13429	746.1	13.36	536.6	70.0	2.67	948.0	2.34
40	a	400	100	10.5	18.0	18.0	75.04	58.91	17578	878.9	15.30	592.0	78.8	2.81	1057.9	2.49
	b		102	12.5	18.0	18.0	83.04	65.19	18644	932.2	14.98	640.6	82.6	2.78	1135.8	2.44
	c		104	14.5	18.0	18.0	91.04	71.47	19711	985.6	14.71	687.8	86.2	2.75	1220.3	2.42

等 边 角 钢　　附表 3-4

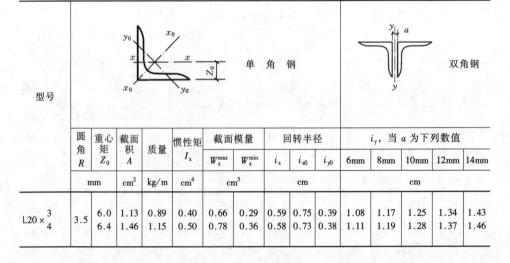

单角钢　　双角钢

| 型号 | 圆角 R | 重心矩 Z_0 | 截面积 A | 质量 | 惯性矩 I_x | 截面模量 | | 回转半径 | | | i_y, 当 a 为下列数值 | | | | |
| | | | | | | W_x^{max} | W_x^{min} | i_x | i_{x0} | i_{y0} | 6mm | 8mm | 10mm | 12mm | 14mm |
	mm	mm	cm^2	kg/m	cm^4	cm^3		cm			cm				
L20×3	3.5	6.0	1.13	0.89	0.40	0.66	0.29	0.59	0.75	0.39	1.08	1.17	1.25	1.34	1.43
L20×4		6.4	1.46	1.15	0.50	0.78	0.36	0.58	0.73	0.38	1.11	1.19	1.28	1.37	1.46

附录三 型钢截面参数表

续表

型号	圆角 R	重心矩 Z_0	截面积 A	质量	惯性矩 I_x	截面模量 W_x^{max}	截面模量 W_x^{min}	回转半径 i_x	i_{x0}	i_{y0}	i_y，当 a 为下列数值 6mm	8mm	10mm	12mm	14mm
	mm		cm²	kg/m	cm⁴	cm³		cm			cm				
L25× 3	3.5	7.3	1.43	1.12	0.82	1.12	0.46	0.76	0.95	0.49	1.27	1.36	1.44	1.53	1.61
4		7.6	1.86	1.46	1.03	1.34	0.59	0.74	0.93	0.48	1.30	1.38	1.47	1.55	1.64
L30× 3	4.5	8.5	1.75	1.37	1.46	1.72	0.68	0.91	1.15	0.59	1.47	1.55	1.63	1.71	1.80
4		8.9	2.28	1.79	1.84	2.08	0.87	0.90	1.13	0.58	1.49	1.57	1.65	1.74	1.82
L36× 3	4.5	10.0	2.11	1.66	2.58	2.59	0.99	1.11	1.39	0.71	1.70	1.78	1.86	1.94	2.03
4		10.4	2.76	2.16	3.29	3.18	1.28	1.09	1.38	0.70	1.73	1.80	1.89	1.97	2.05
5		10.7	2.38	2.65	3.95	3.68	1.56	1.08	1.36	0.70	1.75	1.83	1.91	1.99	2.08
L40× 3	5	10.9	2.36	1.85	3.59	3.28	1.23	1.23	1.55	0.79	1.86	1.94	2.01	2.09	2.18
4		11.3	3.09	2.42	4.60	4.05	1.60	1.22	1.54	0.79	1.88	1.96	2.04	2.12	2.20
5		11.7	3.79	2.98	5.53	4.72	1.96	1.21	1.52	0.78	1.90	1.98	2.06	2.14	2.23
L45× 3	5	12.2	2.66	2.09	5.17	4.25	1.58	1.39	1.76	0.90	2.06	2.14	2.21	2.29	2.37
4		12.6	3.49	2.74	6.65	5.29	2.05	1.38	1.74	0.89	2.08	2.16	2.24	2.32	2.40
5		13.0	4.29	3.37	8.04	6.20	2.51	1.37	1.72	0.88	2.10	2.18	2.26	2.34	2.42
6		13.3	5.08	3.99	9.33	6.99	2.95	1.36	1.71	0.88	2.12	2.20	2.28	2.36	2.44
L50× 3	5.5	13.4	2.97	2.33	7.18	5.36	1.96	1.55	1.96	1.00	2.26	2.33	2.41	2.48	2.56
4		13.8	3.90	3.06	9.26	6.70	2.56	1.54	1.94	0.99	2.28	2.36	2.43	2.51	2.59
5		14.2	4.80	3.77	11.21	7.90	3.13	1.53	1.92	0.98	2.30	2.38	2.45	2.53	2.61
6		14.6	5.69	4.46	13.05	8.95	3.68	1.51	1.91	0.98	2.32	2.40	2.48	2.56	2.64
L56× 3	6	14.8	3.34	2.62	10.19	6.86	2.48	1.75	2.20	1.13	2.50	2.57	2.64	2.72	2.80
4		15.3	4.39	3.45	13.18	8.63	3.24	1.73	2.18	1.11	2.52	2.59	2.67	2.74	2.82
5		15.7	5.42	4.25	16.02	10.22	3.97	1.72	2.17	1.10	2.54	2.61	2.69	2.77	2.85
8		16.8	8.37	6.57	23.63	14.06	6.03	1.68	2.11	1.09	2.60	2.67	2.75	2.83	2.91
L63× 4	7	17.0	4.98	3.91	19.03	11.22	4.13	1.96	2.46	1.26	2.79	2.87	2.94	3.02	3.09
5		17.4	6.14	4.82	23.17	13.33	5.08	1.94	2.45	1.25	2.82	2.89	2.96	3.04	3.12
6		17.8	7.29	5.72	27.12	15.26	6.00	1.93	2.43	1.24	2.83	2.91	2.98	3.06	3.14
8		18.5	9.51	7.47	34.45	18.59	7.75	1.90	2.39	1.23	2.87	2.95	3.03	3.10	3.18
10		19.3	11.66	9.15	41.09	21.34	9.39	1.88	2.36	1.22	2.91	2.99	3.07	3.15	3.23
L70× 4	8	18.6	5.57	4.37	26.39	14.16	5.14	2.18	2.74	1.40	3.07	3.14	3.21	3.29	3.36
5		19.1	6.88	5.40	32.21	16.89	6.32	2.16	2.73	1.39	3.09	3.16	3.24	3.31	3.39
6		19.5	8.16	6.41	37.77	19.39	7.48	2.15	2.71	1.38	3.11	3.18	3.26	3.33	3.41
7		19.9	9.42	7.40	43.09	21.68	8.59	2.14	2.69	1.38	3.13	3.20	3.28	3.36	3.43
8		20.3	10.67	8.37	48.17	23.79	9.68	2.13	2.68	1.37	3.15	3.22	3.30	3.38	3.46

续表

型号	圆角 R	重心矩 Z_0	截面积 A	质量	惯性矩 I_x	截面模量 W_x^{max}	截面模量 W_x^{min}	回转半径 i_x	回转半径 i_{x0}	回转半径 i_{y0}	i_y 当 a 为下列数值 6mm	8mm	10mm	12mm	14mm
	mm	mm	cm²	kg/m	cm⁴	cm³	cm³	cm	cm	cm	cm				
L75×7 5	9	20.3	7.41	5.82	39.96	19.73	7.30	2.32	2.92	1.50	3.29	3.36	3.43	3.50	3.58
6		20.7	8.80	6.91	46.91	22.69	8.63	2.31	2.91	1.49	3.31	3.38	3.45	3.53	3.60
7		21.1	10.16	7.98	53.57	25.42	9.93	2.30	2.89	1.48	3.33	3.40	3.47	3.55	3.63
8		21.5	11.50	9.03	59.96	27.93	11.20	2.28	2.87	1.47	3.35	3.42	3.50	3.57	3.65
10		22.2	14.13	11.09	71.98	32.40	13.64	2.26	2.84	1.46	3.38	3.46	3.54	3.61	3.69
L80×7 5	9	21.5	7.91	6.21	48.79	22.70	8.34	2.48	3.13	1.60	3.49	3.56	3.63	3.71	3.78
6		21.9	9.40	7.38	57.35	26.16	9.87	2.47	3.11	1.59	3.51	3.58	3.65	3.73	3.80
7		22.3	10.86	8.53	65.58	29.38	11.37	2.46	3.10	1.58	3.53	3.60	3.67	3.75	3.83
8		22.7	12.30	9.66	73.50	32.36	12.83	2.44	3.08	1.57	3.55	3.62	3.70	3.77	3.85
10		23.5	15.13	11.87	88.43	37.68	15.64	2.42	3.04	1.56	3.58	3.66	3.74	3.81	3.89
L90×8 6	10	24.4	10.64	8.35	82.77	33.99	12.61	2.79	3.51	1.80	3.91	3.98	4.05	4.12	4.20
7		24.8	12.30	9.66	94.83	38.28	14.54	2.78	3.50	1.78	3.93	4.00	4.07	4.14	4.22
8		25.2	13.94	10.95	106.5	42.30	16.42	2.76	3.48	1.78	3.95	4.02	4.09	4.17	4.24
10		25.9	17.17	13.48	128.6	49.57	20.07	2.74	3.45	1.76	3.98	4.06	4.13	4.21	4.28
12		26.7	20.31	15.94	149.2	55.93	23.57	2.71	3.41	1.75	4.02	4.09	4.17	4.25	4.32
L100×10 6	12	26.7	11.93	9.37	115.0	43.04	15.68	3.10	3.91	2.00	4.30	4.37	4.44	4.51	4.58
7		27.1	13.80	10.83	131.0	48.57	18.10	3.09	3.89	1.99	4.32	4.39	4.46	4.53	4.61
8		27.6	15.64	12.28	148.2	53.78	20.47	3.08	3.88	1.98	4.34	4.41	4.48	4.55	4.63
10		28.4	19.26	15.12	179.5	63.29	25.06	3.05	3.84	1.96	4.38	4.45	4.52	4.60	4.67
12		29.1	22.80	17.90	208.9	71.72	29.47	3.03	3.81	1.95	4.41	4.49	4.56	4.64	4.71
14		29.9	26.26	20.61	236.5	79.19	33.73	3.00	3.77	1.94	4.45	4.53	4.60	4.68	4.75
16		30.6	29.63	23.26	262.5	85.81	37.82	2.98	3.74	1.93	4.49	4.56	4.64	4.72	4.80
L110×10 7	12	29.6	15.20	11.93	177.2	59.78	22.05	3.41	4.30	2.20	4.72	4.79	4.86	4.94	5.01
8		30.1	17.24	13.53	199.5	66.36	24.95	3.40	4.28	2.19	4.74	4.81	4.88	4.96	5.03
10		30.9	21.26	16.69	242.2	78.48	30.60	3.38	4.25	2.17	4.78	4.85	4.92	5.00	5.07
12		31.6	25.20	19.78	282.6	89.34	36.05	3.35	4.22	2.15	4.82	4.89	4.96	5.04	5.11
14		32.4	29.06	22.81	320.7	99.07	41.31	3.32	4.18	2.14	4.85	4.93	5.00	5.08	5.15
L125× 8	14	33.7	19.75	15.50	297.0	88.20	32.52	3.88	4.88	2.50	5.34	5.41	5.48	5.55	5.62
10		34.5	24.37	19.13	361.7	104.8	39.97	3.85	4.85	2.48	5.38	5.45	5.52	5.59	5.66
12		35.3	28.91	22.70	423.2	119.9	47.17	3.83	4.82	2.46	5.41	5.48	5.56	5.63	5.70
14		36.1	33.37	26.19	481.7	133.6	54.16	3.80	4.78	2.45	5.45	5.52	5.59	5.67	5.74
L140× 10	14	38.2	27.37	21.49	514.7	134.6	50.58	4.34	5.46	2.78	5.98	6.05	6.12	6.20	6.27
12		39.0	32.51	25.52	603.7	154.6	59.80	4.31	5.43	2.77	6.02	6.09	6.16	6.23	6.31
14		39.8	37.57	29.49	688.8	173.0	68.75	4.28	5.40	2.75	6.06	6.13	6.20	6.27	6.34
16		40.6	42.54	33.39	770.2	189.9	77.46	4.26	5.36	2.74	6.09	6.16	6.23	6.31	6.38

附录三 型钢截面参数表

续表

型号		圆角 R	重心矩 Z_0	截面积 A	质量	惯性矩 I_x	截面模量		回转半径			i_y，当 a 为下列数值				
							W_x^{max}	W_x^{min}	i_x	i_{x0}	i_{y0}	6mm	8mm	10mm	12mm	14mm
		mm	mm	cm²	kg/m	cm⁴	cm³		cm			cm				
L160×	10	16	43.1	31.50	24.73	779.5	180.8	66.70	4.97	6.27	3.20	6.78	6.85	6.92	6.99	7.06
	12		43.9	37.44	29.39	916.6	208.6	78.98	4.95	6.24	3.18	6.82	6.89	6.96	7.03	7.10
	14		44.7	43.30	33.99	1048	234.4	90.95	4.92	6.20	3.16	6.86	6.93	7.00	7.07	7.14
	16		45.5	49.07	38.52	1175	258.3	102.6	4.89	6.17	3.14	6.89	6.96	7.03	7.10	7.18
L180×	12	16	48.9	42.24	33.16	1321	270.0	100.8	5.59	7.05	3.58	7.63	7.70	7.77	7.84	7.91
	14		49.7	48.90	38.38	1514	304.6	116.3	5.57	7.02	3.57	7.67	7.74	7.81	7.88	7.95
	16		50.5	55.47	43.54	1701	336.9	131.4	5.54	6.98	3.55	7.70	7.77	7.84	7.91	7.98
	18		51.3	61.95	48.63	1881	367.1	146.1	5.51	6.94	3.53	7.73	7.80	7.87	7.95	8.02
L200×18	14	18	54.6	54.64	42.89	2104	385.1	144.7	6.20	7.82	3.98	8.47	8.54	8.61	8.67	8.75
	16		55.4	62.01	48.68	2366	427.0	163.7	6.18	7.79	3.96	8.50	8.57	8.64	8.71	8.78
	18		56.2	69.30	54.40	2621	466.5	182.2	6.15	7.75	3.94	8.53	8.60	8.67	8.75	8.82
	20		56.9	76.50	60.06	2867	503.6	200.4	6.12	7.72	3.93	8.57	8.64	8.71	8.78	8.85
	24		58.4	90.66	71.17	3338	571.5	235.8	6.07	7.64	3.90	8.63	8.71	8.78	8.85	8.92

不等边角钢 附表 3-5

角钢型号 $B \times b \times t$		圆角 R	重心矩		截面积 A	质量	回转半径			i_{y1}，当 a 为下列数值				i_{y2}，当 a 为下列数值			
			Z_x	Z_y			i_x	i_y	i_{y0}	6mm	8mm	10mm	12mm	6mm	8mm	10mm	12mm
			mm		cm²	kg/m	cm			cm				cm			
L25×16×	3	3.5	4.2	8.6	1.16	0.91	0.44	0.78	0.34	0.84	0.93	1.02	1.11	1.40	1.48	1.57	1.65
	4		4.6	9.0	1.50	1.18	0.43	0.77	0.34	0.87	0.96	1.05	1.14	1.42	1.51	1.60	1.68
L32×20×	3	3.5	4.9	10.8	1.49	1.17	0.55	1.01	0.43	0.97	1.05	1.14	1.23	1.71	1.79	1.88	1.96
	4		5.3	11.2	1.94	1.52	0.54	1.00	0.43	0.99	1.08	1.16	1.25	1.74	1.82	1.90	1.99
L40×25×	3	4	5.9	13.2	1.89	1.48	0.70	1.28	0.54	1.13	1.21	1.30	1.38	2.07	2.14	2.23	2.31
	4		6.3	13.7	2.47	1.94	0.69	1.26	0.54	1.16	1.24	1.32	1.41	2.09	2.17	2.25	2.34

续表

角钢型号 $B \times b \times t$	圆角 R	重心矩		截面积 A	质量	回转半径			单角钢				双角钢 i_{y1}, 当 a 为下列数值				i_{y2}, 当 a 为下列数值		
		Z_x	Z_y			i_x	i_y	i_{y0}	6mm	8mm	10mm	12mm	6mm	8mm	10mm	12mm		
		mm		cm²	kg/m	cm			cm				cm					
L45×28× 3	5	6.4	14.7	2.15	1.69	0.79	1.44	0.61	1.23	1.31	1.39	1.47	2.28	2.36	2.44	2.52		
4		6.8	15.1	2.81	2.20	0.78	1.43	0.60	1.25	1.33	1.41	1.50	2.31	2.39	2.47	2.55		
L50×32× 3	5.5	7.3	16.0	2.43	1.91	0.91	1.60	0.70	1.38	1.45	1.53	1.61	2.49	2.56	2.64	2.72		
4		7.7	16.5	3.18	2.49	0.90	1.59	0.69	1.40	1.47	1.55	1.64	2.51	2.59	2.67	2.75		
L56×36× 3	6	8.0	17.8	2.74	2.15	1.03	1.80	0.79	1.51	1.59	1.66	1.74	2.75	2.82	2.90	2.98		
4		8.5	18.2	3.59	2.82	1.02	1.79	0.78	1.53	1.61	1.69	1.77	2.77	2.85	2.93	3.01		
5		8.8	18.7	4.42	3.47	1.01	1.77	0.78	1.56	1.63	1.71	1.79	2.80	2.88	2.96	3.04		
L63×40× 4	7	9.2	20.4	4.06	3.19	1.14	2.02	0.88	1.66	1.74	1.81	1.89	3.09	3.16	3.24	3.32		
5		9.5	20.8	4.99	3.92	1.12	2.00	0.87	1.68	1.76	1.84	1.92	3.11	3.19	3.27	3.35		
6		9.9	21.2	5.91	4.64	1.11	1.99	0.86	1.71	1.78	1.86	1.94	3.13	3.21	3.29	3.37		
7		10.3	21.6	6.80	5.34	1.10	1.96	0.86	1.73	1.80	1.88	1.97	3.15	3.23	3.30	3.39		
L70×45× 4	7.5	10.2	22.3	4.55	3.57	1.29	2.25	0.99	1.84	1.91	1.99	2.07	3.39	3.46	3.54	3.62		
5		10.6	22.8	5.61	4.40	1.28	2.23	0.98	1.86	1.94	2.01	2.09	3.41	3.49	3.57	3.64		
6		11.0	23.2	6.64	5.22	1.26	2.22	0.97	1.88	1.96	2.04	2.11	3.44	3.51	3.59	3.67		
7		11.3	23.6	7.66	6.01	1.25	2.20	0.97	1.90	1.98	2.06	2.14	3.46	3.54	3.61	3.69		
L75×50× 5	8	11.7	24.0	6.13	4.81	1.43	2.39	1.09	2.06	2.13	2.20	2.28	3.60	3.68	3.76	3.83		
6		12.1	24.4	7.26	5.70	1.42	2.38	1.08	2.08	2.15	2.23	2.30	3.63	3.70	3.78	3.86		
8		12.9	25.2	9.47	7.43	1.40	2.35	1.07	2.12	2.19	2.27	2.35	3.67	3.75	3.83	3.91		
10		13.6	26.0	11.6	9.10	1.38	2.33	1.06	2.16	2.24	2.31	2.40	3.71	3.79	3.87	3.96		
L80×50× 5	8	11.4	26.0	6.38	5.00	1.42	2.57	1.10	2.02	2.09	2.17	2.24	3.88	3.95	4.03	4.10		
6		11.8	26.5	7.56	5.93	1.41	2.55	1.09	2.04	2.11	2.19	2.27	3.90	3.98	4.05	4.13		
7		12.1	26.9	8.72	6.85	1.39	2.54	1.08	2.06	2.13	2.21	2.29	3.92	4.00	4.08	4.16		
8		12.5	27.3	9.87	7.75	1.38	2.52	1.07	2.08	2.15	2.23	2.31	3.94	4.02	4.10	4.18		
L90×56× 5	9	12.5	29.1	7.21	5.66	1.59	2.90	1.23	2.22	2.29	2.36	2.44	4.32	4.39	4.47	4.55		
6		12.9	29.5	8.56	6.72	1.58	2.88	1.22	2.24	2.31	2.39	2.46	4.34	4.42	4.50	4.57		
7		13.3	30.0	9.88	7.76	1.57	2.87	1.22	2.26	2.33	2.41	2.49	4.37	4.44	4.52	4.60		
8		13.6	30.4	11.2	8.78	1.56	2.85	1.21	2.28	2.35	2.43	2.51	4.39	4.47	4.54	4.62		
L100×63× 6	10	14.3	32.4	9.62	7.55	1.79	3.21	1.38	2.49	2.56	2.63	2.71	4.77	4.85	4.92	5.00		
7		14.7	32.8	11.1	8.72	1.78	3.20	1.37	2.51	2.58	2.65	2.73	4.80	4.87	4.95	5.03		
8		15.0	33.2	12.6	9.88	1.77	3.18	1.37	2.53	2.60	2.67	2.75	4.82	4.90	4.97	5.05		
10		15.8	34.0	15.5	12.1	1.75	3.15	1.35	2.57	2.64	2.72	2.79	4.86	4.94	5.02	5.10		

续表

角钢型号 $B \times b \times t$	圆角 R	单 角 钢							双 角 钢							
		重心矩		截面积 A	质量	回转半径			i_{y1}，当 a 为下列数值				i_{y2}，当 a 为下列数值			
		Z_x	Z_y			i_x	i_y	i_{y0}	6mm	8mm	10mm	12mm	6mm	8mm	10mm	12mm
	mm	mm		cm²	kg/m	cm			cm				cm			
L100×80× 6/7/8/10	10	19.7/20.1/20.5/21.3	29.5/30.0/30.4/31.2	10.6/12.3/13.9/17.2	8.35/9.66/10.9/13.5	2.40/2.39/2.37/2.35	3.17/3.16/3.15/3.12	1.73/1.71/1.71/1.69	3.31/3.32/3.34/3.38	3.38/3.39/3.41/3.45	3.45/3.47/3.49/3.53	3.52/3.54/3.56/3.60	4.54/4.57/4.59/4.63	4.62/4.64/4.66/4.70	4.69/4.71/4.73/4.78	4.76/4.79/4.81/4.85
L110×70× 6/7/8/10	10	15.7/16.1/16.5/17.2	35.3/35.7/36.2/37.0	10.6/12.3/13.9/17.2	8.35/9.66/10.9/13.5	2.01/2.00/1.98/1.96	3.54/3.53/3.51/3.48	1.54/1.53/1.53/1.51	2.74/2.76/2.78/2.82	2.81/2.83/2.85/2.89	2.88/2.90/2.92/2.96	2.96/2.98/3.00/3.04	5.21/5.24/5.26/5.30	5.29/5.31/5.34/5.38	5.36/5.39/5.41/5.46	5.44/5.46/5.49/5.53
L125×80× 7/8/10/12	11	18.0/18.4/19.2/20.0	40.1/40.6/41.4/42.2	14.1/16.0/19.7/23.4	11.1/12.6/15.5/18.3	2.30/2.29/2.26/2.24	4.02/4.01/3.98/3.95	1.76/1.75/1.74/1.72	3.11/3.13/3.17/3.21	3.18/3.20/3.24/3.28	3.25/3.27/3.31/3.35	3.33/3.35/3.39/3.43	5.90/5.92/5.96/6.00	5.97/5.99/6.04/6.08	6.04/6.07/6.11/6.16	6.12/6.14/6.19/6.23
L140×90× 8/10/12/14	12	20.4/21.2/21.9/22.7	45.0/45.8/46.6/47.4	18.0/22.3/26.4/30.5	14.2/17.5/20.7/23.9	2.59/2.56/2.54/2.51	4.50/4.47/4.44/4.42	1.98/1.96/1.95/1.94	3.49/3.52/3.56/3.59	3.56/3.59/3.63/3.66	3.63/3.66/3.70/3.74	3.70/3.73/3.77/3.81	6.58/6.62/6.66/6.70	6.65/6.70/6.74/6.78	6.73/6.77/6.81/6.86	6.80/6.85/6.89/6.93
L160×100× 10/12/14/16	13	22.8/23.6/24.3/25.1	52.4/53.2/54.0/54.8	25.3/30.1/34.7/39.3	19.9/23.6/27.2/30.8	2.85/2.82/2.80/2.77	5.14/5.11/5.08/5.05	2.19/2.18/2.16/2.15	3.84/3.87/3.91/3.94	3.91/3.94/3.98/4.02	3.98/4.01/4.05/4.09	4.05/4.09/4.12/4.16	7.55/7.60/7.64/7.68	7.63/7.67/7.71/7.75	7.70/7.75/7.79/7.83	7.78/7.82/7.86/7.90
L180×110× 10/12/14/16	14	24.4/25.2/25.9/26.7	58.9/59.8/60.6/61.4	28.4/33.7/39.0/44.1	22.3/26.5/30.6/34.6	3.13/3.10/3.08/3.05	5.81/5.78/5.75/5.72	2.42/2.40/2.39/2.37	4.16/4.19/4.23/4.26	4.23/4.26/4.30/4.33	4.30/4.33/4.37/4.40	4.36/4.40/4.44/4.47	8.49/8.53/8.57/8.61	8.56/8.60/8.64/8.68	8.63/8.68/8.72/8.76	8.71/8.75/8.79/8.84
L200×125× 12/14/16/18	14	28.3/29.1/29.9/30.6	65.4/66.2/67.0/67.8	37.9/43.9/49.7/55.5	29.8/34.4/39.0/43.6	3.57/3.54/3.52/3.49	6.44/6.41/6.38/6.35	2.75/2.73/2.71/2.70	4.75/4.78/4.81/4.85	4.82/4.85/4.88/4.92	4.88/4.92/4.95/4.99	4.95/4.99/5.02/5.06	9.39/9.43/9.47/9.51	9.47/9.51/9.55/9.59	9.54/9.58/9.62/9.66	9.62/9.66/9.70/9.74

注：一个角钢的惯性矩 $I_x = A i_x^2$，$I_y = A i_y^2$；一个角钢的截面模量 $W_x^{max} = I_x / Z_x$，$W_x^{min} = I_x / (b - Z_x)$；$W_y^{max} = I_y / Z_y$，$W_y^{min} = I_y / (B - Z_y)$。

附录四　常用截面回转半径的近似值

常用截面回转半径的近似值　　　　附表 4

截面	I形	[形	⊂形	□形	T形(窄)	T形(宽)	T形(十)
α_1	0.43	0.38	0.38	0.40	0.30	0.28	0.32
α_2	0.24	0.44	0.60	0.40	0.215	0.24	0.20

注：$i_x = \alpha_1 h$，$i_y = \alpha_2 b$。

附录五 工字形截面简支梁的等效弯矩系数 β_b

工字形截面简支梁的等效弯矩系数 β_b　　　　　　　附表 5

项次	侧向支承	荷载		$\xi \leqslant 2.0$	$\xi > 2.0$	适用范围
1	跨中无侧向支承	均布荷载作用在	上翼缘	$0.69 + 0.13\xi$	0.95	等截面焊接工字钢和轧制H型钢,加强受压翼缘的单轴对称焊接工字钢截面
2			下翼缘	$1.73 - 0.20\xi$	1.33	
3		集中荷载作用在	上翼缘	$0.73 + 0.18\xi$	1.09	
4			下翼缘	$2.23 - 0.28\xi$	1.67	
5	跨度中点有一个侧向支承点	均布荷载作用在	上翼缘	1.15		除上面所述截面外,还适用于加强受拉翼缘的单轴对称焊接工字钢截面
6			下翼缘	1.40		
7		集中荷载作用在截面高度上任意位置		1.75		
8	跨中有不少于两个侧向支承点	任意荷载作用在	上翼缘	1.20		
9			下翼缘	1.40		
10	梁端有弯矩,但跨中无荷载作用			$1.75 - 1.05(M_2/M_1) + 0.3(M_2/M_1)^2$ 但 $\leqslant 2.3$		

注：1. $\xi = \dfrac{l_1 t_1}{b_1 h}$——参数,$b_1$、$t_1$ 分别为受压翼缘的宽度和厚度,h 为截面全高,l_1 为受压翼缘侧向支承点间的距离;

2. M_1、M_2 为梁的端弯矩,使梁产生同向曲率时 M_1 和 M_2 取同号,产生反向曲率时取异号,$|M_1| \geqslant |M_2|$;

3. 表中 3、4 和 7 项的集中荷载是指一个或少数几个集中荷载位于跨度中央附近的情况,对其他情况的集中荷载,应按表中项次 1、2、5、6 内的数值采用;

4. 表中项次 8、9 的 β_b 值,当集中荷载作用在侧向支承点处时,取 $\beta_b = 1.20$;

5. 荷载作用在上翼缘系指荷载作用点在翼缘表面,方向指向截面形心;荷载作用在下翼缘系指荷载作用点在翼缘表面,方向背向截面形心;

6. 对 $\alpha_b > 0.8$ 的加强受压翼缘的工字形截面,下列情况的 β_b 值应乘以相应的系数：

　　项次 1　　当 $\xi \leqslant 1.0$ 时　　　　0.95
　　项次 3　　当 $\xi \leqslant 0.5$ 时　　　　0.90
　　　　　　　当 $0.5 < \xi \leqslant 1.0$ 时　0.95

附录六 轧制普通工字钢简支梁的整体稳定系数 φ_b

轧制普通工字钢简支梁的整体稳定系数 φ_b 附表 6

项次	荷载情况			工字钢型号	自由长度 l_1 (m)								
					2	3	4	5	6	7	8	9	10
1	跨中无侧向支承点的梁	集中荷载作用于	上翼缘	10~20	2.00	1.30	0.99	0.80	0.68	0.58	0.53	0.48	0.43
				22~32	2.40	1.48	1.09	0.86	0.72	0.62	0.54	0.49	0.45
				36~63	2.80	1.60	1.07	0.83	0.68	0.56	0.50	0.45	0.40
2			下翼缘	10~20	3.10	1.95	1.34	1.01	0.82	0.69	0.63	0.57	0.52
				22~40	5.50	2.80	1.84	1.37	1.07	0.86	0.73	0.64	0.56
				45~63	7.30	3.60	2.30	1.62	1.20	0.96	0.80	0.69	0.60
3		均布荷载作用于	上翼缘	10~20	1.70	1.12	0.84	0.68	0.57	0.50	0.45	0.41	0.37
				22~40	2.10	1.30	0.93	0.73	0.60	0.51	0.45	0.40	0.36
				45~63	2.60	1.45	0.97	0.73	0.59	0.50	0.44	0.38	0.35
4			下翼缘	10~20	2.50	1.55	1.08	0.83	0.68	0.56	0.52	0.47	0.42
				22~40	4.00	2.20	1.45	1.10	0.85	0.70	0.60	0.52	0.46
				45~63	5.60	2.80	1.80	1.25	0.95	0.78	0.65	0.55	0.49
5	跨中有侧向支承点的梁（不论荷载作用点在截面高度上的位置）			10~20	2.20	1.39	1.01	0.79	0.66	0.57	0.52	0.47	0.42
				22~40	3.00	1.80	1.24	0.96	0.76	0.65	0.56	0.49	0.43
				45~63	4.00	2.20	1.38	1.01	0.80	0.66	0.56	0.49	0.43

注：1. 表中的集中荷载是指一个或少数几个集中荷载位于跨度中央附近的情况，对其他情况的集中荷载，应按表中均布荷载的数值采用；

2. 荷载作用在上翼缘系指荷载作用点在翼缘表面，方向指向截面形心；荷载作用在下翼缘系指荷载作用点在翼缘表面，方向背向截面形心；

3. 表中的 φ_b 值适用于 Q235 钢。对于其他钢号，表中的数值应乘以 $235/f_y$。

附录七 轴心受压构件的稳定系数 φ

a 类截面轴心受压构件的稳定系数 φ   附表 7-1

$\lambda\sqrt{\dfrac{f_y}{235}}$	0	1	2	3	4	5	6	7	8	9
0	1.000	1.000	1.000	1.000	0.999	0.999	0.998	0.998	0.997	0.996
10	0.995	0.994	0.993	0.992	0.991	0.989	0.988	0.986	0.985	0.983
20	0.981	0.979	0.977	0.976	0.974	0.972	0.970	0.968	0.966	0.964
30	0.963	0.961	0.959	0.957	0.955	0.952	0.950	0.948	0.946	0.944
40	0.941	0.939	0.937	0.934	0.932	0.929	0.927	0.924	0.921	0.919
50	0.916	0.913	0.910	0.907	0.904	0.900	0.897	0.894	0.890	0.886
60	0.883	0.879	0.875	0.871	0.867	0.863	0.858	0.854	0.849	0.844
70	0.839	0.834	0.829	0.824	0.818	0.813	0.807	0.801	0.795	0.789
80	0.783	0.776	0.770	0.763	0.757	0.750	0.743	0.736	0.728	0.721
90	0.714	0.706	0.699	0.691	0.684	0.676	0.668	0.661	0.653	0.645
100	0.638	0.630	0.622	0.615	0.607	0.600	0.592	0.585	0.577	0.570
110	0.563	0.555	0.548	0.541	0.534	0.527	0.520	0.514	0.507	0.500
120	0.494	0.488	0.481	0.475	0.469	0.463	0.457	0.451	0.445	0.440
130	0.434	0.429	0.423	0.418	0.412	0.407	0.402	0.397	0.392	0.387
140	0.383	0.378	0.373	0.369	0.364	0.360	0.356	0.351	0.347	0.343
150	0.339	0.335	0.331	0.327	0.323	0.320	0.316	0.312	0.309	0.305
160	0.302	0.298	0.295	0.292	0.289	0.285	0.282	0.279	0.276	0.273
170	0.270	0.267	0.264	0.262	0.259	0.256	0.253	0.251	0.248	0.246
180	0.243	0.241	0.238	0.236	0.233	0.231	0.229	0.226	0.224	0.222
190	0.220	0.218	0.215	0.213	0.211	0.209	0.207	0.205	0.203	0.201
200	0.199	0.198	0.196	0.194	0.192	0.190	0.189	0.187	0.185	0.183
210	0.182	0.180	0.179	0.177	0.175	0.174	0.172	0.171	0.169	0.168
220	0.166	0.165	0.164	0.162	0.161	0.159	0.158	0.157	0.155	0.154
230	0.153	0.152	0.150	0.149	0.148	0.147	0.146	0.144	0.143	0.142
240	0.141	0.140	0.139	0.138	0.136	0.135	0.134	0.133	0.132	0.131
250	0.130									

b 类截面轴心受压构件的稳定系数 φ   附表 7-2

$\lambda\sqrt{\dfrac{f_y}{235}}$	0	1	2	3	4	5	6	7	8	9
0	1.000	1.000	1.000	0.999	0.999	0.998	0.997	0.996	0.995	0.994
10	0.992	0.991	0.989	0.987	0.985	0.983	0.981	0.978	0.976	0.973
20	0.970	0.967	0.963	0.960	0.957	0.953	0.950	0.946	0.943	0.939
30	0.936	0.932	0.929	0.925	0.922	0.918	0.914	0.910	0.906	0.903
40	0.899	0.895	0.891	0.887	0.882	0.878	0.874	0.870	0.865	0.861
50	0.856	0.852	0.847	0.842	0.838	0.833	0.828	0.823	0.818	0.813

$\lambda \sqrt{\dfrac{f_y}{235}}$	0	1	2	3	4	5	6	7	8	9
60	0.807	0.802	0.797	0.791	0.786	0.780	0.774	0.769	0.763	0.757
70	0.751	0.745	0.739	0.732	0.726	0.720	0.714	0.707	0.701	0.694
80	0.688	0.681	0.675	0.668	0.661	0.655	0.648	0.641	0.635	0.628
90	0.621	0.614	0.608	0.601	0.594	0.588	0.581	0.575	0.568	0.561
100	0.555	0.549	0.542	0.536	0.529	0.523	0.517	0.511	0.505	0.499
110	0.493	0.487	0.481	0.475	0.470	0.464	0.458	0.453	0.447	0.442
120	0.437	0.432	0.426	0.421	0.416	0.411	0.406	0.402	0.397	0.392
130	0.387	0.383	0.378	0.374	0.370	0.365	0.361	0.357	0.353	0.349
140	0.345	0.341	0.337	0.333	0.329	0.326	0.322	0.318	0.315	0.311
150	0.308	0.304	0.301	0.298	0.294	0.291	0.288	0.285	0.282	0.279
160	0.276	0.273	0.270	0.267	0.265	0.262	0.259	0.256	0.254	0.251
170	0.249	0.246	0.244	0.241	0.239	0.236	0.234	0.232	0.229	0.227
180	0.225	0.223	0.220	0.218	0.216	0.214	0.212	0.210	0.208	0.206
190	0.204	0.202	0.200	0.198	0.197	0.195	0.193	0.191	0.190	0.188
200	0.186	0.184	0.183	0.181	0.180	0.178	0.176	0.175	0.173	0.172
210	0.170	0.169	0.167	0.166	0.165	0.163	0.162	0.160	0.159	0.158
220	0.156	0.155	0.154	0.153	0.151	0.150	0.149	0.148	0.146	0.145
230	0.144	0.143	0.142	0.141	0.140	0.138	0.137	0.136	0.135	0.134
240	0.133	0.132	0.131	0.130	0.129	0.128	0.127	0.126	0.125	0.124
250	0.123									

c 类截面轴心受压构件的稳定系数 φ 附表 7-3

$\lambda \sqrt{\dfrac{f_y}{235}}$	0	1	2	3	4	5	6	7	8	9
0	1.000	1.000	1.000	0.999	0.999	0.998	0.997	0.996	0.995	0.993
10	0.992	0.990	0.988	0.986	0.983	0.981	0.978	0.976	0.973	0.970
20	0.966	0.959	0.953	0.947	0.940	0.934	0.928	0.921	0.915	0.909
30	0.902	0.896	0.890	0.884	0.877	0.871	0.865	0.858	0.852	0.846
40	0.839	0.833	0.826	0.820	0.814	0.807	0.801	0.794	0.788	0.781
50	0.775	0.768	0.762	0.755	0.748	0.742	0.735	0.729	0.722	0.715
60	0.709	0.702	0.695	0.689	0.682	0.676	0.669	0.662	0.656	0.649
70	0.643	0.636	0.629	0.623	0.616	0.610	0.604	0.597	0.591	0.584
80	0.578	0.572	0.566	0.559	0.553	0.547	0.541	0.535	0.529	0.523
90	0.517	0.511	0.505	0.500	0.494	0.488	0.483	0.477	0.472	0.467
100	0.463	0.458	0.454	0.449	0.445	0.441	0.436	0.432	0.428	0.423
110	0.419	0.415	0.411	0.407	0.403	0.399	0.395	0.391	0.387	0.383
120	0.379	0.375	0.371	0.367	0.364	0.360	0.356	0.353	0.349	0.346
130	0.342	0.339	0.335	0.332	0.328	0.325	0.322	0.319	0.315	0.312
140	0.309	0.306	0.303	0.300	0.297	0.294	0.291	0.288	0.285	0.282
150	0.280	0.277	0.274	0.271	0.269	0.266	0.264	0.261	0.258	0.256
160	0.254	0.251	0.249	0.246	0.244	0.242	0.239	0.237	0.235	0.233
170	0.230	0.228	0.226	0.224	0.222	0.220	0.218	0.216	0.214	0.212
180	0.210	0.208	0.206	0.205	0.203	0.201	0.199	0.197	0.196	0.194
190	0.192	0.190	0.189	0.187	0.186	0.184	0.182	0.181	0.179	0.178
200	0.176	0.175	0.173	0.172	0.170	0.169	0.168	0.166	0.165	0.163
210	0.162	0.161	0.159	0.158	0.157	0.156	0.154	0.153	0.152	0.151
220	0.150	0.148	0.147	0.146	0.145	0.144	0.143	0.142	0.140	0.139
230	0.138	0.137	0.136	0.135	0.134	0.133	0.132	0.131	0.130	0.129
240	0.128	0.127	0.126	0.125	0.124	0.124	0.123	0.122	0.121	0.120
250	0.119									

d 类截面轴心受压构件的稳定系数 φ

附表 7-4

$\lambda\sqrt{\dfrac{f_y}{235}}$	0	1	2	3	4	5	6	7	8	9
0	1.000	1.000	0.999	0.999	0.998	0.996	0.994	0.992	0.990	0.987
10	0.984	0.981	0.978	0.974	0.969	0.965	0.960	0.955	0.949	0.944
20	0.937	0.927	0.918	0.909	0.900	0.891	0.883	0.874	0.865	0.857
30	0.848	0.840	0.831	0.823	0.815	0.807	0.799	0.790	0.782	0.774
40	0.766	0.759	0.751	0.743	0.735	0.728	0.720	0.712	0.705	0.697
50	0.690	0.683	0.675	0.668	0.661	0.654	0.646	0.639	0.632	0.625
60	0.618	0.612	0.605	0.598	0.591	0.585	0.578	0.572	0.565	0.559
70	0.552	0.546	0.540	0.534	0.528	0.522	0.516	0.510	0.504	0.498
80	0.493	0.487	0.481	0.476	0.470	0.465	0.460	0.454	0.449	0.444
90	0.439	0.434	0.429	0.424	0.419	0.414	0.410	0.405	0.401	0.397
100	0.394	0.390	0.387	0.383	0.380	0.376	0.373	0.370	0.366	0.363
110	0.359	0.356	0.353	0.350	0.346	0.343	0.340	0.337	0.334	0.331
120	0.328	0.325	0.322	0.319	0.316	0.313	0.310	0.307	0.304	0.301
130	0.299	0.296	0.293	0.290	0.288	0.285	0.282	0.280	0.277	0.275
140	0.272	0.270	0.267	0.265	0.262	0.260	0.258	0.255	0.253	0.251
150	0.248	0.246	0.244	0.242	0.240	0.237	0.235	0.233	0.231	0.229
160	0.227	0.225	0.223	0.221	0.219	0.217	0.215	0.213	0.212	0.210
170	0.208	0.206	0.204	0.203	0.201	0.199	0.197	0.196	0.194	0.192
180	0.191	0.189	0.188	0.186	0.184	0.183	0.181	0.180	0.178	0.177
190	0.176	0.174	0.173	0.171	0.170	0.168	0.167	0.166	0.164	0.163
200	0.162									

附录八 柱的计算长度系数

无侧移框架柱的计算长度系数 μ 附表 8-1

K_1 \ K_2	0	0.05	0.1	0.2	0.3	0.4	0.5	1	2	3	4	5	≥10
0	1.000	0.990	0.981	0.964	0.949	0.935	0.922	0.875	0.820	0.791	0.773	0.760	0.732
0.05	0.990	0.981	0.971	0.955	0.940	0.926	0.914	0.867	0.814	0.784	0.766	0.754	0.726
0.1	0.981	0.971	0.962	0.946	0.931	0.918	0.906	0.860	0.807	0.778	0.760	0.748	0.721
0.2	0.964	0.955	0.946	0.930	0.916	0.903	0.891	0.846	0.795	0.767	0.749	0.737	0.711
0.3	0.949	0.940	0.931	0.916	0.902	0.889	0.878	0.834	0.784	0.756	0.739	0.728	0.701
0.4	0.935	0.926	0.918	0.903	0.889	0.877	0.866	0.823	0.774	0.747	0.730	0.719	0.693
0.5	0.922	0.914	0.906	0.891	0.878	0.866	0.855	0.813	0.765	0.738	0.721	0.710	0.685
1	0.875	0.867	0.860	0.846	0.834	0.823	0.813	0.774	0.729	0.704	0.688	0.677	0.654
2	0.820	0.814	0.807	0.795	0.784	0.774	0.765	0.729	0.686	0.663	0.648	0.638	0.615
3	0.791	0.784	0.778	0.767	0.756	0.747	0.738	0.704	0.663	0.640	0.625	0.616	0.593
4	0.773	0.766	0.760	0.749	0.739	0.730	0.721	0.688	0.648	0.625	0.611	0.601	0.580
5	0.760	0.754	0.748	0.737	0.728	0.719	0.710	0.677	0.638	0.616	0.601	0.592	0.570
≥10	0.732	0.726	0.721	0.711	0.701	0.693	0.685	0.654	0.615	0.593	0.580	0.570	0.549

注：1. 表中的计算长度系数系 μ 按下式算得：

$$\left[\left(\frac{\pi}{\mu}\right)^2 + 2(K_1+K_2) - 4K_1K_2\right] \cdot \frac{\pi}{\mu} \cdot \sin\frac{\pi}{\mu} - 2\left[(K_1+K_2)\left(\frac{\pi}{\mu}\right)^2 + 4K_1K_2\right] \cdot \cos\frac{\pi}{\mu} + 8K_1K_2 = 0$$

K_1、K_2——分别为相交于柱上端、柱下端的横梁线刚度之和与柱线刚度之和的比值。当梁远端为铰接时，应将横梁线刚度乘以 1.5；当横梁远端为嵌固时，则将横梁线刚度乘以 2.0。

2. 当横梁与柱铰接时，取横梁线刚度为零。
3. 对底层框架柱：当柱与基础铰接时，取 $K_2=0$（对平板支座可取 $K_2=0.1$）；当柱与基础刚接时，取 $K_2=10$。

有侧移框架柱的计算长度系数 μ 附表 8-2

K_1 \ K_2	0	0.05	0.1	0.2	0.3	0.4	0.5	1	2	3	4	5	≥10
0	∞	6.02	4.46	3.42	3.01	2.78	2.64	2.33	2.17	2.11	2.08	2.07	2.03
0.05	6.02	4.16	3.47	2.86	2.58	2.42	2.31	2.07	1.94	1.90	1.87	1.86	1.83
0.1	4.46	3.47	3.01	2.56	2.33	2.20	2.11	1.90	1.79	1.75	1.73	1.72	1.70

续表

K_1 K_2	0	0.05	0.1	0.2	0.3	0.4	0.5	1	2	3	4	5	≥10
0.2	3.42	2.86	2.56	2.23	2.05	1.94	1.87	1.70	1.60	1.57	1.55	1.54	1.52
0.3	3.01	2.58	2.33	2.05	1.90	1.80	1.74	1.58	1.49	1.46	1.45	1.44	1.42
0.4	2.78	2.42	2.20	1.94	1.80	1.71	1.65	1.50	1.42	1.39	1.37	1.37	1.35
0.5	2.64	2.31	2.11	1.87	1.74	1.65	1.59	1.45	1.37	1.34	1.32	1.32	1.30
1	2.33	2.07	1.90	1.70	1.58	1.50	1.45	1.32	1.24	1.21	1.20	1.19	1.17
2	2.17	1.94	1.79	1.60	1.49	1.42	1.37	1.24	1.16	1.14	1.12	1.12	1.10
3	2.11	1.90	1.75	1.57	1.46	1.39	1.34	1.21	1.14	1.11	1.10	1.09	1.07
4	2.08	1.87	1.73	1.55	1.45	1.37	1.32	1.20	1.12	1.10	1.08	1.08	1.06
5	2.07	1.86	1.72	1.54	1.44	1.37	1.32	1.19	1.12	1.09	1.08	1.07	1.05
≥10	2.03	1.83	1.70	1.52	1.42	1.35	1.30	1.17	1.10	1.07	1.06	1.05	1.03

注：1. 表中的计算长度系数系 μ 按下式算得：

$$\left[36K_1K_2 - \left(\frac{\pi}{\mu}\right)^2\right] \cdot \sin\frac{\pi}{\mu} + 6(K_1 + K_2)\left(\frac{\pi}{\mu}\right) \cdot \cos\frac{\pi}{\mu} = 0$$

K_1、K_2——分别为相交于柱上端、柱下端的横梁线刚度之和与柱线刚度之和的比值。当梁远端为铰接时，应将横梁线刚度乘以 0.5；当横梁远端为嵌固时，则将横梁线刚度乘以 2/3。

2. 当横梁与柱铰接时，取横梁线刚度为零。

3. 对底层框架柱：当柱与基础铰接时，取 $K_2 = 0$（对平板支座可取 $K_2 = 0.1$）；当柱与基础刚接时，取 $K_2 = 10$。

附录九 疲劳计算的构件和连接分类

构件和连接分类　　　　　　　　　　　　　　　　　　附表 9

项次	简 图	说 明	类别
1		无连接处的主体金属 1. 轧制型钢 2. 钢板 a. 两边为轧制边或刨边 b. 两侧为自动、半自动切割边（切割质量标准应符合《钢结构工程施工质量验收规范》）	1 1 2
2		横向对接焊缝附近的主体金属 1. 符合《钢结构工程施工质量验收规范》的一级焊缝 2. 经加工、磨平的一级焊缝	3 2
3		不同厚度（或宽度）横向对接焊缝附近的主体金属、焊缝加工成平滑过渡并符合一级焊缝标准	2
4		纵向对接焊缝附近的主体金属，焊缝符合二级焊缝标准	2
5		翼缘连接焊缝附近的主体金属 1. 翼缘板与腹板的连接焊缝 a. 自动焊，二级 T 形对接和角接组合焊缝 b. 自动焊，角焊缝，外观质量标准符合二级 c. 手工焊，角焊缝，外观质量标准符合二级 2. 双层翼缘板之间的连接焊缝 a. 自动焊，角焊缝，外观质量标准符合二级 b. 手工焊，角焊缝，外观质量标准符合二级	 2 3 4 3 4
6		横向加劲肋端部附近的主体金属 1. 肋端不断弧（采用回焊） 2. 肋端断弧	4 5

续表

项次	简图	说明	类别
7		梯形节点板用对接焊缝焊于梁翼缘、腹板以及桁架构件处的主体金属，过渡处在焊后铲平、磨光、圆滑过渡，不得有焊接起弧、灭弧缺陷	5
8		矩形节点板焊接于构件翼缘或腹板处的主体金属，$l > 150mm$	7
9		翼缘板中断处的主体金属（板端有正面焊缝）	7
10		向正面角焊缝过渡处的主体金属	6
11		两侧面角焊缝连接端部的主体金属	8
12		三面围焊的角焊缝端部主体金属	7
13		三面围焊或两侧面角焊缝连接的节点板主体金属（节点板计算宽度按应力扩散角 θ 等于30°考虑）	7

续表

项次	简图	说明	类别
14		K形坡口T形对接与角接组合焊缝处的主体金属，两板轴线偏离小于 $0.15t$，焊缝为二级，焊趾角 $\alpha \leqslant 45°$	5
15		十字接头角焊缝处的主体金属，两板轴线偏离小于 $0.15t$	7
16	角焊缝	按有效截面确定的剪应力幅计算	8
17		铆钉连接处的主体金属	3
18		连系螺栓和虚孔处的主体金属	3
19		高强度螺栓摩擦型连接处的主体金属	2

注：1. 所有对接焊缝均需焊透。所有焊缝的外形尺寸均应符合国家标准《钢结构焊缝外形尺寸》GB10854的规定。

2. 角焊缝应符合《钢结构设计规范》第8.2.7条和8.2.8条的规定。

3. 项次16的剪应力幅 $\Delta\tau = \tau_{max} - \tau_{min}$，其中 τ_{min} 的正负值为：与 τ_{max} 同方向时，取正值；与 τ_{max} 反方向时，取负值。

4. 第17、18项中的应力应以净截面面积计算，第19项应以毛截面面积计算。

部分习题参考答案

第三章

3-1　$y_1 = 6.65\text{cm}$；$\sigma_t = 110.8\text{N/mm}^2$；$\sigma_c = 225.8\text{N/mm}^2$；

　　$\tau = 78.95\text{N/mm}^2$；$\sigma_{zs} = 263.95\text{N/mm}^2$

3-2　① 肢背 $h_f = 8\text{mm}$，$l_w \geqslant (96 + 16)\text{mm}$；肢尖 $h_f = 8\text{mm}$，$l_w \geqslant (140.6 + 16)\text{mm}$；

　　② $h_f \geqslant 6.51\text{mm}$，取 $h_f = 7\text{mm}$；③ $h_f \geqslant 8.1\text{mm}$，取 $h_f = 9\text{mm}$

3-3　$N \leqslant 1197\text{kN}$

3-4　肢背 $l_w \geqslant (308.3 + 16)\text{mm}$；肢尖 $l_w \geqslant (221.4 + 16)\text{mm}$

3-5　形心距 $a = 74.9\text{mm}$，$I_x = 6098.4\text{cm}^4$，$I_y = 1698.8\text{cm}^4$，$\tau_f = 146.2\text{N/mm}^2 < 160\text{N/mm}^2$

3-6　$n \geqslant 5.45$，$\sigma_n = 136.4\text{N/mm}^2$

3-7　$l_1 = 500\text{mm} \geqslant 15d_0$，$d_0 = 22\text{mm}$，$\beta = 0.98$，$N = 1102.6\text{kN}$

3-8　① $N_t = 28.28\text{kN}$，支托 $h_f = 10\text{mm}$，$\tau_f = 144.6\text{N/mm}^2$；

　　② $\sqrt{\left(\dfrac{30}{43.98}\right)^2 + \left(\dfrac{28.28}{41.65}\right)^2} = 0.96 < 1.0$

3-9　柱肢 $n = 3$，栓距 80mm，$N_1 = 145\text{kN}$；

牛腿肢 $n = 8$，栓距 80mm，$\dfrac{18.75}{76.95} + \dfrac{56.25}{152} = 0.61 < 1.0$

第四章

4-1　$y'' + k^2 y - \dfrac{M_0}{P} = 0$，由 $y(0) = 0$ 和 $y'(0) = 0$ 得 $y = \dfrac{M_0}{P}(1 - \cos kx)$，

　　由 $y'(l) = 0$，知 $\dfrac{M_0}{P} k \sin kl = 0$，因 $M_0 \neq 0$，故 $\sin kl = 0$，$kl = \pi$，即

　　$P_{cr} = \dfrac{\pi^2 EI}{l^2}$

4-2　$\sigma_1 = 4.5 k f_y$，$\sigma_{cr} = (1 - 2.25 k^2) f_y$，$\sigma_{crx} = k \cdot \pi^2 E / \lambda_x^2$，$\sigma_{cry} = k^3 \cdot \pi^2 E /$

λ_y^2，kb 为弹性区宽度

4-3 按式 (4-78) 计算

荷载作用于上翼缘时，$a = -41.6\text{cm}$，$M_{cr} = 529.7\text{kN·m}$；

荷载作用于下翼缘时，$a = 41.6\text{cm}$，$M_{cr} = 1162.8\text{kN·m}$

4-4 $N_x = 2248.2\text{kN}$；$N_y = 847.2\text{kN}$；$N_\omega = 1190.4\text{kN}$；$N_{y\omega} = 8394.0\text{kN}$。故 $N_{cr} = N_y = 847.2\text{kN}$

4-5 $p = \dfrac{\pi^2 D}{a^2}(m^2 + n^2)$，当 $m = n = 1$ 时，$P_{cr} = \dfrac{2\pi^2 D}{a^2}$，即屈曲时板在两个方向均只有一个正弦半波

第五章

5-1 $N/A_n = 215.5\text{N}/\text{mm}^2 \approx f = 215\text{N}/\text{mm}^2$；$\lambda_x = 327.9 < [\lambda] = 350$

5-2 对 Q235 钢，$N \leqslant 304.1\text{ kN}$；对 Q345 钢，$N \leqslant 317.1\text{kN}$。承载能力没有显著提高

5-3 对图 (a) $N \leqslant 3112.7\text{kN}$；对图 (b)，$N \leqslant 2496.0\text{kN}$。

局部稳定：

对图 (a) $b/t = 12.25 < 17.9$，$h_0/t_w = 60.0 < 64.5$；

对图 (b) $b/t = 7.76 < 19.9$，$h_0/t_w = 41.7 < 74.4$

5-4 对图 (a)，$\varphi_b = 0.488$；对图 (b)，$\varphi_b = 0.363$。

5-5 $\varphi_b = 2.464$，$\varphi'_b = 0.956$，不考虑梁自重时，$F \leqslant 202.04\text{kN}$；

考虑梁自重时，$F \leqslant 196.67\text{kN}$

5-6 不考虑截面自重时，$T \leqslant 400.9\text{kN}$；考虑截面自重时，$T \leqslant 391.5\text{kN}$

5-7 (a) 强度为 $\sigma = 184.8 < f = 205 \text{ N}/\text{mm}^2$；

(b) 平面内稳定为 $\sigma = 201.2 < f = 205 \text{ N}/\text{mm}^2$；

(c) 平面外稳定为 $\sigma = 175.9 < f = 205 \text{ N}/\text{mm}^2$；

(d) 局部稳定：$b/t = 9.65 < 13$，$h_0/t_w = 54.3 < 69.0$

5-8 (a) 平面内稳定为 $\sigma = 281.7 < f = 295 \text{ N}/\text{mm}^2$；

(b) 平面外稳定为 $\sigma = 295.0 = f = 205 \text{ N}/\text{mm}^2$；

(c) 局部稳定：$b/t = 9.65 < 10.7$，$h_0/t_w = 54.3 < 60.1$

5-9 (a) 强度为 $\sigma = 294.7 < f = 310 \text{ N}/\text{mm}^2$；

(b) 平面内稳定为 $\sigma = 220.0 < f = 310 \text{ N}/\text{mm}^2$（注意 $\beta_{tx} = 0.37$）；

(c) 平面外稳定为 $\sigma = 311.9 \approx f = 310 \text{ N}/\text{mm}^2$；

(d) 局部稳定：$b/t = 9.0 < 10.7$，$h_0/t_w = 47.3 < 47.7$

第六章

6-1 选择的工字钢型号为 I25b，$\sigma = 202.9 \text{ N/mm}^2$，$\tau = 37.3 \text{ N/mm}^2$，$v_T = 14\text{mm} < [v_T] = 18\text{mm}$，$v_Q = 6.9\text{mm} < [v_Q] = 12.9\text{mm}$

6-2 选择的截面尺寸为：翼缘 2 – 350 × 14，腹板 – 1500 × 12。$\sigma = 212 \text{ N/mm}^2$，$\tau = 34.9 \text{ N/mm}^2$，$v_T = 42.3\text{mm} < [v_T] = 45\text{mm}$，$v_Q = 10.8\text{mm} < [v_Q] = 36\text{mm}$

6-3 选择的工字钢型号为 I56a，$\sigma = 212.7 \text{N/mm}^2$；热轧 H 型钢为 HW250 × 250 × 9 × 14，$\sigma = 212.7 \text{ N/mm}^2$。节省钢材 22.5%

第七章

7-1 钢架柱计算长度 $H_{0x} = 21.4\text{m}$，$H_{0y} = 7.0\text{m}$，
全截面有效，$M_e^N = 382.2\text{kN} \cdot \text{m}$；
平面内稳定应力 118.9N/mm²；
平面外稳定应力 80.6N/mm²

7-2 $\sigma_1 = 136.0 + 1.35 = 137.35\text{N/mm}^2$；
$\sigma_2 = 185.27 - 1.33 = 183.94\text{N/mm}^2$；
垂直屋面挠度 $v = 29.64\text{mm} < L/200$

主要参考文献

1 钢结构设计规范 GB 50017—2003．北京：中国计划出版社，2003
2 建筑结构荷载规范 GB 50009—2001．北京：中国建筑工业出版社，2002
3 钢结构工程施工质量验收规范 GB 50205—2001．北京：中国计划出版社，2001
4 冷弯薄壁型钢结构技术规范 GB 50018—2002．北京：中国计划出版社，2003
5 门式刚架轻型房屋钢结构技术规程 CECS：102—2002，中国计划出版社，2003
6 网架结构设计与施工规程 JGJ7—91．北京：中国建筑工业出版社，1992
7 建筑结构可靠度设计统一标准 GB 50068—2001．北京：中国建筑工业出版社，2001
8 建筑结构制图标准 GB/T 50105—2001．北京：中国计划出版社，2002
9 陈绍蕃，顾强．钢结构（上册），钢结构基础．北京：中国建筑工业出版社，2003
10 陈绍蕃著．钢结构设计原理．北京，科学出版社，2002
11 魏明钟．钢结构．武汉：武汉工业大学出版社，2000
12 陈骥编著．钢结构稳定理论与设计．北京：科学出版社，2001
13 赵熙元等．建筑钢结构设计手册．北京：冶金工业出版社，1995
14 沈祖炎，陈扬骥，陈以一编著．钢结构基本原理，北京：中国建筑工业出版社，2000
15 王肇民．建筑钢结构设计．上海：同济大学出版社，2001
16 马献琨．钢结构．北京：中国建筑工业出版社，1997
17 刘声扬．钢结构（第三版）．北京：中国建筑工业出版社，1997
18 沈祖炎，陈扬骥编著．网架与网壳．上海：同济大学出版社，1997
19 完海鹰，黄炳生．大跨空间结构．北京：中国建筑工业出版社，2000